**기계가공기능장**
**컴퓨터응용가공산업기사**
**실기시험대비**

# CATIA V5를 이용한

# CAD/CAM

# 파워트레이닝

김상현 · 김종현 · 현기권 · 박성훈 공저

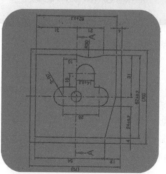

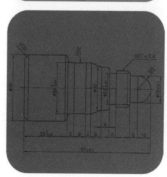

# PREFACE

**산** 업기술의 발전에 따라 다양한 분야에서 전문화된 기술력을 필요로 하게 되었고, 수요자들의 요구사항에 빠른 대체 및 욕구 충족을 위해 새로운 분야의 기술개발이 가속화되었다.
CAD/CAM/CAE의 활용으로 단순 설계 및 가공에서 컴퓨터에 의한 해석, 설계, CAM가공 및 검사 정보를 생성하고 분석함으로써 다양한 제품생산 및 품질 향상을 가져와 단기간에 신제품의 설계 및 가공법을 개발하게 되었다.

이 책은 수년간의 현장실무경험과 강의경험을 통해 CATIA V5를 사용하여 국가기술자격증 기능분야에 최고의 자격증인 기계가공기능장 실기시험과, 전문대학 및 4년제 대학생들이 많이 취득하는 컴퓨터응용가공산업기사 실기시험을 한국산업인력공단 출제기준에 맞춰 유형별로 나열하였고, 실기시험을 쉽게 접근 할 수 있도록 사용자가 과년도 기출문제를 보고 따라하는 방법과 단계별로 다양하게 접근할 수 있도록 구성하였다.
또한 CATIA V5 기능(Interface 및 Solid, Surface, Drafting, Machining)을 다양하게 사용하여 활용범위와 응용력을 극대화 할 수 있도록 했다.

## 본 교재의 특징

Section 1 에서는 CATIA V5 Interface를 상세하게 설명하였고, Solid 및 Surface작업을 하기 위해 가장 기본적인 Sketch에 대한 Interface와 아이콘에 대한 설명과 Solid모델링 작업을 하기 위한 접근 방법에 대해서도 설명하였다.

Section 2 에서는 기계가공기능장 1과제(CAM) 및 컴퓨터응용가공산업기사 1과제(CAM) 실기시험 모델링작업에 대해 설명하였다. 과년도 기출문제를 모델링 따라하기와 기출도면으로 구성되어 있으며, 모델링도면 각각의 특성에 맞게 Solid 및 Surface 기능을 다양하게 사용하여 기능의 활용범위를 극대화 시켰고, 사용자가 직접 따라 해 봄으로써 모델링 접근을 다양한 방법으로 모델링하여 폭넓은 사고에 도움이 될 수 있도록 하였다.

Section 3 에서는 기계가공기능장 1과제(CAD-Machining) 및 컴퓨터응용가공산업기사 모델링을 NC Code를 추출하는 방법을 설명하였다. CATIA에서 NC Code를 추출하는 방법은 다양하게 있지만, Machining 》 Surface Machining 부분에서 실기시험에 NC 데이터 절삭 지시서 조건을 맞추어 최적화 NC Code를 추출하였다.

Section 4 에서는 기계가공기능장 3과제(CNC 선반) 및 4과제(머시닝센터), 컴퓨터응용가공산업기사 2과제(머시닝센터) 실기시험 CNC/MCT가공 작업에 대해 설명하였다. CNC선반 및 머시닝센터 과년도 기출문제 도면을 토대로 NC Code를 작성하였다. 또한, CNC선반 및 머시닝센터 예문형식과 다양한 기계장비 셋팅하는 방법을 나열하였고, 사용자가 쉽게 접근 할 수 있도록 구성하였다.

Section 5 에서는 기계가공기능장 2과제 실기시험 (CAD)작업에 대해 설명하였다. 과년도 기출문제 도면과 도면답안을 제시하였다. 시험방법은 Assembly를 도면을 보고 수험자가 직접 스케일자 및 철자 등을 이용하여 제도 규격에 맞게 3각법, 치수기입, 공차기입, 다듬질기호 등 기입하여 도면 작업을 완료 하여야 된다.


본 교재로 충분히 공부하여 기계가공기능장 및 컴퓨터응용가공산업기사 실기 자격시험에 합격되시기를 기원하며 차후 변경되는 과년도 기출문제 등을 수록하여 계속 보완하도록 하겠다.

이 책을 출판함에 있어 많은 도움을 주시고 지도하여 주신 모든 분들께 진심으로 감사의 말씀을 드리며, 도서출판 마지원 관계자분들에게 감사의 말씀을 전한다.


2018년 4월
저자일동

# CONTENTS

## Section 03　CATIA Modeling NC-Code 추출하기FTG

## Section 04　CNC/MCT 기출문제

## Section 05　CAD 기출문제

# Section 01

## CATIA V5 기초과정

# CATIA V5

## CATIA V5 Product 구성

Mechanical Design

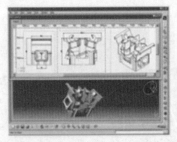

Shape Design & Styling

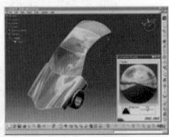

Analysis

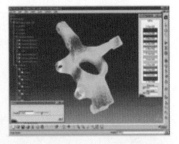

Equipment & Systems

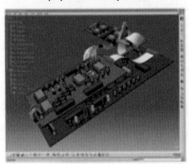

Infrastructure

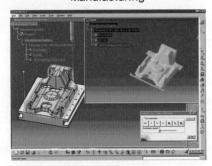

Manufacturing

Product Synthesis

Plant Engineering

(1) Mechanical Design

① Part design : 3차원 기계 부품을 모델링하고 설계하는 기능을 제공한다. CATIA에서 가장 기본이 되는 작업 툴이다.

② Assembly Design : 3차원으로 만들어진 대규모의 조립 부품을 정의하고 관리하며 복잡하고 대규모의 계층구조를 가지는 구성품의 어셈블리 정보를 관리하고 정의한다.

③ WireFrame and Surface : Part design의 기능을 보완하여 모델링 생성시 필요한 와이어 프레임과 곡면 기능을 제공하여 좀 더 다양한 모델링을 할 수 있다.

④ Sheet Metal Design : 3차원의 박판을 모델링 기법을 이용하여 설계하는 기능이다.

⑤ Structure Design : 3차원 형상의 직선형, 곡선형의 구조물을 사용자의 정의에 의해 편리하고 빠르게 설계하는 기능이다.

⑥ Generative Drafting : 3차원으로 모델링한 부품이나 어셈블리 작업한 부품들을 도면화시키는 툴이다.

⑦ Interactive Drafting : 3차원 부품 모델링 없이 도면을 생성하는 기능이다. 즉 모델링한 부품을 도면화 하는 것이 아니라 도면에 바로 부품의 도면을 그리는 기능이다.

(2) Shape Design Styling

① FreeStyle Shaper & FreeStyle Optimizer : WireFrame and Surface에서 만들 수 있는 곡면보다 더 자유로운 형상의 곡면을 생성할 수 있고 실시간으로 곡면을 진단할 수도 있다. 더욱이 FreeStyle Optimizer 2에서 좀더 많은 기능을 제공하며 V4와도 호환이 가능하다.

② FreeStyle Profiler : 동적 곡면과 복잡한 곡면을 생성시키는 기능이다.

③ Digitized Shape Editor : 곡면으로 생성된 제품의 형상 및 품질 검사를 해주는 기능이다.

④ Generative Shaper Design : WireFrame and Surface 보다 고급형상의 곡면으로 이루어진 제품을 모델링 할 수 있으며 WireFrame and Surface의 기능과 명령을 모두 포함하고 있다.

⑤ Photo Studio : 생성한 제품들의 이미지를 캡처하여 생성하며 간단한 애니메이션 기능도 제공한다.

⑥ Real Time Rendering : 재질을 입힌 제품의 재질을 실제에 가까운 이미지로 생성시켜주는 기능이다.

(3) Analysis

① Generative Part Structural Analysis : 생성한 단품의 기본적인 응력해석과 진동해석을 하는 기능이다. 또한 전문해석에 대한 지식이 없이도 자동으로 메쉬 처리가 되므로 초보자도 쉽게 사용할 수 있다.

② Generative Assembly Structural Analysis : 여러 단품들이 조립되어 있는 제품을 응력해석 및 진동해석을 수행하는 기능이다.

③ Elfini Structural Analysis : Generative Assembly Structural Analysis보다 더욱 고급 해석을 해주는 기능으로서 전문해석자 툴로서 구조해석도 가능하며 Generative Assembly Structural Analysis 2의 모든 기능을 포함하고 있다.

### (4) Product Synthesis

① DMU Navigator : 생성된 제품을 Walk나 fly를 통해 제품의 검사를 하는 기능이다.

② DMU Space Analysis : 디지털 목업에서 부품간의 거리 계산, 간섭 검사, 실시간 단면도를 검토하고 수행하는 기능이다.

③ DMU Fitting Simulator : 부품을 조립하거나 교환할 때에 과정에 대한 간섭 등을 검토할 수 있는 시뮬레이션 기능이다.

④ DMU Optimized : 제품을 어셈블리할 때 Data를 최적화하여 설계할 수 있게 해주는 기능이다.

⑤ Generative Knowledge : 스크립트에서 설계한 조건들에 의해 자동으로 설계를 해주는 기능이다.

⑥ Knowledge Advisor : 부품을 설계할 때 발생하는 정보나 규칙, 공식 등을 축적하고 공유하는 기능이다.

⑦ Knowledge Expert : 제품을 만든 모든 정보를 데이터 베이스화 하여 이러한 데이터를 공유할 수 있게 만드는 기능이다.

⑧ Product Engineering Optimized : 사용자가 의도하는 대로 제품의 최적화 설계를 할 수 있도록 해주는 기능이다.

### (5) Plant Design

Plant Layout은 공장에서 제품을 만들 때 제품의 생산성 향상 및 이에 따른 생산설비를 최적화 해주는 기능이다.

### (6) Manufacturing

Prismatic Machining은 캠 가공으로서 2.5축으로 밀링이나 드릴링 같은 가공을 하여 제품을 생성하고 관리하는 기능이다.

### (7) Infrastructure

① Object Manager : CATIA V5에서 사용하는 모든 제품이나 환경에 대한 핵심 기능을 제공한다. 예를 들어 화면구성이나 그래픽 성능 등.

② Step Interface : CATIA V5와 STEP AP203간의 데이터 교환과 사용을 가능하게 한다.

③ Team Data Management : 프로젝트 수행시 이와 관련된 모든 데이터를 관계된 모든 사원들이 데이터를 공유하여 정보를 이용할 수 있게 만드는 기능이다.

④ V4 Integration : CATIA V5와 CATIA V4간의 데이터 교환을 해주는 기능이다.

⑤ Strim/Styler to CATIA Interface : Strim / Style에서 만들어진 제품을 CATIA V5에서 사용할 수 있게 해주는 기능이다.

⑥ CADAM Interface : CATIA-CADAM Drafting에서 사용된 도면을 CATIA V5에서 사용할 수 있게 하는 기능이다.

⑦ IGES Interface : CATIA의 파일을 타 CAD-CAM 프로그램에 호환될 수 있도록 해주는 기능이다. 즉 타 프로그램과 데이터 교환을 가능하게 해주는 기능이다.

## (8) Equipment and Systems Engineering

① Systems Routing : 제품을 만드는 제조 공장 시스템의 라운팅 (컨베이어, 배선관, 수송로, 배기관 등)을 만들어 주는 기능이다.

② Electrical System Functional Definition : 웹 사용자에 대해서 Potal에 통합되어진 인터페이스를 제공하는 기능이다.

③ Electrical Librarian : 전기 디바이스에 관한 카탈로그에 관한 관리를 위한 기능을 제공한다.

④ Electrical Wire Routing : 전기적 신호에 따라서 와이어의 정의를 관리하는 기능을 제공한다.

⑤ Circle Board design : CATIA V5와 다른 전기 CAD제품과의 데이터 교환을 해주는 기능이다.

⑥ Systems Space Reservation : 대중교통과 관련이 있는, 즉 자동차, 항공 등의 회사 시스템의 관리 및 생성 등을 해주는 기능이다.

## CATIA V5 실행

(1) Start

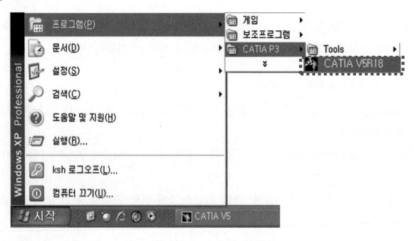

(2) 바탕화면(더블클릭)

# CATIA V5 User Interface(화면 구조)

Active Workbench Icon

Menu

Inactive Document

Active Document

Multi-Documents

Specification Tree

Contextual Menu(MB3)

Prompt Zone

Toolbars

Power Input Zone

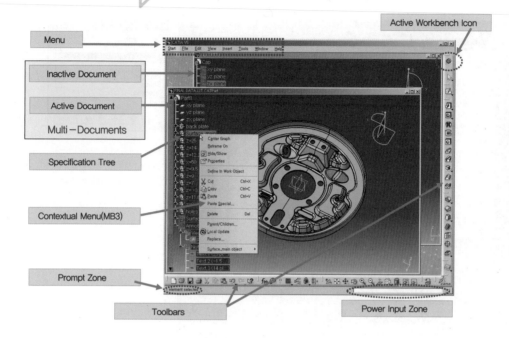

# CATIA V5 User Interface(Menu & Toolbar)

Toolbar 가 더 있다는 표시

Drag Separator

Toolbar list 방법
- View + Toolbars
- MB3 Click : Direct Access

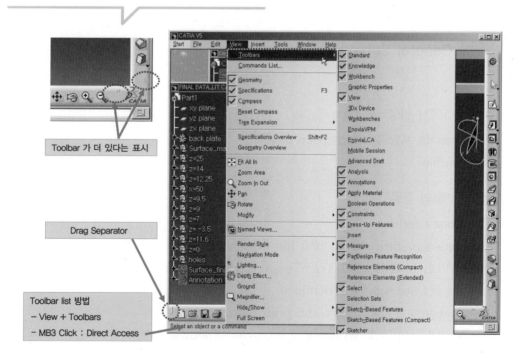

## New & Open Document

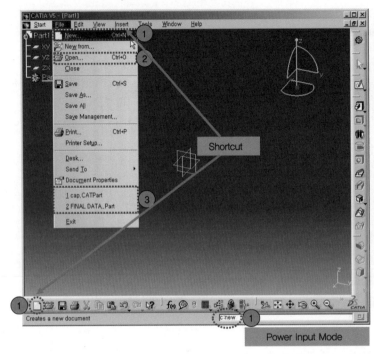

❖ New : 새로운 Document Open
❖ Open : Existing Document Open

## General Settings

❋ CATIA V5에서 생성되는 Data Type

1. Document에 포함되는 Application data
2. Setting file

❋ Setting File의 종류

1. Temporary Settings
   - Screen capture album, Roll file information
   - "CSIDL_LOCAL_APPDATA₩DassaultSystems₩CATTEMP"
2. Permanent Settings(*.CATSettings)
   - Background color, Part and print Settings, etc
   - "CSIDL_APPDATA₩DassaultSystems₩CATSettings"

CSIDL_LOCAL_APPDATA

• C:₩Documents and settings₩user₩Local Settings₩Application Data₩DassaultSystemes₩
(Windows 2000)

CSIDL_APPDATA

• C:₩Documents and settings₩user₩Application Data₩DassaultSystemes₩
(Windows 2000)

✳ Menu Bar : Tools + Options…

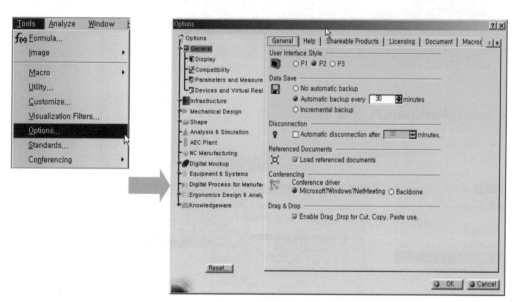

## Workbench

❋ Workstore & Workbench

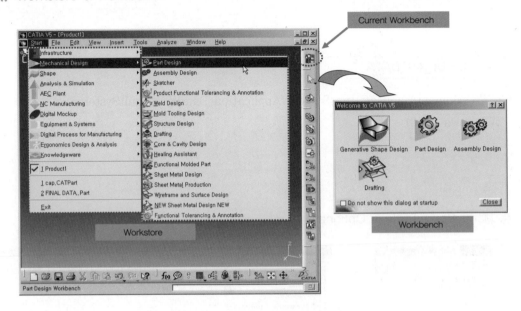

## Workbench 등록 방법

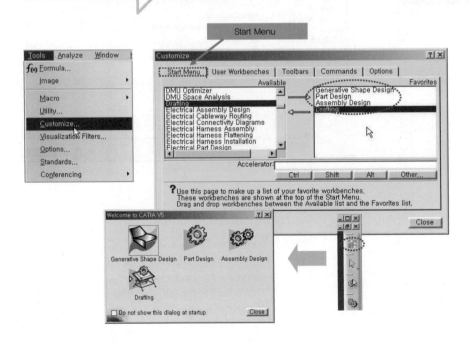

## Mouse 조작법

**✳ Mouse 버턴 정의**

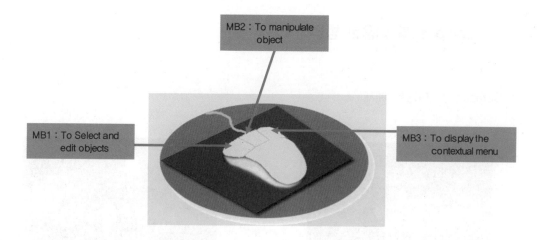

**✳ Workbench 조작**

- PAN : MB2 press + drag
- Rotate : MB2 press + MB3 press, rotate
- Zoom : MB2 press + MB3 click, zoom in & zoom out

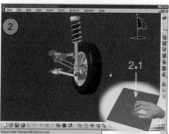

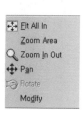

• CATIA V5는 항상 화면의 중앙이 회전축의 중심이 된다.
  따라서 회전축을 정의하고 싶은 부분을 MB2로 double click하면 그 부분이 화면 중심으로
  이동하면서 회전축으로 설정 된다.

## Compass를 이용한 방법

✱ Compass를 이용한 예제

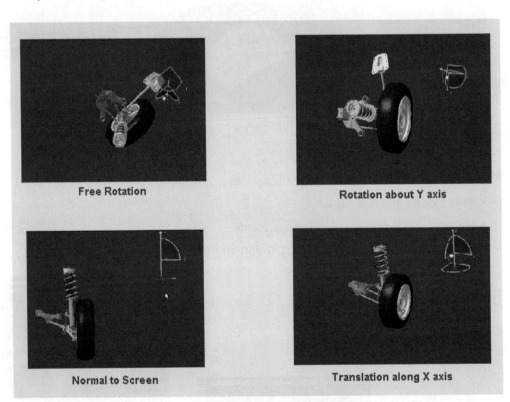

| Free Rotation | Rotation about Y axis |

| Normal to Screen | Translation along X axis |

✳ Compass를 이용한 이동 및 회전

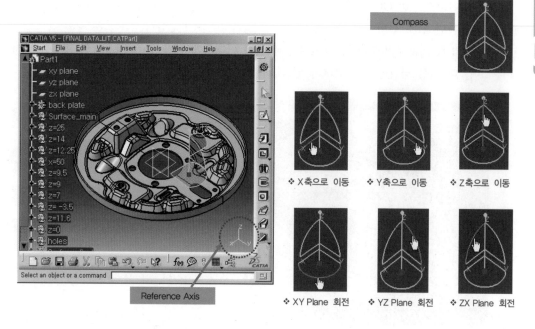

Compass

❖ X축으로 이동　　❖ Y축으로 이동　　❖ Z축으로 이동

❖ XY Plane 회전　　❖ YZ Plane 회전　　❖ ZX Plane 회전

Reference Axis

## Selecting Objects

✳ Multi-Selection 방법

1. A Standard way : [Ctrl]Key + MB1
2. Trapping Objects
3. Specifying specific criteria

①

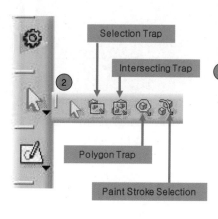

②

Selection Trap

Intersecting Trap

Polygon Trap

Paint Stroke Selection

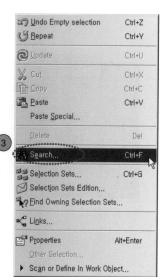

③

| | |
|---|---|
| ↶ Undo Empty selection | Ctrl+Z |
| ↻ Repeat | Ctrl+Y |
| ⟳ Update | Ctrl+U |
| ✂ Cut | Ctrl+X |
| ▤ Copy | Ctrl+C |
| ▤ Paste | Ctrl+V |
| Paste Special... | |
| Delete | Del |
| Search... | Ctrl+F |
| Selection Sets... | Ctrl+G |
| Selection Sets Edition... | |
| Find Owning Selection Sets... | |
| Links... | |
| Properties | Alt+Enter |
| Other Selection... | |
| ▶ Scan or Define In Work Object... | |

✱ Preselection Navigator(CTRL + F11)

- 선택하고자 하는 Object가 중첩되어 있거나 인식하기 어려울 때 Preselection Navigator를 사용하면 쉽게 선택할 수 있다.
- 4개의 Arrow 위/아래에 있는 숫자는 위쪽과 아래쪽에 남아 있는 Object의 개수를 나타내며, 더 이상 남아있는 Object가 없을 때는 Arrow가 검정색으로 바뀐다.

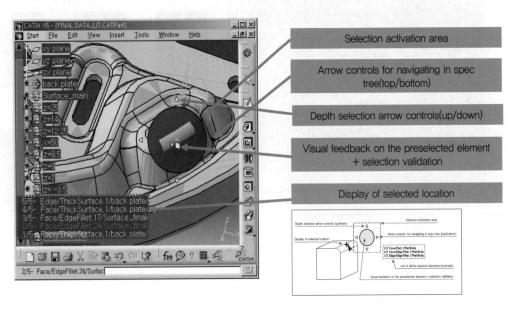

✱ Preselection Navigator

- Preselection navigator는 선택된 Object에 따라 Cursor의 형상은 그림과 같이 각각 다르게 표시된다.

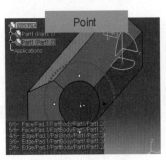
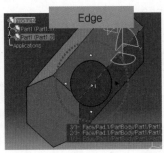
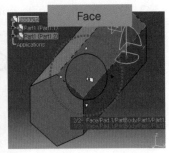

• Object를 Pointing 한 후 Preselection navigator가 나타나기까지의 시간은 Tools + Option + General + Display에서 지정할 수 있다.

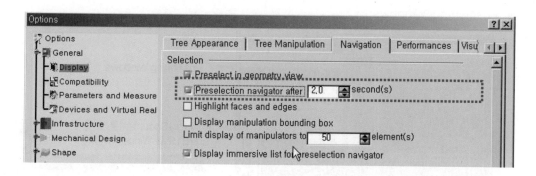

## Specification Tree

❋ Specification Tree Hide/Show

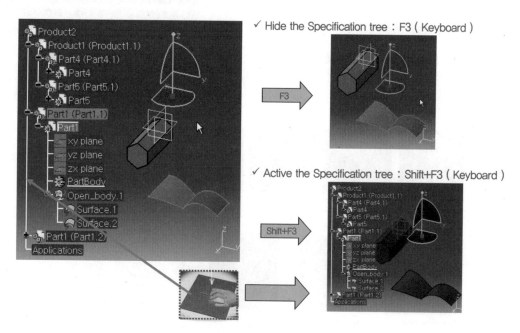

✓ Hide the Specification tree : F3 ( Keyboard )

✓ Active the Specification tree : Shift+F3 ( Keyboard )

## Multi-Documents Selection

❋ Positioning Windows

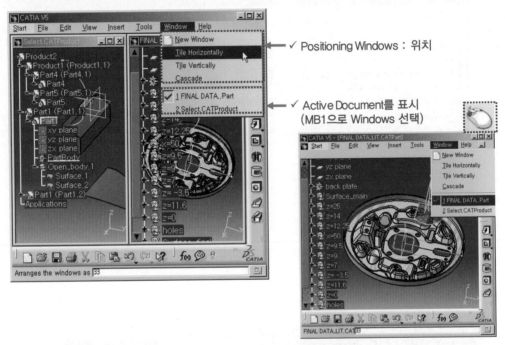

✓ Positioning Windows : 위치

✓ Active Document를 표시
(MB1으로 Windows 선택)

## Rendering Style

❋ Rendering Styles

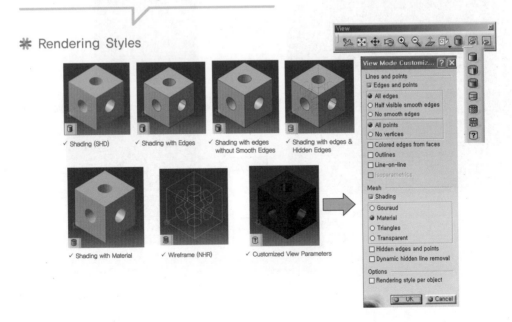

✓ Shading (SHD)

✓ Shading with Edges

✓ Shading with edges without Smooth Edges

✓ Shading with edges & Hidden Edges

✓ Shading with Material

✓ Wireframe (NHR)

✓ Customized View Parameters

# Sketcher

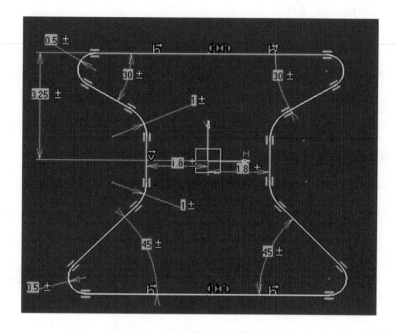

## Part Document Create(제일 먼저 시작)

### Methods to Create a New Part

- When creating a new model, the Part Design workbench is automatically activated.

- When a part is saved, it is saved with a .CATPart extension to distinguish it from other CATIA documents.

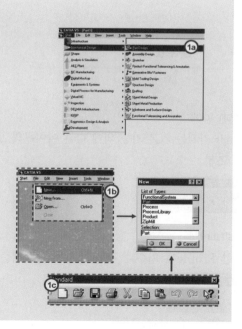

## Sketcher 시작

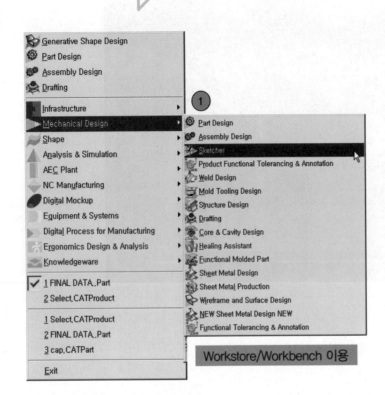

Sketcher Icon

Workstore/Workbench 이용

## Sketcher

- Sketch tools

  Tools가 가지는 기본 기능 외에 다른 아이콘의 보조적인 기능생성, Profile의 좌표값, 크기
  등을 조정

- Constraint

  생성한 Profile에 치수나 구속 조건을 생성해준다.

- Profile

  Sketcher에서 Profile을 생성하는 가장 기본적인 툴 바

- Operation

  생성한 Profile의 편집이나 이동, 복사 등의 기능을 모아 놓은 툴 바

## Sketcher User Interface 1

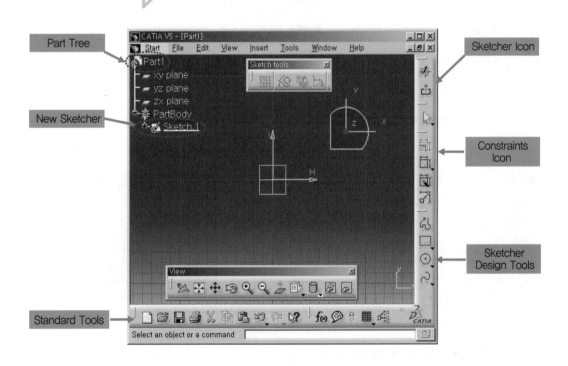

## Sketcher Menu 구조

✓ Exit Sketcher

✓ Constraints Dialog Box
✓ Constraints
✓ Auto Constraint
✓ Animate Constraint

Constraints

✓ Profile
✓ Rectangles,Keyholes,Polygons ······
✓ Circles,Arcs ······
✓ Spline
✓ Ellipse
✓ Line
✓ Axis
✓ Points ······

Profiles

✓ Corner
✓ Chamfer
✓ Trim option
✓ Symmetry
✓ Projection

Operations

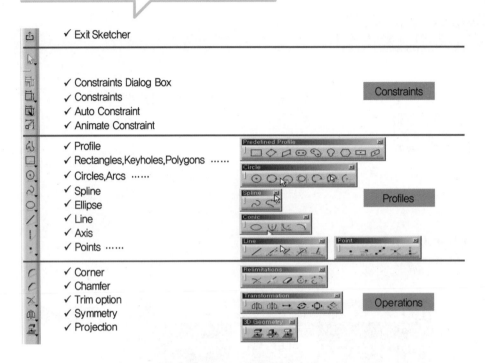

## Sketcher Option

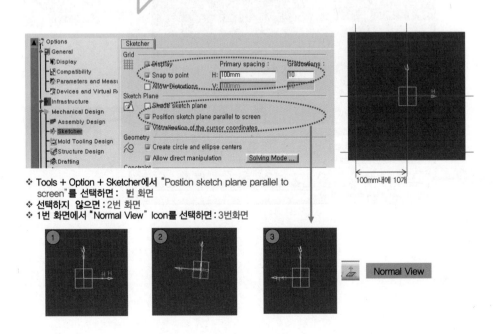

❖ Tools + Option + Sketcher에서 "Postion sketch plane parallel to screen"를 선택하면 : 1번 화면
❖ 선택하지 않으면 : 2번 화면
❖ 1번 화면에서 "Normal View" Icon를 선택하면 : 3번화면

Normal View

# Sketcher 기능 설명

## Sketch Tools(Sketcher Work Modes)

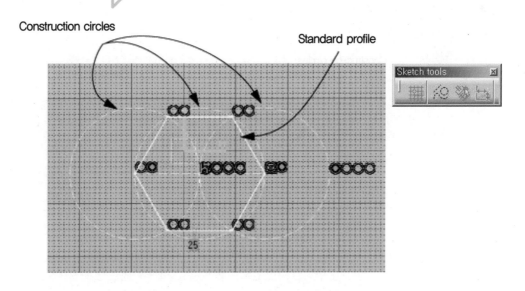

Construction circles

Standard profile

## Snap to point

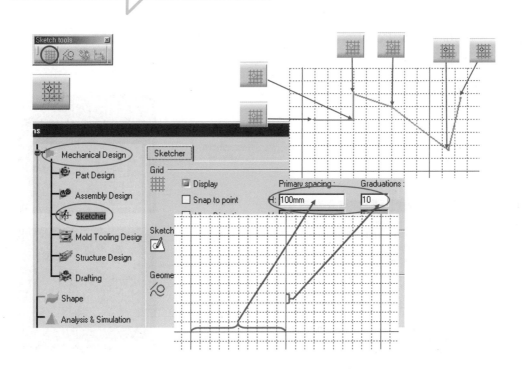

## Standard / Construction Geometry

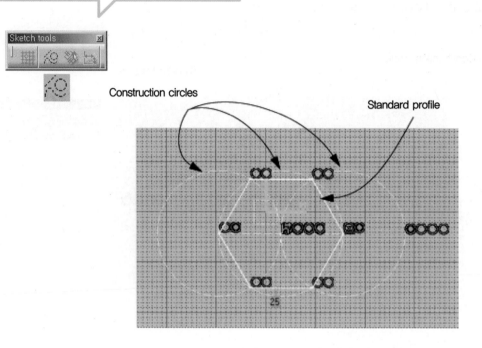

Construction circles

Standard profile

25

## Automatic Constraints
### (Geometrical Constraints)

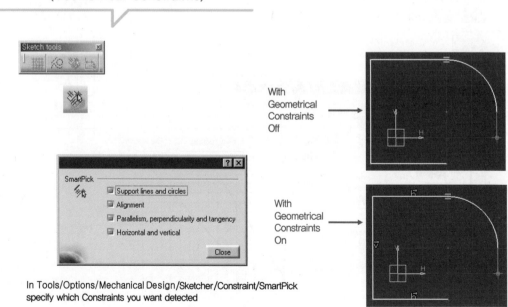

SmartPick

☐ Support lines and circles
☐ Alignment
☐ Parallelism, perpendicularity and tangency
☐ Horizontal and vertical

Close

With Geometrical Constraints Off

With Geometrical Constraints On

In Tools/Options/Mechanical Design/Sketcher/Constraint/SmartPick
specify which Constraints you want detected

# Automatic Dimensions
## (Dimensional Constraints)

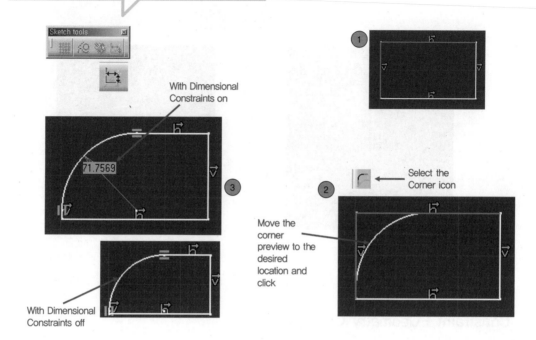

With Dimensional
Constraints on

71.7569

With Dimensional
Constraints off

Select the
Corner icon

Move the
corner
preview to the
desired
location and
click

# Sketcher 기능 설명 – Constraint

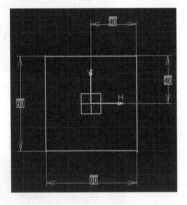

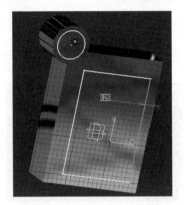

## Constraint + Geometry Constraint

| | Representation | Description |
|---|---|---|
| Fix | | A fix element cannot be modified. |
| Coincidence | | Makes one point of an element coincident with another element. |
| Concentricity | | Makes two arcs concentric. |
| Tangency | | Set tangency continuity between two elements. |
| Parallelism | | Makes two lines parallel. |
| Perpendicularity | | Makes two lines perpendicular. |
| Horizontal | H | Makes a line horizontal (parallel to the H axis of the sketch). |
| Vertical | V | Makes a line vertical (parallel to the V axis of the sketch). |

These constraints can be set using these two icons:
Quick Constraint icon    and    Constraint Define in Dialog Box icon.

# Constraint + Dimensional Constraint

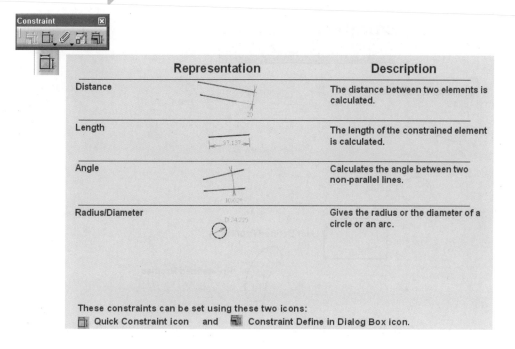

| | Representation | Description |
|---|---|---|
| Distance | | The distance between two elements is calculated. |
| Length | | The length of the constrained element is calculated. |
| Angle | | Calculates the angle between two non-parallel lines. |
| Radius/Diameter | | Gives the radius or the diameter of a circle or an arc. |

These constraints can be set using these two icons:
Quick Constraint icon    and    Constraint Define in Dialog Box icon.

# Constraint Modification

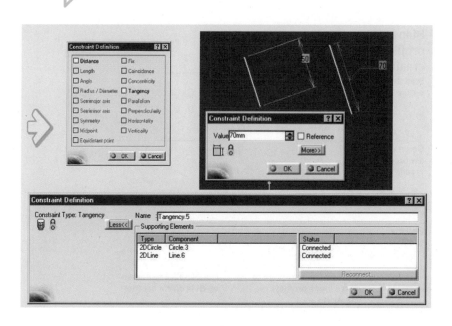

## Sketcher 기능 설명 – Profile

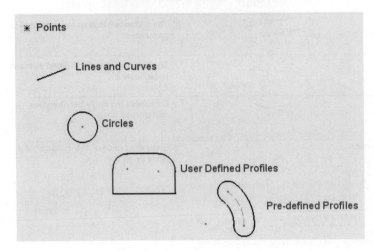

* Points

Lines and Curves

Circles

User Defined Profiles

Pre-defined Profiles

## Profile + Profile

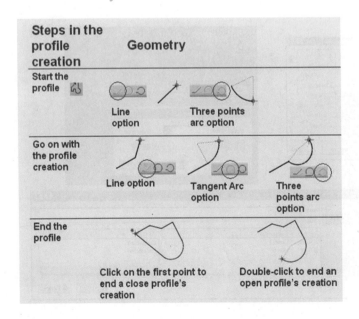

## Profile + Rectangle

| Icon | Geometry | Description |
|------|----------|-------------|
| Rectangle | | Create a rectangle clicking its two opposite corners. |
| Oriented Rectangle | | Create a rectangle defining two consecutive corners to define its orientation, and a third corner to give it a thickness. |
| Parallelogram | | Create a parallelogram defining two consecutive corners, and a third corner to give it thickness and angle. |
| Elongated Hole | | Create an elongated hole defining a segment as its axis, and defining its thickness. |
| Cylindrical Elongated Hole | | Create a cylindrical elongated hole defining an arc as its axis, and defining its thickness. |
| Keyhole | | Create a keyhole profile defining . |
| Hexagon | | Create an hexagonal profile selecting the center point and the shape size. |

## Profile + Circle

| Icon | Geometry | Description |
|------|----------|-------------|
| Circle | | Create a circle defining its center and its radius by clicking. |
| Three Points Circle | | Create a point passing by three points. |
| Circle by Coordinates | | Create a circle giving the coordinates of its center and its radius. |
| Tri-tangent Circle | | Create a circle tangent to three existing curves. |
| Three Points Arc | | Create an arc passing by three points, relimited by the first and the last selected points. |
| Three points arc starting with limits | | Create an arc passing by three points, relimited by the first and the second selected points. |
| Arc | | Create an arc defining its center and the two limit points. |

## Profile + Spline & Conics

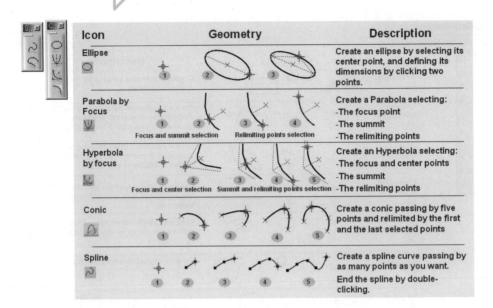

| Icon | Geometry | Description |
|------|----------|-------------|
| Ellipse | | Create an ellipse by selecting its center point, and defining its dimensions by clicking two points. |
| Parabola by Focus | Focus and summit selection / Relimiting points selection | Create a Parabola selecting: -The focus point -The summit -The relimiting points |
| Hyperbola by focus | Focus and center selection / Summit and relimiting points selection | Create an Hyperbola selecting: -The focus and center points -The summit -The relimiting points |
| Conic | | Create a conic passing by five points and relimited by the first and the last selected points |
| Spline | | Create a spline curve passing by as many points as you want. End the spline by double-clicking. |

## Profile + Spline + Connect

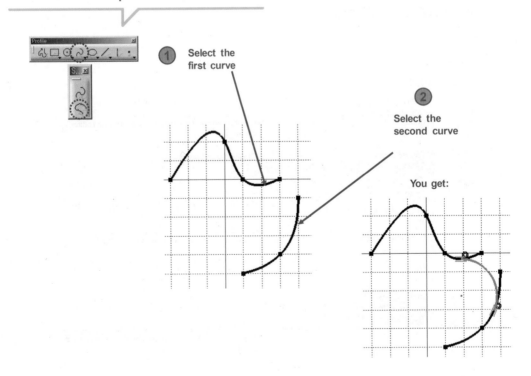

1 Select the first curve

2 Select the second curve

You get:

## Profile + Lines

| Icon | Geometry | Description |
|------|----------|-------------|
| Line | | Create a line by clicking two points to define its extremities. |
| Infinite Line | | Create an infinite line defining its direction by clicking two points. |
| Bi-tangent Line | | Create a line tangent to two existing curves. |
| Bisecting Line | | Create a line bisecting to two existing lines. |
| Line Normal to Curve | | Create a line normal to an existing curve. |

## Profile + Points

...then click the end location

① Click the first location for starting point of the axis...

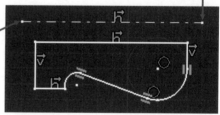

You will need axes whenever using a symmetry command or creating a grove or shaft.

③

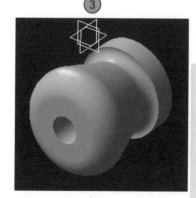

② Using the shaft command on our profile sketch, CATIA produces a shaft using the axis we defined

 Axes cannot be converted into construction elements

## Profile + Points

| Icon | | Description |
|------|---|-------------|
| Points by Clicking | | Create a point just clicking where you want it to be. |
| Points by Coordinates | | Create a point defining its coordinates in the 2D space of the Sketch. |
| Equidistant Points | | Create as many points as you want equidistantly distributed on an existing curve. |
| Intersection Point | | Create the intersection point between two existing curves. |
| Projection Point | | Project an existing point onto an existing curve normally to this curve. |

# Sketcher 기능 설명 – Operation

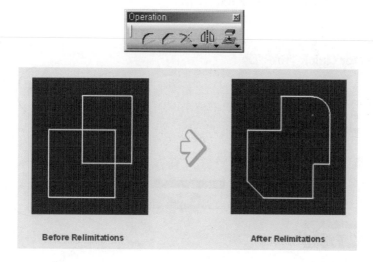

**Before Relimitations**          **After Relimitations**

## Operation + Re-Limitation

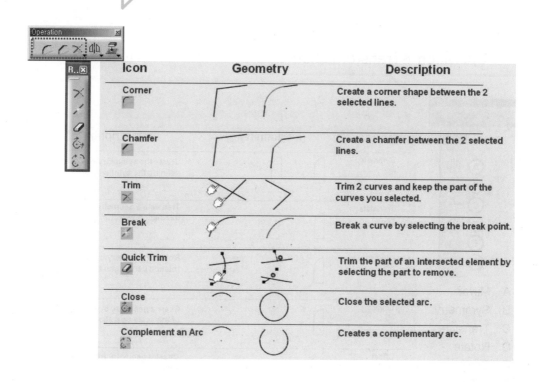

| Icon | Geometry | Description |
|------|----------|-------------|
| Corner | | Create a corner shape between the 2 selected lines. |
| Chamfer | | Create a chamfer between the 2 selected lines. |
| Trim | | Trim 2 curves and keep the part of the curves you selected. |
| Break | | Break a curve by selecting the break point. |
| Quick Trim | | Trim the part of an intersected element by selecting the part to remove. |
| Close | | Close the selected arc. |
| Complement an Arc | | Creates a complementary arc. |

## Operation + Re–Limitation + Quick Trim

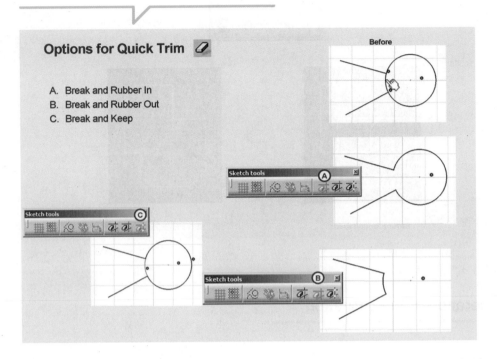

### Options for Quick Trim

A. Break and Rubber In
B. Break and Rubber Out
C. Break and Keep

## Operation + Transformation

A. Mirror
B. Symmetry
C. Translate
D. Rotate
E. Scale
F. Offset

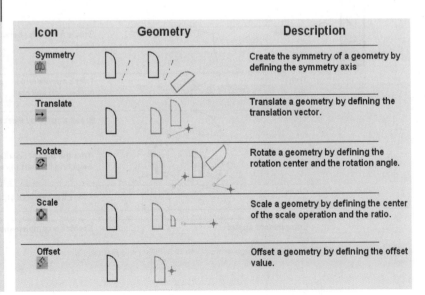

| Icon | Geometry | Description |
| --- | --- | --- |
| Symmetry | | Create the symmetry of a geometry by defining the symmetry axis |
| Translate | | Translate a geometry by defining the translation vector. |
| Rotate | | Rotate a geometry by defining the rotation center and the rotation angle. |
| Scale | | Scale a geometry by defining the center of the scale operation and the ratio. |
| Offset | | Offset a geometry by defining the offset value. |

# Operation + Transformation + Mirror vs Symmetry

## Mirror and Symmetry

Use the following steps to use the mirror and symmetry tools:

1. Select the geometry to mirror.
   Use the <Ctrl> key to select multiple items.
2. Select the tool.
   a. Mirror
   b. Symmetry
3. Select the symmetry axis.

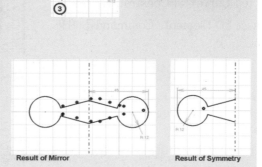

**Result of Mirror**

**Result of Symmetry**

# Operation + From 3D Geometry

## Elements from 3D Geometry

| Tool | Geometry | | | Description |
|---|---|---|---|---|
| Project 3D Elements | ① | ② | ③ | Project 3D elements onto the sketch plane. |
| Intersect 3D Elements. | ① | ② | ③ | Intersect 3D elements with the sketch plane. The selected 3D elements must intersect the sketch plane. |
| Project 3D Silhouette Edges. | ① | ② | ③ | Project the silhouette of a cylindrical element onto the sketch plane. The axis of revolution for the projected element must be parallel to the screen. |

## Section View

- Sketcher 작업중에 part Section View를 보고 싶은 경우 Cutting Plane Command를 이용
- Cutting Plane Command는 단지 Visualization Tool이며 Cutting Plane과의 Intersected Curve 는 생성해 주지 않는다.
- 만약 Intersected Curve와의 Constraint를 부여할 경우는 Intersect 3D Elements Command를 이용

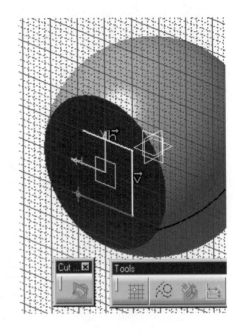

## Sketcher Positioning

- 이미 생성된 Sketch를 새로운 평면으로 이동하고자 할 때에는 Sketch를 생성할 필요 없이 Supporting Plane을 변경함으로써 가능하다

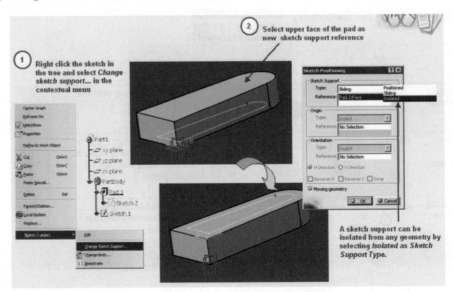

## Sketch Analysis

- CATIA 에서 Sketch를 그린 후, Sketch-Based Featured(Pad ....)를 생성할 때 Sketch가 Close 되어 있지 않다거나 Overlap 되어 있다는 Aessage와 함께 CATIA가 Feature를 생성할 수 없다고 하는 경우가 있다.
- 이러한 Error를 분석할 수 있는 Tool이 Sketch Analysis 이다.

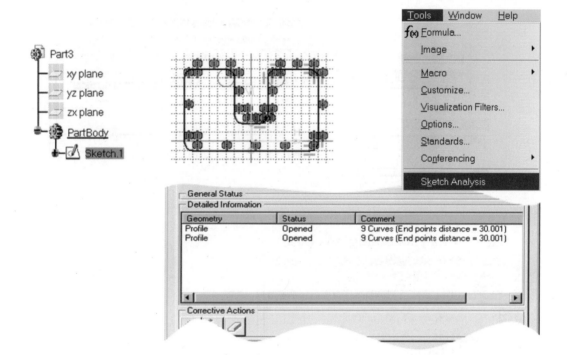

## Sketch Analysis

### Sketch Analysis Dialog box (1/2)

The Sketch analysis tool can be used to help resolve any problems with the sketch.

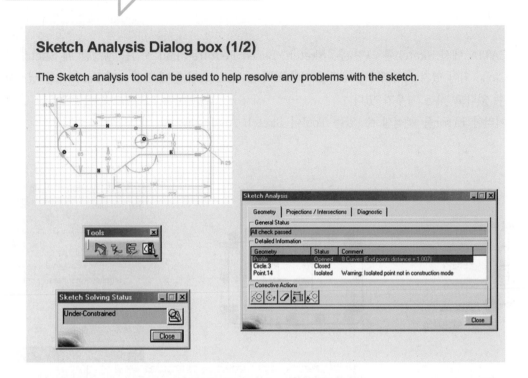

### Sketch Analysis Dialog box (2/2)

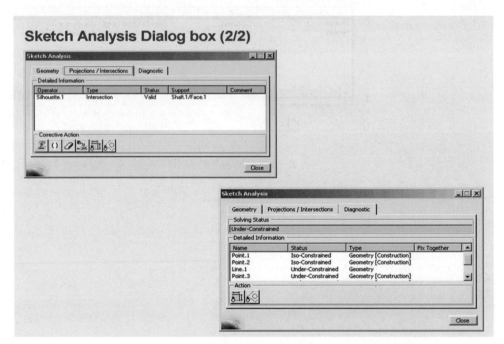

## Sketcher 예제1.1

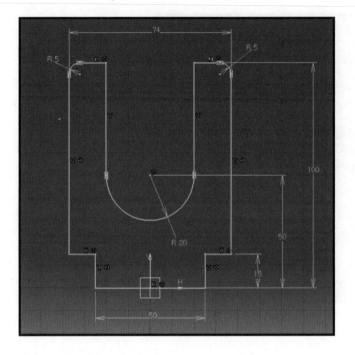

## Sketcher 예제1.2

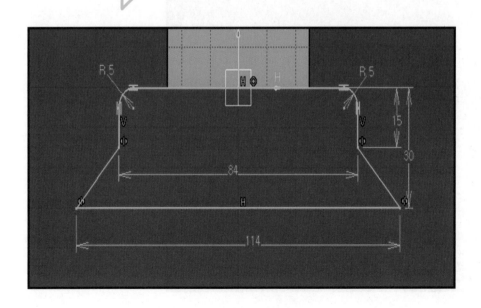

## Sketcher 예제2

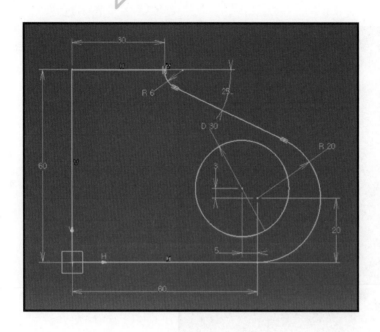

## Sketcher 예제3

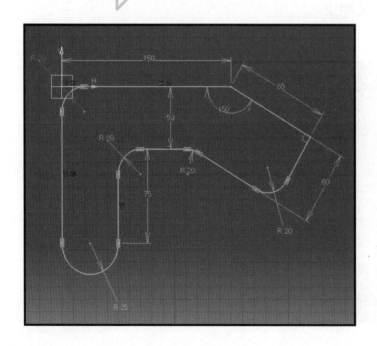

## Sketcher 예제4

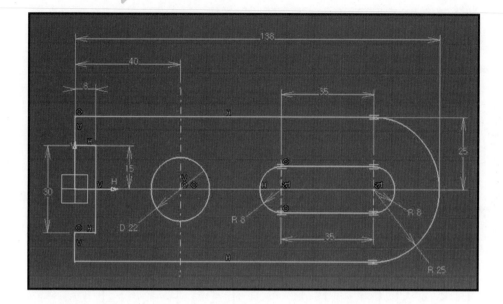

## Sketcher 예제5

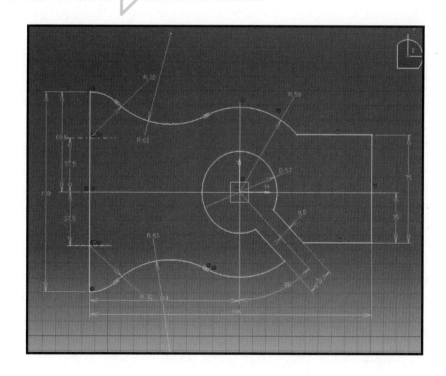

# Part Design 실습(Pad_Pocket)

## 실습(Part modeling)

❋ Part Design 실습 (Pad_Pocket-1)

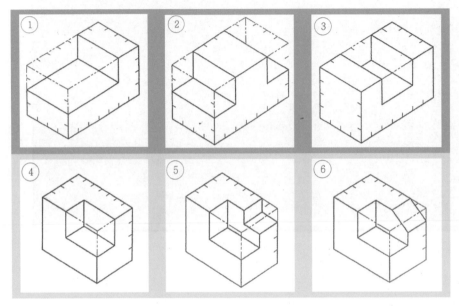

❋ Part Design 실습 (Pad_Pocket-2)

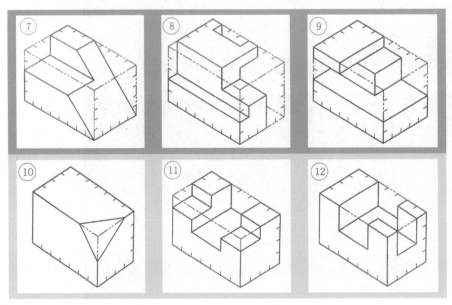

✳ Part Design 실습 (Pad_Pocket-3)

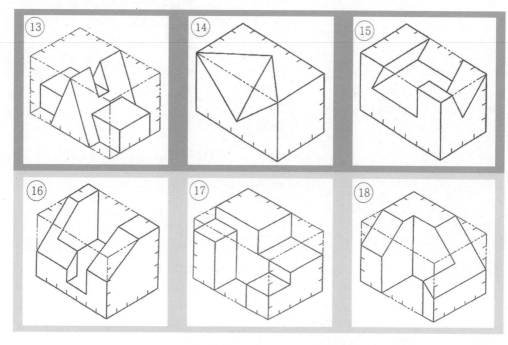

# Section 02

## 기출문제 Modeling 따라하기

## 01  Example-01 따라하기

기출문제 Example-01 도면을 보고, Modeling을 해보도록 하겠습니다.

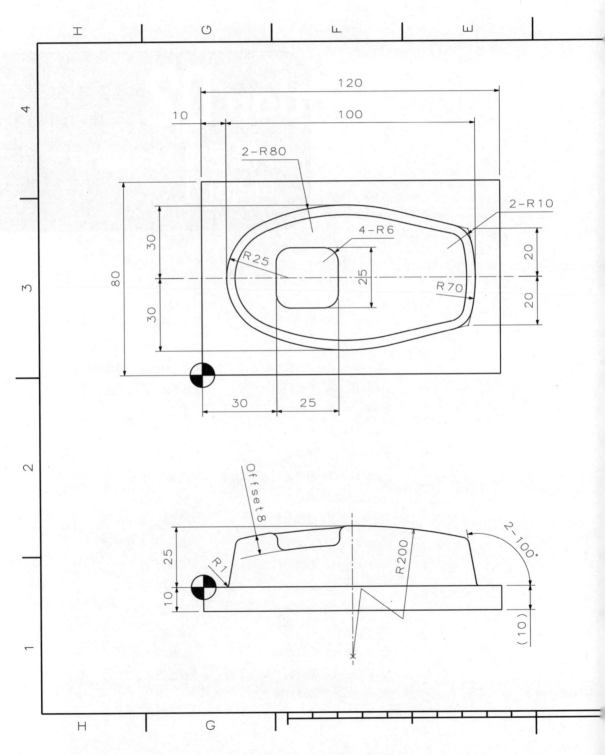

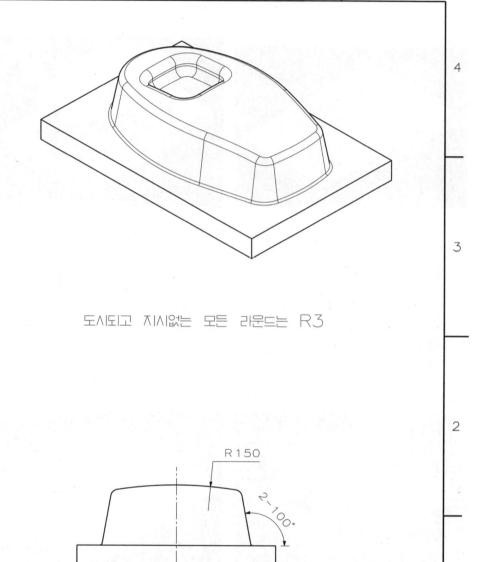

도시되고 지시없는 모든 라운드는 R3

| CATIA V5 CAD/CAM 실습 도면 | | | |
|---|---|---|---|
| 축 척 | 1 : 1 | 도 번 | Example-01 |
| 날 짜 | '18.01.01 | 작업자 | 김 상 현 |
| 각 법 | 3각법 | 소 속 | 마 지 원 |

Example-01 따라하기 51

## Modeling 작업 Process

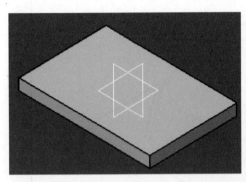

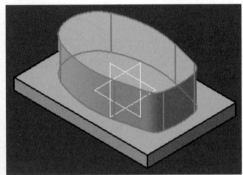

*01* 밑판을 PAD 아이콘을 이용하여 돌출한다.

*02* 중앙부분 PAD 아이콘을 이용하여 돌출한다.

돌출된 측면에 Draft Angle을 이용하여 구배를 준다.

Surface를 만들기 위해 Sweep 아이콘을 이용하여 Surface 면을 생성한다.

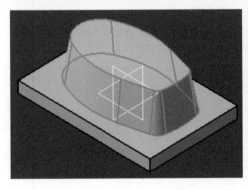

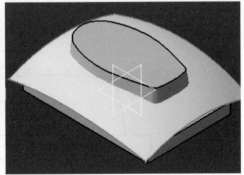

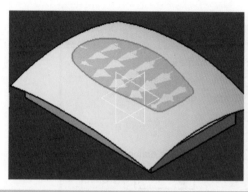

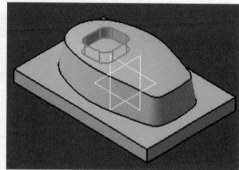

일부를 Split 아이콘을 이용하여 잘라낸다.

형상의 윗부분에 Pocket 아이콘을 이용하여 홈을 낸다. *06*

Edge fillet을 이용하여 R3로 둥글게 깎는다. *07*

Edge fillet을 이용하여 R1로 둥글게 깎는다. *08*

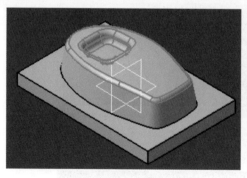

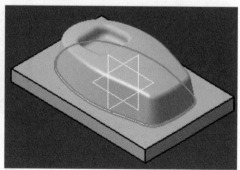

Example-01 따라하기 **53**

## Modeling 세부 작업 내용

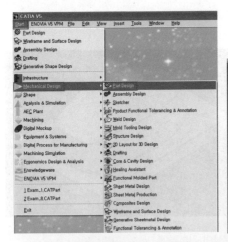

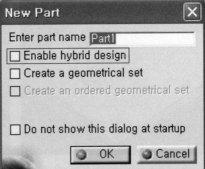

**01** 단품 모델링을 시작하기 위해서는
다음과 같이 Part Design을 선택

Start ➪ Mechanical Design ➪ Part Design

**02** 다음과 같이 창이 뜨고,
Enable hybrid design을 체크한다.

Enter part name에 Example-01이라고
입력하고 OK를 누른다.

화면과 같이 새로운 Part Design 작업창이
생성된다.

**03**

**04**

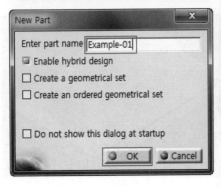

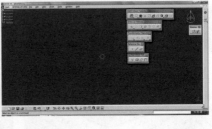

**요점정리**

Hybrid design이란!
Solid와 Surface를 Body에서 작업할 수 있는
기능으로, 트리에 Part body에서 작업된 내용
을 확인 할 수 있다.

Sketcher Toolbar에서 Positioned
Sketch 아이콘을 선택 후 xy plane
을 선택한다. 05

Swap을 먼저 선택, Reverse V를
선택후 좌표계를 그림과 같이 수정
하여 OK한다. 06

그림과 같이 Sketch 작업창으로 들어오게 된다.
Toolbar를 화면과 같이 불러내고 정렬한다.

07

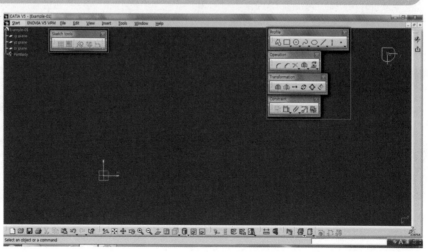

Example-01 따라하기  55

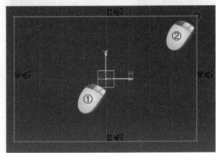

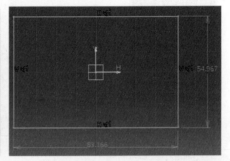

**08** Profile Toolbar에서 삼각형을 눌러 Centered Rectangle 아이콘을 선택하고, 그림과 같이 첫 번째 지점으로 원점을 클릭하고, 두 번째 지점을 우측 상단을 클릭하여 사각형을 생성한다.

**09** Constraint Toolbar에서 Constraint 아이콘을 선택하고, 그림과 같이 가로치수와 세로치수를 생성한다.

수정하고자하는 가로치수를 더블클릭하면 치수 수정 창이 생성되고 Value를 120으로 수정하여 OK한다.
**10**

수정하고자하는 세로치수를 더블클릭하면 치수 수정 창이 생성되고 Value를 80으로 수정하여 OK한다.
**11**

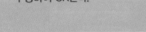

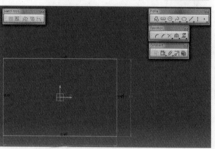

그림과 같이 치수가 수정된 것을 확 **12**
인할 수 있으며, Exit Workbench
아이콘을 선택하여, Sketch 작업창을 빠져
나간다.

그림과 같이 Sketch 작업창에서 **13**
Part Design 작업창으로 작업창이
변경된 것을 확인 할 수 있다.

Sketch-Based Feature Toolbar **14**
에서 Pad 아이콘을 선택하고,
Profile로 작업된 Sketch.1을 선택한다.

생성할 Feature의 Length값에 10 **15**
을 입력하고, 생성방향을 바꾸기 위
해 Reverse Direction을 선택하여 화살표
방향을 아래로 바꾼 후 OK한다.

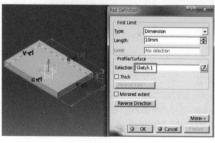

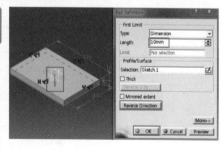

Example-01 따라하기  **57**

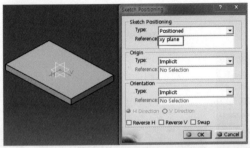
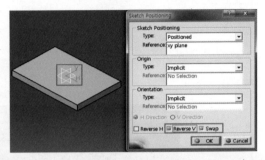

**16** Sketcher Toolbar에서 Positioned Sketch 아이콘을 선택후 xy plane을 선택 한다.

**17** Swap을 먼저 선택, Reverse V를 선택후 좌표계를 그림과 같이 수정 하여 OK한다.

## 요점정리

■ Sketch–Based Features에 Pad아이콘 설명

Pad : Profile을 이용해 일정 두께만큼 돌출시키는 기능이다.

■ Pad Definition 설명

▶Type : 돌출Type 지정
▶Length : 돌출길이 지정(Type에 Dimension일때 사용)
▶Selection : 돌출할 Profile 선택(Sketch 에 작업한 것)
　Sketch에서 작업을 끝내고 빠져 나오면 Profile이 붉은색으로 되어 있는데 붉은색 상태는 선택이 되어 있는 상태이므로 Pad를 누르면 자동으로 선택이 된다. 선택이 안되 어 있으면, User가 Sketch한 Profile를 선 택하면 된다.

▶Thick : 두께지정
▶Mirrored extent : 양방향지정
▶Reverse Direction : 두께방향지정(위, 아래)
▶More>> : Pad를정의할내용이더있음

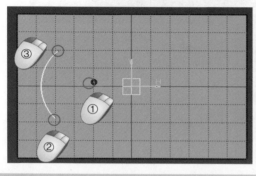

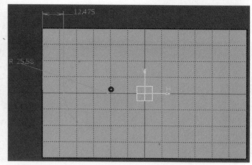

Sketch 작업창으로 들어오게 된다.
Circle Toolbar에서 Arc 아이콘을
선택, 그림과 같이 Arc를 생성한다.
이때 시작점은 H축이 된다.

**18**

Constraint Toolbar에서
Constraint 아이콘을 선택하고
그림과 같이 Arc에 필요한 치수를 생성한다.

**19**

생성된 치수를 더블클릭하여 그림과
같이 치수를 수정한다.

**20**

키보드에 Ctrl키를 누르고, Arc의
양쪽 끝점을 선택하고, 3번째로 H
Axis을 선택한 후, Constraint에 Dialog
Box 아이콘을 선택한다.

**21**

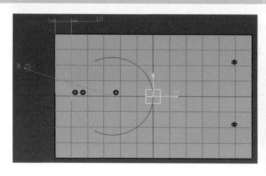

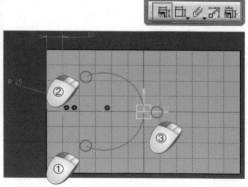

Example-01 따라하기 **59**

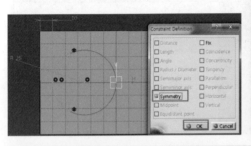

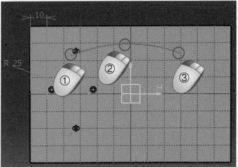

**22** 선택한 Arc의 두 Point를 H Axis 를 기준으로 대칭구속을 주기 위해 Dialog Box에서 Symmetry 아이콘을 선택하고 OK한다.

**23** Circle Toolbar에서 Three point 아이콘을 선택하고 그림과 같이 Arc를 생성한다.

Constraint Toolbar에서 Constraint 아이 콘을 선택하고 그림과 같이 Arc에 반지름 치수를 생성한다.

생성된 치수를 더블클릭하여 그림과 같이 치수를 80으로 수정한다.

**24**

**25**

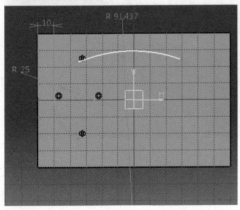

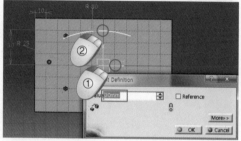

Constraint Toolbar에서
Constraint 아이콘을 선택하고 그림
과 같이 높이 치수 30으로 수정한다.

*26*

그림과 같이 두 개의 Arc를 키보드에
Ctrl키를 누르고 그림과 같이 선택한 후
Constraint Toolbar에서 Dialog Box
아이콘을 선택, Tangency를 선택하여
OK한다.

*27*

Circle Toolbar에서 Arc 아이콘을
선택, 그림과 같이 Arc를 생성한다.
이때 시작점은 H축이 된다.

*28*

Constraint Toolbar에서
Constraint 아이콘을 선택하고 그
림과 같이 Arc에 반지름 치수를 생성하고
더블클릭하여 70으로 수정 후 OK한다.

*29*

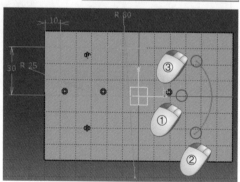

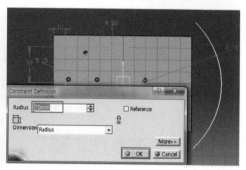

Example-01 따라하기  **61**

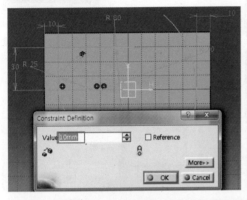

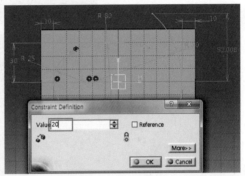

**30** Constraint Toolbar에서 Constraint 아이콘을 선택하고 그림과 같이 거리 치수를 생성하고, 더블클릭하여 10으로 수정 후 OK한다.

Arc의 양 끝점에 대칭구속을 주기 위해 키보드에 Ctrl 키를 누르고, Arc의 양끝점을 잡고 마지막으로 H Axis를 선택, **32** Dialog Box 아이콘을 선택한다.

**31** Constraint Toolbar에서 Constraint 아이콘을 선택하고 그림과 같이 Arc의 한쪽 끝점과 H축 사이의 거리 치수를 생성하고 더블클릭하여 20으로 수정 후 OK한다.

Dialog Box에서 Symmetry 구속을 선택하고 OK를 선택한다. **33**

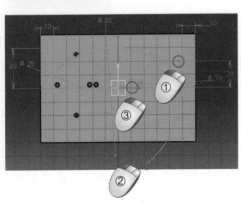

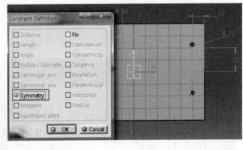

Profile

Operation

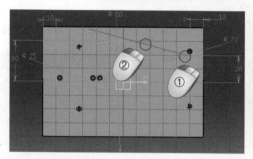

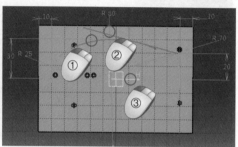

**34** Profile Toolbar에서 Line 아이콘을
선택하여 선을 그린 후, 그림과 같이
끝점과 Arc에 Tangency하게 연결한다.

**35** Operation Toolbar에서 Mirror 아이콘을
선택하고 키보드에 C + H키를 누르고
Arc와 Line을 선택한 후 H Axis를
클릭한다.

**36** 선택된 Arc과 Line이 대칭축인 Axis를
기준으로 대칭복사된 것을 확인할 수
있다.

**37** Sketch 작업을 마무리하기 위해
Relimitations Toolbar에서
Quick trim 아이콘을 선택하고 그림과
같이 Trim한다.

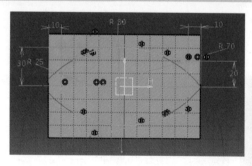

Relimitations

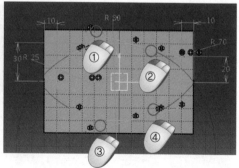

Example-01 따라하기 **63**

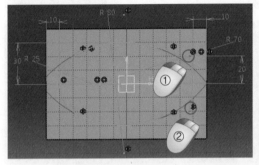

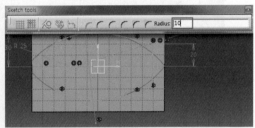

**38** Operation Toolbar에서 Corner 아이콘을 선택 하고 드래그 하면 그림과 같이 Corner를 생성할 Point가 선택되어 진다.

**39** 생성할 Corner 값에 10을 입력하고, Enter 키를 누른다.

Exit 아이콘을 선택하여 Sketch 작업창을 빠져나간다. 그림과 같이 Sketch 작업이 완료된 것을 확인할 수 있다. **40**

Sketch-Based Features Toolbar에서 Pad 아이콘을 선택하고, Length에 30을 입력하고 OK한다. **41**

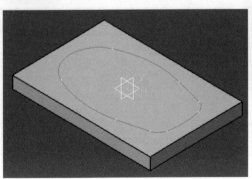

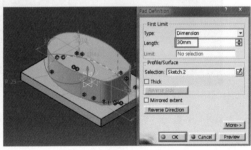

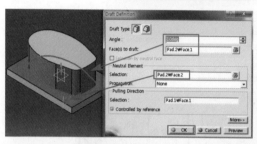

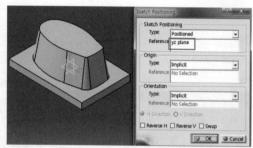

Dress-Up Features Toolbar에서
Draft Angle아이콘을 선택하고, Angle에는
10입력, Face(s) to draft는 구배 되는 면 선택,
Selection은 구배되는 기준면 선택하여 OK한다.

Sketcher Toolbar에서
Positioned Sketch 아이콘을 선택
하고, yz plane을 선택 후 좌표계를 확인
하여 OK한다.

Sketch 작업창으로 들어오게 된다.
Circle Toolbar에서 Three Point
Arc 아이콘을 이용하여 그림과 같이 생성하고,
Constraint 아이콘을 이용해 치수를 생성, 수정한다.

Sketch 작업을 마치고, Exit
Workbench 아이콘을 선택하여,
Sketch 작업창을 빠져 나간다.

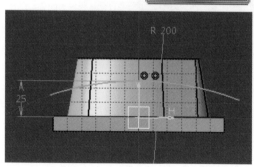

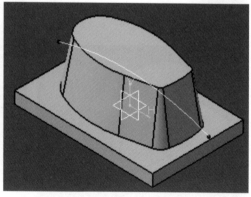

Example-01 따라하기 65

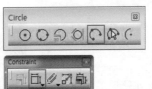

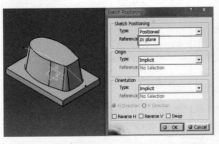

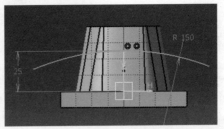

**A6** Sketcher Toolbar에서 Positioned Sketch 아이콘을 선택하고, zx plane을 선택 후 좌표계를 확인하여 OK한다.

**A7** Sketch 작업창으로 들어오게 된다. Circle Toolbar에서 Three Point Arc 아이콘을 이용하여 그림과 같이 생성하고, Constraint 아이콘을 이용해 치수를 생성, 수정한다.

**A8** Sketch 작업을 마치고, Exit Workbench 아이콘을 선택하여, Sketch 작업창을 빠져 나간다.

**A9** Surface를 만들기 위해 Product를 변경한다.

Start ⇨ Shape ⇨ Generative Shape Design을 선택한다.

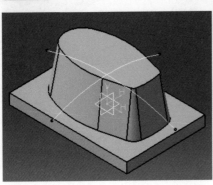

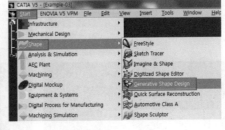

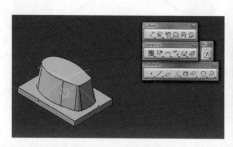

Generative Shape Design 작업창
으로 변경된 것을 확인할 수 있다.
Toolbar는 그림과 같이 정렬한다.

50

Surface Toolbar에 Sweep 아이
콘을 선택하고 Profile에는
Sketch.3 선택, Guide Curve는
Sketch.4를 선택하여 OK한다.

51

그림과 같이 Sweep Surface가
생성된 것을 확인할 수 있다.

52

생성된 Surface 기준으로 자르기
위해 Product를 변경한다.
Start ➪ Mechanical ➪ Part Design을
선택한다.

53

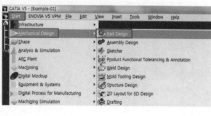

Example-01 따라하기 67

**Split Definition**

Splitting Element: Sweep.1

OK  Cancel

**54** Solid를 잘라내기 위해 Surface-Based Feature Toolbar에서 Split 아이콘을 선택하고 Splitting Element에 Sweep.1을 선택하여 남겨질 방향을 확인한 후에 OK한다.

**55** 그림과 같이 Surface를 기준으로 Solid가 잘려진 것을 확인 할 수 있다.

**56** 모델링에 썼던 Surface를 남기고 다음 단계를 작업할 경우 복잡하기 때문에 트리에 Ctrl 키를 사용하여 선택 후 MB3를 눌러 Hide/show를 선택한다.

**57** Sketcher Toolbar에서 Positioned Sketch 아이콘을 선택, xy plane을 선택후 Swap을 선택, Reverse V를 선택하고 좌표계를 확인하여 OK한다.

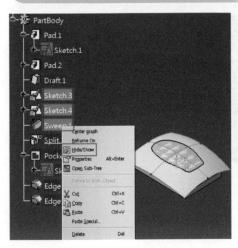

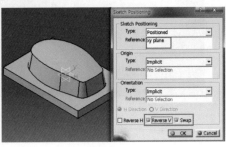

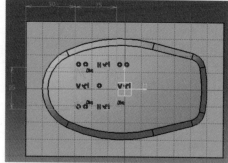

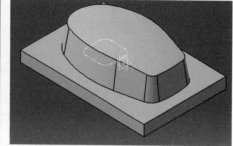

Sketch 작업창으로 들어오게 된다.
Predefined Profile Toolbar에서
Centered Rectangle 아이콘, Operation Toolbar에
서 Coner 아이콘을 이용하여 그림과 같이 생성하고,
Constraint 아이콘을 이용해 치수를 생성, 수정한다.

**58**

Sketch 작업을 마치고, Exit
Workbench 아이콘을 선택하여,
Sketch 작업창을 빠져 나간다.

**59**

Sketch-Based Features Toolbar
에서 Pocket 아이콘을 선택하고,
More를 선택한다.

**60**

그림과 같이 Second Limit에서
Type을 Up to surface를 선택,
Offset에 8 입력 Depth 30을 입력하여
OK한다.

**61**

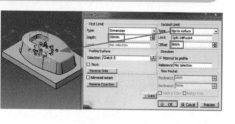

Example-01 따라하기 69

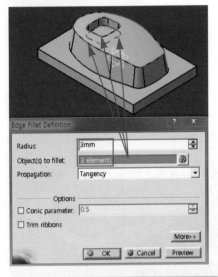

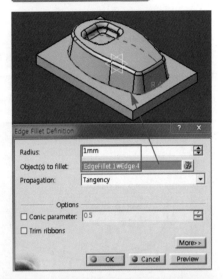

**62** Dress–Up Feature Toolbar에서 Edge fillet 아이콘을 선택하고, 그림과 같이 Edge를 선택 후 Radius 값에 3을 입력하여 OK한다.

**63** Dress–Up Feature Toolbar에서 Edge fillet 아이콘을 선택하고, 그림과 같이 Edge를 선택 후 Radius 값에 1을 입력하여 OK한다.

NC 데이터 추출을 위한 가공원점의 좌표축을 이동하기 위해 Reference elements Toolbar에서 Point 아이콘을 선택하고 x=0, Y=0, Z=0을 확인하고 **64** OK하여 Point를 만든다.

좌표축을 Transformation Features Toolbar에서 Translation 아이콘을 선택하고 Question 창에 예 선택하고 Vector Definition에 Point to **65** Point를 선택, 그림과 같이 Start point 및 End point를 선택하여 OK한다.

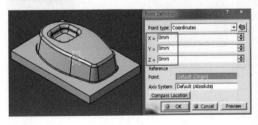

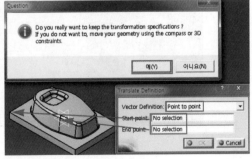

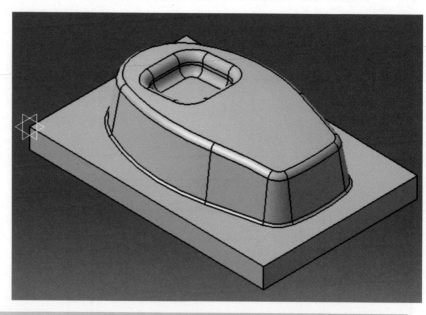

최종 형상이 완료된 것을 확인할 수 있다.
지금까지 Example-01 예제를 모델링 해 보았다.

66

MEMO

Example-01 따라하기  71

## 02 Example-02 따라하기

기출문제 Example-02 도면을 보고, Modeling을 해보도록 하겠습니다.

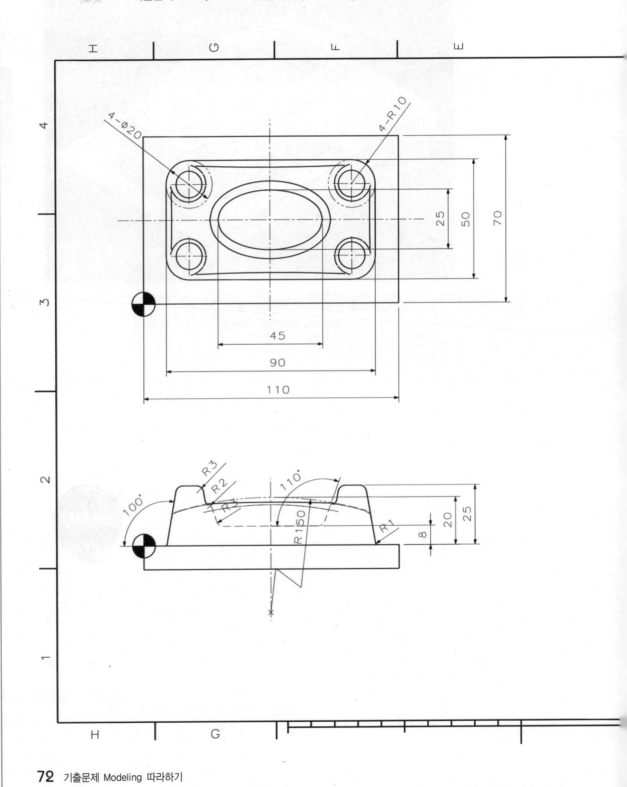

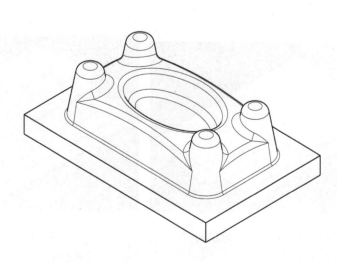

지시없는 모든 라운드는 R2

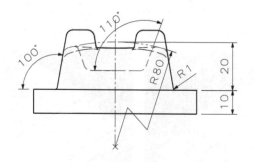

| CATIA V5 CAD/CAM 실습 도면 | | | |
|---|---|---|---|
| 축 척 | 1 : 1 | 도 번 | Example-02 |
| 날 짜 | '18.01.01 | 작업자 | 김 상 현 |
| 각 법 | 3각법 | 소 속 | 마 지 원 |

Example-02 따라하기 **73**

# Solid Modeling 작업방법

## Modeling 작업 Process

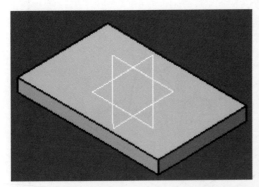
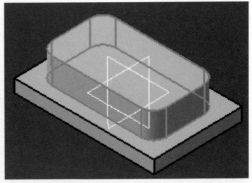

*01* 밑판을 PAD 아이콘을 이용하여
돌출한다.

*02* 중앙부분은 PAD 아이콘을 이용하여
돌출한다.

돌출된 측면에 Draft Angle을 이용하여
구배를 준다.

중앙부분에 Pocket 아이콘을 이용하여
홈을 낸다.

*03*
*04*

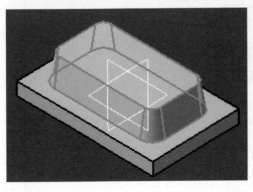
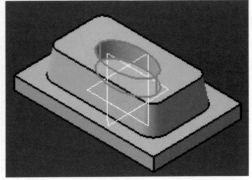

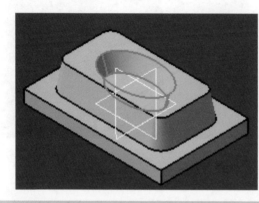

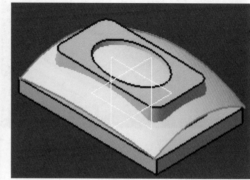

홈 부분에 Draft Angle을 이용하여
구배를 준다.

Surface를 만들기 위해 Sweep
아이콘을 이용하여 Surface 면을
생성한다.

중앙부위의 일부를 Split 아이콘을
이용하여 잘라낸다.

측면에 기둥을 만들기 위해 Plane을
생성한다.

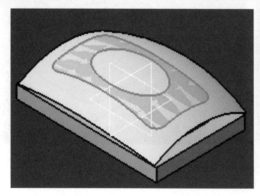

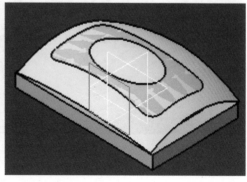

Example-02 따라하기 **75**

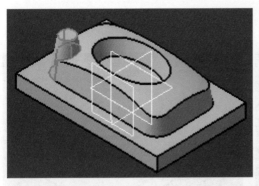 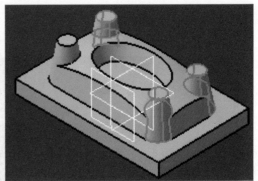

**09** 측면에 기둥 하나를 만들기 위해 Shaft 아이콘을 이용하여 회전체를 만든다.

**10** 측면 기둥 4개를 만들기 위해 Rectangular Pattern 아이콘을 이용하여 생성한다.

Edge fillet을 이용하여 R3로 둥글게 깎는다.

Edge fillet을 이용하여 R3로 둥글게 깎는다.

**11**

**12**

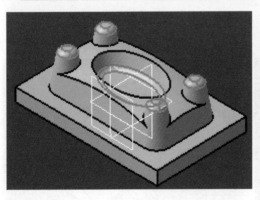 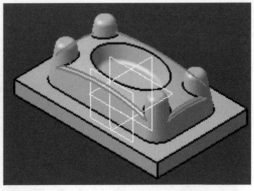

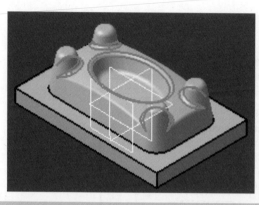

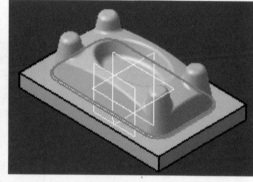

Edge fillet을 이용하여 R2로 둥글게
깎는다.

13

Edge fillet을 이용하여 R1로 둥글게
깎는다.

14

MEMO

Example-02 따라하기 77

## Modeling 세부 작업 내용

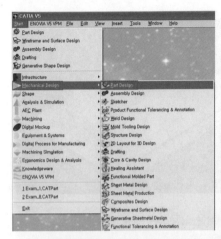

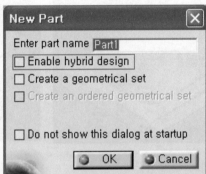

| 01 단품 모델링을 시작하기 위해서는 다음과 같이 Part Design을 선택 | 02 다음과 같이 창이 뜨고, Enable hybrid design을 체크한다.<br>Start ⇨ Mechanical Design ⇨ Part Design |
|---|---|
| Enter part name에 Example-02라고 입력하고 OK를 누른다.<br><br>03 | 그림과 같이 새로운 Part Design 작업창이 생성된다.<br><br>04 |

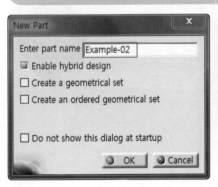

요점정리

Hybrid design이란!
Solid와 Surface를 Body에서 작업할 수 있는
기능으로, 트리에 Part body에서 작업된 내용
을 확인 할 수 있다.

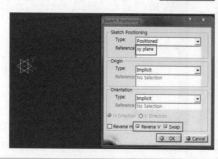

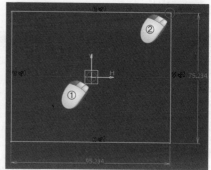

Sketcher Toolbar에서 Positioned
Sketch 아이콘을 선택하고, xy
plane을 신택 후, Swap을 선택, Reverse
V를 선택하여 좌표계를 확인하고 OK한다.

*05*

Sketch 작업창으로 들어오게 된다.
Profile Toolbar에서 삼각형을 눌러
Centered Rectangle 아이콘을 선택하고, 그림과
같이 첫 번째 지점으로 원점을 클릭하고, 두 번째
지점을 우측 상단을 클릭하여 사각형을 생성한다.

*06*

Constraint Toolbar에서 Constraint 아
이콘을 선택하여 치수를 생성하고, 생성된
치수를 더블클릭하여 그림과 같이 치수를 110, 70
으로 수정하고 OK를 선택한다. Exit Workbench
아이콘을 선택하여 Sketch 작업창을 빠져 나간다

*07*

Sketch-Based Features에 Pad
아이콘을 선택하고, Profile로
Sketch.1을 선택한 후 Length에 10을 입
력하고 Reverse Direction 버튼을 이용해
방향을 바꾼 후 OK한다.

*08*

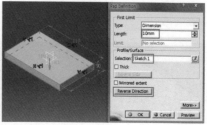

Example-02 따라하기 **79**

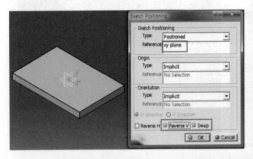

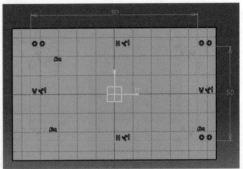

**09** Sketcher Toolbar에서 Positioned Sketch 아이콘을 선택하고, xy plane을 선택 후 Swap을 선택, Reverse V를 선택하여 좌표계를 확인하고 하여 OK한다.

**10** Sketch 작업창으로 들어오게 된다. Predefined Profile에서 Centered Rectangle아이콘, Operation에서 Corner 아이콘을 이용하여 그림과 같이 생성하고, Constraint 아이콘을 이용해 치수를 생성, 수정한다.

**11** Sketch 작업을 마치고, Exit Workbench 아이콘을 선택하여, Sketch 작업창을 빠져 나간다.

**12** Sketch-Based Features에 Pad 아이콘을 선택하고, Profile로 Sketch.2을 선택한 후 Length에 20을 입력하고 OK한다.

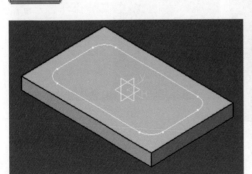

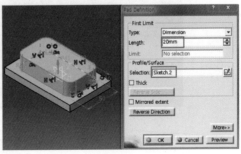

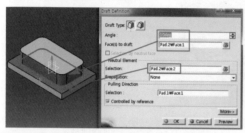

Dress–Up Features Toolbar에서
Draft Angle아이콘을 선택하고,
Angle에는 10입력, Face(s) to draft는 구
배 되는 1면 선택, Selection은 구배되는 기
준면 선택하여 OK한다.

13

Sketcher Toolbar에서
Positioned Sketch 아이콘을 선택
하고, xy plane을 선택, Swap을 선택,
Reverse V를 선택 후 좌표계를 확인하고
OK한다.

14

Sketch 작업창으로 들어오게 된다.
Profile에서 Ellipse 아이콘을 이용하
여 그림과 같이 생성하고, Constraint 아이
콘을 이용해 치수를 생성, 수정한다.

15

Sketch 작업을 마치고, Exit
Workbench 아이콘을 선택하여,
Sketch 작업창을 빠져 나간다.

16

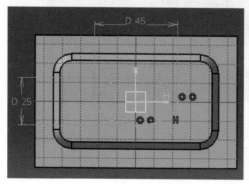

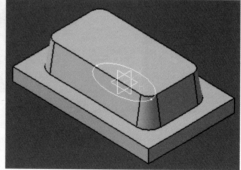

Example–02 따라하기 **81**

Section
**02**

기출문제 Modeling 따라하기

**17** Reverse Direction 선택 후, Sketch-Based Features Toolbar에서 Pocket 아이콘을 선택하고, First Limit에서 Depth 25입력, Second Limit에서 Depth −8입력, Profile/Surface는 Sketch.3을 선택하여 OK한다.

**18** Dress-Up Features Toolbar에서 Draft Angle아이콘을 선택하고, Angle에는 20입력, Face(s) to draft는 구배 되는 1면 선택, Selection은 구배되는 기준면 선택하여 OK한다.

**19** Sketcher Toolbar에서 Positioned Sketch 아이콘을 선택하고, yz plane을 선택 후 좌표계를 확인하여 OK한다.

**20** Sketch 작업창으로 들어오게 된다. Circle Toolbar에서 Three Point Arc 아이콘을 이용하여 그림과 같이 생성하고, Constraint 아이콘을 이용해 치수를 생성, 수정한다.

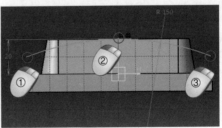

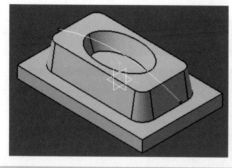

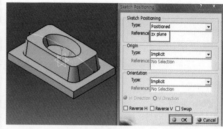

Sketch 작업을 마치고, Exit
Workbench 아이콘을 선택하여,
Sketch 작업창을 빠져 나간다. *21*

Sketcher Toolbar에서
Positioned Sketch 아이콘을 선택
하고, zx plane을 선택 후 좌표계를
확인하여 OK한다. *22*

Sketch 작업창으로 들어오게 된다.
Circle Toolbar에서 Three Point
Arc 아이콘을 이용하여 그림과 같이 생성
하고, Constraint 아이콘을 이용해 치수를
생성, 수정한다. *23*

Sketch 작업을 마치고, Exit
Workbench 아이콘을 선택하여,
Sketch 작업창을 빠져 나간다. *24*

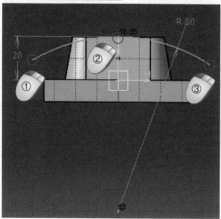

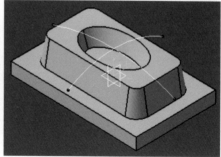

Example-02 따라하기 **83**

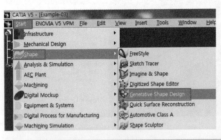

**25** 생성된 Surface 기준으로 자르기 위해 Product를 변경한다.
Start ⇨ Shape ⇨ Generative Shape Design 을 선택한다.

**26** Surface Toolbar에 Sweep 아이콘을 선택하고 Profile에는 Sketch.4 선택, Guide Curve는 Sketch.5를 선택하여 OK한다.

생성된 Surface 기준으로 자르기 위해 Product를 변경한다.
**27** Start ⇨ Mechanical ⇨ Part Design을 선택한다.

Solid를 잘라내기 위해 Surface–Based Feature Toolbar에서 Split 아이콘을 선택하고
**28** Splitting Element에 Sweep.1을 선택하여 남겨질 방향을 확인한 후에 OK한다.

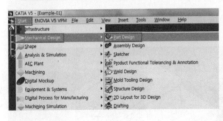

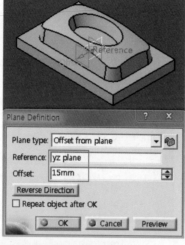

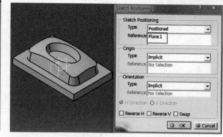

| | |
|---|---|
| Reference Element Toolbar에 Plane 아이콘을 이용하여 그림과 같이 Reference yz plane을 선택, Offset은 15를 입력하여 OK한다. **29** | Sketcher Toolbar에서 Positioned Sketch 아이콘을 선택하고, Plane.1을 선택 후 좌표계를 확인하여 OK한다. **30** |
| Sketch 작업창으로 들어오게 된다. Profile Toolbar에서 Profile 및 Axis 아이콘을 이용하여 그림과 같이 생성하고, Constraint 아이콘을 이용해 치수를 생성, 수정한다. **31** | Sketch 작업을 마치고, Exit Workbench 아이콘을 선택하여, Sketch 작업창을 빠져 나간다. **32** |

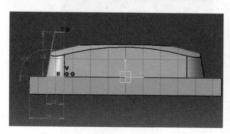

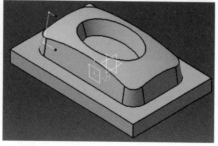

Example-02 따라하기 **85**

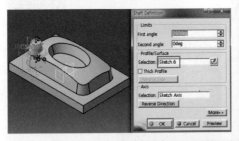

**33**    Sketch-Based Features Toolbar에서 Shaft 아이콘을 선택하고, Profile/Surface는 Sketch.6를 선택하여 OK한다.

**34**    Transformation Features Toolbar에서 Rectangular Pattern 아이콘을 선택 후 First Direction에서 Instance 2를 입력, Spacing을 70입력, Reference와 Object를 그림과 같이 선택하여 Second Direction를 선택한다.

Second Direction에서 Instance 2를 입력, Spacing을 30입력, Reference를 그림과 같이 선택하고 OK한다.

Dress-Up Feature Toolbar에서 Edge Edge fillet 아이콘을 선택하고, 그림과 같이 Edge를 선택 후 Radius 값에 3을 입력하여 OK한다.

**35**

**36**

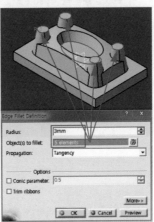

Dress-Up Feature Toolbar에서 Edge fillet 아이콘을 선택하고, 그림과 같이 Edge를 선택 후 Radius 값에 2를 입력하여 OK한다. **37**

Dress-Up Feature Toolbar에서 Edge fillet 아이콘을 선택하고, 그림과 같이 Edge를 선택 후 Radius 값에 2를 입력하여 OK한다. **38**

Dress-Up Feature Toolbar에서 Edge fillet 아이콘을 선택하고, 그림과 같이 Edge를 선택 후 Radius 값에 1을 입력하여 OK한다. **39**

NC 데이터 추출을 위한 가공원점의 좌표축을 이동하기 위해 Reference elements Toolbar에서 Point 아이콘을 선택하고 x=0, Y=0, Z=0을 확인하고 OK하여 Point를 만든다. **40**

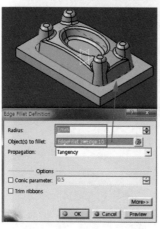

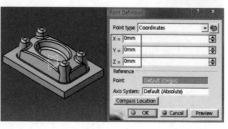

Example-02 따라하기 **87**

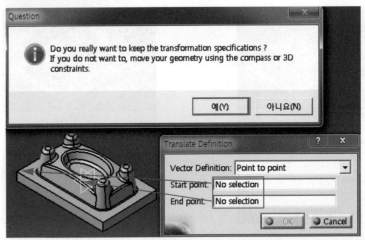

 좌표축을 Transformation Features Toolbar에서
Translation 아이콘을 선택하고 Question 창에 예 선택하고
그림과 같이 Start point 및 End point를 선택하여 OK한다.

최종 형상이 완료된 것을 확인할 수 있다.
지금까지 Example-02 예제를 모델링 해 보았다.

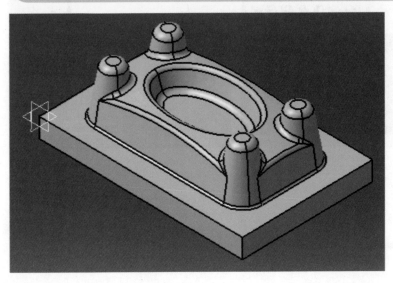

Example-02 따라하기  89

# 03 Example-03 따라하기

기출문제 Example-03 도면을 보고, Modeling을 해보도록 하겠습니다.

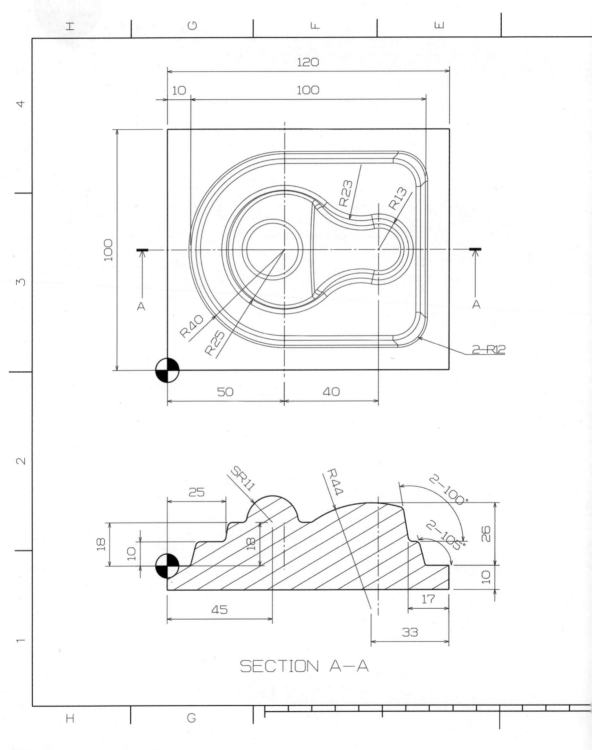

SECTION A-A

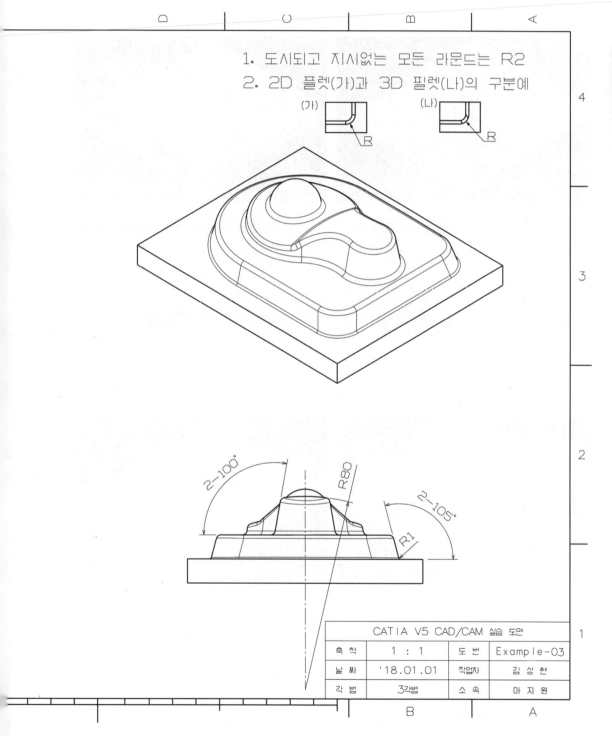

1. 도시되고 지시없는 모든 라운드는 R2
2. 2D 플렛(가)과 3D 필렛(나)의 구분에

(가)　　　　　　(나)

R　　　　　　　R

2-100°

R80

2-105°

R1

| CATIA V5 CAD/CAM 실습 도면 | | | |
|---|---|---|---|
| 축 척 | 1 : 1 | 도 번 | Example-03 |
| 날 짜 | '18.01.01 | 작업자 | 김 상 현 |
| 각 법 | 3각법 | 소 속 | 마 지 원 |

Example-03 따라하기 **91**

# Solid Modeling 작업방법

## Modeling 작업 Process

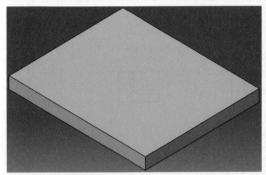

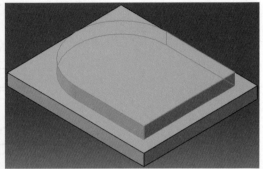

**01** 밑판을 PAD 아이콘을 이용하여 돌출한다.

**02** 중앙부분 PAD 아이콘을 이용하여 돌출한다.

돌출된 측면에 Draft Angle을 이용하여 구배를 준다.

**03**

형상의 윗부분에 PAD 아이콘을 이용하여 돌출한다.

**04**

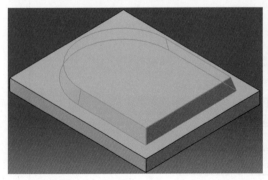

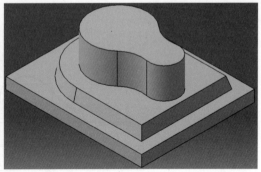

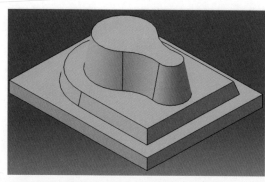

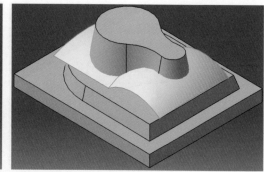

돌출된 측면에 Draft Angle을 이용하여 구 배를 준다.

Surface를 만들기 위해 Sweep 아이콘 을 이용하여 Surface 면을 생성한다.

일부를 Split 아이콘을 이용하여 잘라낸다.

형상의 윗부분에 Shaft 아이콘을 이용하 여 돌출을 한다.

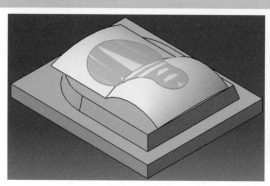

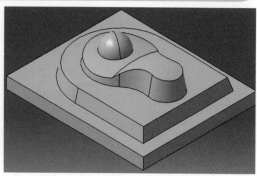

Example-03 따라하기  93

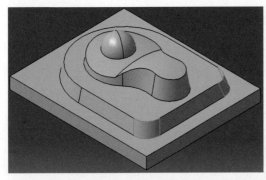

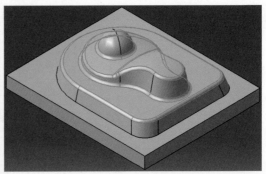

**09** Edge fillet을 이용하여 R12로 둥글게 깎는다.

**10** Edge fillet을 이용하여 R2로 둥글게 깎는다.

**11** Edge fillet을 이용하여 R1로 둥글게 깎는다.

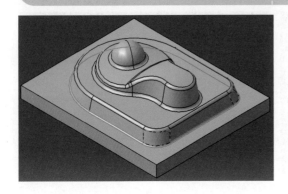

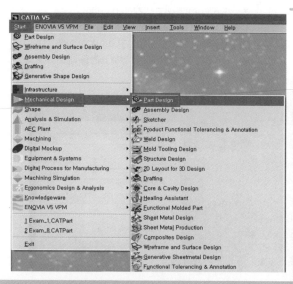

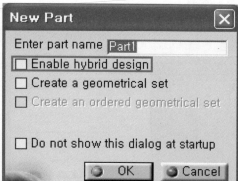

| | | |
|---|---|---|
| 단품 모델링을 시작하기 위해서는 다음과 같이 Part Design을 선택한다.<br>Start ➡ Mechanical Design ➡ Part Design | **01** | 다음과 같이 창이 뜨고, Enable hybrid design을 체크한다. **02** |
| Enter part name에 Example-03이라고 입력하고 OK를 누른다. | **03** | 그림과 같이 새로운 Part Design 작업 창이 생성된다. **04** |

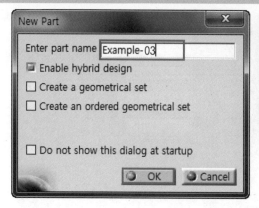

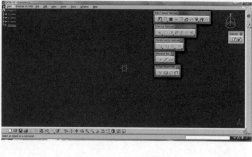

### 요점정리

Hybrid design이란!
Solid와 Surface를 Body에서 작업할 수 있는 기능으로, 트리에 Part body에서 작업된 내용을 확인할 수 있다.

Example-03 따라하기 95

## 요점정리

Toolbar에 아이콘 가로로 정리하는 방법
Shift키 누르고 마우스 첫 번째 버튼을 누르고
아이콘을 드레그하면, 세로로 된 아이콘이 가로
로 나타나며, 이때 마우스 첫 번째 버튼을 떼고
Shift키를 떼면 변경이 된다.

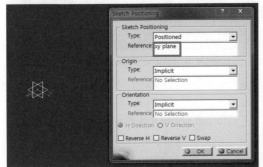

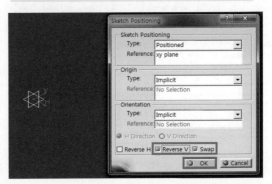

**05** Sketcher Toolbar에서 Positioned Sketch 아이콘을 선택 후 xy plane을 선택한다.

**06** Swap을 먼저 선택, Reverse V를 선택 후 좌표계를 그림과 같이 수정하여 OK 한다.

그림과 같이 Sketch 작업창으로 들어오게 된다.
Toolbar를 화면과 같이 불러내고 정렬한다.

**07**

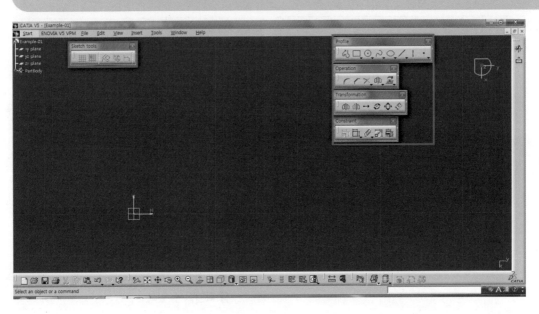

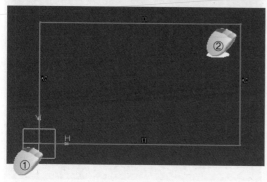

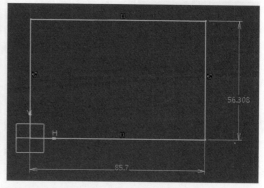

Profile Toolbar에서 Rectangle 아이콘을 선택하고, 그림과 같이 첫 번째 지점으로 원점을 클릭하고, 두 번째 지점을 우측 상단을 클릭하여 사각형을 생성한다. **08**

Constraint Toolbar에서 Constraint 아이콘을 선택하고, 그림과 같이 가로치수와 세로치수를 생성한다. **09**

수정하고자하는 가로치수를 더블클릭하면 치수 수정 창이 생성되고 Value를 120으로 수정하여 OK한다. **10**

수정하고자하는 세로치수를 더블클릭하면 치수 수정 창이 생기고 Value를 100으로 수정하여 OK한다. **11**

Example-03 따라하기 **97**

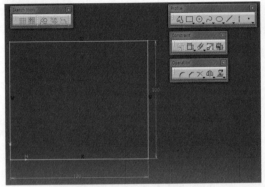

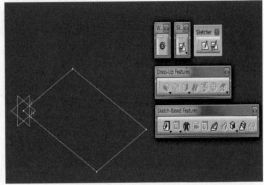

*12* 그림과 같이 치수가 수정된 것을 확인 할 수 있으며, Exit Workbench 아이콘을 선택하여, Sketch 작업창을 빠져 나간다.

*13* 그림과 같이 Sketch 작업창에서 Part Design 작업창으로 작업창이 변경된 것을 확인 할 수 있다.

Sketch-Based Feature Toolbar에서 Pad 아이콘을 선택하고, Profile로 작업된 Sketch.1을 선택한다.

생성할 Feature의 Length값에 10을 입력하고, 생성방향을 바꾸기 위해 Reverse Direction을 선택하여 화살표 방향을 아래로 바꾼 후 OK한다.

*14*

*15*

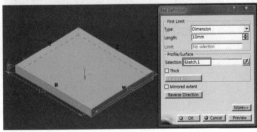

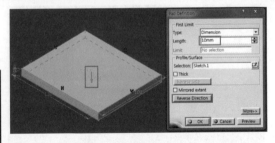

### 요점정리

◼ 2D 작업창과 3D 작업창
CATIA V5에서는 Sketch 작업창이 2D로, Part design과 Surface design 작업창이 작업창이 3D로 전환된다. 그리고 3D 작업창에서 Part와 Surface는 메뉴만 바뀔 뿐이다.

## 요점정리

■ Sketch-Based Features에 Pad아이콘 설명

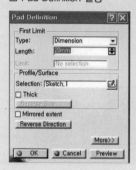 Pad : Profile을 이용해 일정 두께만큼 돌출시키는 기능이다.

■ Pad Definition 설명

▶Type : 돌출Type 지정

▶Length : 돌출길이 지정(Type에 Dimension일때 사용)

▶Selection : 돌출할 Profile 선택(Sketch에 작업한 것)
Sketch에서 작업을 끝내고 빠져 나오면 Profile이 붉은색으로 되어 있는데 붉은색 상태는 선택이 되어 있는 상태이므로 Pad를 누르면 자동으로 선택이 된다. 선택이 안되어 있으면, User가 Sketch한 Profile를 선택하면 된다.

▶Thick : 두께지정

▶Mirrored extent : 양방향지정

▶Reverse Direction : 두께방향지정(위, 아래)

▶More>> : Pad를정의할내용이더있음

MEMO

Example-03 따라하기 99

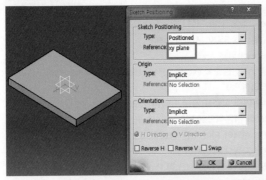
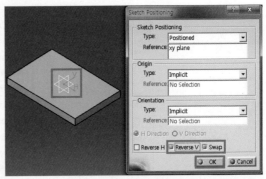

**16** Sketcher Toolbar에서 Positioned Sketch 아이콘을 선택 후 xy plane 을 선택 한다.

**17** Swap을 먼저 선택, Reverse V를 선택 후 좌표계를 그림과 같이 수정하여 OK한다.

Profile 작업창으로 들어오게 된다. Profile 아이콘을 선택, 그림 순서와 같이 프로파일 생성, Sketch tools에서 Tanget Arc를 이용하면 된다. **18**

Constraint Toolbar에서 Constraint 아이콘을 선택 하고 그림과 같이 치수를 60으로 수정한다. **19**

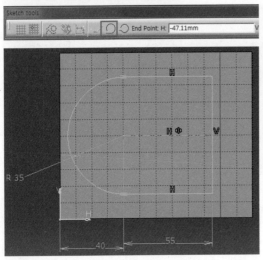
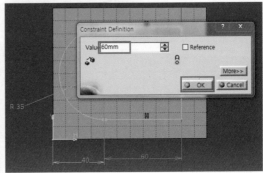

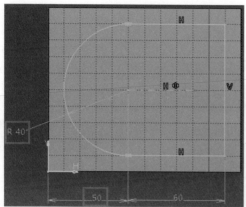

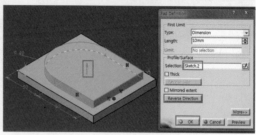

생성된 치수를 더블클릭하여 그림과 같이 치수를 수정한다.
Exit 아이콘을 선택하여 Sketch 작업창을 빠져나간다. **20**

Sketch-Based Features에서 Pad 아이콘을 누르고 프로파일 선택 후 Pad Definition **21**

Sketcher Toolbar에서 Positioned Sketch 아이콘을 선택 후 Pad.2/Face.1 을 선택 한다. **22**

Swap을 먼저 선택, Reverse V를 선택 후 좌표계를 그림과 같이 수정하여 OK 한다. **23**

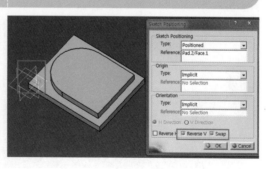

Example-03 따라하기 101

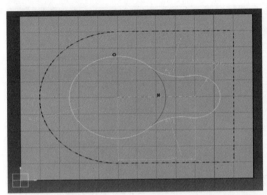

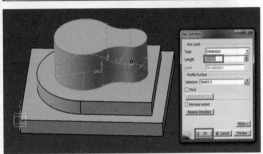

**24** Sketcher Toolbar에서 Positioned Sketch 아이콘을 선택하고, 방금 돌출시킨 위면을 선택하고 아래와 같이 작업하고 빠져나간다.

**25** Sketch-Based Features에 Pad 아이콘을 선택하고, Profile로 Sketch.2을 선택한 후 Length에 27을 입력하고 OK한다.

yz Plane을 이용하여 50만큼 떨어진 Plane 생성한다. 생성한 Plane에 Sketch로 들어가서 그림과 같이 작업한다.

**26**

위에서 생성한 Profile을 이용하여 Plane 아이콘을 선택한 후 Normal to Plane type에 Curve를 이용해서 Plane을 생성하고 그림과 같이 작업한다.

**27**

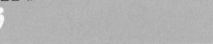

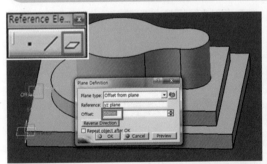

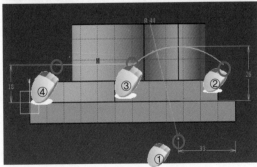

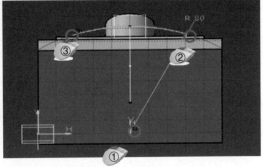

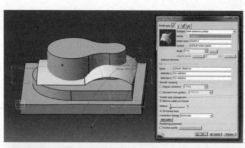

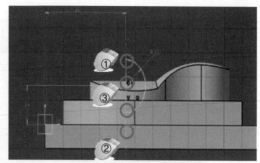

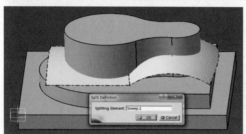

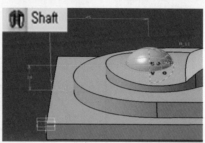

이렇게 생성한 Profile을 이용하여 Sweep 아이콘을 선택하고 각각의 Profile 선택 하여 Surface를 생성하고 생성한 Surface를 이용하여 Solid를 Split아이콘을 이용해서 잘라낸다. **28**

앞에서 만든 Plane에 아래와 같이 Sketch한 Profile을 shaft 아이콘을 이용하여 360도 회전시킨다. **29**

Draft Angle아이콘을 이용하여 Angle에는 각각 15도, 10도를 입력, Face(s) to draft 는 구배 되는 각각의 바닥면을 선택하고, Selection 은 구배되는 기준면 선택하여 OK한다. **30**

Edge fillet 아이콘을 선택하고, 그림과 같이 각각의 Edge를 선택 후 Radius값 을 입력한다. **31**

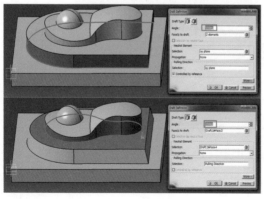

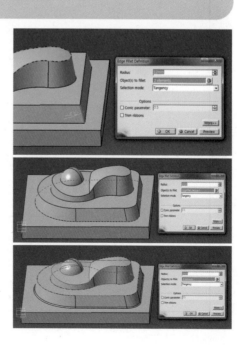

Example-03 따라하기 **103**

## 04 Example-04 따라하기

기출문제 Example-04 도면을 보고, Modeling을 해보도록 하겠습니다.

SECTION A-A

D ⎸ C ⎸ B ⎸ A

1. 도시되고 지시없는 모든 라운드는 R2
2. 2D 플렛(가)과 3D 필렛(나)의 구분에

(가)       (나)

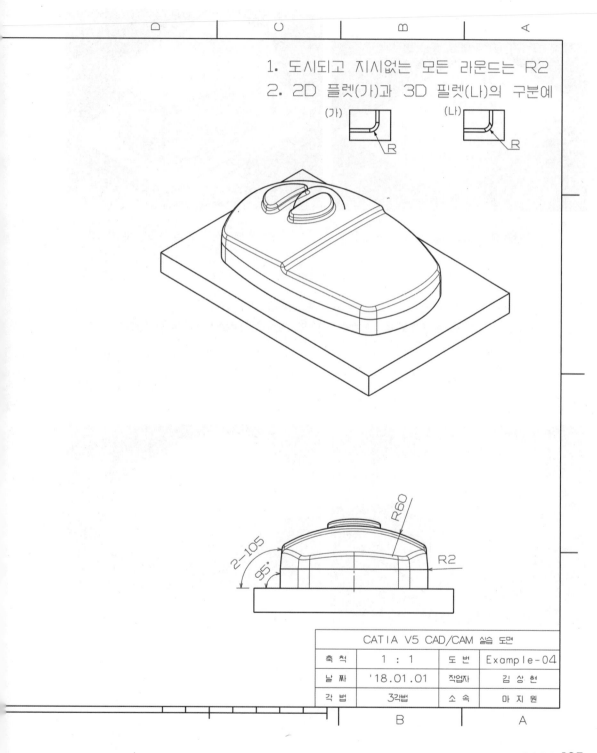

| CATIA V5 CAD/CAM 실습 도면 | | | |
|---|---|---|---|
| 축 척 | 1 : 1 | 도 번 | Example-04 |
| 날 짜 | '18.01.01 | 작업자 | 김 상 현 |
| 각 법 | 3각법 | 소 속 | 마 지 원 |
| | B | | A |

Example-04 따라하기 **105**

# Solid Modeling 작업방법

## Modeling 작업 Process

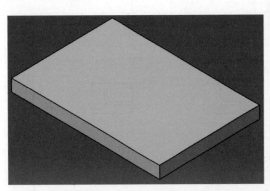

**01** 밑판을 PAD 아이콘을 이용하여 돌출한다.

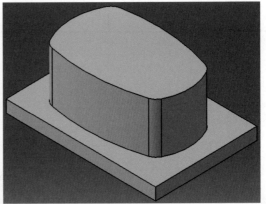

**02** 중앙부분 PAD 아이콘을 이용하여 돌출한다.

Surface를 만들기 위해 Sweep 아이콘을 이용하여 Surface 면을 생성한다.

**03**

일부를 Split 아이콘을 이용하여 잘라낸다.

**04**

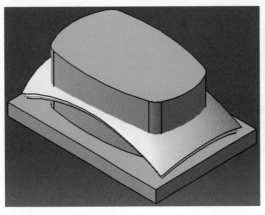

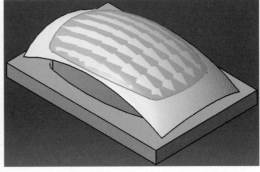

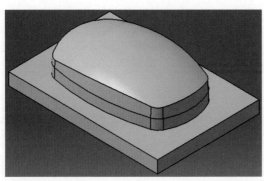

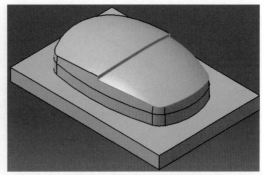

돌출된 측면에 Draft Angle을 이용하여 구배를 준다.　*05*

평면도 위변을 작업하여 그림과 같이 작업한다.　*06*

중앙부분 PAD 아이콘을 이용하여 돌출한다.　*07*

Edge fillet을 이용하여 R3로 둥글게 깎는다.　*08*

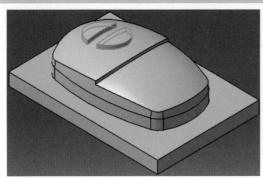

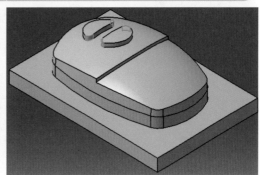

Example-04 따라하기 **107**

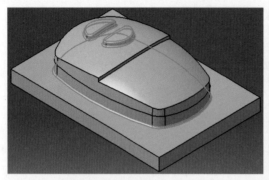 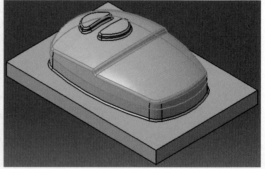

**09** Edge fillet을 이용하여 R1로 둥글게 깎는다.

**10** Edge fillet을 이용하여 R2로 둥글게 깎는다.

## Modeling 세부 작업 내용

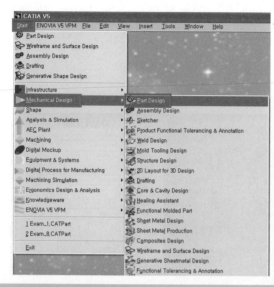

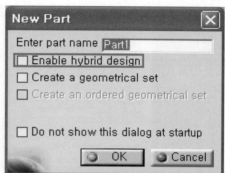

**01** 단품 모델링을 시작하기 위해서는 다음과 같이 Part Design을 선택한다.
Start ⇨ Mechanical Design ⇨ Part Design

**02** 다음과 같이 창이 뜨고, Enable hybrid design을 체크한다.

**03** Enter part name에 Example-04라고 입력하고 OK를 누른다.

**04** 그림과 같이 새로운 Part Design 작업 창이 생성된다.

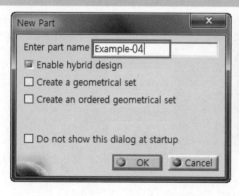

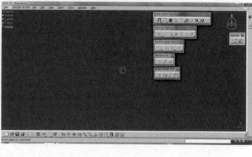

Example-04 따라하기 **109**

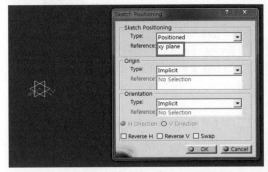

**05** Sketcher Toolbar에서 Positioned Sketch 아이콘을 선택 후 xy plane을 선택한다.

**06** Swap을 먼저 선택, Reverse V를 선택 후 좌표계를 그림과 같이 수정하여 OK 한다.

그림과 같이 Sketch 작업창으로 들어오게 된다.
Toolbar를 화면과 같이 불러내고 정렬한다.

**07**

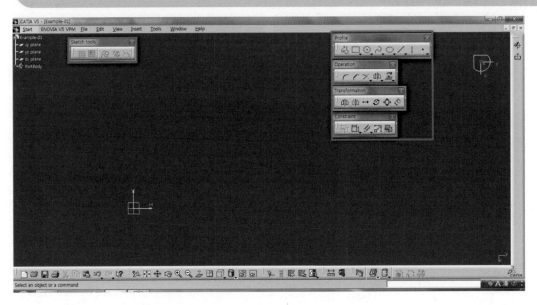

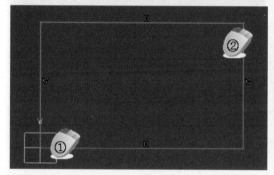

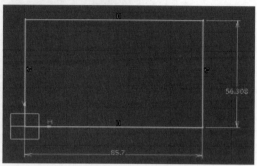

Profile Toolbar에서 Rectangle 아이콘을 선택하고, 그림과 같이 첫 번째 지점으로 원점을 클릭하고, 두 번째 지점을 우측 상단을 클릭하여 사각형을 생성한다.

*08*

Constraint Toolbar에서 Constraint 아이콘을 선택하고, 그림과 같이 가로치수와 세로치수를 생성한다.

*09*

수정하고자하는 가로치수를 더블클릭하면 치수 수정 창이 생성되고 Value를 125로 수정하여 OK한다.

*10*

수정하고자하는 세로치수를 더블클릭하면 치수 수정 창이 생성되고 Value를 85로 수정하여 OK한다.

*11*

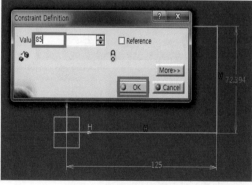

Example-04 따라하기 **111**

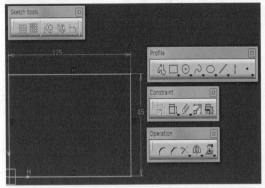

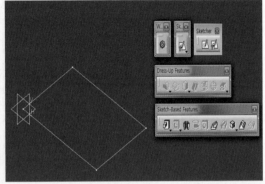

**12** 그림과 같이 치수가 수정된 것을 확인할 수 있으며, Exit Workbench 아이콘을 선택하여, Sketch 작업창을 빠져 나간다.

**13** 그림과 같이 Sketch 작업창에서 Part Design 작업창으로 작업창이 변경된 것을 확인 할 수 있다.

Sketch–Based Feature Toolbar에서 Pad 아이콘을 선택하고, Profile로 작업된 Sketch.1을 선택한다.

**14**

생성할 Feature의 Length값에 10을 입력하고, 생성방향을 바꾸기 위해 Reverse Direction을 선택하여 화살표 방향을 아래로 바꾼 후 OK한다.

**15**

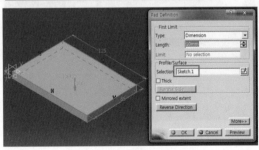

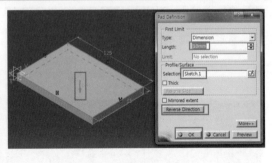

Sketcher

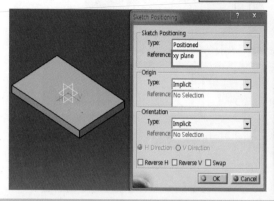

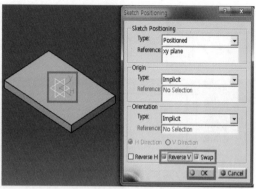

Sketcher Toolbar에서 Positioned Sketch 아이콘을 선택 후 xy plane을 선택 한다. *16*

Swap을 먼저 선택, Reverse V를 선택 후 좌표계를 그림과 같이 수정하여 OK 한다. *17*

Sketcher Toolbar에서 Positioned Sketch 아이콘을 선택하고, xy plane을 선택 후 Swap을 선택, Reverse V를 선택하여 좌표계를 확인하고 OK한다. Sketch 작업창으로 들어오게 되면 그림과 같이 작업하고 빠져 나간다. *18*

Sketch-Based Features에 Pad 아이콘을 선택하고, Profile로 Sketch.2을 선택한 후 Length에 41을 입력하고 OK한다. *19*

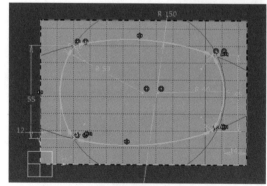

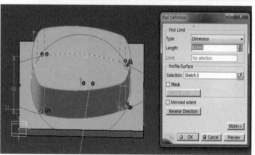

Example-04 따라하기 **113**

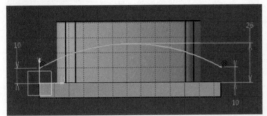

**20** Yz Plane을 이용하여 Y축 방향으로 42.5 만큼 떨어진 Plane 생성한다. 생성한 Plane에 Sketch로 들어가서 그림과 같이 Profile 작업을 한다.

**21** 위에서 생성한 Profile을 이용하여 Normal to Curve를 이용해서 Plane을 생성하고, 생성된 Plane에 Sketch로 들어와서 그림과 같이 Profile 작업을 한다.

**22** 이렇게 생성한 Profile을 이용하여 Sweep 아이콘을 선택하고 각각의 Profile 선택하여 Surface를 생성한다.

**23** Swap을 먼저 선택, Reverse V를 선택후 좌표계를 그림과 같이 수정하여 OK한다.

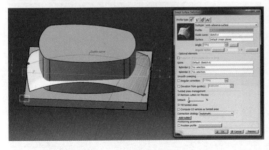

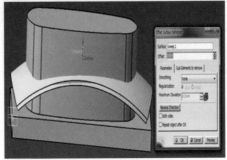

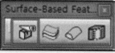

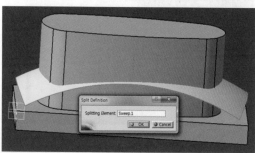

Sweep으로 생성한 Surface를 이용하여
Split아이콘을 이용해서 잘라낸다. **24**

xy Plane을 이용하여 8만큼 떨어진
Plane 생성한다. **25**

Draft Angle아이콘을 이용하여 Angle에는
5도를 입력, Face(s) to draft는 구배 되는
옆면을 선택하고, Selection은 구배되는 기준면은
위에서 만든 8만큼 떨어진 Plane을 선택한다. 그리
고 아래의 More를 클릭하고 아래와 같이 클릭한다. **26**

그림과 같이 Plane 아이콘을 선택하여
그림과 같이 40mm 떨어진 Plane을
생성하여, Sketch에 들어가서 그림과 같이 Profile 작
업을 한다. **27**

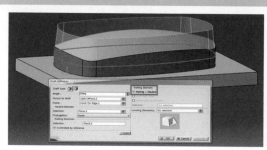

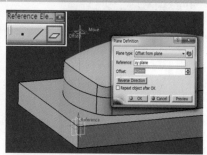

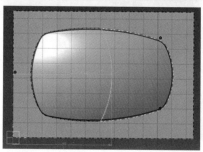

Example-04 따라하기 **115**

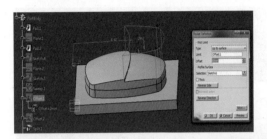
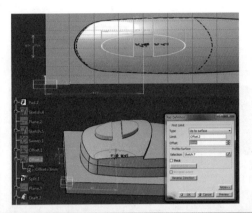

**28** 위에서 생성한 Profile을 이용하여 Pocket 을 이용하여 기존에 아래로 2만큼 Offset 한 Surface를 이용해 Type에 Up to Surface를 이 용해서 작업한다.

**29** xy Plane을 이용하여 아래와 같이 Profile을 작업한다. 작업한 Profile을 이용해서 Pad를 이용하여 기존에 위로 3만큼 Offset한 Surface를 이용해 Type에 Up to Surface 를 이용해서 작업한다.

**30** Draft Angle아이콘을 이용하여 Angle에는 각각 15 도, 10도를 입력, Face(s) to draft는 구배 되는 각 각의 바닥면을 선택하고, Selection은 구배되는 기준면 선택하여 OK한다.

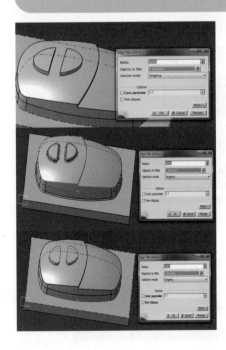

Example-04 따라하기 117

## 05 Example-05 따라하기

기출문제 Example-05 도면을 보고, Modeling을 해보도록 하겠습니다.

SECTION A-A

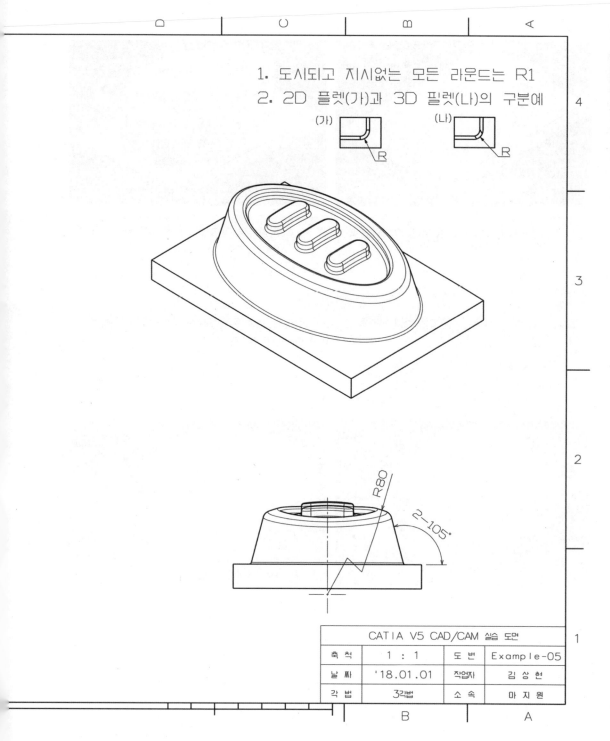

D       C       B       A

1. 도시되고 지시없는 모든 라운드는 R1
2. 2D 플렛(가)과 3D 필렛(나)의 구분에

(가)          (나)

R80

2-105°

| CATIA V5 CAD/CAM 실습 도면 | | | | |
|---|---|---|---|---|
| 축 척 | 1 : 1 | 도 번 | Example-05 | |
| 날 짜 | '18.01.01 | 작업자 | 김 상 현 | |
| 각 법 | 3각법 | 소 속 | 마 지 원 | |

B            A

Example-05 따라하기 **119**

Section **02**

기출문제 Modeling 따라하기

# Solid Modeling 작업방법

## Modeling 작업 Process

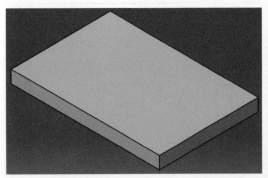

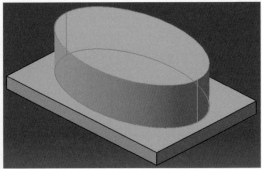

**01** 밑판을 PAD 아이콘을 이용하여 돌출한다.

**02** 중앙부분 PAD 아이콘을 이용하여 돌출한다.

돌출된 측면에 Draft Angle을 이용하여 구배를 준다.

Surface를 만들기 위해 Sweep 아이콘을 이용하여 Surface 면을 생성한다.

**03**

**04**

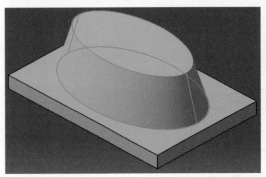

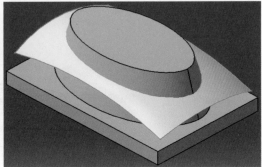

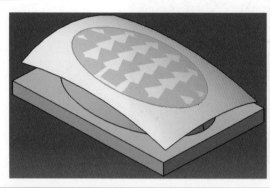

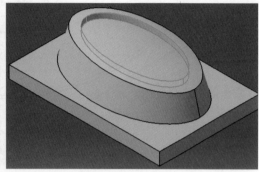

일부를 Split 아이콘을 이용하여 잘라낸다. **05**

Pocket 아이콘을 이용하여 중앙부분의 홈을 판다. **06**

중앙부분 PAD 아이콘을 이용하여 돌출한다. **07**

Edge fillet을 이용하여 R1로 둥글게 깎는다. **08**

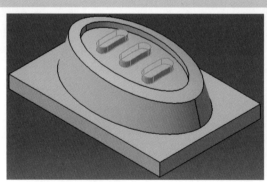

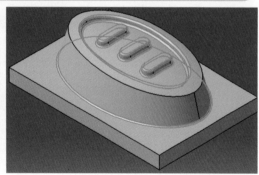

Example-05 따라하기  **121**

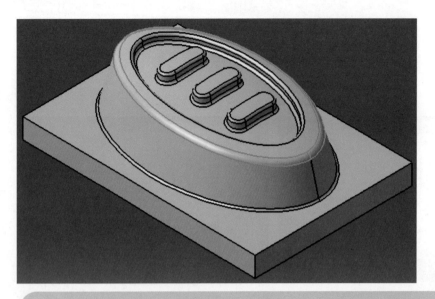

**09** Edge fillet을 이용하여 R3로 둥글게 깎는다.

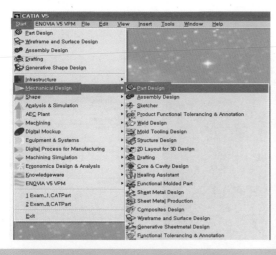

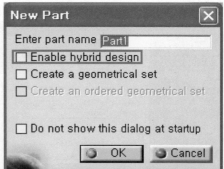

| 단품 모델링을 시작하기 위해서는 다음과 같이 Part Design을 선택한다.<br>Start ⇨ Mechanical Design ⇨<br>Part Design | 01 | 다음과 같이 창이 뜨고, Enable hybrid design을 체크한다. | 02 |
|---|---|---|---|
| Enter part name에 Example-05라고 입력하고 OK를 누른다. | 03 | 그림과 같이 새로운 Part Design 작업 창이 생성된다. | 04 |

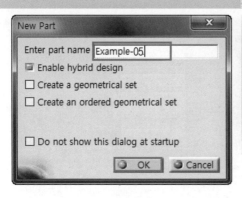

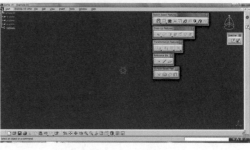

Example-05 따라하기 **123**

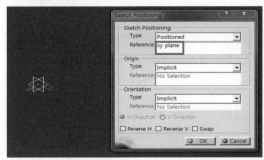 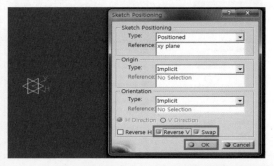

*05* Sketcher Toolbar에서 Positioned Sketch 아이콘을 선택 후 xy plane을 선택한다.

*06* Swap을 먼저 선택, Reverse V를 선택 후 좌표계를 그림과 같이 수정하여 OK 한다.

그림과 같이 Sketch 작업창으로 들어오게 된다.
Toolbar를 화면과 같이 불러내고 정렬한다.

*07*

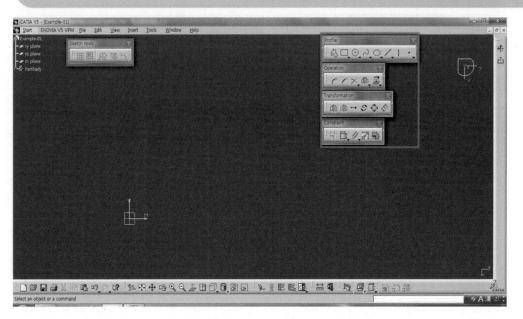

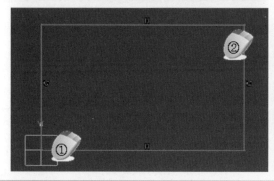

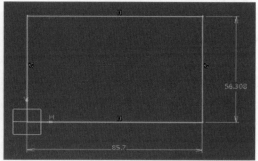

Profile Toolbar에서 Rectangle 아이콘을 선택하고, 그림과 같이 첫 번째 지점으로 원점을 클릭하고, 두 번째 지점을 우측 상단을 클릭하여 사각형을 생성한다. *08*

Constraint Toolbar에서 Constraint 아이콘을 선택하고, 그림과 같이 가로치수와 세로치수를 생성한다. *09*

수정하고자하는 가로치수를 더블클릭하면 치수 수정 창이 생성되고 Value를 120으로 수정하여 OK한다. *10*

수정하고자하는 세로치수를 더블클릭하면 치수 수정 창이 생성되고 Value를 80으로 수정하여 OK한다. *11*

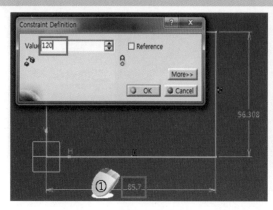

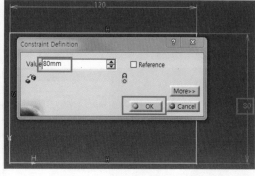

Example-05 따라하기 **125**

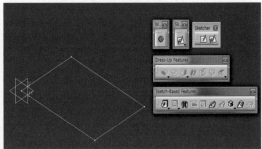

**12** 그림과 같이 치수가 수정된 것을 확인 할 수 있으며, Exit Workbench 아이콘을 선택하여, Sketch 작업창을 빠져 나간다.

**13** 그림과 같이 Sketch 작업창에서 Part Design 작업창으로 작업창이 변경된 것을 확인 할 수 있다.

Sketch-Based Feature Toolbar에서 Pad 아이콘을 선택하고, Profile로 작업된 Sketch.1을 선택한다.

생성할 Feature의 Length값에 10을 입력하고, 생성방향을 바꾸기 위해 Reverse Direction을 선택하여 화살표 방향을 아래로 바꾼 후 OK한다.

**14**

**15**

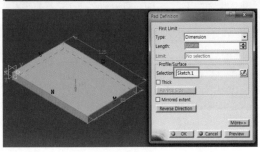

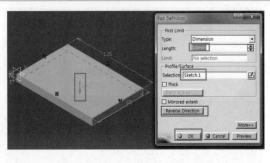

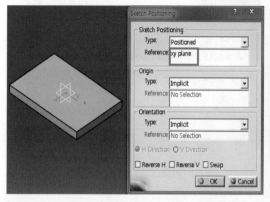

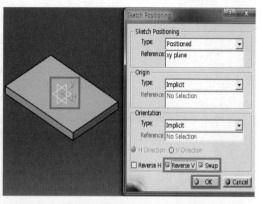

Sketcher Toolbar에서 Positioned Sketch 아이콘을 선택 후 xy plane을 선택 한다. **16**

Swap을 먼저 선택, Reverse V를 선택 후 좌표계를 그림과 같이 수정하여 OK 한다. **17**

Sketcher Toolbar에서 Positioned Sketch 아이콘을 선택하고, xy plane을 선택 후 Swap을 선택, Reverse V를 선택하여 좌표계를 확인하고 OK한다. Sketch 작업창으로 들어오게 되면 그림과 같이 작업하고 빠져 나간다. **18**

Sketch-Based Features에 Pad 아이콘 을 선택하고, Profile로 Sketch.2을 선택 한 후 Length에 33을 입력하고 OK한다. **19**

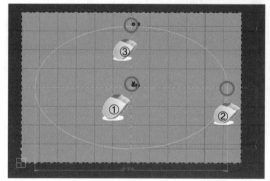

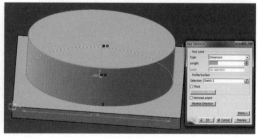

Example-05 따라하기 **127**

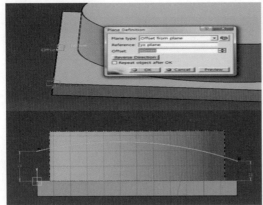

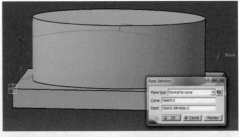

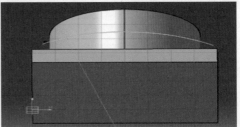

**20** Yz Plane을 이용하여 Y축으로 40만큼 떨어진 Plane 생성한다. 생성한 Plane을 선택하여 Sketch로 들어가서 그림과 같이 Profile 작업한다.

이렇게 생성한 Profile을 이용하여 Sweep 아이콘을 선택하고 각각의 Profile 선택하여 Surface를 생성한다.

**22**

**21** 위에서 생성한 Profile을 이용하여 Normal to Curve를 이용해서 Plane을 생성한다. 생성한 Plane을 선택하여 Sketch로 들어가서 그림과 같이 Profile 작업한다.

생성한 Surface를 이용하여 아래로 4만큼 Offset 시킨다.

**23**

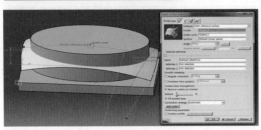

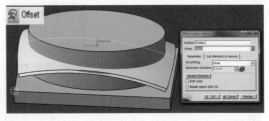

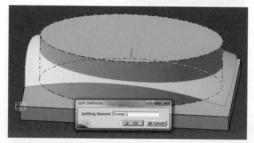

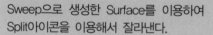

Sweep으로 생성한 Surface를 이용하여
Split아이콘을 이용해서 잘라낸다.

*24*

xy Plane을 이용하여 25mm 이상 만큼 떨어진 Plane을 생성하고 생성한 Plane을 선택하여 Sketch로 들어가서 그림과 같이 Profile 작업한다.

*25*

위에서 생성한 Profile을 이용하여 Pocket을 이용하여 기존에 아래로 4만큼 Offset한 Offset한 Surface를 이용해 Type에 Up to Surface를 이용해서 작업한다.

*26*

xy Plane을 이용하여 아래와 같이 Profile을 작업한다. 작업한 Profile을 이용해서 Pad을 이용하여 기존에 Sweep으로 생성한 Surface를 이용해 Type에 Up to Surface를 이용해서 작업한다.

*27*

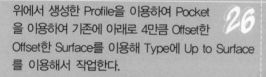

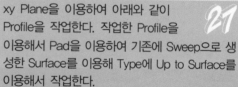

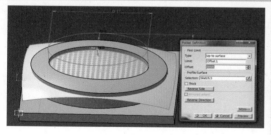

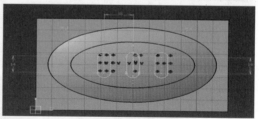

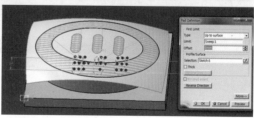

Example-05 따라하기  **129**

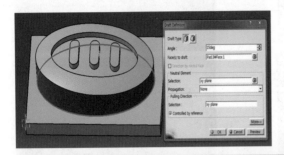

**28** Draft Angle아이콘을 이용하여 Angle에는 15도를 입력, Face(s) to draft는 구배 되는 옆면을 선택하고, Selection은 구배되는 기준면을 선택한다.

**29** Edge fillet 아이콘을 선택하고, 그림과 같이 각각의 Edge를 선택 후 Radius 값을 입력한다.

Example-05 따라하기 131

Section

02

기출문제 Modeling 따라하기

# 06 Example-06 따라하기

기출문제 Example-06 도면을 보고, Modeling을 해보도록 하겠습니다.

SECTION A-A

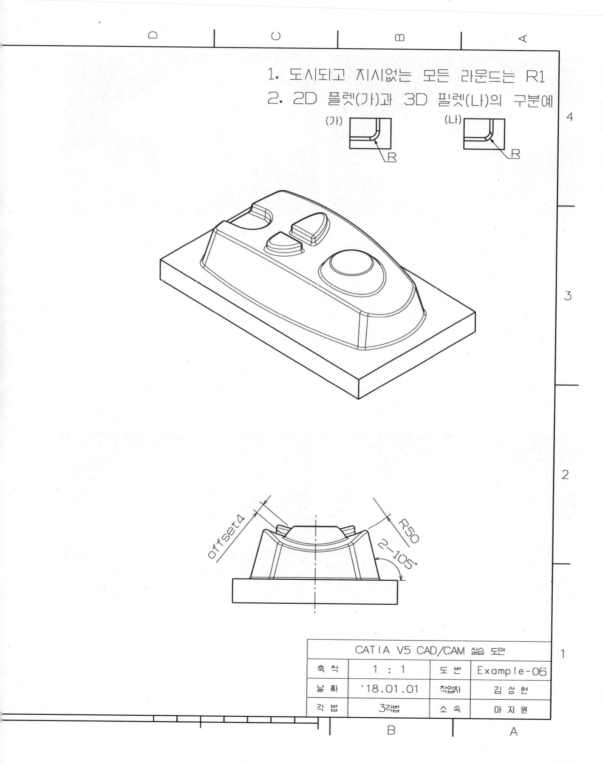

1. 도시되고 지시없는 모든 라운드는 R1
2. 2D 플렛(가)과 3D 필렛(나)의 구분에

(가)   (나)

R   R

offset4

R50

2-105°

| CATIA V5 CAD/CAM 실습 도면 | | | |
|---|---|---|---|
| 축 척 | 1 : 1 | 도 번 | Example-06 |
| 날 짜 | '18.01.01 | 작업자 | 김 상 현 |
| 각 법 | 3각법 | 소 속 | 마 지 원 |

Example-06 따라하기 **133**

# Solid Modeling 작업방법

## Modeling 작업 Process

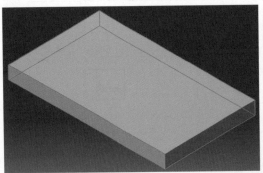

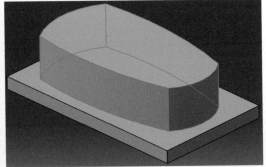

*01* 밑판을 PAD 아이콘을 이용하여 돌출한다.

*02* 중앙부분 PAD 아이콘을 이용하여 돌출한다.

Surface를 만들기 위해 Sweep 아이콘을 이용하여 Surface 면을 생성한다.

일부를 Split 아이콘을 이용하여 잘라낸다.

*03*

*04*

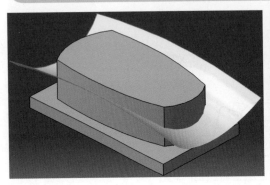

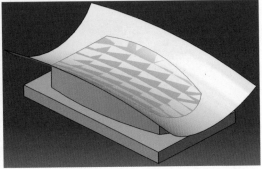

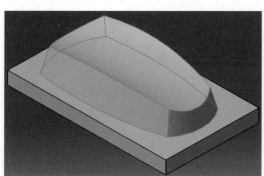

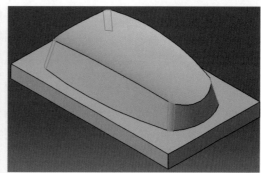

돌출된 측면에 Draft Angle을 이용하여 구배를 준다.

Edge fillet을 이용하여 R5로 둥글게 깎는다.

형상의 윗부분에 Pocket 아이콘을 이용하여 홈을 낸다.

형상의 윗부분에 PAD 아이콘을 이용하여 돌출한다.

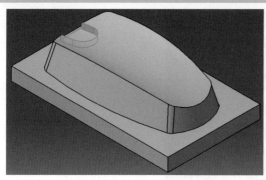

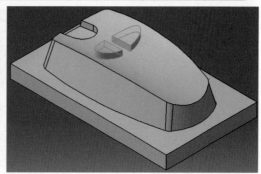

Example-06 따라하기 135

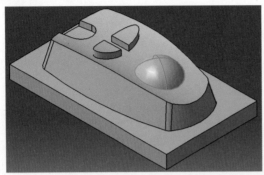 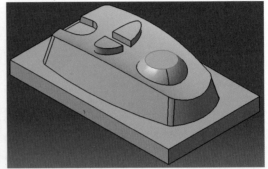

**09** 형상의 위 우측부분에 Shaft 아이콘을 이용하여 돌출을 한다.

**10** 형상의 윗부분에 Pocket 아이콘을 이용하여 잘라낸다.

Edge fillet을 이용하여 R1로 둥글게 깎는다.

**11**

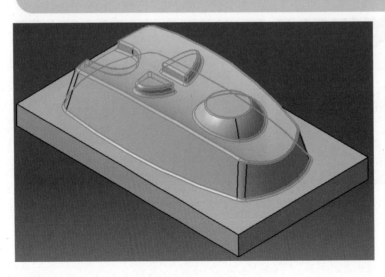

## Modeling 세부 작업 내용

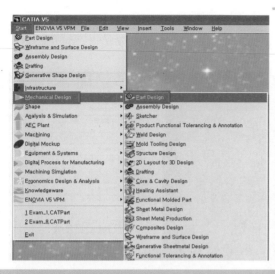

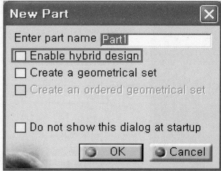

단품 모델링을 시작하기 위해서는 다음과 같이 Part Design을 선택한다.
Start ⇨ Mechanical Design ⇨ Part Design **01**

다음과 같이 창이 뜨고, Enable hybrid design을 체크한다. **02**

Enter part name에 Example-06이라고 입력하고 OK를 누른다. **03**

그림과 같이 새로운 Part Design 작업 창이 생성된다. **04**

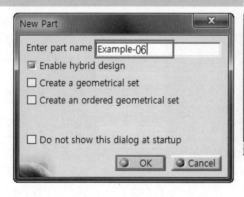

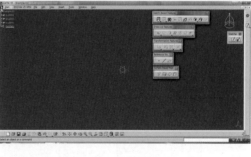

Example-06 따라하기 **137**

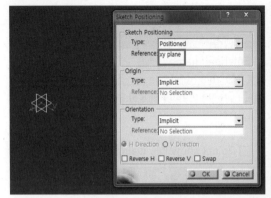

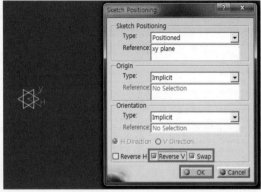

**05** Sketcher Toolbar에서 Positioned Sketch 아이콘을 선택 후 xy plane을 선택한다.

**06** Swap을 먼저 선택, Reverse V를 선택 후 좌표계를 그림과 같이 수정하여 OK한다.

그림과 같이 Sketch 작업창으로 들어오게 된다.
Toolbar를 화면과 같이 불러내고 정렬한다.

**07**

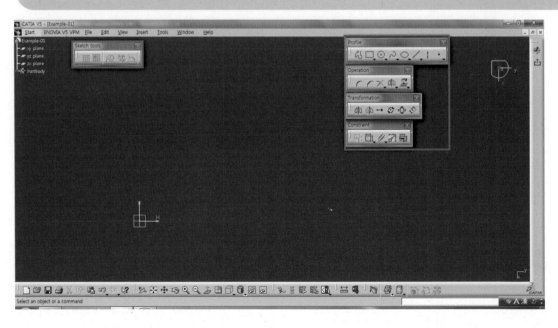

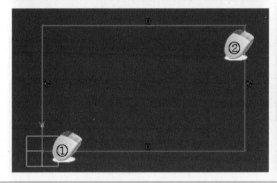

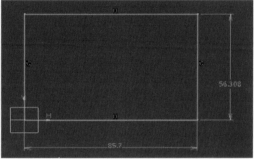

Profile Toolbar에서 Rectangle 아이콘을 선택하고, 그림과 같이 첫 번째 지점으로 원점을 클릭하고, 두 번째 지점을 우측 상단을 클릭하여 사각형을 생성한다. **08**

Constraint Toolbar에서 Constraint 아이콘을 선택하고, 그림과 같이 가로치수와 세로치수를 생성한다. **09**

수정하고자하는 가로치수를 더블클릭하면 치수 수정 창이 생성되고 Value를 120으로 수정하여 OK한다. **10**

수정하고자하는 세로치수를 더블클릭하면 치수 수정 창이 생성되고 Value를 70으로 수정하여 OK한다. **11**

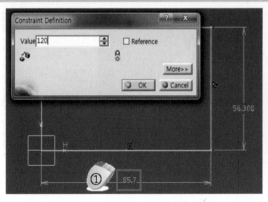

Example-06 따라하기 **139**

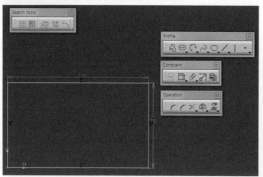

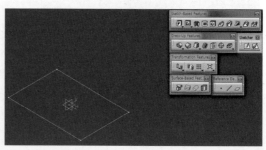

**12** 그림과 같이 치수가 수정된 것을 확인할 수 있으며, Exit Workbench 아이콘을 선택하여, Sketch 작업창을 빠져 나간다.

**13** 그림과 같이 Sketch 작업창에서 Part Design 작업창으로 작업창이 변경된 것을 확인 할 수 있다.

**14** Sketch–Based Feature Toolbar에서 Pad 아이콘을 선택하고, Profile로 작업된 Sketch.1을 선택한다.

**15** 생성할 Feature의 Length값에 10을 입력하고, 생성방향을 바꾸기 위해 Reverse Direction을 선택하여 화살표 방향을 아래로 바꾼 후 OK한다.

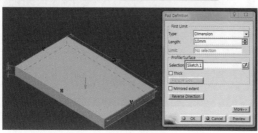

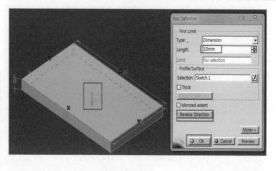

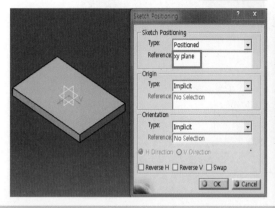

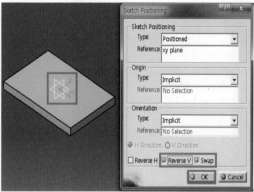

Sketcher Toolbar에서 Positioned Sketch 아이콘을 선택 후 xy plane을 선택 한다. **16**

Swap을 먼저 선택, Reverse V를 선택 후 좌표계를 그림과 같이 수정하여 OK 한다. **17**

Sketcher Toolbar에서 Positioned Sketch 아이콘을 선택하고, xy plane을 선택 후 Swap을 선택, Reverse V를 선택하여 좌표계를 확인하고 OK한다. Sketch 작업창으로 들어오게 되면 그림과 같이 작업하고 빠져 나간다. **18**

Sketch-Based Features에 Pad 아이콘을 선택하고, Profile로 Sketch.2을 선택한 후 Length에 34를 입력하고 OK한다. **19**

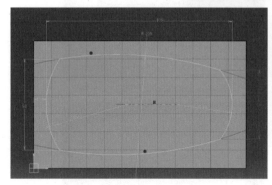

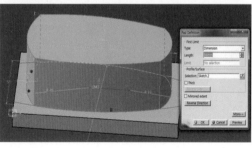

Example-06 따라하기 | **141**

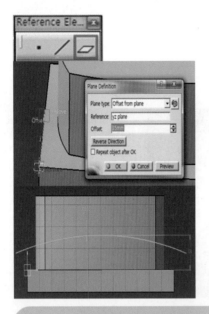

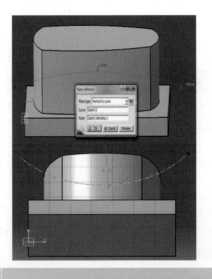

**20** Yz Plane을 이용하여 35만큼 떨어진 Plane 생성한다. 생성한 Plane에서 그림과 같이 작업한다.

**21** 위에서 생성한 Profile을 이용하여 Normal to Curve를 이용해서 Plane을 생성하고 그림과 같이 작업한다.

**22** 이렇게 생성한 Profile을 이용하여 Sweep 아이콘을 선택하고 각각의 Profile 선택하여 Surface를 생성한다.

**23** 생성한 Surface를 이용하여 아래로 4만큼, 위로 4 만큼 Offset 시킨다.

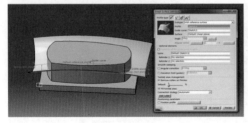

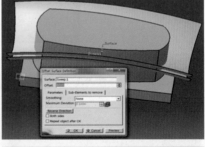

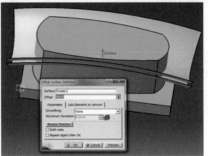

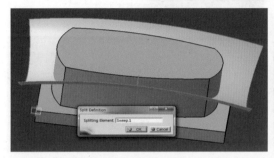

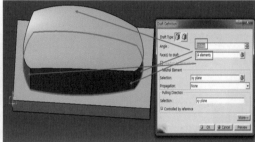

Sweep으로 생성한 Surface를 생성한 Surface를 이용하여 Solid를 Split아이콘을 이용해서 잘라낸다. **24**

Draft Angle아이콘을 이용하여 Angle에는 15도를 입력, Face(s) to draft는 구배 되는 옆면을 선택하고, Selection은 구배되는 기준면을 선택한다. **25**

Edge fillet 아이콘을 선택하고, 그림과 같이 Edge를 선택 후 Radius 값을 입력한다. **26**

xy Plane을 이용하여 22이상 만큼 떨어진 Plane을 생성하고 아래와 같이 작업한다. **27**

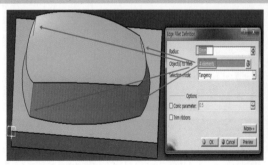

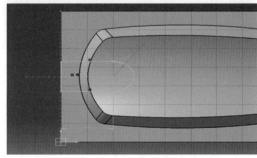

Example-06 따라하기  **143**

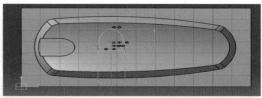

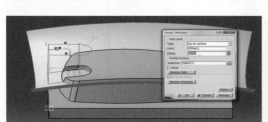

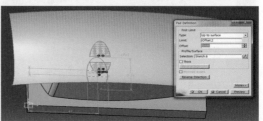

28 위에서 생성한 Profile을 이용하여 Pocket을 이용하여 기존에 아래로 4만큼 Offset한 Surface를 이용해 Type에 Up to Surfacef를 이용해서 작업한다.

29 xy Plane을 이용하여 아래와 같이 Profile을 작업한다. 작업한 Profile을 이용해서 Pad을 이용하여 기존에 위로 4만큼 Offset한 Surface를 이용해 Type에 Up to Surfacef를 이용해서 작업한다.

30 Yz Plane을 이용하여 35만큼 떨어진 Plane에 그림과 같이 작업하고 Shaft 기능을 사용해 작업한다.

31 Yz Plane을 이용하여 35만큼 떨어진 Plane에 그림과 같이 작업하고 Pocket을 이용해서 Mirrored extent를 선택하고 작업한다.

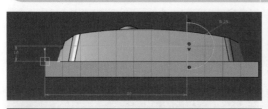

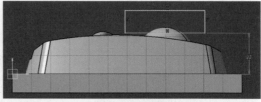

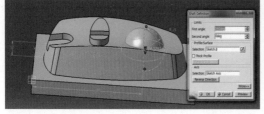

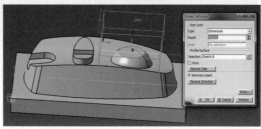

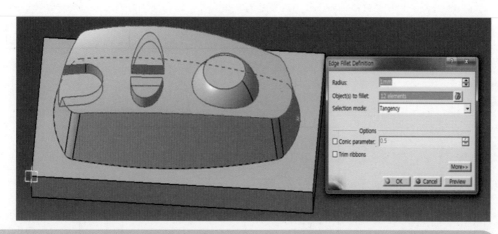

Edge fillet 아이콘을 선택하고, 그림과 같이 Edge를
선택 후 Radius 값을 입력한다.

*32*

Example-06 따라하기 **145**

# 07 Example-07 따라하기

기출문제 Example-07 도면을 보고, Modeling을 해보도록 하겠습니다.

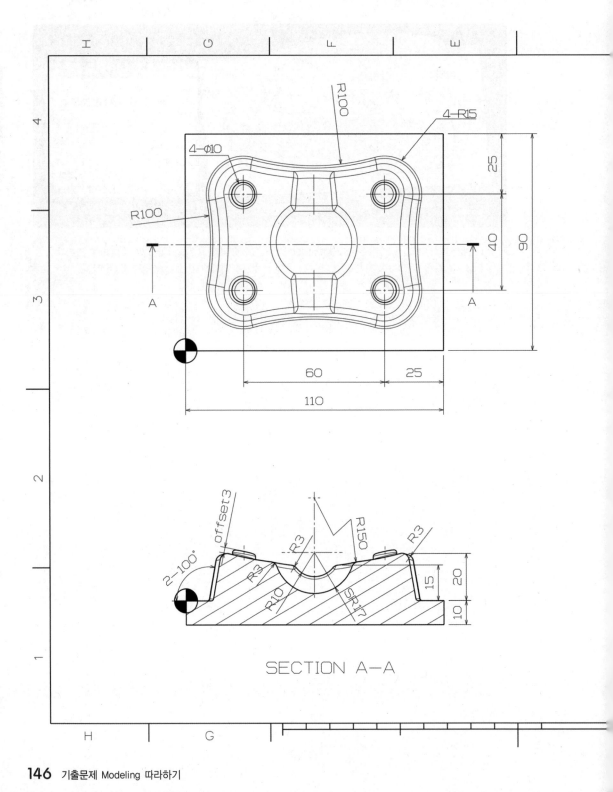

SECTION A—A

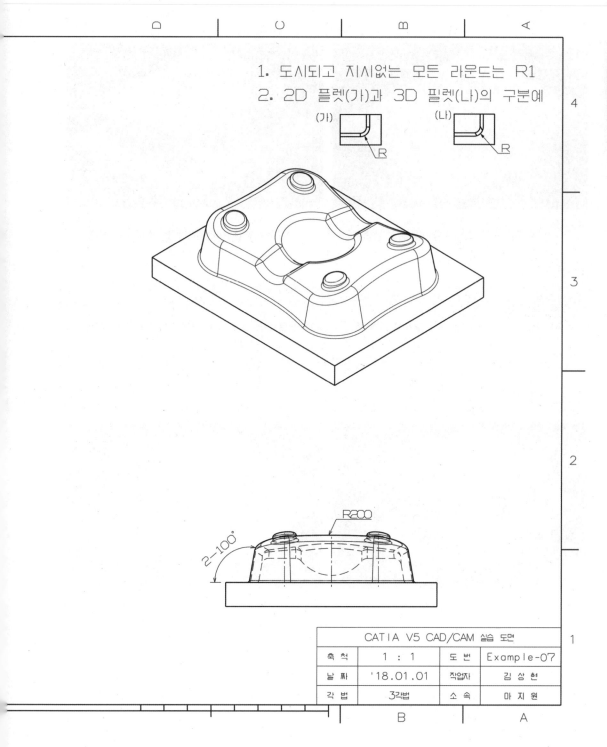

1. 도시되고 지시없는 모든 라운드는 R1
2. 2D 플렛(가)과 3D 필렛(나)의 구분예

(가) R

(나) R

R200

2-100°

4

3

2

1

| CATIA V5 CAD/CAM 실습 도면 | | | |
|---|---|---|---|
| 축 척 | 1 : 1 | 도 번 | Example-07 |
| 날 짜 | '18.01.01 | 작업자 | 김 삼 현 |
| 각 법 | 3각법 | 소 속 | 마 지 원 |

B

A

Example-07 따라하기 **147**

# Solid Modeling 작업방법

## Modeling 작업 Process

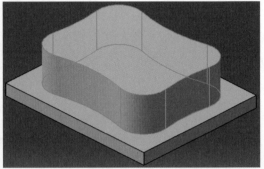

**01** 밑판을 PAD 아이콘을 이용하여 돌출한다.

**02** 중앙부분 PAD 아이콘을 이용하여 돌출한다.

돌출된 측면에 Draft Angle을 이용하여 구배를 준다.

Surface를 만들기 위해 Sweep 아이콘을 이용하여 Surface 면을 생성한다.

**03**

**04**

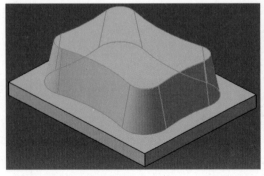

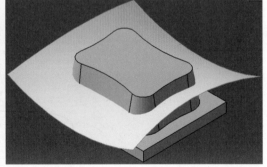

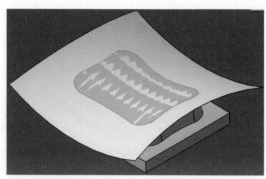

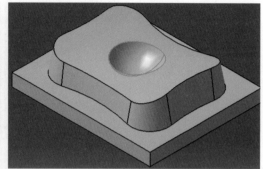

일부를 Split 아이콘을 이용하여 잘라낸다. *05*

형상의 윗부분에 Groove 아이콘을 이용하여 홈을 낸다. *06*

형상의 옆부분에 Pocket 아이콘을 이용하여 홈을 낸다. *07*

형상의 윗부분에 PAD 아이콘을 이용하여 돌출한다. *08*

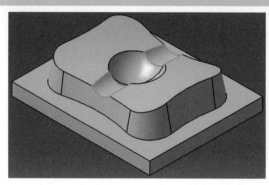

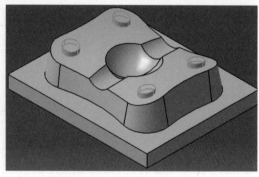

Example-07 따라하기 149

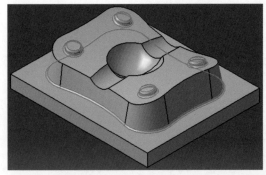

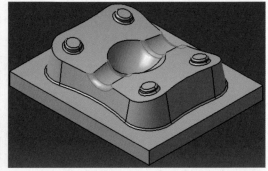

*09* Edge fillet을 이용하여 R1로 둥글게 깎는다.

*10* Edge fillet을 이용하여 R3로 둥글게 깎는다.

Edge fillet을 이용하여 R3로 둥글게 깎는다.

*11*

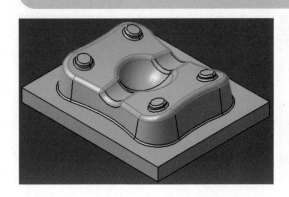

## Modeling 세부 작업 내용

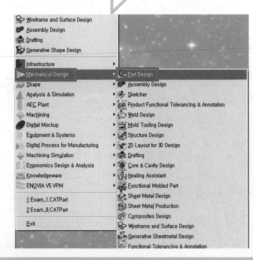

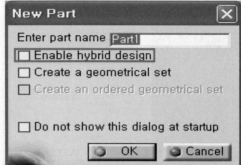

단품 모델링을 시작하기 위해서는 다음과 같이 Part Design을 선택한다.
Start ➩ Mechanical Design ➩ Part Design

**01**

다음과 같이 창이 뜨고, Enable hybrid design을 체크한다.

**02**

Enter part name에 Example-07이라고 입력하고 OK를 누른다.

**03**

그림과 같이 새로운 Part Design 작업 창이 생성된다.

**04**

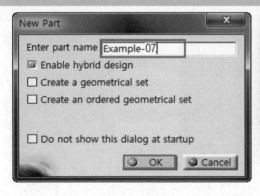

Example-07 따라하기 **151**

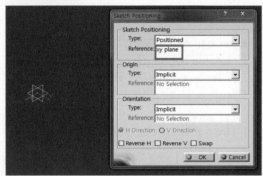

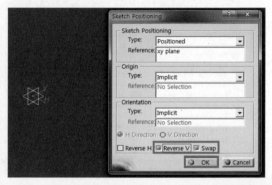

**05** Sketcher Toolbar에서 Positioned Sketch 아이콘을 선택 후 xy plane을 선택한다.

**06** Swap을 먼저 선택, Reverse V를 선택 후 좌표계를 그림과 같이 수정하여 OK한다.

그림과 같이 Sketch 작업창으로 들어오게 된다.
Toolbar를 화면과 같이 불러내고 정렬한다.

**07**

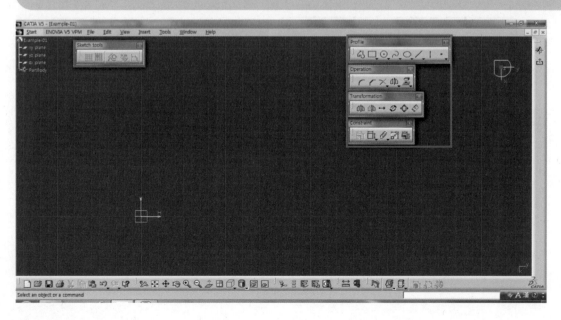

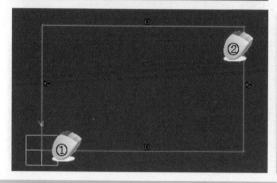

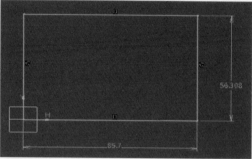

Profile Toolbar에서 Rectangle 아이콘을
선택하고, 그림과 같이 첫 번째 지점으로
원점을 클릭하고, 두 번째 지점을 우측 상단을 클릭
하여 사각형을 생성한다.

**08**

Constraint Toolbar에서 Constraint
아이콘을 선택하고, 그림과 같이 가로
치수와 세로치수를 생성한다.

**09**

수정하고자하는 가로치수를 더블클릭하면
치수 수정 창이 생성되고 Value를
110으로 수정하여 OK한다.

**10**

수정하고자하는 세로치수를 더블클릭하
면 치수 수정 창이 생성되고 Value를
90으로 수정하여 OK한다.

**11**

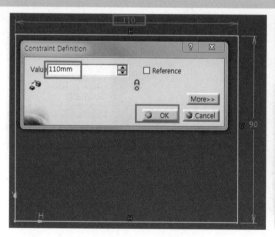

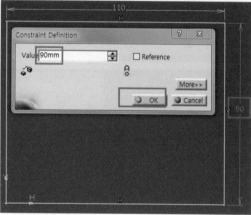

Example-07 따라하기  153

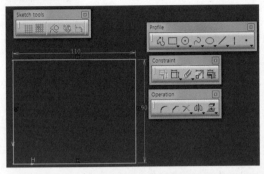

**12** 그림과 같이 치수가 수정된 것을 확인할 수 있으며, Exit Workbench 아이콘을 선택하여, Sketch 작업창을 빠져 나간다.

**13** 그림과 같이 Sketch 작업창에서 Part Design 작업창으로 작업창이 변경된 것을 확인 할 수 있다.

Sketch-Based Feature Toolbar에서 Pad 아이콘을 선택하고, Profile로 작업된 Sketch.1을 선택한다.

**14**

생성할 Feature의 Length값에 10을 입력하고, 생성방향을 바꾸기 위해 Reverse Direction을 선택하여 화살표 방향을 아래로 바꾼 후 OK한다.

**15**

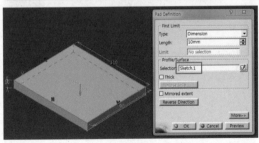

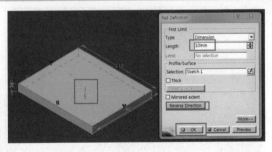

Sketcher

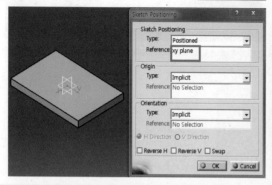

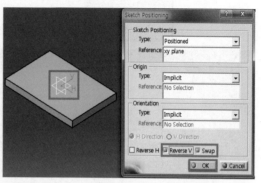

Sketcher Toolbar에서 Positioned Sketch 아이콘을 선택 후 xy plane을 선택 한다. **16**

Swap을 먼저 선택, Reverse V를 선택 후 좌표계를 그림과 같이 수정하여 OK한다. **17**

Sketcher Toolbar에서 Positioned Sketch 아이콘을 선택하고, xy plane을 선택 후, Reverse V를 선택하여 좌표계를 확인하고 OK한다. Sketch 작업창으로 들어오게 되면 그림과 같이 작업하고 빠져 나간다. **18**

Sketch-Based Features에 Pad 아이콘 을 선택하고, Profile로 Sketch.2를 선택한 후 Length에 31를 입력하고 OK한다. **19**

Workben...

Sketch-Based Features

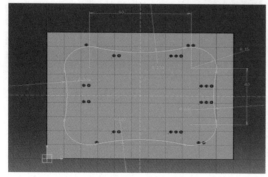

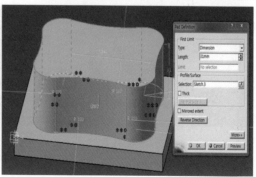

Example-07 따라하기 **155**

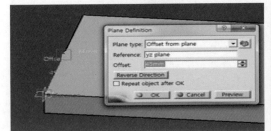

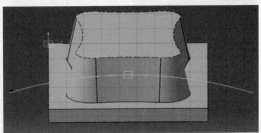

**20** Yz Plane을 이용하여 45만큼 떨어진 Plane 생성한다. 생성한 Plane에서 그림과 같이 작업한다.

**21** 위에서 생성한 Profile을 이용하여 Normal to Curve를 이용해서 Plane을 생성하고 그림과 같이 작업한다.

이렇게 생성한 Profile을 이용하여 Sweep 아이콘을 선택하고 각각의 Profile 선택하여 Surface를 생성한다.

**22**

생성한 Surface를 이용하여 위로 3만큼 Offset 시킨다.

**23**

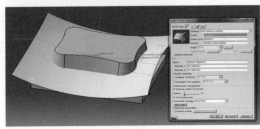

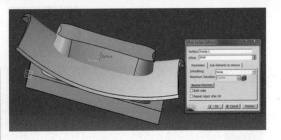

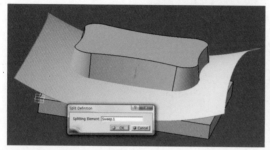

Section

02

기출문제 Modeling 따라하기

Sweep으로 생성한 Surface를 생성한 Surface를 이용하여 Solid를 Split아이콘을 이용해서 잘라낸다.

**24**

Draft Angle아이콘을 이용하여 Angle에는 10도를 입력, Face(s) to draft는 구배되는 옆면을 선택하고, Selection은 구배되는 기준면을 선택한다.

**25**

Yz Plane을 이용하여 45만큼 떨어진 Plane에 그림과 같이 작업하고 Groove 기능을 사용해 작업한다.

**26**

yz Plane을 이용하여 아래와 같이 Profile을 작업한 Profile을 이용하여 Pocket 작업한다.

**27**

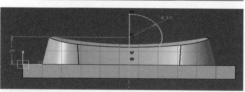

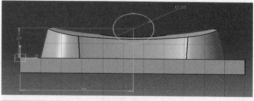

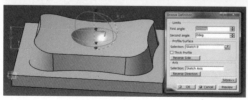

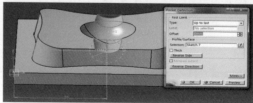

Example–07 따라하기  **157**

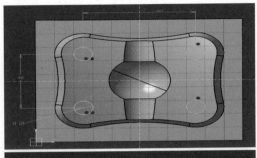

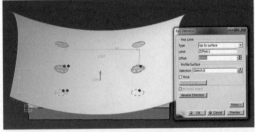

**28** xy Plane을 이용하여 아래와 같이 Profile을 작업한다. 작업한 Profile을 이용해서 Pad을 이용하여 기존에 위로 3만큼 Offset한 Surface를 이용해 Type에 Up to Surface를 이용해서 작업한다.

**29** Edge fillet 아이콘을 선택하고, 그림과 같이 Edge를 선택 후 Radius 값을 입력한다.

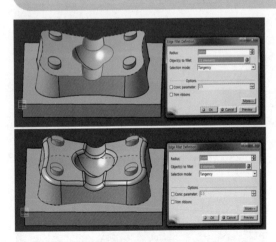

Example-07 따라하기 159

# 08 Example-08 따라하기

기출문제 Example-08 도면을 보고, Modeling을 해보도록 하겠습니다.

Front view
Scale: 1:1

Section view A-A
Scale: 1:1

1. 도시되고 지시없는 모든 라운드는 R1
2. 2D 플렛(가)과 3D 필렛(나)의 구분에

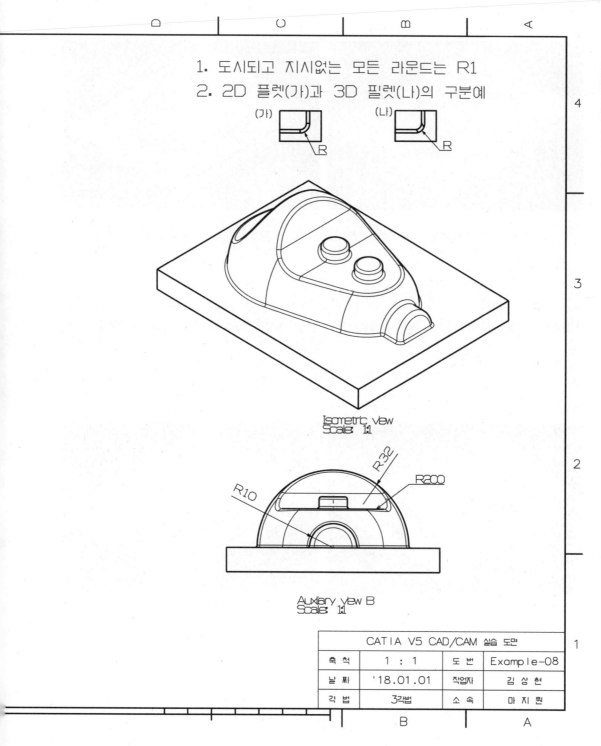

(가)　　　　(나)

R　　　　R

Isometric view
Scale: 1:1

R32

R10　　　　R200

Auxiary view B
Scale: 1:1

| CATIA V5 CAD/CAM 실습 도면 | | | |
|---|---|---|---|
| 축 척 | 1 : 1 | 도 번 | Example-08 |
| 날 짜 | '18.01.01 | 작업자 | 김 상 현 |
| 각 법 | 3각법 | 소 속 | 마 지 원 |

B　　　　A

Example-08 따라하기 **161**

# Solid Modeling 작업방법

## Modeling 작업 Process

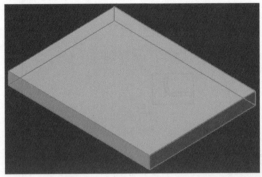

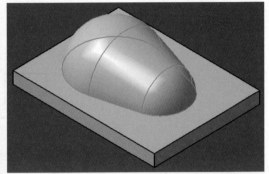

**01** 밑판을 PAD 아이콘을 이용하여 돌출한다.

**02** 중앙부분 Shaft 아이콘을 이용하여 돌출한다.

돌출된 부분을 PAD 아이콘을 이용하여 돌출한다.

형상의 뒷부분에 Pocket 아이콘을 이용하여 홈을 낸다.

**03**

**04**

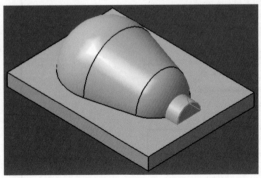

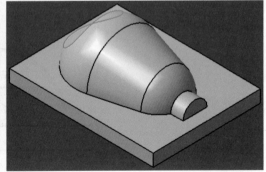

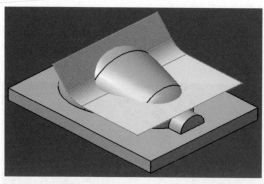

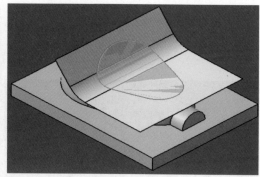

Surface를 만들기 위해 Sweep 아이콘을 이용하여 Surface 면을 생성한다.

*05*

일부를 Split 아이콘을 이용하여 잘라낸 다.

*06*

형상의 윗부분에 PAD 아이콘을 이용하여 돌출한다.

*07*

돌출된 측면에 Draft Angle을 이용하여 구배를 준다.

*08*

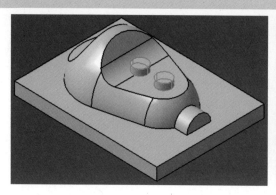

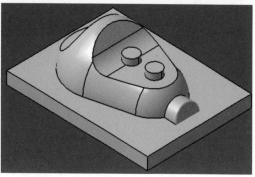

Example-08 따라하기  163

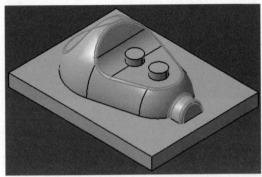 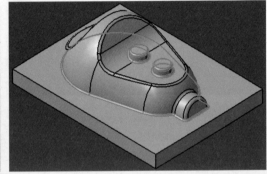

**09** Edge fillet을 이용하여 R2로 둥글게 깎는다.

**10** Edge fillet을 이용하여 R1로 둥글게 깎는다.

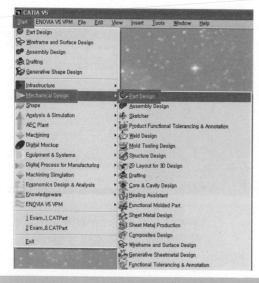

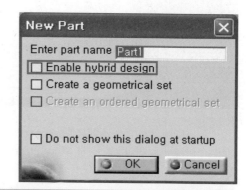

단품 모델링을 시작하기 위해서는 다음과 같이 Part Design을 선택한다. **01**
Start ⇨ Mechanical Design ⇨ Part Design

다음과 같이 창이 뜨고, Enable hybrid design을 체크한다. **02**

Enter part name에 Example-08이라고 입력하고 OK를 누른다. **03**

그림과 같이 새로운 Part Design 작업 창이 생성된다. **04**

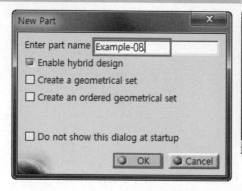

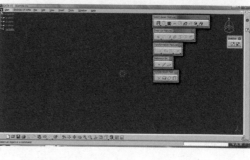

Example-08 따라하기 | 165

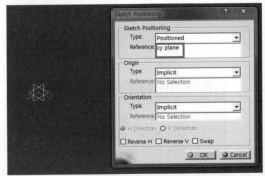 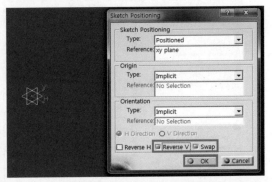

**05** Sketcher Toolbar에서 Positioned Sketch 아이콘을 선택 후 xy plane을 선택한다.

**06** Swap을 먼저 선택, Reverse V를 선택 후 좌표계를 그림과 같이 수정하여 OK한다.

그림과 같이 Sketch 작업창으로 들어오게 된다. Toolbar를 화면과 같이 불러내고 정렬한다.

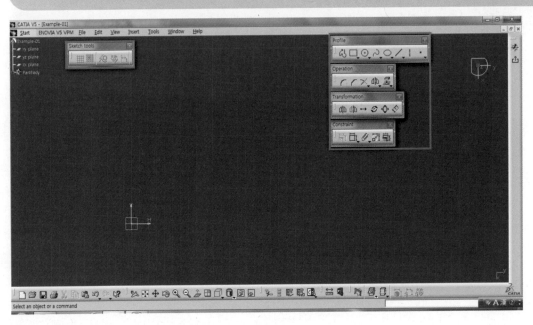

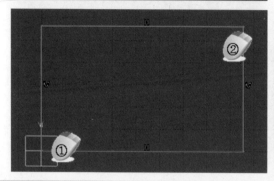

Profile Toolbar에서 Rectangle 아이콘을 선택하고, 그림과 같이 첫 번째 지점으로 원점을 클릭하고, 두 번째 지점을 우측 상단을 클릭하여 사각형을 생성한다. **08**

Constraint Toolbar에서 Constraint 아이콘을 선택하고, 그림과 같이 가로치수와 세로치수를 생성한다. **09**

수정하고자하는 가로치수를 더블클릭하면 치수 수정 창이 생성되고 Value를 110으로 수정하여 OK한다. **10**

수정하고자하는 세로치수를 더블클릭하면 치수 수정 창이 생성되고 Value를 90으로 수정하여 OK한다. **11**

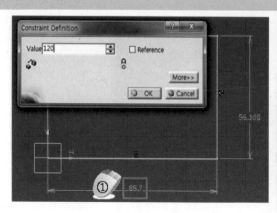

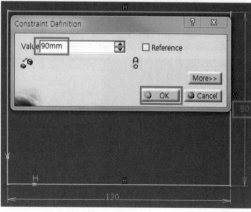

Example-08 따라하기 **167**

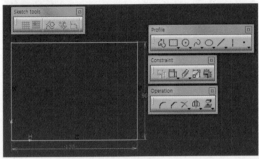

**12** 그림과 같이 치수가 수정된 것을 확인할 수 있으며, Exit Workbench 아이콘을 선택하여, Sketch 작업창을 빠져 나간다.

**13** 그림과 같이 Sketch 작업창에서 Part Design 작업창으로 작업창이 변경된 것을 확인 할 수 있다.

Sketch-Based Feature Toolbar에서 Pad 아이콘을 선택하고, Profile로 작업된 Sketch.1을 선택한다.

**14**

생성할 Feature의 Length값에 10을 입력하고, 생성방향을 바꾸기 위해 Reverse Direction을 선택하여 화살표 방향을 아래로 바꾼 후 OK한다.

**15**

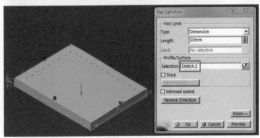

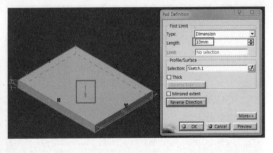

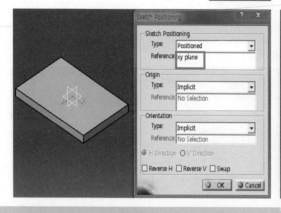

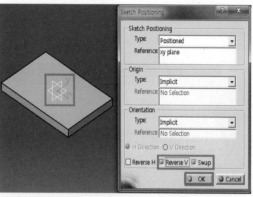

| Sketcher Toolbar에서 Positioned Sketch 아이콘을 선택 후 xy plane 을 선택 한다. | 16 | Swap을 먼저 선택, Reverse V를 선택 후 좌표계를 그림과 같이 수정하여 OK 한다. | 17 |
|---|---|---|---|
| Yz Plane을 이용하여 45만큼 떨어진 Plane 생성한다. | 18 | Yz Plane을 이용하여 45만큼 떨어진 Plane에 그림과 같이 작업하고 빠져 나간다. | 19 |

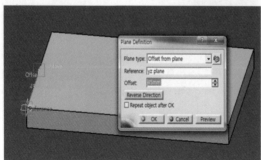

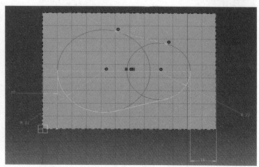

Example-08 따라하기  169

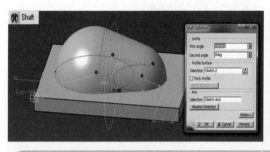

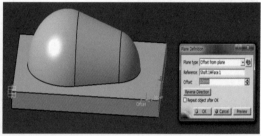

**20** Profile로 선택한 후 Shaft 기능을 이용하여 180도 회전시킨다.

**21** 바닥면 제일 앞면을 이용하여 10 만큼 떨어진 Plane 생성한다.

위쪽에서 생성한 Plane에 아래와 같이 Profile로 선택한 후 Pad 작업을 한다.

yz Plane을 이용하여 아래와 같이 Profile을 작업한 Profile을 이용하여 Pocket 작업한다.

**22**

**23**

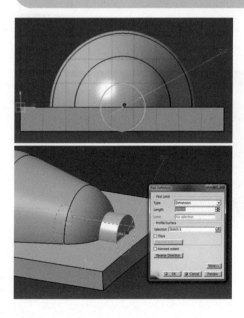

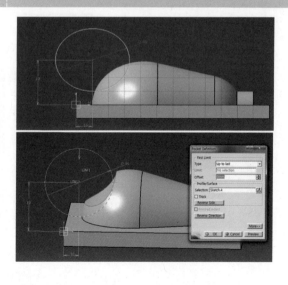

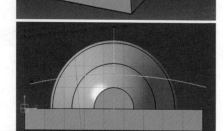

Yz Plane을 이용하여 45만큼 떨어진 Plane 생성한다. *24*

위에서 생성한 Profile을 이용하여 Normal to Curve를 이용해서 Plane을 생성하고 그림과 같이 작업한다. *25*

이렇게 생성한 Profile을 이용하여 Sweep 아이콘을 선택하고 각각의 Profile 선택하여 Surface를 생성한다. *26*

Sweep으로 생성한 Surface를 생성한 Surface를 이용하여 Solid를 Split아이콘을 이용해서 잘라낸다. *27*

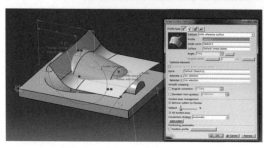

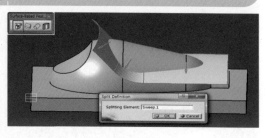

Example-08 따라하기 **171**

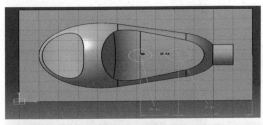

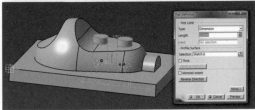

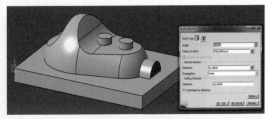

**28** xy Plane을 이용하여 아래와 같이 Profile 을 작업한 Profile을 이용하여 Pad 작업 한다.

**29** Draft Angle아이콘을 이용하여 Angle에 는 10도를 입력, Face(s) to draft는 구배 되는 옆면을 선택하고, Selection은 구배되는 기준 면을 선택한다.

**30** Edge fillet 아이콘을 선택하고, 그림과 같이 Edge 를 선택 후 Radius 값을 입력한다.

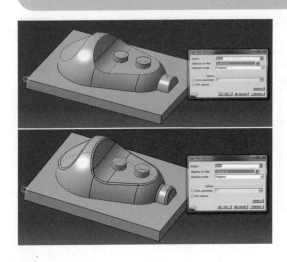

Example-08 따라하기 **173**

## 09 Example-09 따라하기

기출문제 Example-09 도면을 보고, Modeling을 해보도록 하겠습니다.

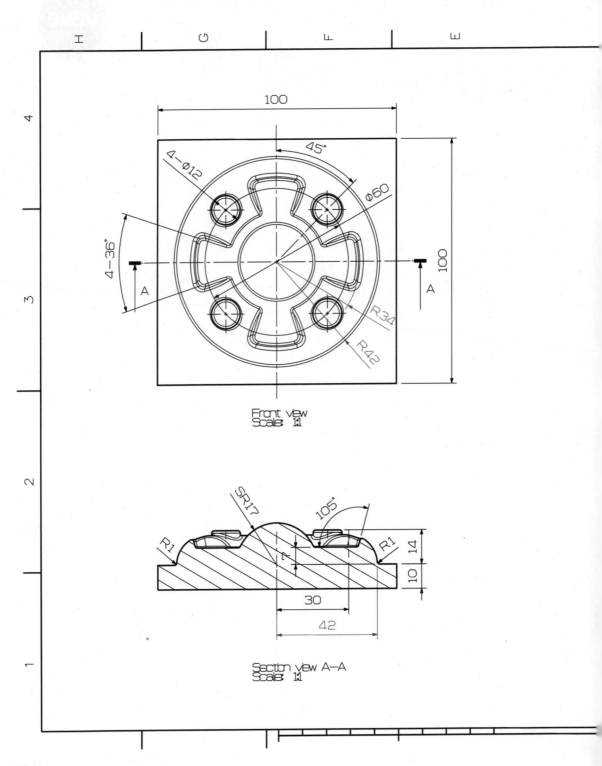

Front View
Scale: 1:1

Section view A-A
Scale: 1:1

D      C      B      A

4

1. 도시되고 지시없는 모든 라운드는 R1
2. 2D 플렛(가)과 3D 필렛(나)의 구분에

(가)       (나)

3

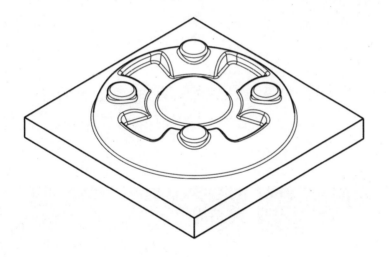

2

Isometric view
Scale: 1:1

| CATIA V5 CAD/CAM 실습 도면 | | | | 1 |
|---|---|---|---|---|
| 축 척 | 1 : 1 | 도 번 | Example-09 | |
| 날 짜 | '18.01.01 | 작업자 | 김 상 현 | |
| 각 법 | 3각법 | 소 속 | 마 지 원 | |

Example-09 따라하기 **175**

## Modeling 작업 Process

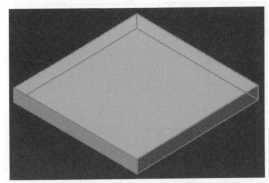

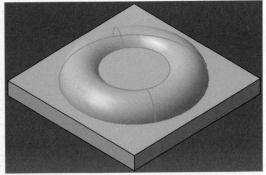

*01* 밑판을 PAD 아이콘을 이용하여 돌출한다.

*02* 중앙부분 Shaft 아이콘을 이용하여 돌출한다.

*03* 형상의 윗부분에 Pocket 아이콘을 이용하여 홈을 낸다.

*04* 중앙부분 Shaft 아이콘을 이용하여 돌출한다.

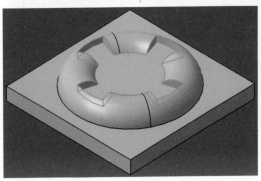

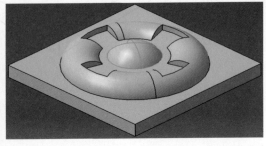

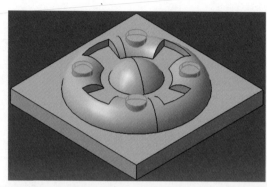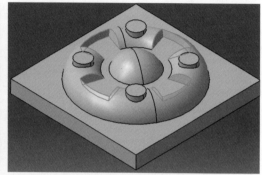

형상의 윗부분에 PAD 아이콘을 이용하여 돌출한다. **05**

돌출된 측면에 Draft Angle을 이용하여 구배를 준다. **06**

Edge fillet을 이용하여 R3로 둥글게 깎는다. **07**

Edge fillet을 이용하여 R1로 둥글게 깎는다. **08**

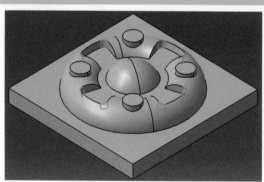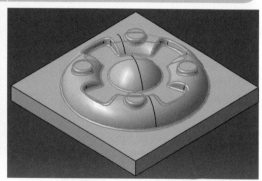

Example-09 따라하기 **177**

## Modeling 세부 작업 내용

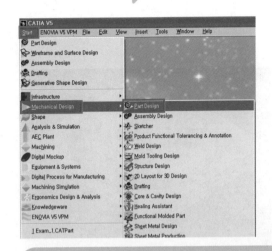

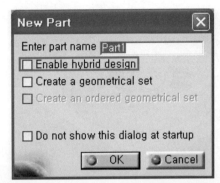

**01** 단품 모델링을 시작하기 위해서는 다음과 같이 Part Design을 선택한다.
Start ⇨ Mechanical Design ⇨ Part Design

**02** 다음과 같이 창이 뜨고, Enable hybrid design을 체크한다.

Enter part name에 Example-09라고 입력하고 OK를 누른다.

그림과 같이 새로운 Part Design 작업창이 생성된다.

**03**

**04**

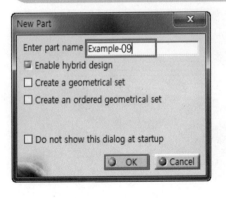

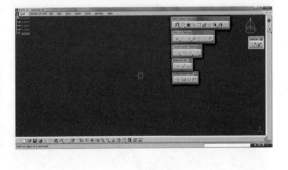

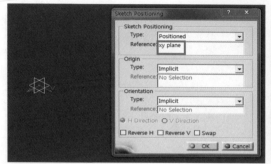

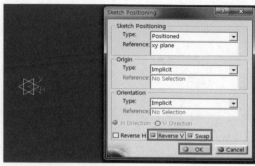

Sketcher Toolbar에서 Positioned Sketch 아이콘을 선택 후 xy plane을 선택한다.

*05*

Swap을 먼저 선택, Reverse V를 선택 후 좌표계를 그림과 같이 수정하여 OK한다.

*06*

그림과 같이 Sketch 작업창으로 들어오게 된다. Toolbar를 화면과 같이 불러내고 정렬한다.

*07*

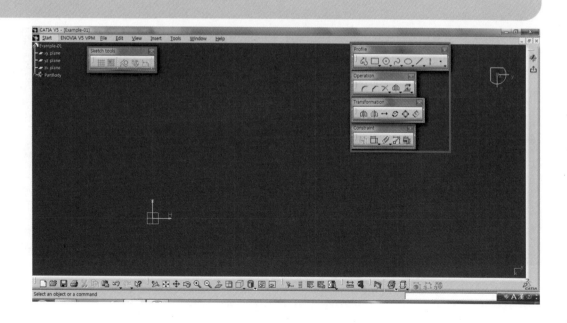

Example-09 따라하기 **179**

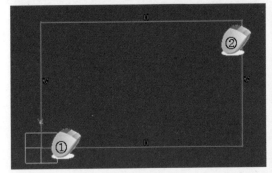

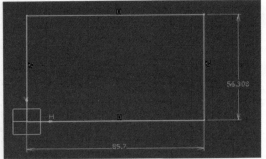

**08** Profile Toolbar에서 Rectangle 아이콘을 선택하고, 그림과 같이 첫 번째 지점으로 원점을 클릭하고, 두 번째 지점을 우측 상단을 클릭 하여 사각형을 생성한다.

**09** Constraint Toolbar에서 Constraint 아이 콘을 선택하고, 그림과 같이 가로치수와 세로치수를 생성한다.

수정하고자하는 가로치수를 더블클릭하면 치수 수 정 창이 생성되고 Value를 100으로 수정하여 OK 한다.

**10**

수정하고자하는 세로치수를 더블클릭하면 치수 수 정 창이 생성되고 Value를 100으로 수정하여 OK 한다.

**11**

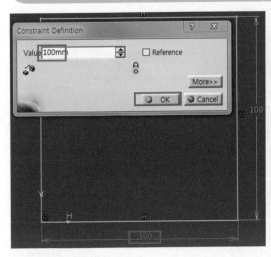

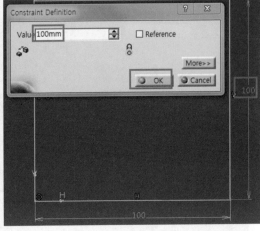

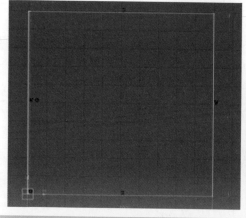

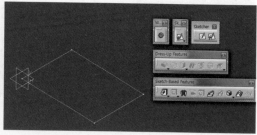

그림과 같이 치수가 수정된 것을 확인할 수 있으며, Exit Workbench 아이콘을 선택하여, Sketch 작업창을 빠져 나간다. *12*

그림과 같이 Sketch 작업창에서 Part Design 작업창으로 작업창이 변경된 것을 확인 할 수 있다. *13*

Sketch-Based Feature Toolbar에서 Pad 아이콘을 선택하고, Profile로 작업된 Sketch.1을 선택한다. *14*

생성할 Feature의 Length값에 10을 입력하고, 생성방향을 바꾸기 위해 Reverse Direction을 선택하여 화살표 방향을 아래로 바꾼 후 OK한다. *15*

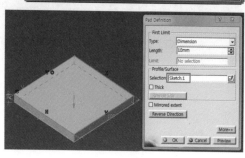

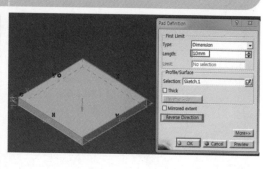

Example-09 따라하기 181

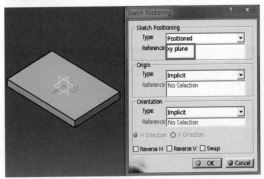

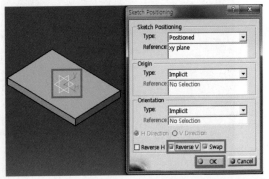

**16** Sketcher Toolbar에서 Positioned Sketch 아이콘을 선택 후 xy plane 을 선택 한다.

**17** Swap을 먼저 선택, Reverse V를 선택 후 좌표계를 그림과 같이 수정하여 OK한다.

**18** Yz Plane을 이용하여 50만큼 떨어진 Plane과 xy Plane을 이용하여 7만큼 떨어진 Plane 생성한다.

**19** Yz Plane을 이용하여 50만큼 떨어진 Plane에 그림 과 같이 작업하고 빠져 나간다.

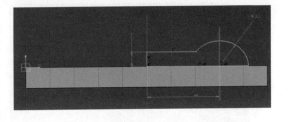

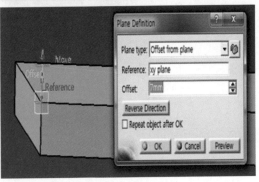

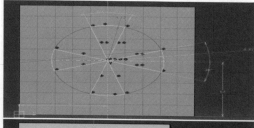

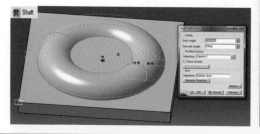

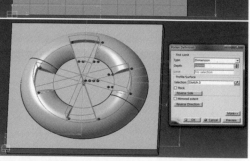

Profile로 선택한 후 Shaft 기능을 이용하여 380도 회전시킨다. 20

xy Plane을 이용하여 7만큼 떨어진 Plane에 아래와 같이 작업하고 Pocket 작업한다. 21

Draft Angle아이콘을 이용하여 Angle에는 15도를 입력, Face(s) to draft는 구배 되는 옆면을 선택하고, Selection은 구배되는 기준면을 xy Plane을 이용하여 7만큼 떨어진 Plane 선택한다. 22

Yz Plane을 이용하여 50만큼 떨어진 Plane에 그림과 같이 작업하고 Shaft 기능을 사용해 작업한다. 23

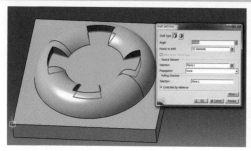

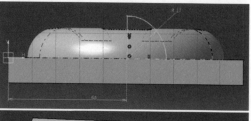

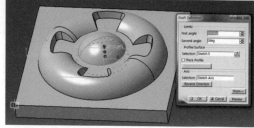

Example-09 따라하기 183

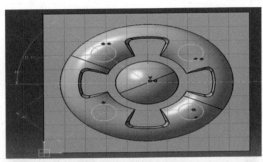

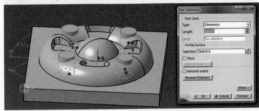

**24** xy Plane을 이용하여 아래와 같이 Profile을 작업한
Profile을 이용하여 Pad 작업한다.

Edge fillet 아이콘을 선택하고, 그림과 같이 Edge를 선택 후
Radius 값을 입력한다.

**25**

MEMO

Example-09 따라하기 **185**

# 10   Example-10 따라하기

기출문제 Example-10 도면을 보고, Modeling을 해보도록 하겠습니다.

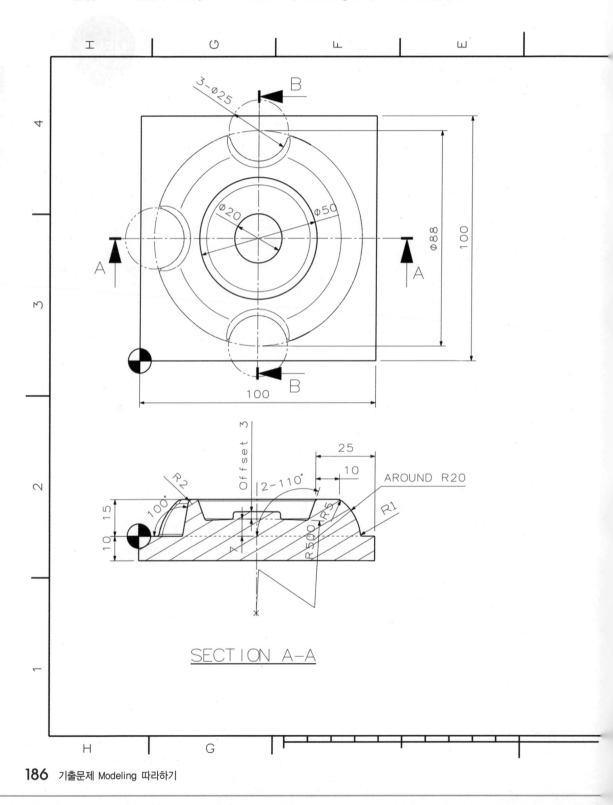

SECTION A-A

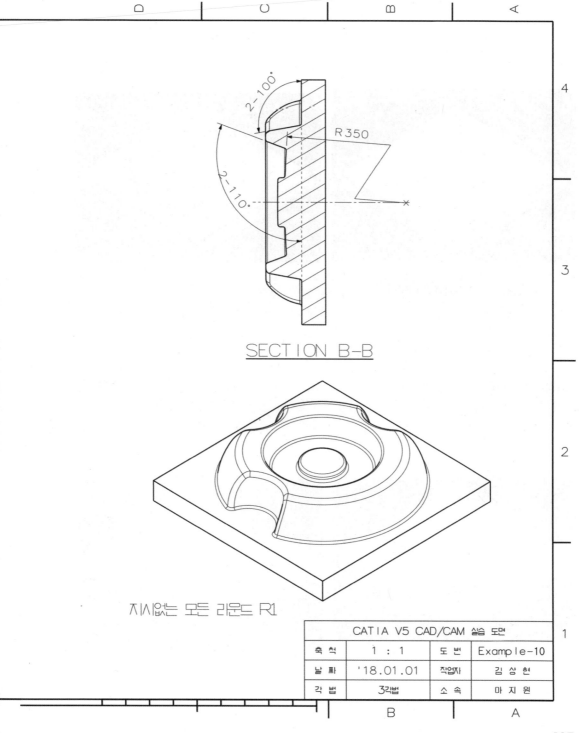

SECTION B-B

R350

2-100°

2-110°

지시없는 모든 라운드 R1

| CATIA V5 CAD/CAM 실습 도면 | | | |
|---|---|---|---|
| 축 척 | 1 : 1 | 도 번 | Example-10 |
| 날 짜 | '18.01.01 | 작업자 | 김 상 현 |
| 각 법 | 3각법 | 소 속 | 마 지 원 |

Example-10 따라하기 **187**

## Modeling 작업 Process

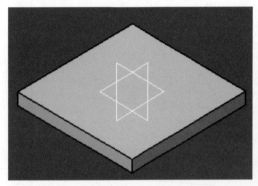

**01** 밑판을 PAD 아이콘을 이용하여 돌출한다.

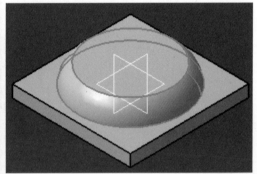

**02** 중앙부분에 Shaft 아이콘을 이용하여 회전체를 만든다.

중앙부분의 한쪽에 Pocket 아이콘을 이용하여 홈을 낸다.

**03**

중앙부위 중심으로 Circular Pattern 아이콘을 이용하여 90도 간격을 3개의 홈을 낸다.

**04**

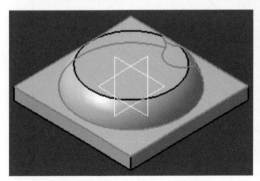

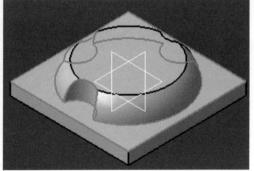

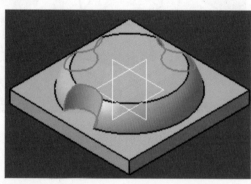

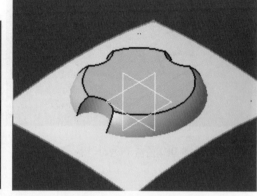

3개의 홈 부분에 Draft Angle을
이용하여 구배를 준다.

*05*

Surface를 만들기 위해 Sweep
아이콘을 이용하여 Surface 면을
생성한다.

*06*

중앙부분에 홈을 내기 위해
Revolution 아이콘을 선택하여
Surface 면을 생성한다.

*07*

Sweep의 Surface 면과
Revolution의 Surface 면을 Trim
아이콘을 이용하여 홈을 내기에 필요한
Surface 면만 남긴다.

*08*

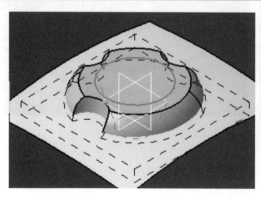

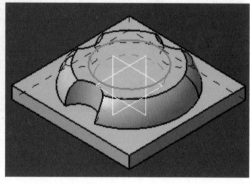

Example-10 따라하기 **189**

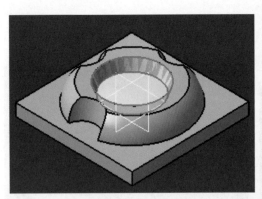
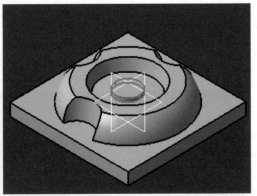

**09** Split 아이콘을 이용하여 홈을 낸다.

**10** 중앙에 PAD 아이콘을 이용하여 돌출한다.

Edge fillet을 이용하여 R5로 둥글게 깎는다.

Edge fillet을 이용하여 R2로 둥글게 깎는다.

**11**

**12**

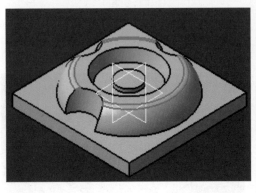
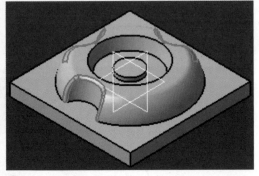

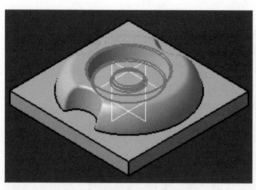

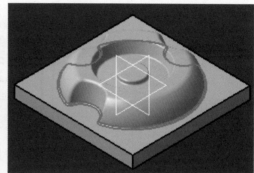

Edge fillet을 이용하여 R1로 둥글게
깎는다.

Edge fillet을 이용하여 R1로 둥글게
깎는다.

14

MEMO

Example-10 따라하기 191

## Modeling 세부 작업 내용

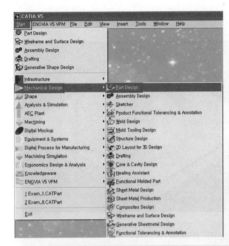

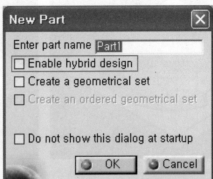

**01** 단품 모델링을 시작하기 위해서는
다음과 같이 Part Design을 선택한다.

**02** 다음과 같이 창이 뜨고, Enable
hybrid design을 체크한다.

Start ⇨ Mechanical Design ⇨
Part Design

**03** Enter part name에 Example-10이라고
입력하고 OK한다.

**04** 그림과 같이 새로운 Part Design 작업창이
생성된다.

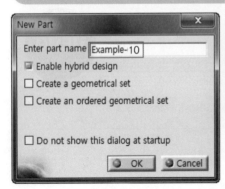

### 요점정리

Hybrid design이란!
Solid와 Surface를 Body에서 작업할 수 있는
기능으로, 트리에 Part body에서 작업된 내용
을 확인 할 수 있다.

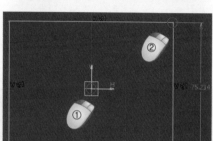

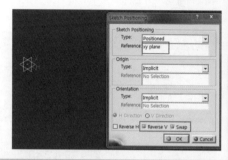

Sketcher Toolbar에서 Positioned
Sketch 아이콘을 선택하고, xy
plane을 선택, Swap을 선택, Reverse V를
선택 후 좌표계를 확인하고 OK한다. **05**

Sketch 작업창으로 들어오게 된다.
Profile Toolbar에서 삼각형을 눌러
Centered Rectangle 아이콘을 선택하고, 그림과
같이 첫 번째 지점으로 원점을 클릭하고, 두 번째
지점을 우측 상단을 클릭하여 사각형을 생성한다. **06**

Constraint Toolbar에서 Constraint 아
이콘을 선택하여 치수를 생성하고, 생성된
치수를 더블클릭하여 그림과 같이 치수를 100으로
수정하고 OK를 선택한다. Exit Workbench 아이
콘을 선택하여 Sketch 작업창을 빠져 나간다 **07**

Sketch–Based Features에 Pad
아이콘을 선택하고, Profile로
Sketch,1을 선택한 후 Length에 10을 입
력하고 Reverse Direction 버튼을 이용해
방향을 바꾼 후 OK한다. **08**

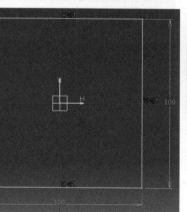

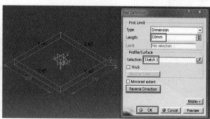

Example–10 따라하기 **193**

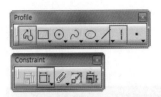

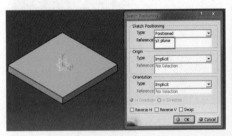

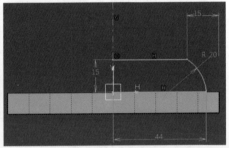

**09** Sketcher Toolbar에서 Positioned Sketch 아이콘을 선택하고, yz plane을 선택 후 좌표계를 확인하여 OK한다.

**10** Sketch 작업창으로 들어오게 된다. Profile Toolbar에서 Profile 및 Axis 아이콘을 이용하여 그림과 같이 생성하고, Constraint 아이콘을 이용해 치수를 생성, 수정한다.

Sketch 작업을 마치고, Exit Workbench 아이콘을 선택하여, Sketch 작업창을 빠져 나간다.

Sketch-Based Features Toolbar에서 Shaft 아이콘을 선택하고, Profile/Surface는 Sketch.2를 선택, Axis는 V축을 선택하여 OK한다.

**11**

**12**

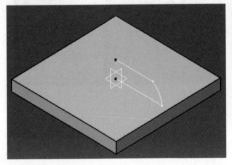

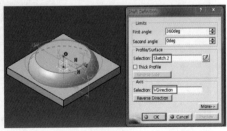

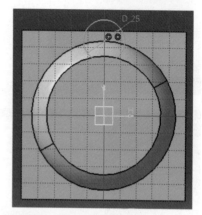

Sketcher Toolbar에서 Positioned
Sketch 아이콘을 선택하고, xy
plane을 선택, Swap을 선택, Reverse V를
선택 후 좌표계를 확인하고 OK한다.

**13**

Sketch 작업창으로 들어오게 된다.
Circle Toolbar에서 Circle 아이콘
을 이용하여 그림과 같이 생성하고,
Constraint 아이콘을 이용해 치수를 생성,
수정한다.

**14**

Sketch 작업을 마치고, Exit
Workbench 아이콘을 선택하여,
Sketch 작업창을 빠져 나간다.

**15**

Sketch–Based Features
Toolbar에서 Pocket 아이콘을 선택
하고, Type에는 Up to next를 선택,
Profile/Surface는 Sketch.3을 선택하여
OK한다.

**16**

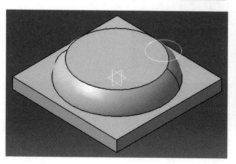

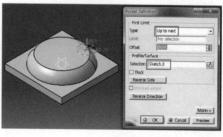

Example–10 따라하기  195

**17** Transformation Features Toolbar에서 Circular Pattern 아이콘을 선택 후 Parameters에는 Instance(s) & angular spacing 선택, Instance(s)는 3 입력, Angular spacing는 90입력, Reference element는 오른쪽 마우스에서 Z Axis를 선택, Objects는 Pocket.1을 선택하여 OK한다.

**18** Dress-Up Features Toolbar에서 Draft Angle아이콘을 선택하고, Angle에는 10입력, Face(s) to draft는 구배 되는 3면 선택, Selection은 구배되는 기준면 선택하여 OK한다.

Sketcher Toolbar에서 Positioned Sketch 아이콘을 선택하고, yz plane을 선택 후 좌표계를 확인하여 OK한다.

**19**

Sketch 작업창으로 들어오게 된다. Circle Toolbar에서 Three Point Arc 아이콘을 이용하여 그림과 같이 생성하고, Constraint 아이콘을 이용해 치수 를 생성, 수정한다.

**20**

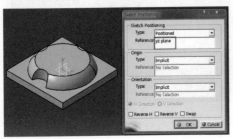

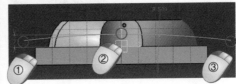

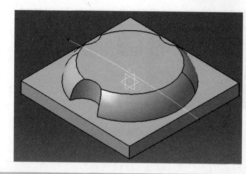

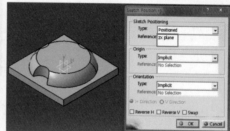

Sketch 작업을 마치고, Exit
Workbench 아이콘을 선택하여,
Sketch 작업창을 빠져 나간다.

*21*

Sketcher Toolbar에서
Positioned Sketch 아이콘을 선택
하고, zx plane을 선택 후 좌표계를 확인하
여 OK한다.

*22*

Sketch 작업창으로 들어오게 된다.
Circle Toolbar에서 Three Point
Arc 아이콘을 이용하여 그림과 같이 생성
하고, Constraint 아이콘을 이용해 치수를
생성, 수정한다.

*23*

Sketch 작업을 마치고, Exit
Workbench 아이콘을 선택하여,
Sketch 작업창을 빠져 나간다.

*24*

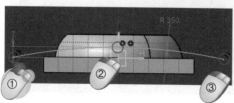

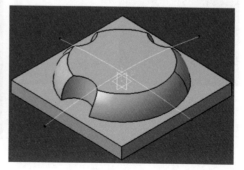

Example-10 따라하기 **197**

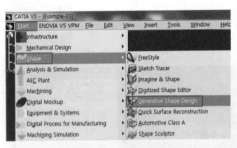

**25** Surface를 만들기 위해 Product를 변경한다.

Start ⇨ Shape ⇨ Generative Shape Design을 선택한다.

**26** Surface Toolbar에 Sweep 아이콘을 선택하고 Profile에는 Sketch.4 선택, Guide Curve는 Sketch.5를 선택하여 OK한다.

**27** Sketcher Toolbar에서 Positioned Sketch 아이콘을 선택하고, yz plane을 선택 후 좌표계를 확인하여 OK한다.

**28** Sketch 작업창으로 들어오게 된다. Profile Toolbar에서 Line 및 Axis 아이콘을 이용하여 그림과 같이 생성하고, Constraint 아이콘을 이용해 치수를 생성, 수정한다.

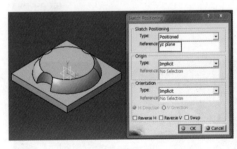

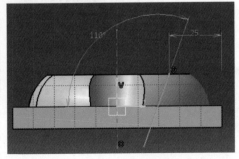

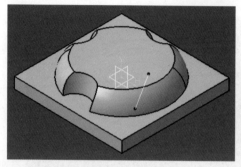

Sketch 작업을 마치고, Exit
Workbench 아이콘을 선택하여,
Sketch 작업창을 빠져 나간다.

**29**

Extrude-Revolution Toolbar에
서 Revolution 아이콘을 선택하고,
Sketch.6을 선택 후 Angle 1에 360을
입력하여 OK한다.

**30**

Operation Toolbar에 삼각형을 눌러
Trim 아이콘을 선택 후 Revolute.1과
Sweep.1을 선택하고 그림과 같이
남길 영역을 확인하고 OK한다.

**31**

생성된 Surface 기준으로 자르기
위해 Product를 변경한다.
Start ⇨ Mechanical ⇨ Part Design을
선택한다.

**32**

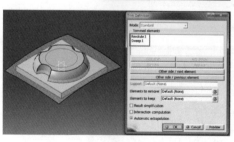

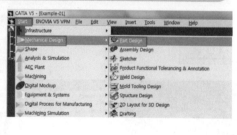

Example-10 따라하기  **199**

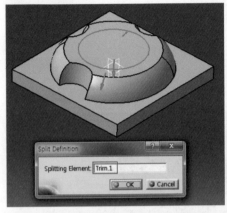

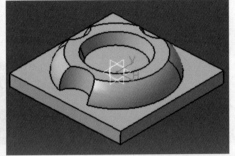

**33** Solid를 잘라내기 위해 Surface-Based Feature Toolbar에서 Split 아이콘을 선택하고 Splitting Element에 Trim.1을 선택하여 남겨질 방향을 확인한 후에 OK한다.

**34** 그림과 같이 Surface를 기준으로 Solid가 잘려진 것을 확인 할 수 있다.

**35** Sketcher Toolbar에서 Positioned Sketch 아이콘을 선택하고, xy plane을 선택, Swap을 선택, Reverse V를 선택 후 좌표계를 확인하고 OK한다.

**36** Sketch 작업창으로 들어오게 된다. Profile Toolbar에서 Circle 아이콘을 이용하여 그림과 같이 생성하고, Constraint 아 이콘을 이용해 치수를 생성, 수정한다.

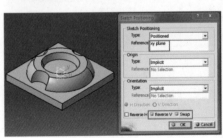

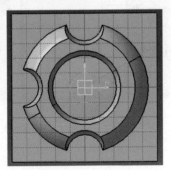

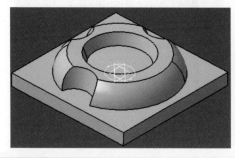

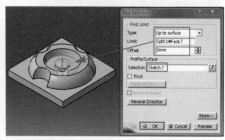

Sketch 작업을 마치고, Exit
Workbench 아이콘을 선택하여,
Sketch 작업창을 빠져 나간다.

*37*

Sketch-Based Features에 Pad
아이콘을 선택하고, Profile로
Sketch.7을 선택, Type에는 Up to
surface 선택, Limit는 그림과 같이 Offset
면 선택, Offset는 3입력하여 OK한다.

*38*

Dress-Up Feature Toolbar에서
Edge fillet 아이콘을 선택하고, 그림과
같이 Edge를 선택 후 Radius 값에 5를
입력하여 OK한다.

*39*

Dress-Up Feature Toolbar에서
Edge fillet 아이콘을 선택하고, 그림과
같이 Edge를 선택 후 Radius 값에 2를
입력하여 OK한다.

*40*

Example-10 따라하기 **201**

**A1** Dress−Up Feature Toolbar에서 Edge fillet 아이콘을 선택하고, 그림과 같이 Edge를 선택 후 Radius 값에 1을 입력하여 OK한다.

**A2** Dress−Up Feature Toolbar에서 Edge fillet 아이콘을 선택하고, 그림과 같이 Edge를 선택 후 Radius 값에 1을 입력하여 OK한다.

**A3** NC 데이터 추출을 위한 가공원점의 좌표축을 이동하기 위해 Reference elements Toolbar에서 Point 아이콘을 선택하고 x=0, Y=0, Z=0을 확인하고 OK하여 Point를 만든다.

**A4** 좌표축을 Transformation Features Toolbar에서 Translation 아이콘을 선택하고 Question 창에 예 선택하고 그림과 같이 Start point 및 End point를 선택하여 OK한다.

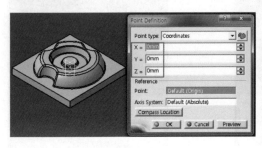

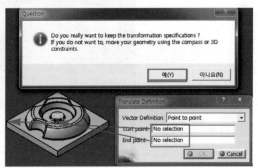

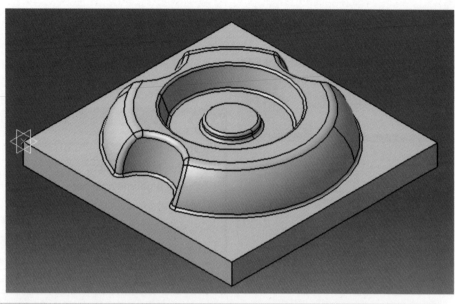

최종 형상이 완료된 것을 확인할 수 있다.
지금까지 Example-10 예제를 모델링 해 보았다.

Example-10 따라하기  203

# Surface Modeling 작업방법

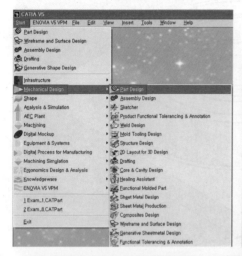

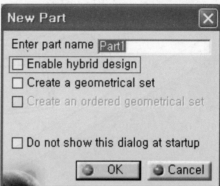

**01** 단품 모델링을 시작하기 위해서는 다음과 같이 Part Design을 선택
Start ⇨ Mechanical Design ⇨ Part Design

**02** 다음과 같이 창이 뜨고, Enable hybrid design을 체크한다.

Enter part name에 Example-10이라고 입력하고 OK를 누른다.

**03**

화면과 같이 새로운 Part Design 작업창이 생성된다.

**04**

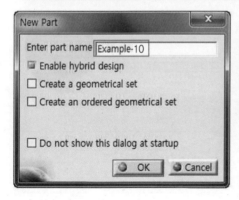

### 요점정리

Hybrid design이란!
Solid와 Surface를 Body에서 작업할 수 있는 기능으로, 트리에 Part body에서 작업된 내용을 확인할 수 있다.

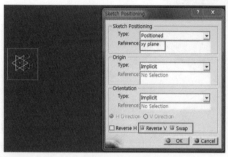

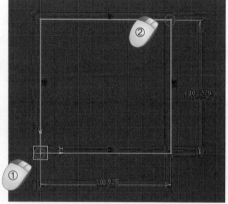

Sketcher Toolbar에서 Positioned
Sketch 아이콘을 선택하고, xy plane을
선택 후 Swap을 선택하고, Reverse V를 선택 후
좌표계를 확인하고 OK를 선택한다.

**05**

Sketch 작업창으로 들어오게 된다.
Profile Toolbar에서 Rectangle아이
콘을 선택하고, 그림과 같이 첫 번째 지점으로
원점을 클릭하고, 두 번째 지점을 우측 상단을
클릭해 사각형을 생성한다.

**06**

Constraint Toolbar에서 Constraint 아이
콘을 선택하여 치수를 생성하고, 생성된 치수를
더블클릭하여 화면관 같이 치수를 100으로 수정
하고 OK를 선택한다. Exit Workbench 아이콘을
선택하여, Sketch 작업창을 빠져 나간다.

**07**

Sketch-Based Features에 Pad
아이콘을 선택하고, Profile로
Sketch.1을 선택한 후 Length에 10을 입력
하고 Reverse Direction 버튼을 이용해 방향
을 바꾼 후 OK를 선택한다.

**08**

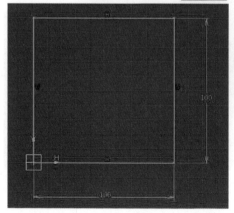

Example-10 따라하기  **205**

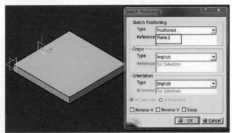

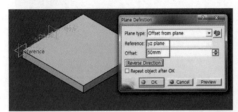

**09** Reference Element Toolbar에 Plane 아이콘을 선택하고 yz plane을 선택한 후 Offset 값으로 50를 입력하고, OK를 선택한다. 방향은 Reverse Direction 버튼으로 바꾼다.

**10** Sketcher Toolbar에서 Positioned Sketch 아이콘을 선택하고, Plane.1을 선택 후 좌표계를 확인하고 OK를 선택한다.

**11** Profile Toolbar에서 Profile 아이콘을 이용해 화면과 같이 생성하고, Constraint 아이콘을 이용해 치수를 생성, 수정한다.

**12** Sketch 작업을 마치고, Exit Workbench 아이콘을 선택하여, Sketch 작업창을 빠져 나간다.

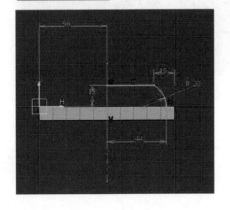

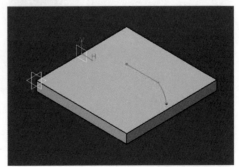

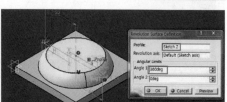

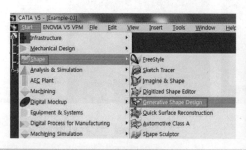

Product를 변경하기 위해 Start ⇨
Shape ⇨ Generative Shape
Design을 선택한다.

13

Extrude-Revolution Toolbar에
서 Revolution 아이콘을 선택하고
Profile로 Sketch.2를 선택하고 Angle 1에
360을 입력하고 OK를 선택한다.

14

Sketcher Toolbar에서 Positioned
Sketch 아이콘을 선택하고, Plane.1을
선택 후 좌표계를 확인하고 OK를 선택한다.

15

Circle Toolbar에 3 Point Arc
아이콘을 이용하여 프로파일을 생성하고,
Constraint 아이콘을 이용해 치수를 생성,
수정한다.

16

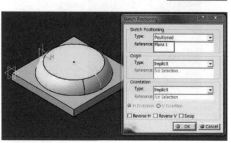

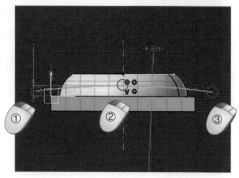

Example-10 따라하기  207

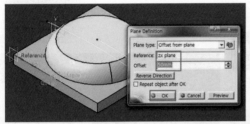

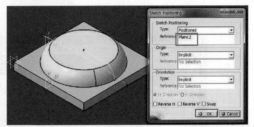

**17** Wireframe Toolbar에서 Plane 아이콘을 선택하고 zx plane을 선택 후 Offset 값에 50을 입력하고 OK를 선택한다.

**18** Sketcher Toolbar에서 Positioned Sketch 아이콘을 선택하고, Plane.2을 선택 후 좌표계를 확인하고 OK를 선택한다.

Circle Toolbar에 3 Point Arc 아이콘을 이용하여 프로파일을 생성하고, Constraint 아이콘을 이용해 치수를 생성, 수정한다. **19**

Surface Toolbar에 Sweep 아이콘을 선택하고 Profile에 Sketch.4를, Guide Curve로 Sketch.5를 선택하고 OK를 선택한다. **20**

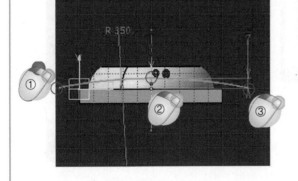

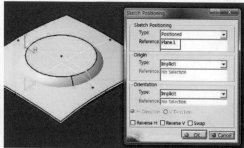

Surface Toolbar에서 Offset
Surface 아이콘을 선택하고
Sweep.1을 선택 후 Offset 값으로 3을 입력
하고 OK를 선택한다.

*21*

Sketcher Toolbar에서
Positioned Sketch 아이콘을 선택
하고, Plane.1을 선택 후 좌표계를 확인하고
OK를 선택한다.

*22*

Profile Toolbar에 Line과 Axis
아이콘을 이용하여 프로파일을 생성
하고, Constraint 아이콘을 이용해 치수를
생성, 수정한다.

*23*

Extrude-Revolution Toolbar에
서 Revolution 아이콘을 선택하고
Sketch.7을 선택 후 Angle 1에 360을
입력하고 OK를 선택한다.

*24*

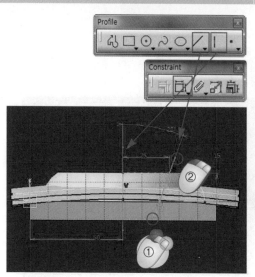

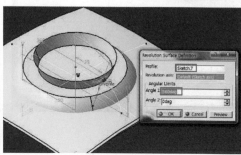

Example-10 따라하기 **209**

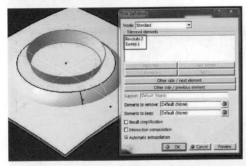 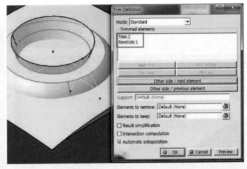

**25** Operation Toolbar에 Split 아이콘을 열고 그 안에 Trim 아이콘을 선택 후 Revolute.2 와 Sweep.1을 선택하고 화면과 같이 남길 영역을 확인하고 OK를 선택한다.

**26** 계속해서 Trim 아이콘을 선택하고 Trim.1과 Revolute.1을 선택하고 화면과 같이 남길 영역을 확인하고 OK를 선택한다.

Sketcher Toolbar에서 Positioned Sketch 아이콘을 선택하고, xy Plane을 선택 후 Swap을 선택하고 Reverse V를 선택 후 좌표계를 확인하고 OK를 선택한다. **27**

Circle Toolbar에 Circle 아이콘을 선택하고, 화면과 같이 생성 후 Constraint 아이콘을 선택하여 치수를 생성, 수정한다. **28**

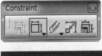

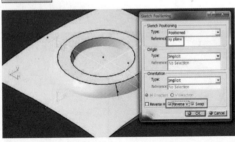

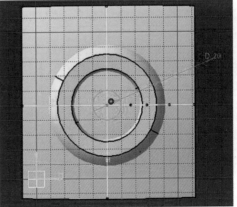

Extrude-Revolution

Trim-Split

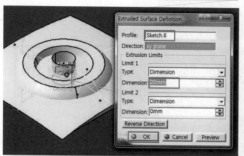

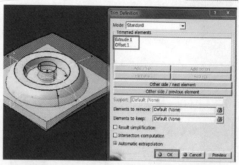

Extrude–Revolution Toolbar에서
Extrude 아이콘을 선택하고,
Sketch.8을 선택 후 Dimension에 20을
입력하고 OK를 선택한다.

*29*

Trim–Spilt Toolbar에서 Trim
아이콘을 선택하고 Extrude.1과
Offset.1을 선택하고 화면과 같이 남길 영역을
확인하고 OK를 선택한다.

*30*

Trim–Spilt Toolbar에서 Trim
아이콘을 선택하고 Trim.2와 Trim.3을
선택하고 화면과 같이 남길 영역을 확인
하고 OK를 선택한다.

*31*

Sketcher Toolbar에서 Positioned
Sketch 아이콘을 선택하고, xy plane을
선택 후 Swap을 선택하고 Reverse V를
선택 후 좌표계를 확인하고 OK를 선택한다.

*32*

Trim-Split

Sketcher

Example–10 따라하기  **211**

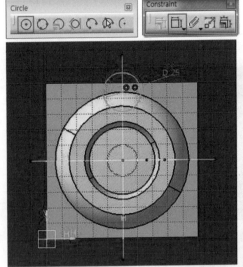

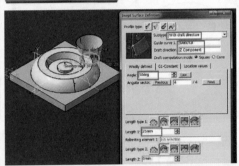

**33** Circle Toolbar에서 Circle 아이콘을 선택하여 프로파일을 생성하고, Constraint 아이콘을 선택하여 화면과 같이 치수를 생성, 구속을 완성한다.

**34** Surfaces Toolbar에서 Sweep 아이콘을 선택하고 Profile type에서 Line을 선택하고 Subtype에서 draft direction을 선택 Guise curve로 Sketch.9을 선택하고, Draft direction으로 Z 축을 지정 후, Angle에 10, Sector를 확인 후, Length1에 25를 입력후 OK를 선택한다.

**35** Replication Toolbar에서 Patterns을 열고 안에 Circular pattern 아이콘을 선택 후 개수에 3을, 각도에 90을 입력하고 OK를 선택한다.

**36** Trim-Split Toolbar에서 Trim 아이콘을 선택하고 Sweep.2과 Trim.4를 선택하고 남겨질 형상을 확인 후 OK를 선택한다.

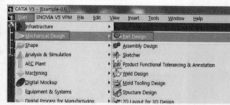

계속해서 Trim 아이콘을 선택하고
Trim.7과 CircPattern.1을 선택 후
남겨질 형상을 확인하고 OK를 선택한다. **31**

Product를 변경하기 위해 Start ➡
Mechanical ➡ Part Design을
선택한다. **38**

Sketch-Based Feature Toolbar
에서 Close Surface 아이콘을 선택
하고 Trim.8을 선택하고 OK를 선택한다. **39**

모든 개체를 선택하고 MB3를 눌러
Hide/show 시킨 후 Three에서
Trim.8을 선택 후 MB3를 누르고
Hide/show를 선택하여 최종 Solid만
보이게 한다. **40**

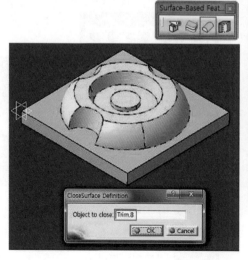

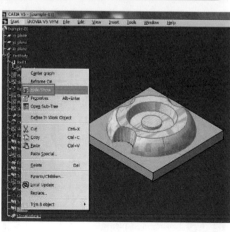

Example-10 따라하기 **213**

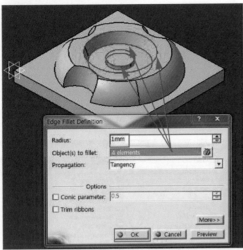

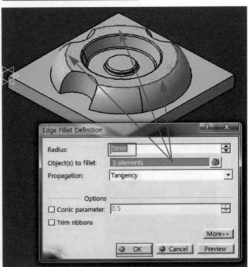

**A1** Dress–Up Feature Toolbar에서 Edge fillet 아이콘을 선택하고, 화면과 같이 Edge를 선택 후 Radius 값에 1을 입력하고 OK를 선택한다.

**A2** Dress–Up Feature Toolbar에서 Edge fillet 아이콘을 선택하고, 화면과 같이 Edge를 선택 후 Radius 값에 5를 입력하고 OK를 선택한다.

Dress–Up Feature Toolbar에서 Edge fillet 아이콘을 선택하고, 화면과 같이 Edge를 선택 후 Radius 값에 2를 입력하고 OK를 선택한다. **A3**

Dress–Up Feature Toolbar에서 Edge fillet 아이콘을 선택하고, 화면과 같이 Edge를 선택 후 Radius 값에 1을 입력하고 OK를 선택한다. **A4**

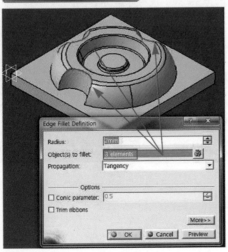

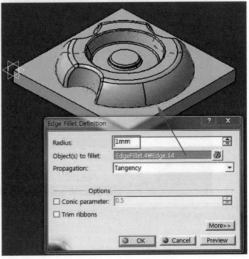

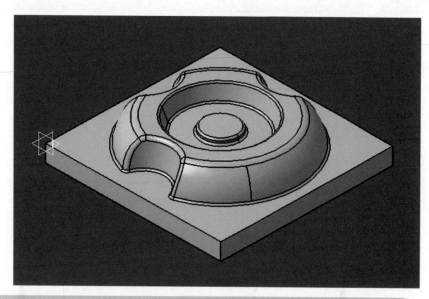

최종 형상이 완료된 것을 확인할 수 있다.
지금까지 Example-10예제를 모델링 해 보았다.

MEMO

Example-10 따라하기 **215**

## 11 Example-11 따라하기

기출문제 Example-11 도면을 보고, Modeling을 해보도록 하겠습니다.

SECTION A-A

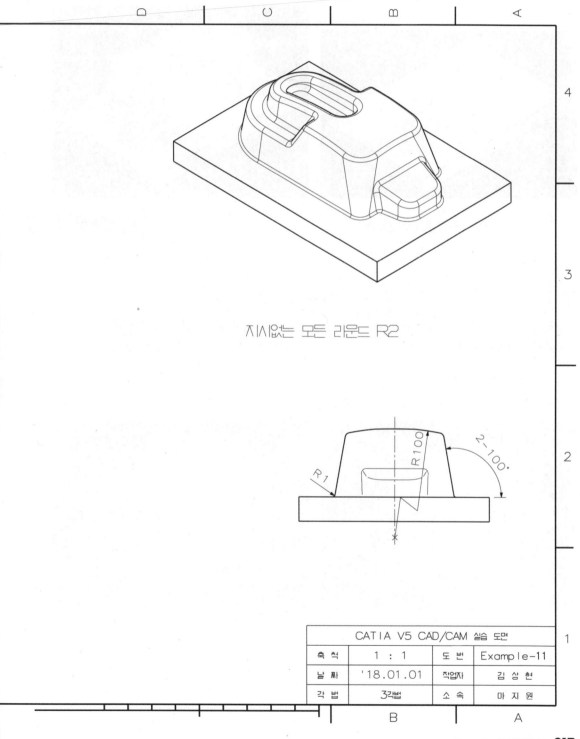

지시없는 모든 라운드 R2

R100

R1

2-100°

| CAT I A V5 CAD/CAM 실습 도면 | | | |
|---|---|---|---|
| 축 척 | 1 : 1 | 도 변 | Example-11 |
| 날 짜 | '18.01.01 | 작업자 | 김 상 현 |
| 각 법 | 3각법 | 소 속 | 마 지 원 |

Example-11 따라하기  **217**

# Solid Modeling 작업방법

## Modeling 작업 Process

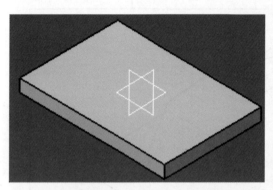

*01* 밑판을 PAD 아이콘을 이용하여
돌출한다.

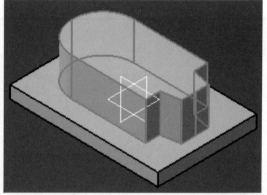

*02* 중앙부분에 PAD 아이콘을 이용하여
돌출한다.

*03* 중앙부분의 일부 측면에 Draft Angle을
이용하여 구배를 준다.

*04* 중앙부위 앞쪽에 형상을 만들기 위해
Pocket 아이콘을 이용하여 잘라낸다.

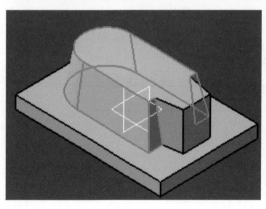

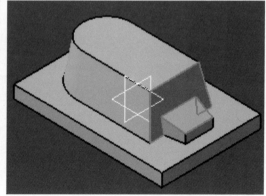

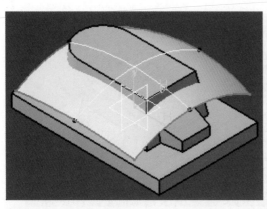

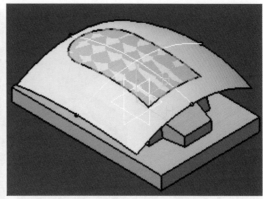

Surface를 만들기 위해 Sweep
아이콘을 이용하여 Surface 면을
생성한다.

*05*

중앙부위의 일부를 Split 아이콘을
이용하여 잘라낸다.

*06*

중앙부분에 Pocket 아이콘을
이용하여 홈을 낸다.

*07*

Surface를 만들기 위해 Sweep
아이콘을 이용하여 Surface 면을
생성한다.

*08*

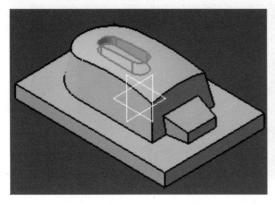

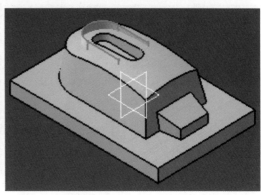

Example-11 따라하기 **219**

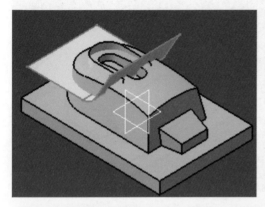
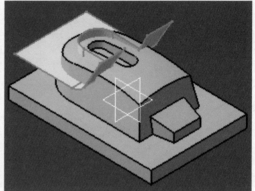

**09** Surface를 만들기 위해 Extrude 아이콘을 이용하여 Surface 면을 생성한다.

**10** Sweep의 Surface 면과 Extrude의 Surface 면을 Trim 아이콘을 이용하여 홈을 내기에 필요한 Surface 면만 남긴다.

중앙부위의 일부를 Split 아이콘을 이용하여 잘라낸다.

Variable Radius fillet를 이용하여 R10, R5로 둥글게 깎는다.

**11**

**12**

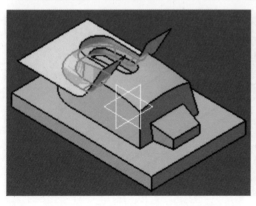
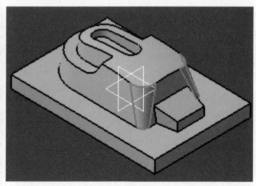

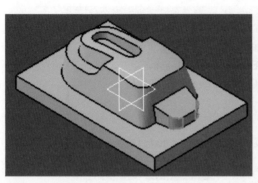

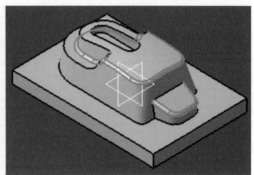

Edge fillet을 이용하여 R7로 둥글게
깎는다. 13

Edge fillet을 이용하여 R2로 둥글
게 깎는다. 14

Edge fillet을 이용하여 R2로 둥글게
깎는다. 15

Edge fillet을 이용하여 R1로 둥글
게 깎는다. 16

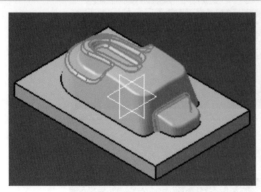

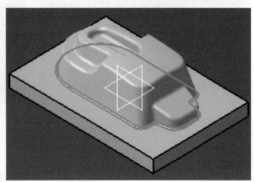

Example-11 따라하기 221

# Surface Modeling 작업방법

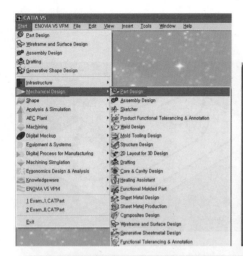

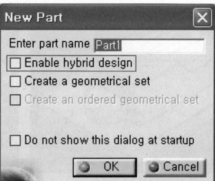

**01** 단품 모델링을 시작하기 위해서는
다음과 같이 Part Design을 선택
Start ⇨ Mechanical Design ⇨ Part Design

**02** 다음과 같이 창이 뜨고, Enable
hybrid design을 체크한다.

Enter part name에 Example-11이라고
입력하고 OK를 누른다.

화면과 같이 새로운 Part Design 작업창이
생성된다.

**03**

**04**

### 요점정리

Hybrid design이란!
Solid와 Surface를 Body에서 작업할 수 있는
기능으로, 트리에 Part body에서 작업된 내용을
확인 할 수 있다.

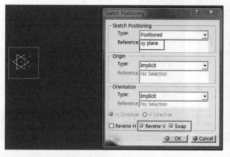

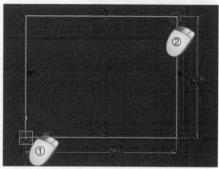

**05** Sketcher Toolbar에서 Positioned Sketch 아이콘을 선택하고, xy plane을 선택 후 Swap을 선택하고, Reverse V를 선택 후 좌표계를 확인하고 OK를 선택한다.

**06** Sketch 작업창으로 들어오게 된다. Profile Toolbar에서 Rectangle 아이콘을 선택하고, 그림과 같이 첫 번째 지점으로 원점을 클릭하고, 두 번째 지점을 우측 상단을 클릭해 사각형을 생성한다.

**07** Constraint Toolbar를 Constraint 아이콘을 선택하여 치수를 생성하고, 생성된 치수를 더블클릭하여 화면과 같이 치수를 120, 80으로 수정하고 OK를 선택한다. Exit Workbench 아이콘을 선택하여, Sketch 작업창을 빠져 나간다.

**08** Sketch-Based Features에 Pad 아이콘을 선택하고, Profile로 Sketch.1을 선택한 후 Length에 10을 입력하고 Reverse Direction 버튼을 이용해 방향을 바꾼 후 OK를 선택한다.

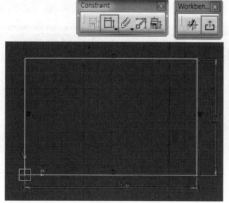

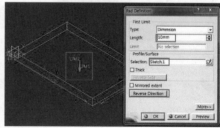

Example-11 따라하기 **223**

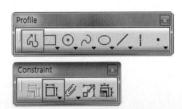

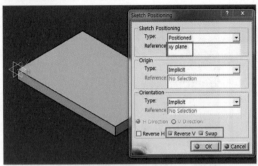

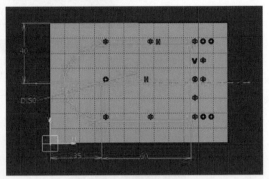

**09** Sketcher Toolbar에서 Positioned Sketch 아이콘을 선택하고, xy plane을 선택 후 Swap을 선택하고, Reverse V를 선택 후 좌표계를 확인하고 OK를 선택한다.

Product를 변경하기 위해 Start ⇨ Shape ⇨ Generative Shape Design을 선택한다.

**10** Profile Toolbar에서 Profile 아이콘을 선택하고, 화면과 같이 생성하고 Constraint Toolbar에서 Constraint 아이콘을 이용해 치수를 생성한다.

화면과 같이 Product가 변경된 것을 확인할 수 있다. Toolbar를 화면과 같이 정리한다.

**11**

**12**

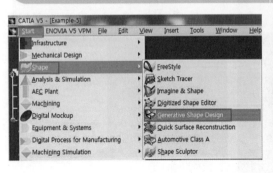

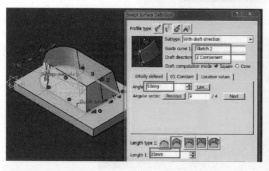

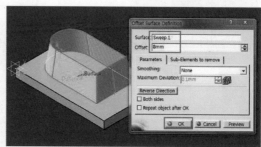

Surface Toolbar에 Sweep 아이콘을
선택하고 type에 line을 선택하고
subtype에 draft direction을 선택 후 Curve
로 Sketch.2를 direction으로 Z축을 Angle에
10, Length에 30을 입력하고 OK를 선택한다.

13

Surface Toolbar에 Offset 아이콘
을 선택하고 Sweep.1을 선택하고
Offset에 8을 입력하고 OK를 선택한다.

14

Wireframe Toolbar에서 Plane 아이
콘을 선택하고, yz plane을 선택하고
Offset에 40을 입력하고 OK를 선택한다. 방향
은 Reverse Direction 버튼으로 바꾸면 된다.

15

Sketch 아이콘을 선택하고,
Plane.1을 선택 후 좌표계를 확인
하고 OK를 선택한다.

16

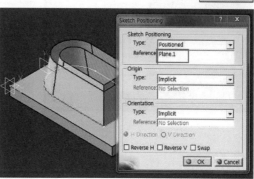

Example-11 따라하기  225

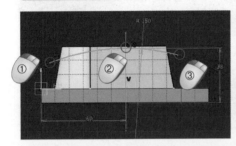

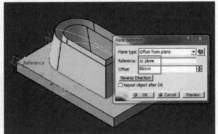

**17** Circle Toolbar에서 3Point Arc 아이콘을 선택하여 프로파일을 생성하고 Constraint Toolbar에 Constraint 아이콘을 이용해 화면과 같이 생성한다.

**18** Wireframe Toolbar에서 Plane 아이콘을 선택하고, zx plane을 선택하고 Offset에 60을 입력하고 OK를 선택한다. 방향은 Reverse Direction 버튼으로 바꾸면 된다.

**19** Sketcher Toolbar에서 Positioned Sketch 아이콘을 선택하고, Plane.2를 선택 후 좌표계를 확인하고 OK를 선택한다.

**20** Circle Toolbar에서 3Point Arc 아이콘을 선택하여 프로파일을 생성하고 Constraint Toolbar에 Constraint 아이콘을 이용해 화면과 같이 치수를 생성한다.

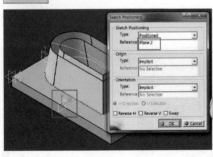

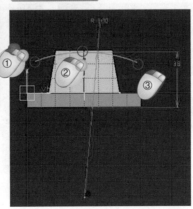

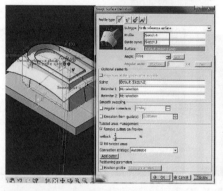

Surface Toolbar에서 Sweep 아이콘을 선택하고 Profile에 Sketch.4를 Curve에 Sketch.5를 선택한다.

21

Trim 아이콘을 선택 후 Sweep.1과 Sweep.2를 선택하고 화면과 같이 남길 영역을 확인하고 OK를 선택한다.

22

Sketcher Toolbar에서 Positioned Sketch 아이콘을 선택하고, Plane.1을 선택 후 좌표계를 확인하고 OK를 선택한다.

23

Profile Toolbar에 Profile 아이콘을 이용하여 프로파일을 생성하고, Constraint 아이콘을 이용해 치수를 생성, 수정한다.

24

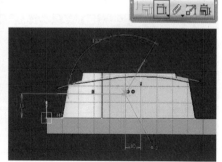

Example-11 따라하기  227

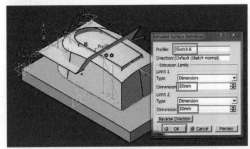

**25** Surface Toolbar에서 Extrude 아이콘을 선택하고 Profile에 Sketch.6을 선택 후 Limits에 각각 30, 30을 입력 후 OK를 선택한다.

**26** Trim 아이콘을 선택 후 Extrude.1과 Offset.1을 선택하고 화면과 같이 남길 영역을 확인하고 OK를 선택한다.

**27** Trim 아이콘을 선택 후 Trim.1과 Trim.2를 선택하고 화면과 같이 남길 영역을 확인하고 OK를 선택한다.

**28** Wireframe Toolbar에서 Plane 아이콘을 선택하고, xy plane을 선택하고 Offset에 20을 입력하고 OK를 선택한다.

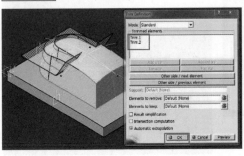

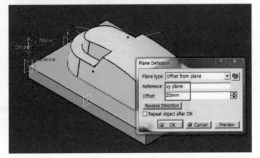

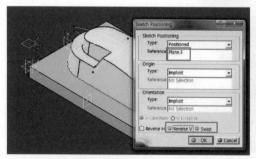

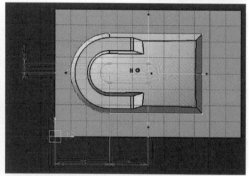

Sketcher Toolbar에서 Positioned
Sketch 아이콘을 선택하고, Plane.3을
선택 후 Swap을 선택하고 Reverse V를
선택 후 좌표계를 확인하고 OK를 선택한다. *29*

Profile Toolbar에 Profile 아이콘
을 이용하여 프로파일을 생성하고,
Constraint 아이콘을 이용해 치수를
생성, 수정한다. *30*

Surface Toolbar에서 Extrude 아이콘을
선택하고 Profile에 Sketch.8을 선택 후
Limits에 30을 입력 후 OK를 선택한다. *31*

Trim-Spilt Toolbar에서 Trim 아이콘을
선택하고 Trim.3과 Extrude.2를 선택
하고 화면과 같이 남길 영역을 확인하고
OK를 선택한다. *32*

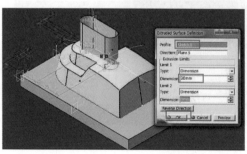

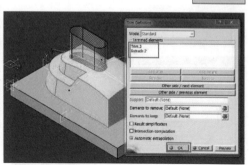

Example-11 따라하기 **229**

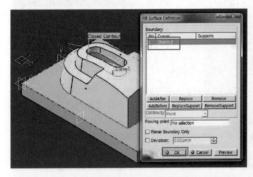

**33** Surface Toolbar에서 Fill 아이콘을 선택하고 Sketch.8을 선택하고 OK를 선택한다.

**34** Sketcher Toolbar에서 Positioned Sketch 아이콘을 선택하고, xy plane을 선택 후 Swap을 선택하고 Reverse V를 선택 후 좌표계를 확인하고 OK를 선택한다.

Profile Toolbar에 Profile 아이콘을 이용하여 프로파일을 생성하고, Constraint 아이콘을 이용해 치수를 **35** 생성, 수정한다.

Surface Toolbar에서 Extrude 아이콘을 선택하고 Profile에 Sketch.10을 선택 후 Limits에 30을 입력 후 OK를 **36** 선택한다.

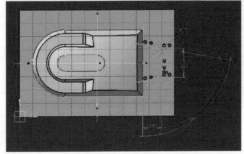

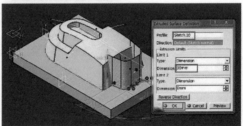

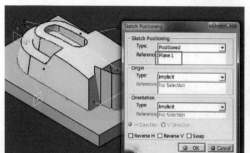

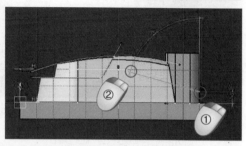

Sketcher Toolbar에서 Positioned
Sketch 아이콘을 선택하고, Plane.1을
선택 후 좌표계를 확인하고 OK를
선택한다.

*37*

Profile Toolbar에 Line 아이콘을
이용하여 프로파일을 생성하고,
Constraint 아이콘을 이용해 치수를
생성, 수정한다.

*38*

Surface Toolbar에서 Extrude
아이콘을 선택하고 Profile에
Sketch.12를 선택 후 Limits에 각각 30을
입력 후 OK를 선택한다.

*39*

Trim-Spilt Toolbar에서 Trim
아이콘을 선택하고 Extrude.3과
Extrude.4를 선택하고 화면과 같이 남길
영역을 확인하고 OK를 선택한다.

*40*

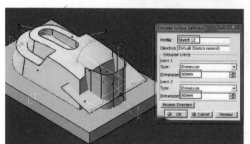

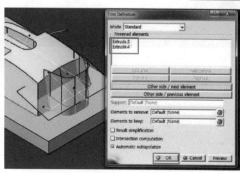

Example-11 따라하기 **231**

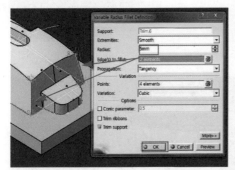

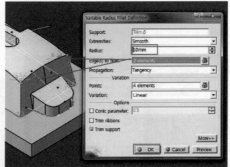

**A1** Fillet Toolbar에 Variable fillet 아이콘을 선택하고, 화면과 같이 edge를 선택 후 Radius에 5를 입력하고 OK를 선택한다.

**A2** 화면과 같이 상단에 Edgefillet 값을 더블클릭하여 10으로 수정하고 OK를 선택한다.

Join 아이콘을 선택하고 Edgefillet.1과 Fill.1을 선택하고 OK를 선택한다.

**A3**

Fillet Toolbar에 Edge fillet 아이콘을 선택하고, 화면과 같이 edge를 선택 후 Radius에 2을 입력하고 OK를 선택한다.

**A4**

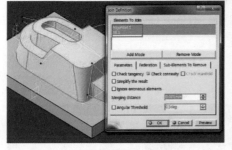

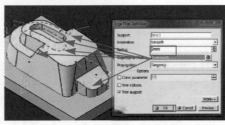

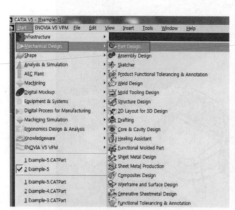

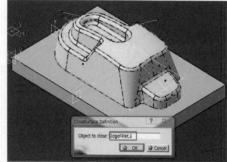

Product를 변경하기 위해 Start ⇨
Mechanical ⇨ Part Design을
선택한다.

 45

Surface-Based Toolbar에서
Close Surface 아이콘을 선택하고
Edgefillet.3을 선택한 후 OK를 선택한다.

46

모든 Element를 선택 후
Hide/show 시킨 후 트리에서
Close surfce를 선택 후 MB3을 누르고
Hide/show를 선택한다.

47

Dress-Up Toolbar에서 Edge
Fillet 아이콘을 선택하고 화면과 같이
Edge를 선택 한 후 Radius에 2를 입력
하고 OK를 선택한다.

48

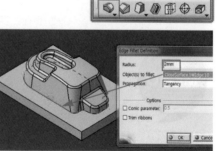

Example-11 따라하기  233

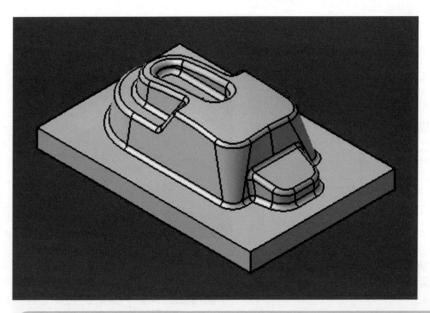

**49** 최종 형상 완료된 것을 확인할 수 있다.
지금까지 Example-11 예제를 모델링 해 보았다.

MEMO

Example-11 따라하기  235

## 12 Example-12 따라하기

기출문제 Example-12 도면을 보고, Modeling을 해보도록 하겠습니다.

SECTION A-A

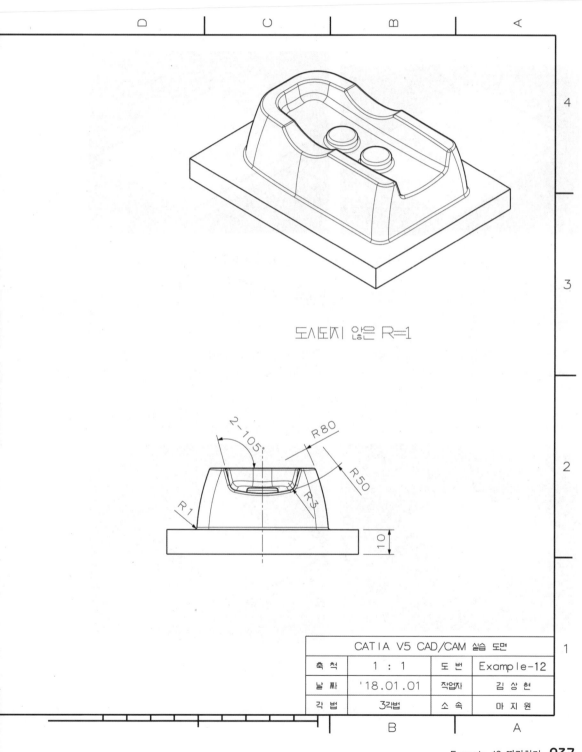

도시되지 않은 R=1

Example-12 따라하기 **237**

| CATIA V5 CAD/CAM 실습 도면 | | | |
|---|---|---|---|
| 축 척 | 1 : 1 | 도 번 | Example-12 |
| 날 짜 | '18.01.01 | 작업자 | 김 상 현 |
| 각 법 | 3각법 | 소 속 | 마 지 원 |

# Solid Modeling 작업방법

## Modeling 작업 Process

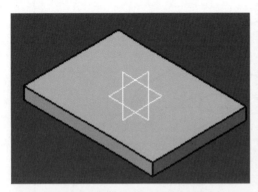

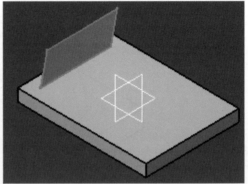

**01** 밑판을 PAD 아이콘을 이용하여 돌출한다.

**02** Surface를 만들기 위해 Extrude 아이콘을 이용하여 Surface 면을 생성한다.

Surface를 만들기 위해 Swep 아이콘을 이용하여 Surface 면을 생성한다.

Surface를 만들기 위해 Extrude 아이콘을 이용하여 Surface 면을 생성한다.

**03**

**04**

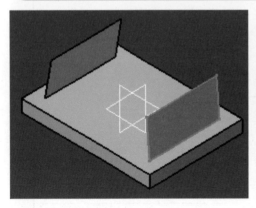

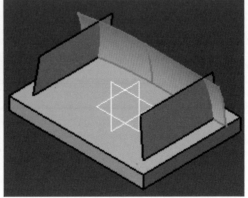

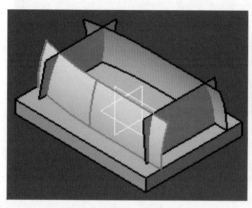

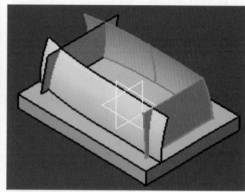

yz 기준면으로 동일한 Surface를
만들기 위해 Symmetry 아이콘을
이용하여 Surface 면을 생성한다.

*05*

Trim 아이콘을 이용하여 불필요한
Surface 면을 잘라낸다.

*06*

Trim 아이콘을 이용하여 불필요한
Surface 면을 잘라낸다.

*07*

Trim 아이콘을 이용하여 불필요한
Surface 면을 잘라낸다.

*08*

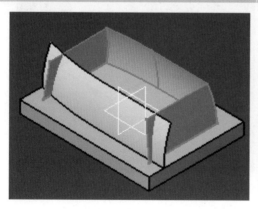

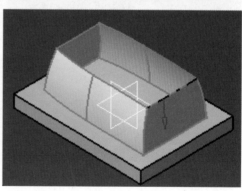

Example-12 따라하기  239

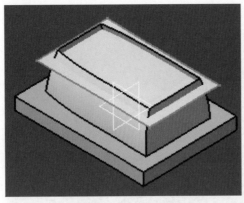

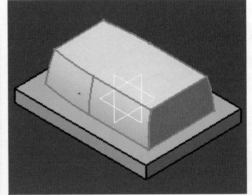

**09** Surface를 만들기 위해 Extrude 아이콘을 이용하여 Surface 면을 생성한다.

**10** Trim 아이콘을 이용하여 불필요한 Surface 면을 잘라낸다.

Solid를 만들기 위하여 Close Surface 아이콘으로 Solid를 채워 넣는다.

Surface를 만들기 위해 Sweep 아이콘을 이용하여 Surface 면을 생성한다.

**11**

**12**

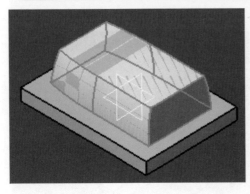

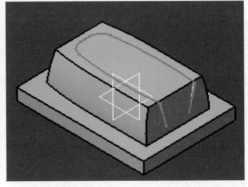

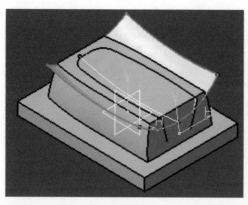

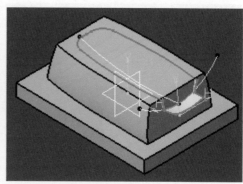

Surface를 만들기 위해 Sweep 아이콘을 이용하여 Surface 면을 생성한다.

**13**

Surface을 연장하기 위하여 Extrapol 아이콘을 이용하여 Suface면을 연장한다.

**14**

중앙부위의 일부를 Split 아이콘을 이용하여 잘라낸다.

**15**

Pocket 아이콘을 이용하여 홈을 낸다.

**16**

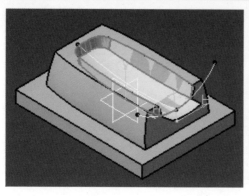

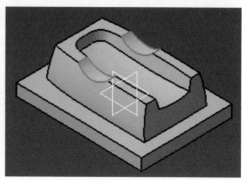

Example-12 따라하기  **241**

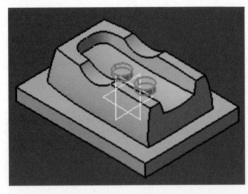 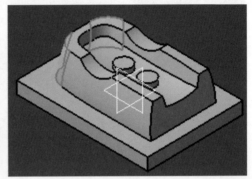

**17** PAD 아이콘을 이용하여 중앙부분의 원을 돌출한다.

**18** Edge fillet을 이용하여 R15로 둥글게 깎는다.

Edge fillet을 이용하여 R5로 둥글게 깎는다.

Edge fillet을 이용하여 R3으로 둥글게 깎는다.

**19** **20**

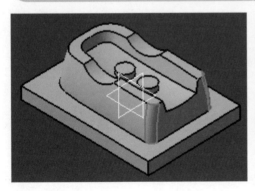 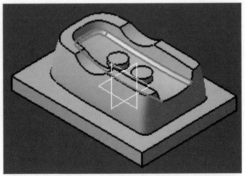

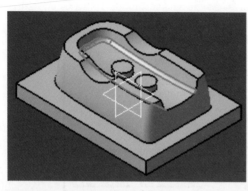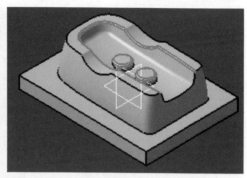

Edge fillet을 이용하여 R1로 둥글게
깎는다.

Edge fillet을 이용하여 R1로 둥글
게 깎는다.

Edge fillet을 이용하여 R1로 둥글게
깎는다.

Edge fillet을 이용하여 R1로 둥글게
깎는다.

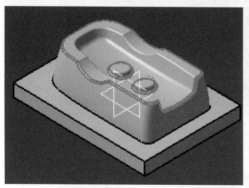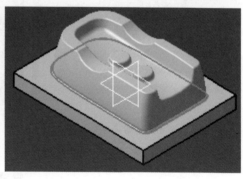

Example-12 따라하기  243

## Modeling 세부 작업 내용

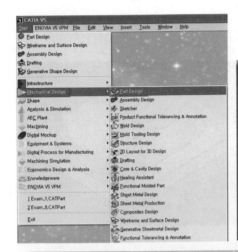
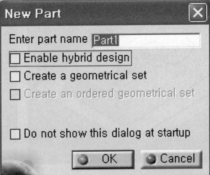

**01** 단품 모델링을 시작하기 위해서는
다음과 같이 Part Design을 선택한다.

**02** 다음과 같이 창이 뜨고, Enable
hybrid design을 체크한다.
Start ⇨ Mechanical Design ⇨ Part Design

Enter part name에 Example-12라고
입력하고 OK한다.

**03**

그림과 같이 새로운 Part Design 작업창이
생성된다.

**04**

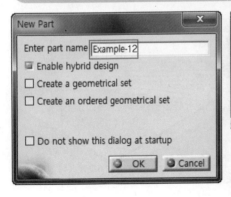

요점정리

**Hybrid design이란!**
Solid와 Surface를 Body에서 작업할 수 있는
기능으로, 트리에 Part body에서 작업된 내용
을 확인 할 수 있다.

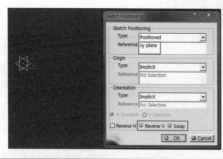

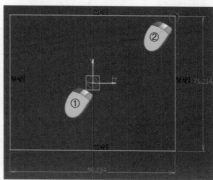

**05** Sketcher Toolbar에서 Positioned Sketch 아이콘을 선택하고, xy plane을 선택, Swap을 선택, Reverse V를 선택 후 좌표계를 확인하고 OK한다.

**06** Sketch 작업창으로 들어오게 된다. Profile Toolbar에서 삼각형을 눌러 Centered Rectangle 아이콘을 선택하고, 그림과 같이 첫 번째 지점으로 원점을 클릭하고, 두 번째 지점을 우측 상단을 클릭하여 사각형을 생성한다.

**07** Constraint Toolbar에서 Constraint 아이콘을 선택하여 치수를 생성하고, 생성된 치수를 더블클릭하여 그림과 같이 치수를 110, 80으로 수정하고 OK를 선택한다. Exit Workbench 아이콘을 선택하여 Sketch 작업창을 빠져 나간다.

**08** Sketch-Based Features에 Pad 아이콘을 선택하고, Profile로 Sketch.1을 선택한 후 Length에 10을 입력하고 Reverse Direction 버튼을 이용해 방향을 바꾼 후 OK한다.

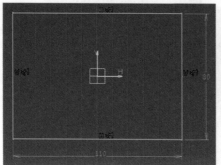

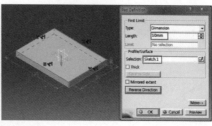

Example-12 따라하기 **245**

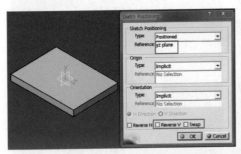

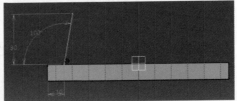

**09** Sketcher Toolbar에서 Positioned Sketch 아이콘을 선택하고, yz plane을 선택 후 좌표계를 확인하여 OK한다.

**10** Sketch 작업창으로 들어오게 된다. Profile Toolbar에서 Line 아이콘을 이용하여 그림과 같이 생성하고, Constraint 아이콘을 이용해 치수를 생성, 수정한다.

**11** Sketch 작업을 마치고, Exit Workbench 아이콘을 선택하여, Sketch 작업창을 빠져 나간다.

**12** Surface를 만들기 위해 Product를 변경한다. Start ⇨ Shape ⇨ Generative Shape Design을 선택한다.

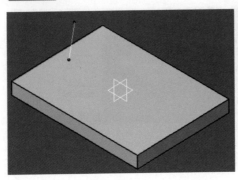

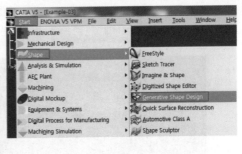

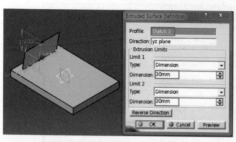

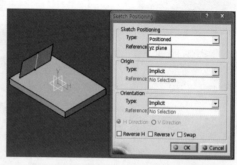

Surface Toolbar에서 Extrude 아
이콘을 선택, Profile에 Sketch.3을
선택, Limit1, Limit2에 30입력하여 OK한다. **13**

Sketcher Toolbar에서
Positioned Sketch 아이콘을 선택
하고, yz plane을 선택하고 좌표계를 확인
하여 OK한다. **14**

Sketch 작업창으로 들어오게 된다.
Profile Toolbar에서 Line 아이콘을
이용하여 그림과 같이 생성하고, Constraint
아이콘을 이용해 치수를 생성, 수정한다. **15**

Sketch 작업을 마치고, Exit
Workbench 아이콘을 선택하여,
Sketch 작업창을 빠져 나간다. **16**

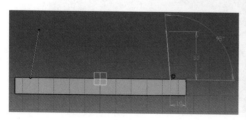

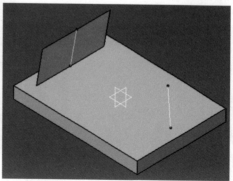

Example-12 따라하기 **247**

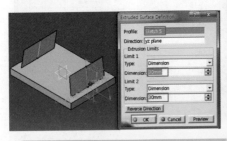

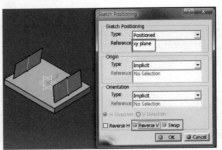

**17** Surface Toolbar에서 Extrude 아이콘을 선택, Profile에 Sketch.5를 선택, Limit1, Limit2에 30입력하여 OK한다.

**18** Sketcher Toolbar에서 Positioned Sketch 아이콘을 선택하고, xy plane을 선택, Swap을 선택, Reverse V를 선택 후 좌표계를 확인하고 OK한다.

**19** Sketch 작업창으로 들어오게 된다. Profile Toolbar에서 Profile 아이콘을 이용하여 그림과 같이 생성하고, Constraint 아이콘을 이용해 치수를 생성, 수정한다.

**20** Sketch 작업을 마치고, Exit Workbench 아이콘을 선택하여, Sketch 작업창을 빠져 나간다.

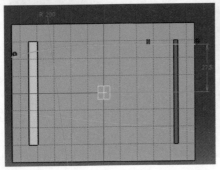

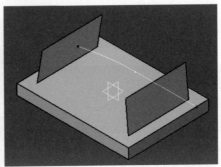

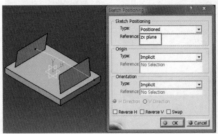

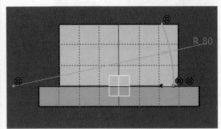

Sketcher Toolbar에서 Positioned
Sketch 아이콘을 선택하고, yz
plane을 선택, Swap을 선택, Reverse V를
선택 후 좌표계를 확인하고 OK한다.

*21*

Sketch 작업창으로 들어오게 된다.
Profile Toolbar에서 Profile 아이
콘을 이용하여 그림과 같이 생성하고,
Constraint 아이콘을 이용해 치수를 생성,
수정한다.

*22*

Sketch 작업을 마치고, Exit
Workbench 아이콘을 선택하여,
Sketch 작업창을 빠져 나간다.

*23*

Surface Toolbar에 Sweep 아이
콘을 선택하고 Profile에는
Sketch.8 선택, Guide Curve는
Sketch.7을 선택하여 OK한다.

*24*

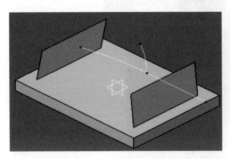

Example-12 따라하기 **249**

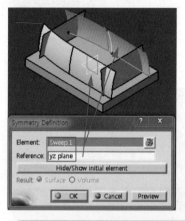

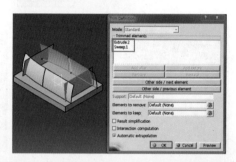

<table>
<tr><td>

**25** Transformations Toolbar에 Symmetry 아이콘을 선택하고 Element에는 그림과 같이 Sweep.1 선택, Reference yz plane을 선택하여 OK한다.

</td><td>

**26** Operation Toolbar에 삼각형을 눌러 Trim 아이콘을 선택 후 Extrude.2와 Sweep.1을 선택하고 그림과 같이 남길 영역을 확인하고 OK한다.

</td></tr>
<tr><td>

Operation Toolbar에 삼각형을 눌러 Trim 아이콘을 선택 후 Trim.1과 **27** Extrude.1을 선택하고 그림과 같이 남길 영역을 확인하고 OK한다.

</td><td>

Operation Toolbar에 삼각형을 눌러 Trim 아이콘을 선택 후 Trim.2와 Symmetry.1을 **28** 선택하고 그림과 같이 남길 영역을 확인하고 OK한다.

</td></tr>
</table>

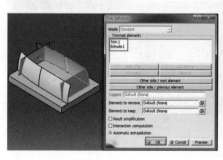

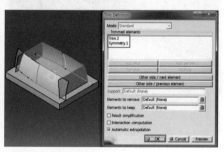

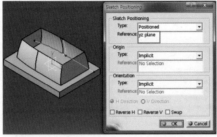

Sketcher Toolbar에서 Positioned
Sketch 아이콘을 선택하고, yz
plane을 선택 후 좌표계를 확인하여 OK한다.

*29*

Sketch 작업창으로 들어오게 된다.
Profile Toolbar에서 Line 아이콘을
이용하여 그림과 같이 생성하고, Constraint
아이콘을 이용해 치수를 생성, 수정한다.

*30*

Sketch 작업을 마치고, Exit
Workbench 아이콘을 선택하여,
Sketch 작업창을 빠져 나간다.

*31*

Surface Toolbar에서 Extrude
아이콘을 선택, Profile에 Sketch.9를
선택, Limit1, Limit2에 30입력하여
OK한다.

*32*

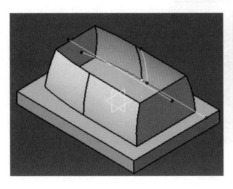

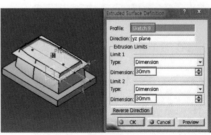

Example-12 따라하기  251

**33** Operation Toolbar에 삼각형을 눌러 Trim 아이콘을 선택 후 Trim.3과 Extrude.3을 선택하고 그림과 같이 남길 영역을 확인하고 OK한다.

**34** Solid 만들기 위해 Product를 변경 한다.

Start ➪ Mechanical ➪ Part Design을 선택한다.

Surface-Based Feature에서 Close Surface 아이콘을 선택, Object to close에 **35** Trim.4를 선택하여 OK한다.

Sketcher Toolbar에서 Positioned Sketch 아이콘을 선택하고, 그림과 같이 모델링의 상단부를 선택, Swap을 선택, Reverse V를 선택 후 좌표 **36** 계를 확인하고 OK한다.

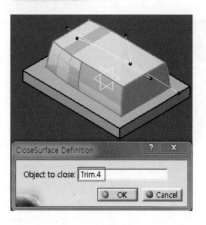

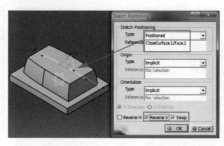

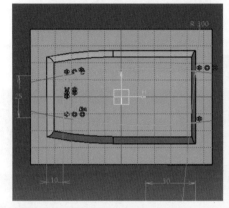

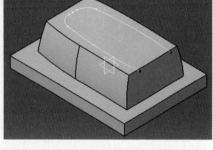

Sketch 작업창으로 들어오게 된다.
Profile Toolbar에서 Profile,
Operation Toolbar에서 Corner 아이콘을
이용하여 그림과 같이 생성하고, Constraint
아이콘을 이용해 치수를 생성, 수정한다.

*37*

Sketch 작업을 마치고, Exit
Workbench 아이콘을 선택하여,
Sketch 작업창을 빠져 나간다.

*38*

Surface를 만들기 위해 Product를
변경한다.
Start ⇨ Shape ⇨ Generative Shape
Design을 선택한다.

*39*

Surface Toolbar에 Sweep 아이
콘을 선택하고 Profile type에
Line 선택, Guide Curve1에 Sketch.10을
선택, Draft direction을 선택, Z축 Angle에
15입력, Length에 20입력하여 OK한다.

*40*

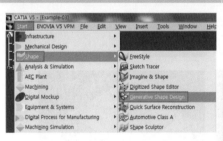

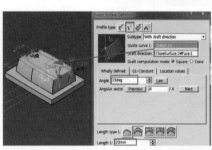

Example-12 따라하기  **253**

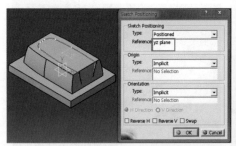

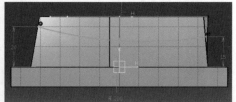

**A1** Sketcher Toolbar에서 Positioned Sketch 아이콘을 선택하고, yz plane을 선택 후 좌표계를 확인하여 OK한다.

**A2** Sketch 작업창으로 들어오게 된다. Circle Toolbar에서 Three Point Arc 아이콘을 이용하여 그림과 같이 생성하고, Constraint 아이콘을 이용해 치수를 생성, 수정한다.

**A3** Sketch 작업을 마치고, Exit Workbench 아이콘을 선택하여, Sketch 작업창을 빠져 나간다.

**A4** Reference Element Toolbar에 Plane 아이콘을 선택하고 그림과 같이 Curve에 Sketch.11 선택, Point에 Curve의 Point를 선택하여 OK한다.

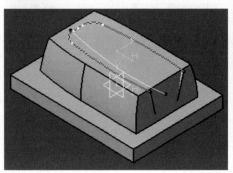

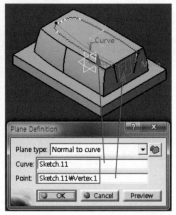

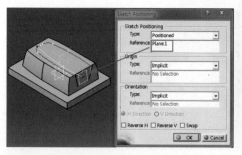

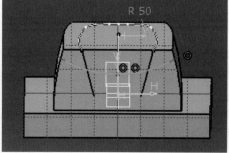

Sketcher Toolbar에서 Positioned
Sketch 아이콘을 선택하고,
PLANE.1을 선택 후 좌표계를 확인하여
OK한다.

**45**

Sketch 작업창으로 들어오게 된다.
Circle Toolbar에서 Three Point
Arc 아이콘을 이용하여 그림과 같이 생성
하고, Constraint 아이콘을 이용해 치수를
생성, 수정한다.

**46**

Sketch 작업을 마치고, Exit
Workbench 아이콘을 선택하여,
Sketch 작업창을 빠져 나간다.

**47**

Surface를 만들기 위해 Product
를 변경한다.
Start ⇨ Shape ⇨ Generative Shape
Design을 선택한다.

**48**

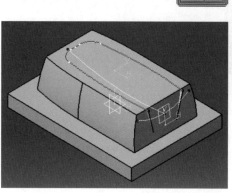

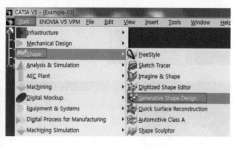

Example-12 따라하기 **255**

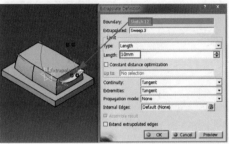

**49** Surface Toolbar에 Sweep 아이
콘을 선택하고 Profile에는
Sketch.11 선택, Guide Curve는
Sketch.12를 선택하여 OK한다.

**50** Operations Toolbar에 Extrapol
아이콘을 선택하고 Boundary에는
그림과 같이 Sketch.12 선택, Length는
10입력하여 OK한다.

**51** Operation Toolbar에 삼각형을 눌러 Trim
아이콘을 선택 후 Sweep.2와 Extrapol.1을
선택하고 그림과 같이 남길 영역을
확인하고 OK한다.

**52** 생성된 Surface 기준으로 자르기 위해
Product를 변경한다.
Start ⇨ Mechanical ⇨ Part
Design을 선택한다.

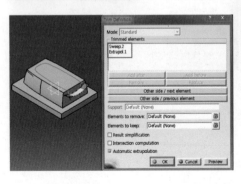

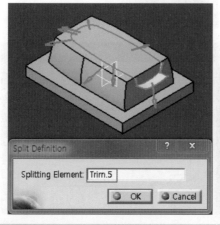

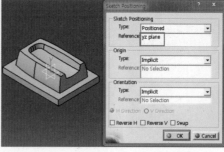

Solid를 잘라내기 위해 Surface-
Based Feature Toolbar에서 Split
아이콘을 선택하고 Splitting Element에
Trim.5를 선택하여 남겨질 방향을 확인한 후
에 OK한다.

**53**

Sketcher Toolbar에서
Positioned Sketch 아이콘을 선택
하고, yz plane을 선택 후 좌표계를 확인하
여 OK한다.

**54**

Sketch 작업창으로 들어오게 된다.
Circle Toolbar에서 Circle 아이콘을
이용하여 그림과 같이 생성하고,
Constraint 아이콘을 이용해 치수를
생성, 수정한다.

**55**

Sketch 작업을 마치고, Exit
Workbench 아이콘을 선택하여,
Sketch 작업창을 빠져 나간다.

**56**

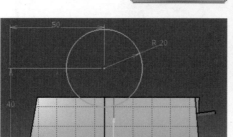

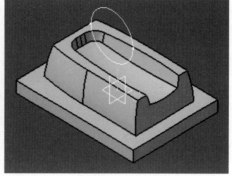

Example-12 따라하기 **257**

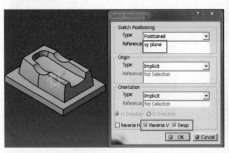

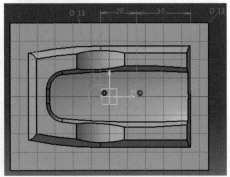

**57** Sketcher Toolbar에서 Positioned Sketch 아이콘을 선택하고, xy plane을 선택, Swap을 선택, Reverse V를 선택 후 좌표계를 확인하고 OK한다.

**58** Sketch 작업창으로 들어오게 된다. Circle Toolbar에서 Circle 아이콘을 이용하여 그림과 같이 생성하고, Constraint 아이콘을 이용해 치수를 생성, 수정한다.

**59** Sketch 작업을 마치고, Exit Workbench 아이콘을 선택하여, Sketch 작업창을 빠져 나간다.

**60** Sketch-Based Features에 Pad 아이콘을 선택하고, Profile로 Sketch.14을 선택한 후 Length에 17을 입력하여 OK한다.

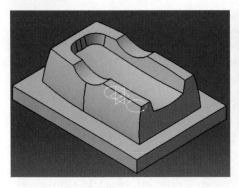

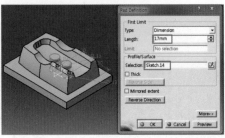

Dress-Up Feature Toolbar에서
Edge fillet 아이콘을 선택하고, 그림
과 같이 Edge를 선택 후 Radius 값에 15를
입력하여 OK한다.

*61*

Dress-Up Feature Toolbar에서
Edge fillet 아이콘을 선택하고,
그림과 같이 Edge를 선택 후 Radius 값에
5를 입력하여 OK한다.

*62*

Dress-Up Feature Toolbar에서
Edge fillet 아이콘을 선택하고, 그림
과 같이 Edge를 선택 후 Radius 값에 3을
입력하여 OK한다.

*63*

Dress-Up Feature Toolbar에서
Edge fillet 아이콘을 선택하고,
그림과 같이 Edge를 선택 후 Radius 값에
1을 입력하여 OK한다.

*64*

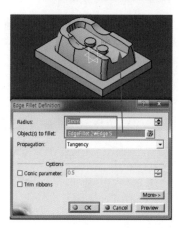

Example-12 따라하기 **259**

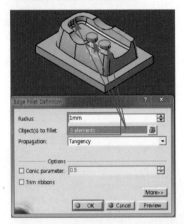

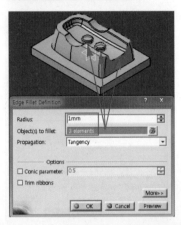

**65** Dress–Up Feature Toolbar에서 Edge fillet 아이콘을 선택하고, 그림과 같이 Edge를 선택 후 Radius 값에 1을 입력하여 OK한다.

**66** Dress–Up Feature Toolbar에서 Edge fillet 아이콘을 선택하고, 그림과 같이 Edge를 선택 후 Radius 값에 1을 입력하여 OK한다.

**67** Dress–Up Feature Toolbar에서 Edge fillet 아이콘을 선택하고, 그림과 같이 Edge를 선택 후 Radius 값에 1을 입력하여 OK한다.

**68** NC 데이터 추출을 위한 가공원점의 좌표축을 이동하기 위해 Reference elements Toolbar에서 Point 아이콘을 선택하고 x=0, Y=0, Z=0을 확인하고 OK하여 Point를 만든다.

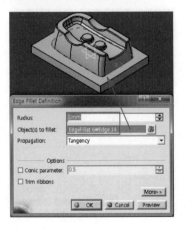

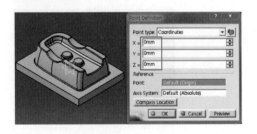

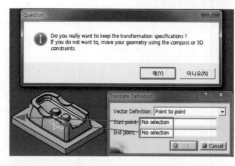

좌표축을 Transformation
Features Toolbar에서
Translation 아이콘을 선택하고 Question
창에 예 선택하고 그림과 같이 Start point
및 End point를 선택하여 OK한다.

69

최종 형상이 완료된 것을 확인할 수 있다.
지금까지 Example-12 예제를 모델링 해 보았다.

10

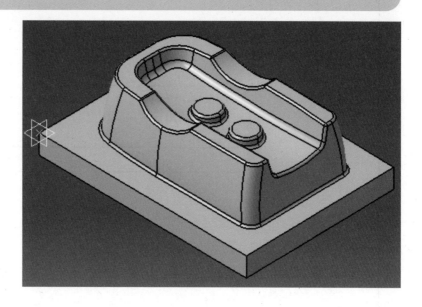

Example-12 따라하기 **261**

## 13 Example-13 따라하기

기출문제 Example-13 도면을 보고, Modeling을 해보도록 하겠습니다.

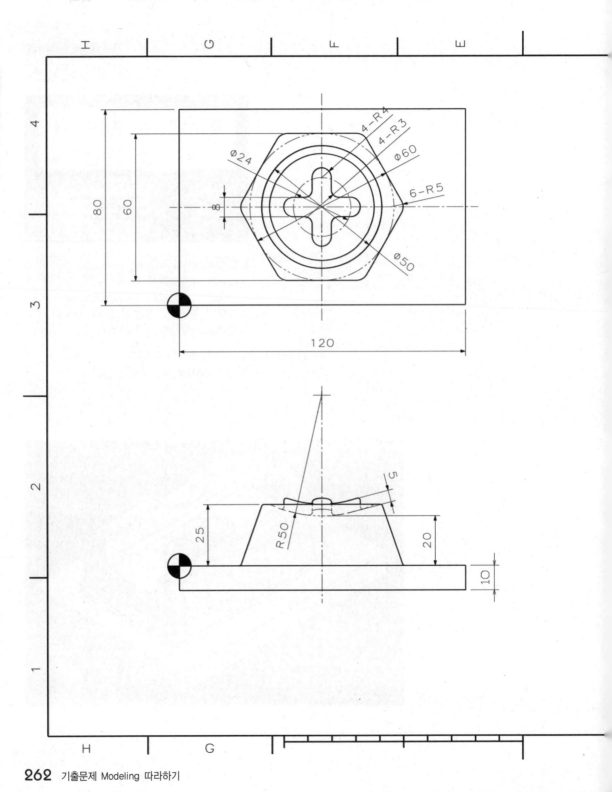

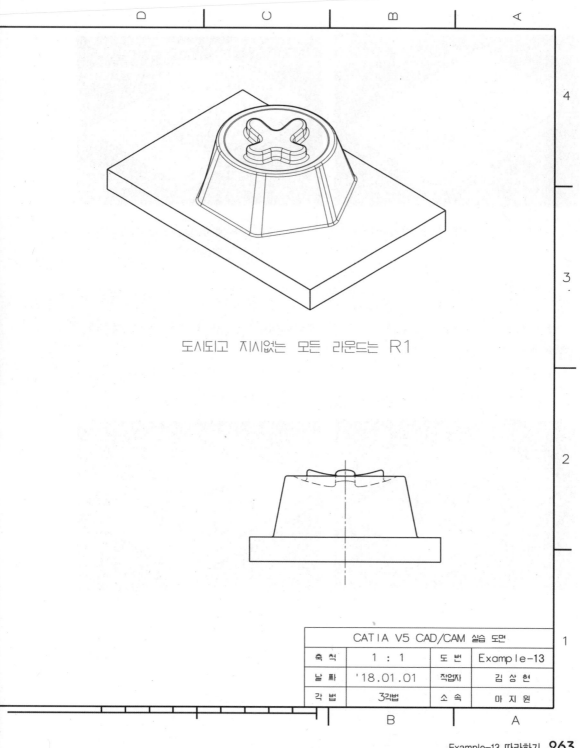

도시되고 지시없는 모든 라운드는 R1

| CATIA V5 CAD/CAM 실습 도면 | | | |
|---|---|---|---|
| 축 척 | 1 : 1 | 도 번 | Example-13 |
| 날 짜 | '18.01.01 | 작업자 | 김 상 현 |
| 각 법 | 3각법 | 소 속 | 마 지 원 |

Example-13 따라하기  263

# Solid Modeling 작업방법

## Modeling 작업 Process

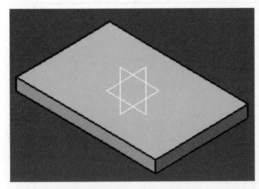

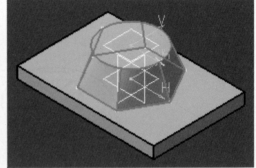

**01** 밑판을 PAD 아이콘을 이용하여 돌출한다.

**02** 중앙부분에 Multi-Section 아이콘을 이용하여 돌출한다.

중앙부분에 Groove 아이콘을 이용하여 홈을 낸다.

중앙부분에 Pad 아이콘을 이용하여 돌출한다.

**03**

**04**

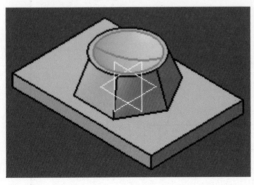

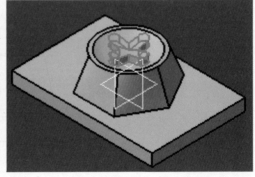

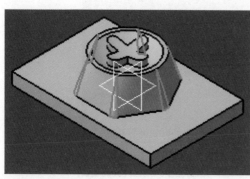

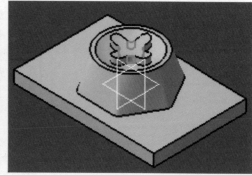

Edge fillet을 이용하여 R5로 둥글게  깎는다.

Edge fillet을 이용하여 R3으로 둥글게 깎는다.

Edge fillet을 이용하여 R1로 둥글게 깎는다.

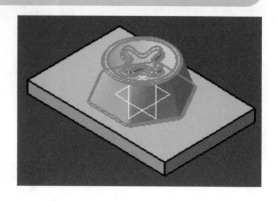

Section

02

기출문제 Modeling 따라하기

Example-13 따라하기  265

# Surface Modeling 작업방법

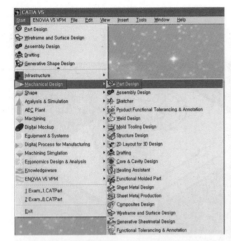

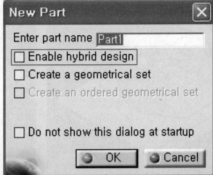

**01** 단품 모델링을 시작하기 위해서는
다음과 같이 Part Design을 선택
Start ⇨ Mechanical Design ⇨ Part
Design

**02** 다음과 같이 창이 뜨고, Enable
hybrid design을 체크한다.

Enter part name에 Example-13이라고
입력하고 OK를 누른다.

화면과 같이 새로운 Part Design 작업창이
생성된다.

**03**

**04**

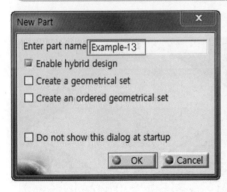

### 요점정리

Hybrid design이란!
Solid와 Surface를 Body에서 작업할 수 있는
기능으로, 트리에 Part body에서 작업된 내용
을 확인할 수 있다.

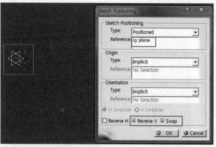

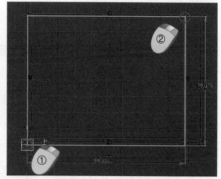

Sketcher Toolbar에서 Positioned
Sketch 아이콘을 선택하고, xy plane을 을
선택 후 Swap을 선택하고, Reverse V를 선택 후
좌표계를 확인하고 OK를 선택한다. *05*

Sketch 작업창으로 들어오게 된다.
Profile Toolbar에서 Rectangle아
이콘을 선택하고, 그림과 같이 첫 번째 지점으
로 원점을 클릭하고, 두 번째 지점을 우측 상
단을 클릭해 사각형을 생성한다. *06*

Constraint Toolbar를 Constraint 아이콘
을 선택하여 치수를 생성하고,생성된 치수를
더블클릭하여 화면과 같이 치수를 120, 80으로 수
정하고 OK를 선택한다. Exit Workbench 아이콘
을 선택하여, Sketch 작업창을 빠져 나간다. *07*

Sketch-Based Features에 Pad
아이콘을 선택하고, Profile로
Sketch.1을 선택한 후 Length에 10을 입
력하고 Reverse Direction 버튼을 이용해
방향을 바꾼 후 OK를 선택한다. *08*

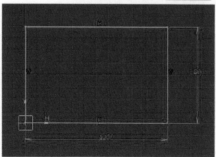

Example-13 따라하기 | 267

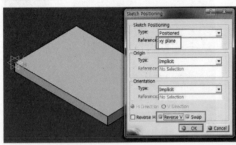

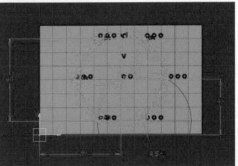

**09** Sketcher Toolbar에서 Positioned Sketch 아이콘을 선택하고, xy plane을 선택 후 Swap을 선택하고, Reverse V를 선택 후 좌표계를 확인하고 OK를 선택한다.

**10** Profile Toolbar에서 Hexagon 아이콘을 선택하고, 화면과 같이 생성하고 Constraint Toolbar에서 Constraint 아이콘을 이용해 치수를 생성한다.

**11** Reference-Element Toolbar에서 Plane 아이콘을 선택하고 xy plane을 선택 후 offset에 25를 입력하고 OK를 선택한다.

**12** Sketcher Toolbar에서 Positioned Sketch 아이콘을 선택하고, Plane.1을 선택 후 Swap을 선택하고, Reverse V를 선택 후 좌표계를 확인하고 OK를 선택한다.

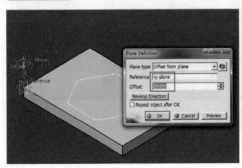

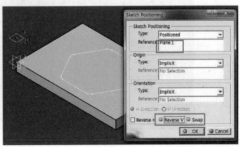

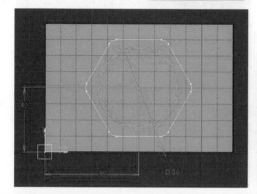

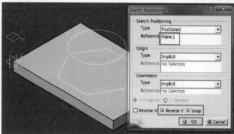

Profile Toolbar에서 Circle 아이콘
을 선택하고, 화면과 같이 생성하고
Constraint Toolbar에서 Constraint 아이콘
을 이용해 치수를 생성한다.

**13**

Sketcher Toolbar에서
Positioned Sketch 아이콘을 선택
하고, plane.1을 선택 후 Swap을 선택하
고, Reverse V를 선택 후 좌표계를 확인하
고 OK를 선택한다.

**14**

Profile Toolbar에서 Axis 아이콘과
Point 아이콘을 선택하고, 화면과 같이
생성하고 Constraint Toolbar에서
Constraint 아이콘을 이용해 치수를 생성한다.

**15**

Product를 변경하기 위해 Start ⇨
Shape ⇨ Generative Shape
Design을 선택한다.

**16**

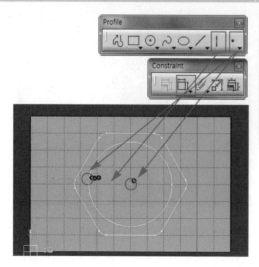

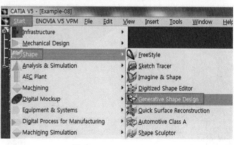

Example-13 따라하기 **269**

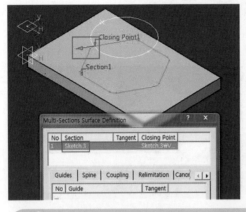

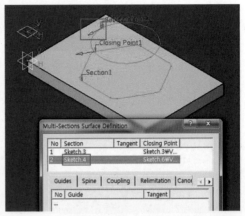

**17** Surface Toolbar에서 Multi-Section Surface 아이콘을 선택하고 Sketch.3을 선택한고 Close point를 확인한다.

**18** 계속해서 두 번째 Profile을 선택하고 Close point를 확인하고 화살표 방향을 동일하게 향하도록 맞추고 OK를 선택한다.

**19** Coupling 옵션에선 Ratio를 선택하고 OK를 선택한다.

**20** Surface Toolbar에서 Fill 아이콘을 선택하고 화면의 Boundary를 선택하고 OK를 선택한다.

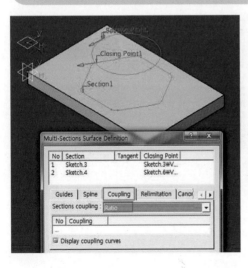

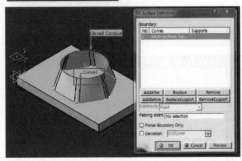

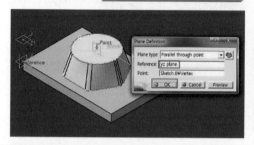

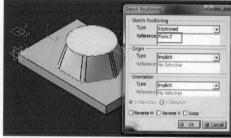

Reference–Element Toolbar에서
Plane 아이콘을 선택하고 yz plane
을 선택 후 Point에 화면과 같이 중심 Point
를 선택하고 OK를 선택한다.

*21*

Sketcher Toolbar에서
Positioned Sketch 아이콘을 선택
하고, plane.2를 선택 후 좌표계를 확인하
고 OK를 선택한다.

*22*

Profile Toolbar에서 Arc 아이콘을
선택하고, 화면과 같이 생성하고
Constraint Toolbar에서 Constraint 아이
콘을 이용해 치수를 생성한다.

*23*

Extrude–Revolution Toolbar에서
Revolution 아이콘을 선택하고
Profile로 Sketch.7을 선택하고 Angle 1에
360을 입력하고 OK를 선택한다.

*24*

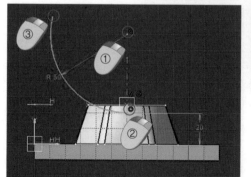

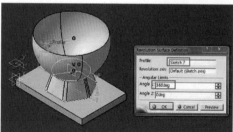

Example–13 따라하기  **271**

**25** Surface Toolbar에서 Offset 아이콘을 선택하고 Surface로 Revolution.1을 선택하고 offset에 5를 입력하고 화살표 방향을 확인 후 OK를 선택한다.

**26** Trim-Split Toolbar에서 Trim 아이콘을 선택하고 Revolute.1과 Fill.1을 선택하고 남겨질 영역을 확인 후 OK를 선택한다.

**27** Sketcher Toolbar에서 Positioned Sketch 아이콘을 선택하고, plane.1을 선택 후 Swap을 선택하고, Reverse V를 선택 후 좌표계를 확인하고 OK를 선택한다.

**28** Profile Toolbar에서 Profile 아이콘을 선택하고, 화면과 같이 생성하고 Constraint Toolbar에서 Constraint 아이콘을 이용해 치수를 생성한다.

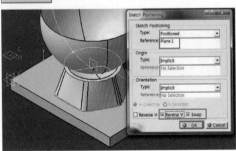

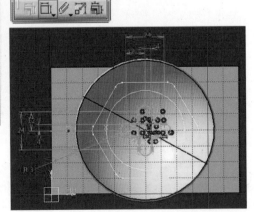

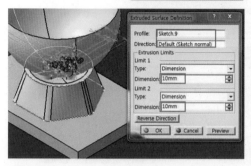

Surface Toolbar에서 Extrude 아
이콘을 선택하고 Profile로 Sketch.9
를 선택하고 Dimension에 각각 10,10을
입력 후 OK를 선택한다.

*29*

Trim-Split Toolbar에서 Trim 아
이콘을 선택하고 Offset.1과
Extrude.1을 선택하고 남겨질 영역을 확인
후 OK를 선택한다.

*30*

Trim-Split Toolbar에서 Trim 아이
콘을 선택하고 Trim.1과 Trim.2를 선
택하고 남겨질 영역을 확인 후 OK를
선택한다.

*31*

Operation Toolbar에서 Join 아
이콘을 선택하고 화면과 같이
Trim.3과 Multi-section Surface.1을 선택
하고 OK를 선택한다.

*32*

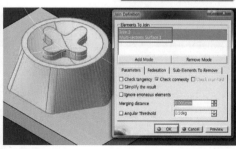

Example-13 따라하기 **273**

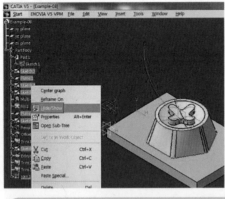

**33** 트리에서 Ctrl키를 누른 상태로 Sketch와 Plane을 선택하고, MB3을 누르고 Hide/show를 선택한다.

**34** Fillets Toolbar에서 Edge fillet 아이콘을 선택하고 화면과 같이 Edge를 선택 후 Radius에 1을 입력하고 OK를 선택한다.

**35** Product를 변경하기 위해 Start ⇨ Mechanical Design ⇨ Part Design을 선택한다.

**36** Surface-Based Toolbar에서 Close-Surface 아이콘을 선택하고 Edgefillet.1을 선택하고 OK를 선택한다.

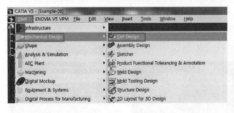

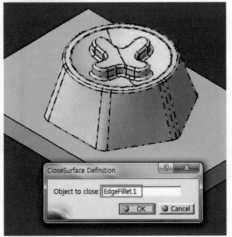

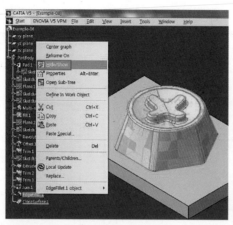

트리에서 화면과 같이 Surface의 마
지막 Edgefillet,1을 선택하고 MB3
을 누른 후 Hide/show를 선택한다.

*31*

Dress-Up Toolbar에서
Edgefillet 아이콘을 선택하고 화면
과 같이 Edge를 선택 후 Radius에 1을 입
력하고 OK를 선택한다.

*38*

최종 형상이 완료된 것을 확인할 수 있다.
지금까지 Example-13 예제를 모델링 해 보았다.

*39*

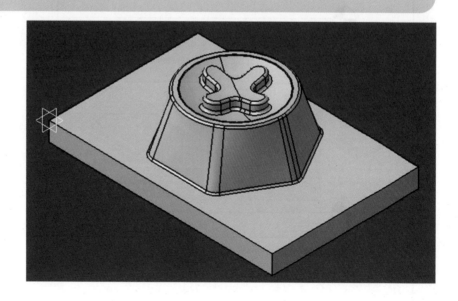

Example-13 따라하기 **275**

## 14 Example-14 따라하기

기출문제 Example-14 도면을 보고, Modeling을 해보도록 하겠습니다.

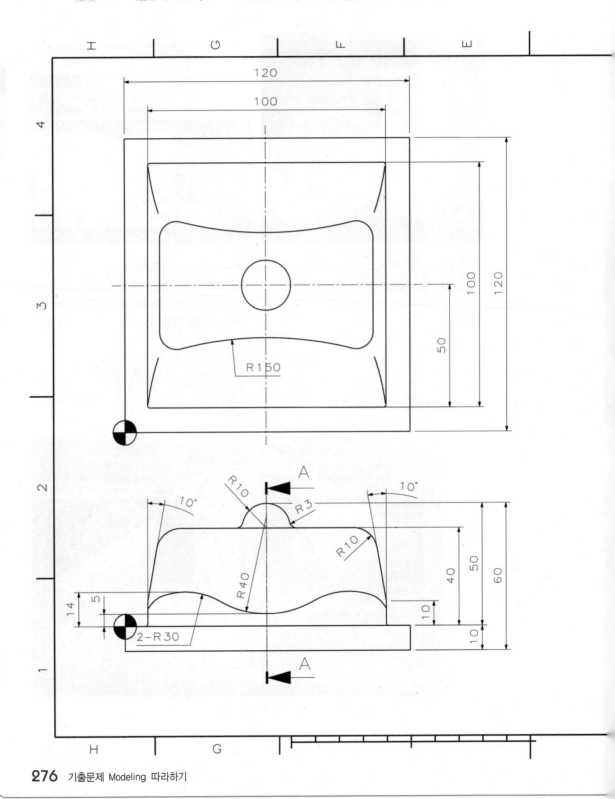

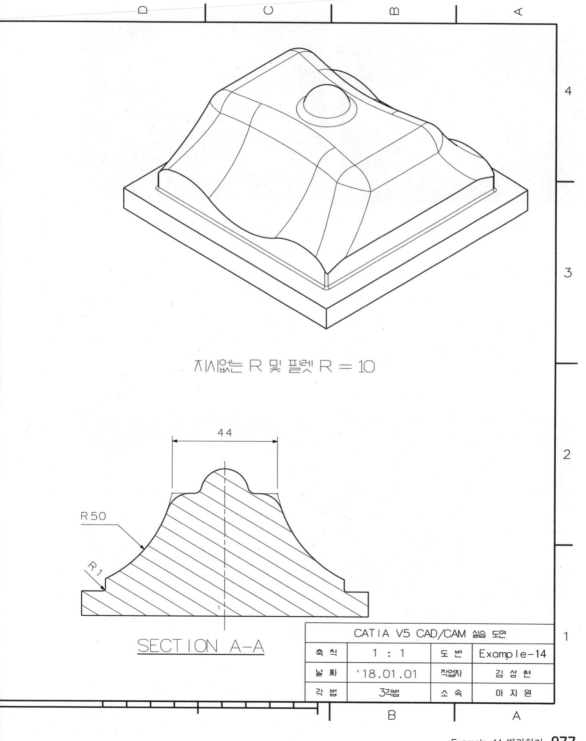

지시없는 R 및 필렛 R = 10

44

R 50

R 1

SECTION A-A

| CATIA V5 CAD/CAM 실습 도면 | | | |
|---|---|---|---|
| 축 척 | 1 : 1 | 도 번 | Example-14 |
| 날 짜 | '18.01.01 | 작업자 | 김 상 현 |
| 각 법 | 3각법 | 소 속 | 마 지 원 |

Example-14 따라하기 **277**

# Solid Modeling 작업방법

## Modeling 작업 Process

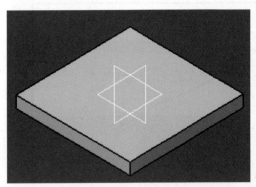

**01** 밑판을 PAD 아이콘을 이용하여 돌출한다.

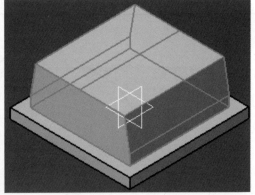

**02** 중앙부분에 PAD 아이콘을 이용하여 돌출한다.

Surface를 만들기 위해 Sweep 아이콘을 이용하여 Surface 면을 생성한다.

**03**

yz 기준면으로 동일한 Surface를 만들기 위해 Symmetry 아이콘을 이용하여 Surface 면을 생성한다.

**04**

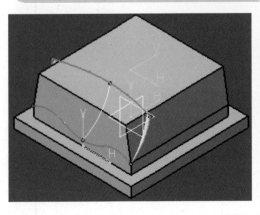

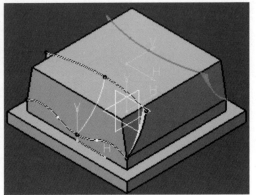

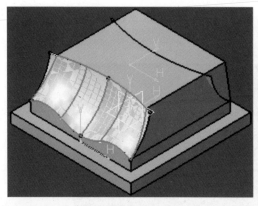

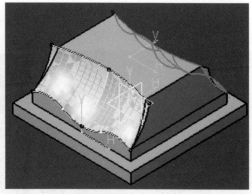

좌측부위의 일부를 Split 아이콘을
이용하여 잘라낸다.

05

우측부위의 일부를 Split 아이콘을
이용하여 잘라낸다.

06

중앙부위에 Shaft 아이콘을 이용하여
회전체를 만든다.

07

Edge fillet을 이용하여 R10으로
둥글게 깎는다.

08

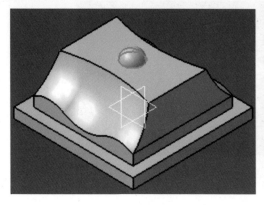

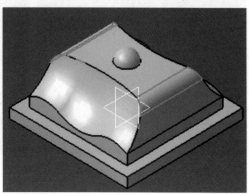

Example-14 따라하기  279

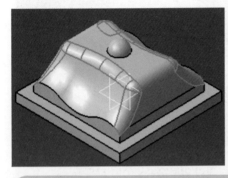

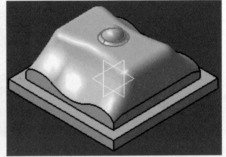

**09** Edge fillet을 이용하여 R10으로 둥글게 깎는다.

**10** Edge fillet을 이용하여 R3으로 둥글게 깎는다.

Edge fillet을 이용하여 R1로 둥글게 깎는다.

Edge fillet을 이용하여 R1로 둥글게 깎는다.

**11**

**12**

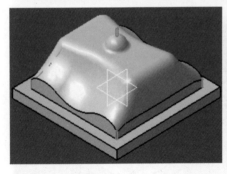

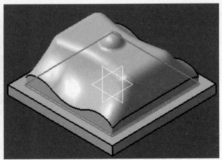

# Modeling 세부 작업 내용

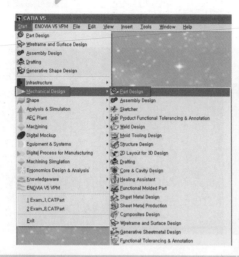

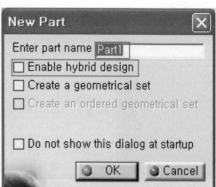

**01** 단품 모델링을 시작하기 위해서는 다음과 같이 Part Design을 선택한다.

**02** 다음과 같이 창이 뜨고, Enable hybrid design을 체크한다.
Start ⇨ Mechanical Design ⇨ Part Design

**03** Enter part name에 Example-14 이라고 입력하고 OK한다.

**04** 그림과 같이 새로운 Part Design 작업창이 생성된다.

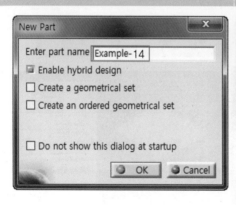

### 요점정리

Hybrid design이란!
Solid와 Surface를 Body에서 작업할 수 있는 기능으로, 트리에 Part body에서 작업된 내용을 확인할 수 있다.

Example-14 따라하기 **281**

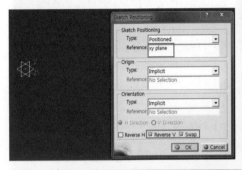

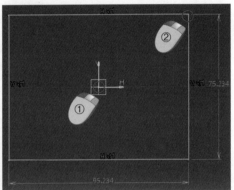

**05** Sketcher Toolbar에서 Positioned Sketch 아이콘을 선택하고, xy plane을 선택, Swap을 선택, Reverse V를 선택 후 좌표계를 확인하고 OK한다.

**06** Sketch 작업창으로 들어오게 된다. Profile Toolbar에서 삼각형을 눌러 Centered Rectangle 아이콘을 선택하고, 그림과 같이 첫 번째 지점으로 원점을 클릭하고, 두 번째 지점을 우측 상단을 클릭하여 사각형을 생성한다.

**07** Constraint Toolbar에서 Constraint 아이콘을 선택하여 치수를 생성하고, 생성된 치수를 더블클릭하여 그림과 같이 치수를 120으로 수정하고 OK를 선택한다. Exit Workbench 아이콘을 선택하여 Sketch 작업창을 빠져 나간다.

**08** Sketch-Based Features에 Pad 아이콘을 선택하고, Profile로 Sketch.1을 선택한 후 Length에 10을 입력하고 Reverse Direction 버튼을 이용해 방향을 바꾼 후 OK한다.

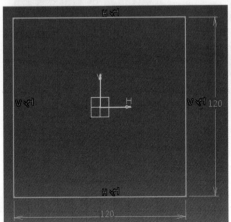

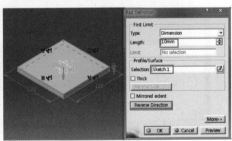

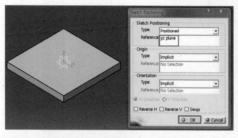

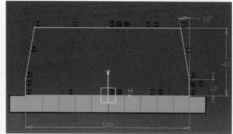

Sketcher Toolbar에서 Positioned
Sketch 아이콘을 선택하고, yz
plane을 선택 후 좌표계를 확인하여
OK한다. **09**

Sketch 작업창으로 들어오게 된다.
Profile Toolbar에서 Profile 아이
콘을 이용하여 그림과 같이 생성하고,
Constraint 아이콘을 이용해 치수를 생성,
수정한다. **10**

Sketch 작업을 마치고, Exit
Workbench 아이콘을 선택하여,
Sketch 작업창을 빠져 나간다. **11**

Sketch-Based Features에 Pad
아이콘을 선택하고, Length 50입
력, Profile로 Sketch.2를 선택, Mirrored
extent 선택하여 OK한다. **12**

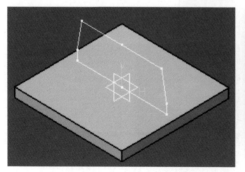

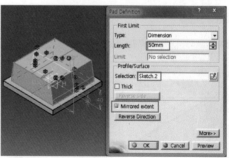

Example-14 따라하기 **283**

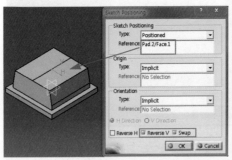

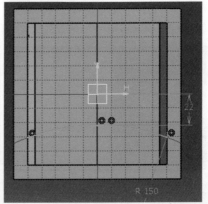

**13** Sketcher Toolbar에서 Positioned Sketch 아이콘을 선택하고, 그림과 같이 Reference를 선택, Swap을 선택, Reverse V를 선택 후 좌표계를 확인하여 OK한다.

**14** Sketch 작업창으로 들어오게 된다. Circle Toolbar에서 Three Point Arc 아이콘을 이용하여 그림과 같이 생성하고, Constraint 아이콘을 이용해 치수를 생성, 수정한다.

Sketch 작업을 마치고, Exit Workbench 아이콘을 선택하여, Sketch 작업창을 빠져 나간다.

Sketcher Toolbar에서 Positioned Sketch 아이콘을 선택하고, 그림과 같이 Reference를 선택 후 좌표계를 확인하여 OK한다.

**15**

**16**

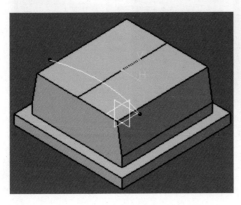

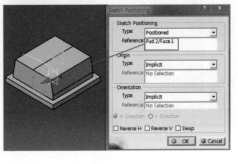

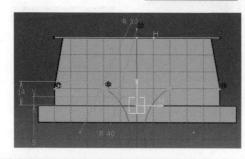

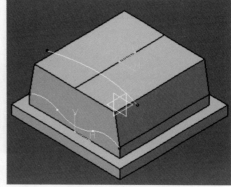

Sketch 작업창으로 들어오게 된다. Profile Toolbar에서 Profile 아이콘을 이용하여 그림과 같이 생성하고, Constraint아이콘을 이용해 치수를 생성, 수정한다. *17*

Sketch 작업을 마치고, Exit Workbench 아이콘을 선택하여, Sketch 작업창을 빠져 나간다. *18*

Sketcher Toolbar에서 Positioned Sketch 아이콘을 선택하고, zxZX plane을 선택 후 좌표계를 확인하여 OK한다. *19*

Sketch 작업창으로 들어오게 된다. Profile Toolbar에서 Profile 아이콘을 이용하여 그림과 같이 생성하고, Constraint아이콘을 이용해 치수를 생성, 수정한다. *20*

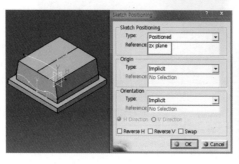

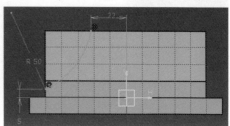

Example-14 따라하기  **285**

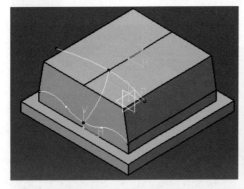

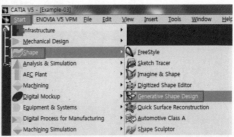

**21** Sketch 작업을 마치고, Exit Workbench 아이콘을 선택하여, Sketch 작업창을 빠져 나간다.

**22** Surface를 만들기 위해 Product를 변경한다.
Start ➪ Shape ➪ Generative Shape Design을 선택한다.

**23** Surface Toolbar에서 Multi-section surface 아이콘을 선택하고 그림과 같이 Sketch3, 4를 선택, Guide로 Sketch.5를 선택하여 OK한다.

**24** Transformations Toolbar에서 Symmetry 아이콘을 선택하고 Element 에 Multi-section surface.1을 선택, Reference에 yz plane 선택하여 OK한다.

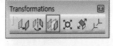

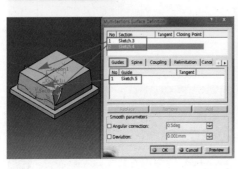

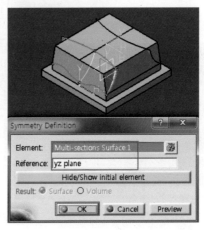

**25** 생성된 Surface 기준으로 자르기
위해 Product를 변경한다.
Start ⇨ Mechanical ⇨ Part Design을
선택한다.

**26** Solid를 잘라내기 위해 Surface-
Based Feature Toolbar에서 Split
아이콘을 선택하고 Splitting Element에
Multi-sections Surface.1을 선택하여 남겨
질 방향을 확인한 후에 OK한다.

**27** Solid를 잘라내기 위해 Surface-
Based Feature Toolbar에서 Split Split
아이콘을 선택하고 Splitting Element에
Symmetry.1을 선택하여 남겨질 방향을 확인
한 후에 OK한다.

**28** Sketcher Toolbar에서
Positioned Sketch 아이콘을 선택
하고, yz plane을 선택 후 좌표계를 확인하
여 OK한다.

Example-14 따라하기  **287**

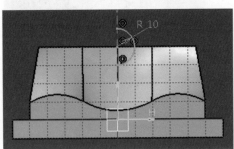

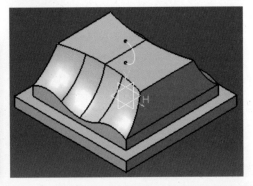

**29** Sketch 작업창으로 들어오게 된다. Profile Toolbar에서 Axis 아이콘, Circle 아이콘, Operation Toolbar에서 Quick Trim 아이콘을 이용하여 그림과 같이 생성하고, Constraint 아이콘을 이용해 치수를 생성, 수정한다.

**30** Sketch 작업을 마치고, Exit Workbench 아이콘을 선택하여, Sketch 작업창을 빠져 나간다.

**31** Sketch–Based Features Toolbar에서 Shaft 아이콘을 선택하고, Profile/Surface 는 Sketch.6을 선택하여 OK한다.

**32** Dress–Up Feature Toolbar에서 Edge fillet 아이콘을 선택하고, 그림과 같이 Edge를 선택 후 Radius 값에 10 을 입력하여 OK한다.

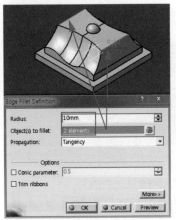

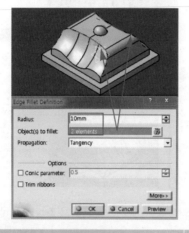

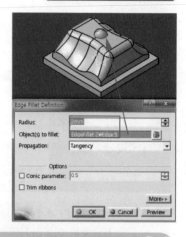

| | |
|---|---|
| Dress-Up Feature Toolbar에서 Edge fillet 아이콘을 선택하고, 그림 과 같이 Edge를 선택 후 Radius 값에 10을 입력하여 OK한다. *33* | Dress-Up Feature Toolbar에서 Edge fillet 아이콘을 선택하고, 그 림과 같이 Edge를 선택 후 Radius 값에 3 을 입력하여 OK한다. *34* |
| Dress-Up Feature Toolbar에서 Edge fillet 아이콘을 선택하고, 그림 과 같이 Edge를 선택 후 Radius 값에 1을 입력하여 OK한다. *35* | Dress-Up Feature Toolbar에서 Edge fillet 아이콘을 선택하고, 그 림과 같이 Edge를 선택 후 Radius 값에 1 을 입력하여 OK한다. *36* |

Example-14 따라하기 289

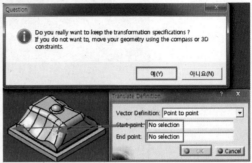

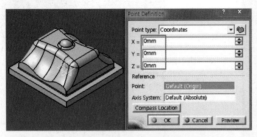

**37** NC 데이터 추출을 위한 가공원점의
좌표축을 이동하기 위해
Reference elements Toolbar에서 Point Point
아이콘을 선택하고 x=0, Y=0, Z=0을 확인
하고 OK하여 Point를 만든다.

**38** 좌표축을 Transformation
Features Toolbar에서
Translation 아이콘을 선택하고 Question
창에 예 선택하고 그림과 같이 Start point
및 End point를 선택하여 OK한다.

최종 형상이 완료된 것을 확인할 수 있다.
지금까지 Example-14 예제를 모델링 해 보았다.

**39**

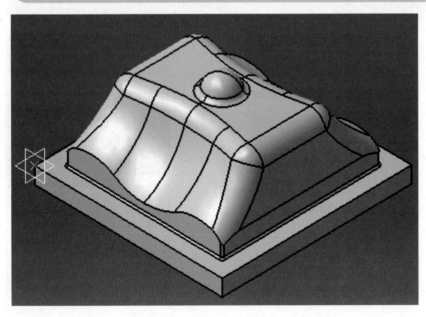

Example-14 따라하기 **291**

# Surface Modeling 작업방법

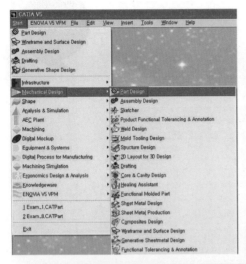

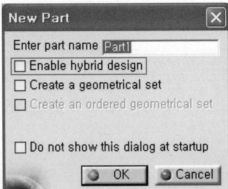

**01** 단품 모델링을 시작하기 위해서는 다음과 같이 Part Design을 선택
Start ⇨ Mechanical Design ⇨ Part Design

**02** 다음과 같이 창이 뜨고, Enable hybrid design을 체크한다.

Enter part name에 Example-14라고 입력하고 OK를 누른다.

화면과 같이 새로운 Part Design 작업창이 생성된다.

**03**

**04**

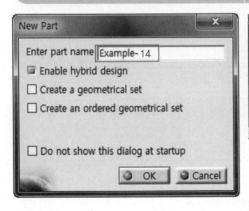

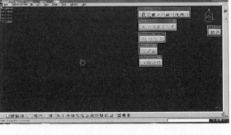

### 요점정리

Hybrid design이란!
Solid와 Surface를 Body에서 작업할 수 있는 기능으로, 트리에 Part body에서 작업된 내용을 확인할 수 있다.

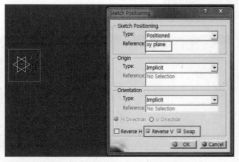

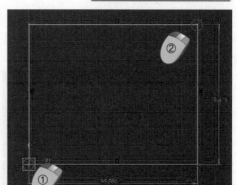

Sketcher Toolbar에서 Positioned
Sketch 아이콘을 선택하고, xy plane을을
선택 후 Swap을 선택하고, Reverse V를 선택 후
좌표계를 확인하고 OK를 선택한다. **05**

Sketch 작업창으로 들어오게 된다.
Profile Toolbar에서 Rectangle아
이콘을 선택하고, 그림과 같이 첫 번째 지점으
로 원점을 클릭하고, 두 번째 지점을 우측 상
단을 클릭해 사각형을 생성한다. **06**

Constraint Toolbar를 Constraint 아이콘
을 선택하여 치수를 생성하고, 생성된 치수를
더블클릭하여 화면과 같이 치수를 120, 120으로 수
정하고 OK를 선택한다. Exit Workbench 아이콘
을 선택하여, Sketch 작업창을 빠져 나간다. **07**

Sketch-Based Features에 Pad
아이콘을 선택하고, Profile로
Sketch.1을 선택한 후 Length에 10을 입
력하고 Reverse Direction 버튼을 이용해
방향을 바꾼 후 OK를 선택한다. **08**

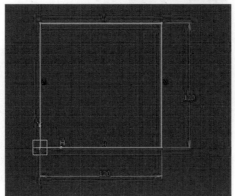

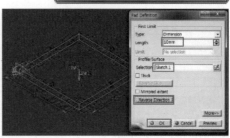

Example-14 따라하기 **293**

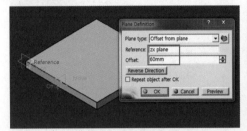

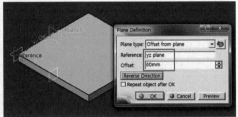

**09** Reference element Toolbar에서 Plane 아이콘을 선택하고 zx plane을 선택 후 Offset에 60을 입력하고 OK를 선택한다.

**10** Reference element Toolbar에서 Plane 아이콘을 선택하고 yz plane을 선택 후 Offset에 60을 입력하고 OK를 선택한다.

**11** Sketcher Toolbar에서 Positioned Sketch 아이콘을 선택하고, Plane.2를 선택 후 좌표계를 확인하고 OK를 선택한다.

**12** Profile Toolbar에서 Profile 아이콘을 선택하고, 화면과 같이 생성하고 Constraint Toolbar에서 Constraint 아이콘을 이용해 치수를 생성한다.

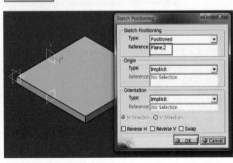

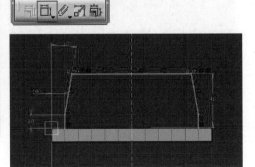

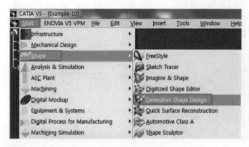

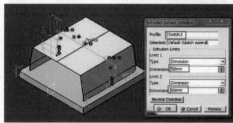

Product를 바꾸기 위해 Start ➡
Shape ➡ Generative shape
design을 선택한다.

*13*

Surface Toolbar에서 Extrude 아
이콘을 선택하고 Profile로
SKetch.2를 선택하고 Dimensio에 각각
50을 입력하고 OK를 선택한다.

*14*

Sketcher Toolbar에서 Positioned
Sketch 아이콘을 선택하고, 화면의 면
을 선택 후 Swap을 선택하고, Reverse V를
선택 후 좌표계를 확인하고 OK를 선택한다.

*15*

Circle Toolbar에서 3 point arc
아이콘을 선택하고 화면과 같이 생
성 후 Constraint 아이콘을 이용해 치수를
생성한다.

*16*

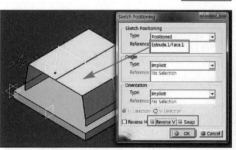

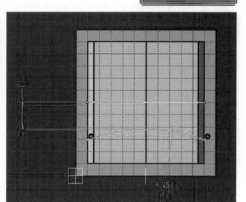

Example-14 따라하기  **295**

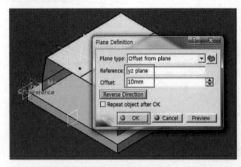

**17** Reference element Toolbar에서 Plane 아이콘을 선택하고 yz plane을 선택 후 Offset에 10을 입력하고 OK를 선택한다.

**18** Sketcher Toolbar에서 Positioned Sketch 아이콘을 선택 하고, Plane.3을 선택 후 좌표계를 확인하 고 OK를 선택한다.

Circle Toolbar에서 3 point arc 아이콘 을 선택하고 화면과 같이 생성 후 Constraint 아이콘을 이용해 치수 를 생성한다.

**19**

Sketcher Toolbar에서 Positioned Sketch 아이콘을 선택하고, Plane.1을 선택 후 좌표계를 확인하고 OK를 선택한다.

**20**

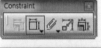

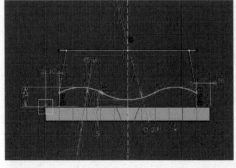

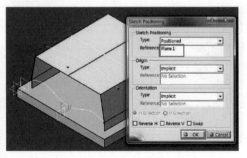

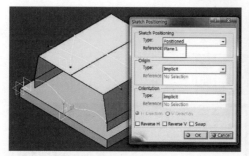

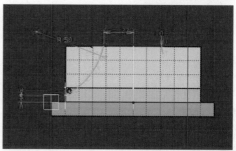

Sketcher Toolbar에서 Positioned
Sketch 아이콘을 선택하고, Plane.3
을 선택 후 좌표계를 확인하고 OK를
선택한다.

*21*

Circle Toolbar에서 3 point arc
아이콘을 선택하고 화면과 같이 생
성 후 Constraint 아이콘을 이용해 치수를
생성한다.

*22*

Surface Toolbar에서 multisection
surface 아이콘을 선택하고
화면과 같이 Sketch4,5를 선택 후 Guide로
Sketch.7을 선택하고 OK를 선택한다.

*23*

Transformations Toolbar에서
Symmetry 아이콘을 선택하고
Multi-section surface.1을 선택 후
Plane.2을 선택하고 OK를 선택한다.

*24*

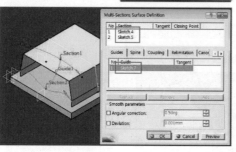

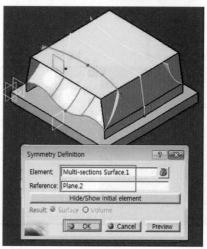

Example-14 따라하기  **297**

*25* Trim-Split Toolbar에서 Trim 아이콘을 선택하고 Multi-section surface.1과 Extrude.1을 선택하고 남겨질 영역을 확인 후 OK를 선택한다.

*26* Trim-Split Toolbar에서 Trim 아이콘을 선택하고 Trim.1과 Symmetry.1을 선택하고 남겨질 영역을 확인 후 OK를 선택한다.

Reference element Toolbar에서 Line 아이콘을 선택하고 화면과 같이 꼭지점을 선택 후 OK를 선택한다.

*27*

Fill 아이콘을 선택하고 화면과 같이 Boundary를 선택 후 OK를 선택한다.

*28*

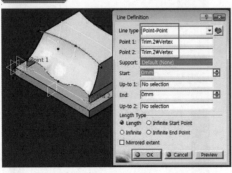

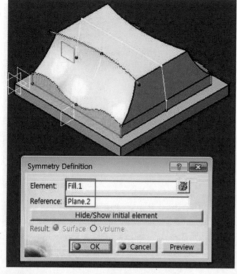

Transformations Toolbar에서 Symmetry 아이콘을 선택하고 Fill,fill.1을 선택 후 Plane.2를 선택하고 OK를 선택한다. **29**

Operations Toolbar에서 Join아이콘을 선택하고 화면과 같이 Trim.2, Fill.1, Symmetry.2를 선택하고 OK를 선택한다. **30**

Sphere 아이콘을 선택하고 center로 화면의 point를 선택 후 radius로 10을 입력하고 OK를 선택한다. **31**

Trim-Split Toolbar에서 Trim 아이콘을 선택하고 Join.1과 Sphere.1을 선택하고 남겨질 영역을 확인 후 OK를 선택한다. **32**

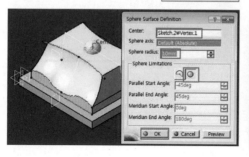

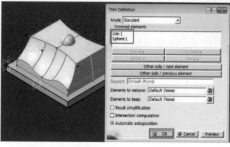

Example-14 따라하기 **299**

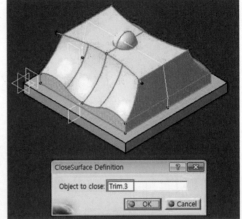

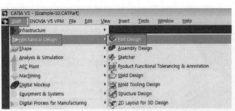

**33** Product를 변경하기 위해 Start ⇨ Mechanical design ⇨ Part Design을 선택한다.

**34** Surface-Based Toolbar에서 Close 아이콘을 선택하고 Trim.3을 선택 후 OK를 선택한다.

**35** Dress-up Toolbar에서 Edgefillet 아이콘을 선택하고 Radius에 10을 입력하고 화면과 같이 edge를 선택 후 OK를 선택한다.

**36** Dress-up Toolbar에서 Edgefillet 아이콘을 선택하고 Radius에 10을 입력하고 화면과 같이 edge를 선택 후 OK를 선택한다.

Dress-up Toolbar에서 Edgefillet
아이콘을 선택하고 Radius에 3을 입
력하고 화면과 같이 edge를 선택 후 OK를
선택한다.

*37*

Dress-up Toolbar에서
Edgefillet 아이콘을 선택하고
Radius에 1을 입력하고 화면과 같이
edge를 선택 후 OK를 선택한다.

*38*

최종 형상이 완료된 것을 확인할 수 있다.
지금까지 Example-14 예제를 모델링 해 보았다.

*39*

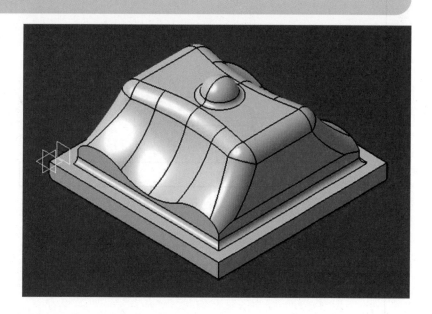

Example-14 따라하기 **301**

# 15  Example-15 따라하기

기출문제 Example-15 도면을 보고, Modeling을 해보도록 하겠습니다.

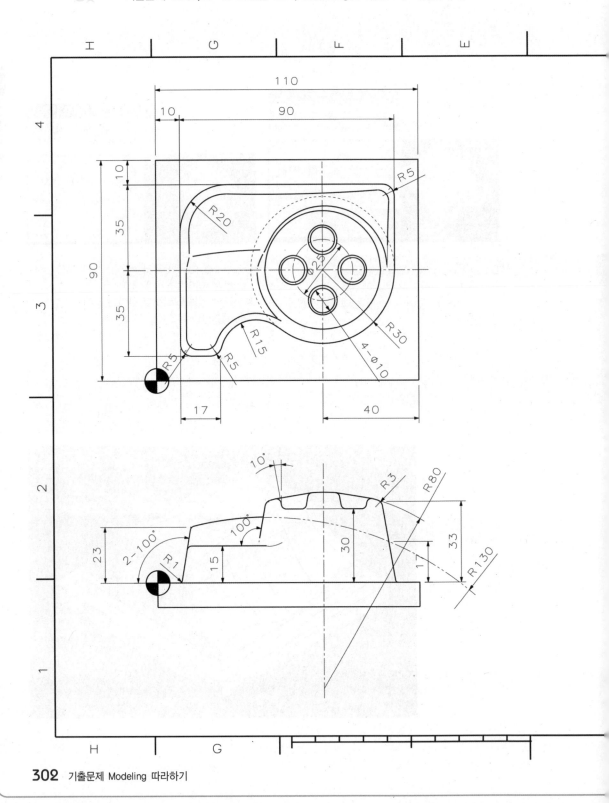

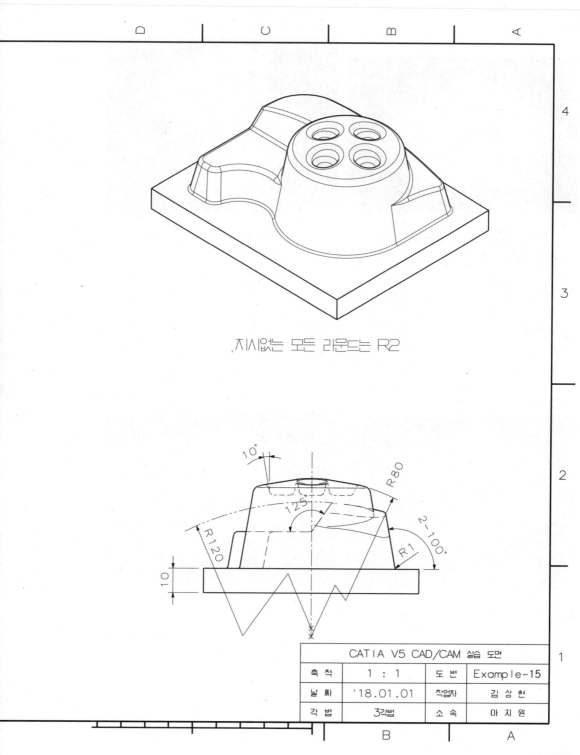

지시없는 모든 라운드는 R2

| CATIA V5 CAD/CAM 실습 도면 | | | |
|---|---|---|---|
| 축 척 | 1 : 1 | 도 번 | Example-15 |
| 날 짜 | '18.01.01 | 작업자 | 김 상 현 |
| 각 법 | 3각법 | 소 속 | 마 지 원 |

Example-15 따라하기 **303**

# Solid Modeling 작업방법

## Modeling 작업 Process

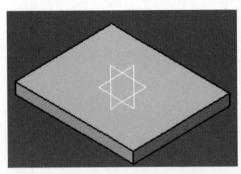

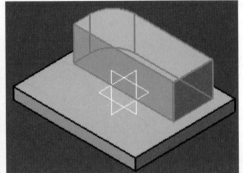

**01** 밑판을 PAD 아이콘을 이용하여 돌출한다.

**02** 측면부분에 PAD 아이콘을 이용하여 돌출한다.

돌출된 부분에 Draft Angle을 이용하여 구배를 준다.

측면 모서리 부분에 Edge fillet을 이용하여 R5로 둥글게 깎는다.

**03**

**04**

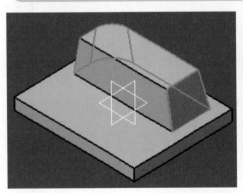

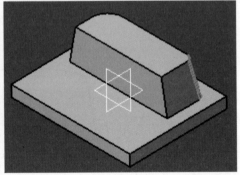

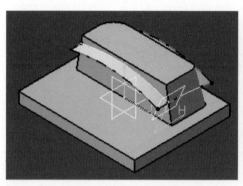

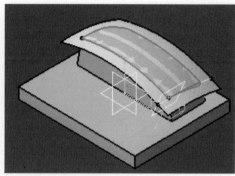

Surface를 만들기 위해 Sweep 아이콘을 이용하여 Surface 면을 생성한다.

일부 잘라내기 위해서 Split 아이콘을 이용하여 잘라낸다. **06**

중앙부위에 Shaft 아이콘을 이용하여 회전체를 만든다. **07**

측면부분에 PAD 아이콘을 이용하여 돌출한다. **08**

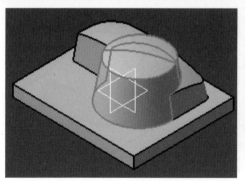

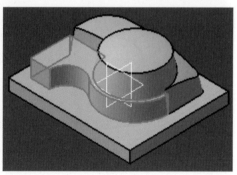

Example-15 따라하기 **305**

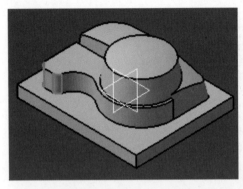
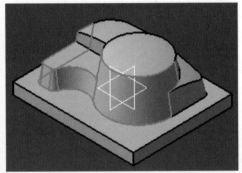

**09** 측면 모서리 부분에 Edge fillet을 이용하여 R5로 둥글게 깎는다.

**10** 측면에 Draft Angle을 이용하여 구배를 준다.

중앙부위에 Draft Angle을 이용하여 구배를 준다.
**11**

회전체에 Pocket 아이콘을 이용하여 홈을 낸다.
**12**

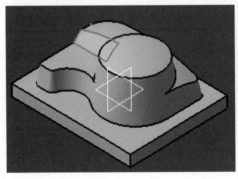

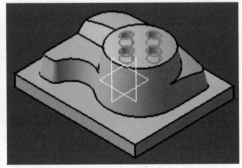

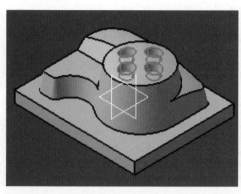

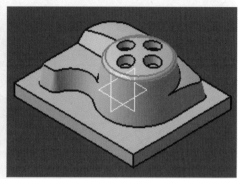

홈 부분에 Draft Angle을 이용하여 구배를 준다.

*13*

Edge fillet을 이용하여 R3으로 둥글게 깎는다.

*14*

Edge fillet을 이용하여 R2로 둥글게 깎는다.

*15*

Edge fillet을 이용하여 R2로 둥글게 깎는다.

*16*

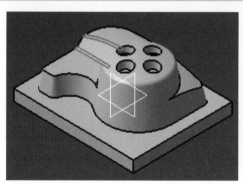

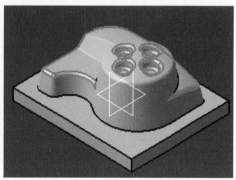

Example-15 따라하기 **307**

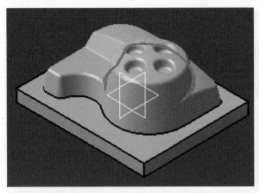

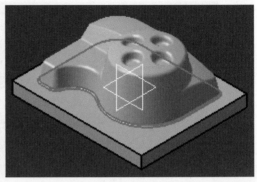

**17** Edge fillet을 이용하여 R2로 둥글게 깎는다.

**18** Edge fillet을 이용하여 R1로 둥글게 깎는다.

## Modeling 세부 작업 내용

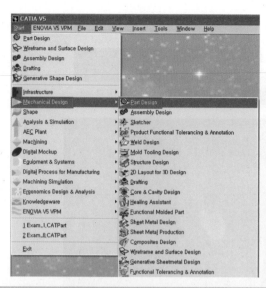

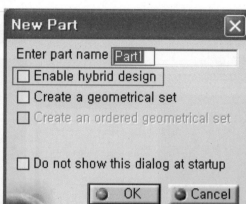

| 단품 모델링을 시작하기 위해서는 다음과 같이 Part Design을 선택한다. 01 | 다음과 같이 창이 뜨고, Enable hybrid design을 체크한다. Start ⇨ Mechanical Design ⇨ Part Design 02 |
|---|---|
| Enter part name에 Example-15 라고 입력하고 OK한다. 03 | 그림과 같이 새로운 Part Design 작업창이 생성된다. 04 |

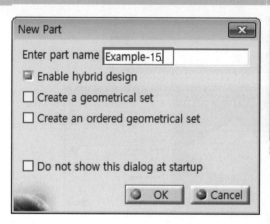

### 요점정리

Hybrid design이란!
Solid와 Surface를 Body에서 작업할 수 있는
기능으로, 트리에 Part body에서 작업된 내용
을 확인할 수 있다.

Example-15 따라하기 **309**

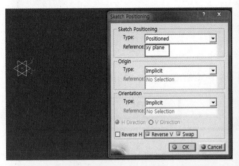

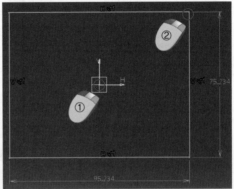

**05** Sketcher Toolbar에서 Positioned Sketch 아이콘을 선택하고, xy plane을 선택, Swap을 선택, Reverse V를 선택 후 좌표계를 확인하고 OK한다.

**06** Sketch 작업창으로 들어오게 된다. Profile Toolbar에서 삼각형을 눌러 Centered Rectangle 아이콘을 선택하고, 그림과 같이 첫 번째 지점으로 원점을 클릭하고, 두 번째 지점을 우측 상단을 클릭하여 사각형을 생성한다.

**07** Constraint Toolbar에서 Constraint 아이콘을 선택하여 치수를 생성하고, 생성된 치수를 더블클릭하여 그림과 같이 치수를 110, 90으로 수정하고 OK를 선택한다. Exit Workbench 아이콘을 선택하여 Sketch 작업창을 빠져 나간다.

**08** Sketch-Based Features에 Pad 아이콘을 선택하고, Profile로 Sketch.1을 선택한 후 Length에 10을 입력하고 Reverse Direction 버튼을 이용해 방향을 바꾼 후 OK한다.

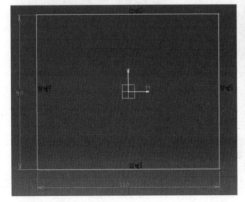

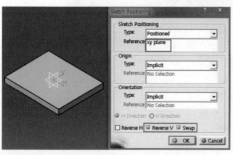

Sketcher Toolbar에서 Positioned Sketch 아이콘을 선택하고, xy plane을 선택, Swap을 선택, Reverse V를 선택 후 좌표계를 확인하고 OK한다. **09**

Sketch 작업창으로 들어오게 된다. Predefined Profile에서 Rectangle 아이콘, Operation에서 Corner 아이콘을 이용하여 그림과 같이 생성하고, Constraint 아이콘을 이용해 치수를 생성, 수정한다. **10**

Sketch 작업을 마치고, Exit Workbench 아이콘을 선택하여, Sketch 작업창을 빠져 나간다. **11**

Sketch-Based Features에 Pad 아이콘을 선택하고, Profile로 Sketch.2를 선택한 후 Length에 30을 입력하고 OK한다. **12**

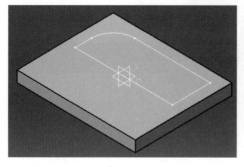

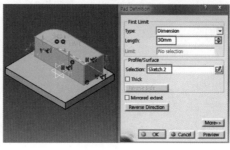

Example-15 따라하기  **311**

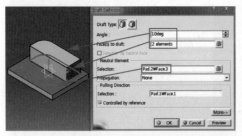

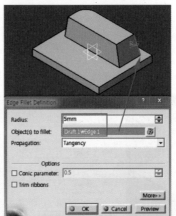

**13** Dress-Up Features Toolbar에서 Draft Angle아이콘을 선택하고, Angle에는 10입력, Face(s) to draft는 구배 되는 2면 선택, Selection은 구배되는 기준면 선택하여 OK한다.

**14** Dress-Up Feature Toolbar에서 Edge fillet 아이콘을 선택하고, 그림과 같이 Edge를 선택 후 Radius 값에 5를 입력하여 OK한다.

Sketcher Toolbar에서 Positioned Sketch 아이콘을 선택하고, yz plane을 선택 후 좌표계를 확인하여 OK한다. **15**

Sketch 작업창으로 들어오게 된다. Circle Toolbar에서 Three Point Arc 아이콘을 이용하여 그림과 같이 생성하고, Constraint 아이콘을 이용해 치수를 생성, 수정한다. **16**

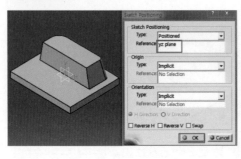

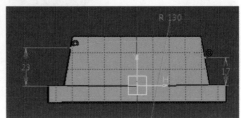

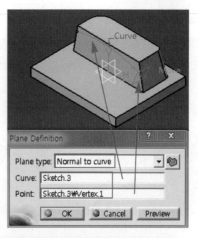

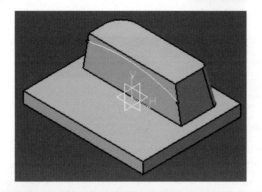

Sketch 작업을 마치고, Exit
Workbench 아이콘을 선택하여,
Sketch 작업창을 빠져 나간다.

*17*

Reference Element Toolbar에
Plane 아이콘을 이용하여 그림과
같이 Plane type에 Normal to curve를
선택, Curve에 Sketch.3을 선택, Point에
Sketch.3의 꼭지점을 선택하여 OK한다.

*18*

Sketcher Toolbar에서 Positioned
Sketch 아이콘을 선택하고, Plane.1
을 선택, Reverse H를 선택 후 좌표계를
확인하고 OK한다.

*19*

Sketch 작업창으로 들어오게 된다.
Circle Toolbar에서 Three Point
Arc 아이콘을 이용하여 그림과 같이 생성
하고, Constraint 아이콘을 이용해 치수를
생성, 수정한다.

*20*

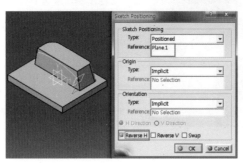

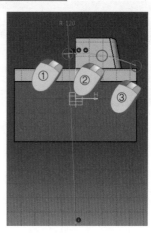

Example-15 따라하기  **313**

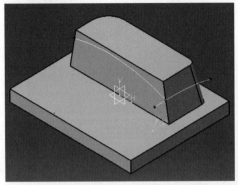

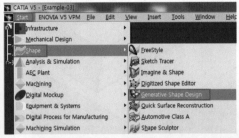

**21** Sketch 작업을 마치고, Exit Workbench 아이콘을 선택하여, Sketch 작업창을 빠져 나간다.

**22** Surface를 만들기 위해 Product를 변경한다.
Start ⇨ Shape ⇨ Generative Shape Design을 선택한다.

**23** Surface Toolbar에 Sweep 아이콘을 선택하고 Profile에는 Sketch.4 선택, Guide Curve는 Sketch.3을 선택하여 OK한다.

**24** Operations Toolbar에 Extrapol 아이콘을 선택하고 Boundary에는 그림과 같이 Sketch.4 선택, Lenght는 10입력하여 OK한다.

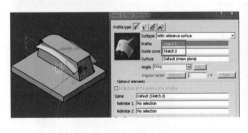

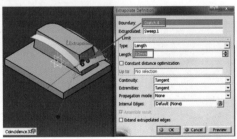

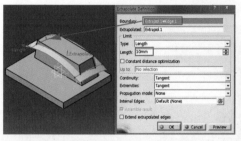

Operations Toolbar에 Extrapol
아이콘을 선택하고 Boundary에는
그림과 같이 Extrapol.1을 선택, Lenght는
10입력하여 OK한다.

25

생성된 Surface 기준으로 자르기
위해 Product를 변경한다.
Start ⇨ Mechanical ⇨ Part Design을
선택한다.

26

Solid를 잘라내기 위해 Surface-
Based Feature Toolbar에서 Split
아이콘을 선택하고 Splitting Element에
Extrapol.2를 선택하여 남겨질 방향을 확인
한 후에 OK한다.

27

Sketcher Toolbar에서
Positioned Sketch 아이콘을 선택
하고, yz plane을 선택 후 좌표계를 확인하
여 OK한다.

28

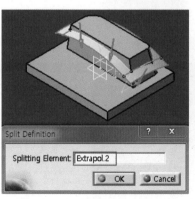

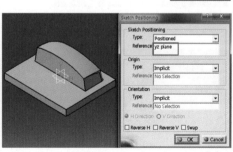

Example-15 따라하기  315

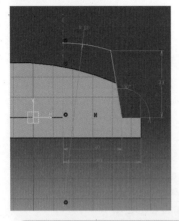

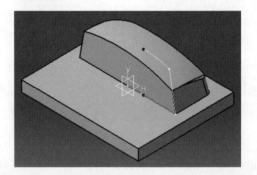

**29** Sketch 작업창으로 들어오게 된다. Profile Toolbar에서 Profile 및 Axis 아이콘을 이용하여 그림과 같이 생성하고, Constraint 아이콘을 이용해 치수를 생성, 수정한다.

**30** Sketch 작업을 마치고, Exit Workbench 아이콘을 선택하여, Sketch 작업창을 빠져 나간다.

**31** Sketch-Based Features Toolbar에서 Shaft 아이콘을 선택하고, Profile/Surface 는 Sketch.5를 선택하여 OK한다.

**32** Sketcher Toolbar에서 Positioned Sketch 아이콘을 선택하고, xy plane을 선택, Swap을 선택, Reverse V를 선택 후 좌표계를 확인하여 OK한다.

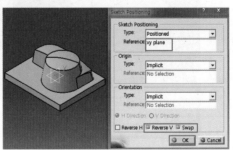

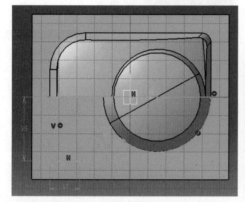

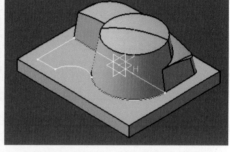

Sketch 작업창으로 들어오게 된다.
Profile Toolbar에서 Profile 아이콘
을 이용하여 그림과 같이 생성하고,
Constraint 아이콘을 이용해 치수를 생성,
수정한다.

*33*

Sketch 작업을 마치고, Exit
Workbench 아이콘을 선택하여,
Sketch 작업창을 빠져 나간다.

*34*

Sketch-Based Features에 Pad
아이콘을 선택하고, Profile로
Sketch.6을 선택한 후 Length에 15를 입력
하고 OK한다.

*35*

Dress-Up Feature Toolbar에서
Edge fillet 아이콘을 선택하고, 그
림과 같이 Edge를 선택 후 Radius 값에 5
를 입력하여 OK한다.

*36*

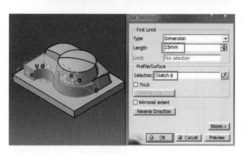

Example-15 따라하기 **317**

**37** Dress-Up Features Toolbar에서 Draft Angle아이콘을 선택하고, Angle에는 10입력, Face(s) to draft는 구 배 되는 1면 선택, Selection은 구배되는 기준면 선택하여 OK한다.

**38** Dress-Up Features Toolbar에서 Draft Angle아이콘을 선택하고, Angle에는 35입력, Face(s) to draft는 구 배 되는 1면 선택, Selection은 구배되는 기준면 선택하여 OK한다.

**39** Sketcher Toolbar에서 Positioned Sketch 아이콘을 선택하고, xy plane을 선택, Swap을 선택, Reverse V를 선택 후 좌표계를 확인하고 OK한다.

**40** Sketch 작업창으로 들어오게 된다. Profile Toolbar 에서 Profile 아이콘, Sketch tools Toolbar에서 Construction/Standard Element 아이콘을 이용하여 그림과 같이 생성하고, Constraint 아이콘을 이용해 치수를 생성, 수정한다.

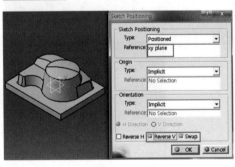

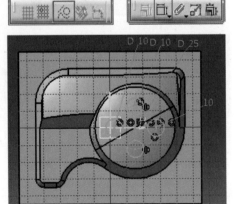

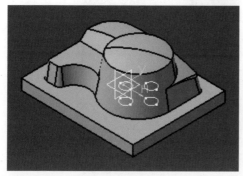

Sketch 작업을 마치고, Exit Workbench 아이콘을 선택하여, Sketch 작업창을 빠져 나간다. **A1**

Sketch-Based Features Toolbar 에서 Pocket 아이콘을 선택하고, First Limit에서 Depth 50입력, Second Limit에서 Depth -30입력, Profile/Surface 는 Sketch.7을 선택하여 OK한다. **A2**

Dress-Up Features Toolbar에서 Draft Angle아이콘을 선택하고, Angle에는 10입력, Face(s) to draft는 구 배 되는 4면 선택, Selection은 구배되는 기 준면 선택하여 OK한다. **A3**

Dress-Up Feature Toolbar에서 Edge fillet 아이콘을 선택하고, 그 림과 같이 Edge를 선택 후 Radius 값에 3 을 입력하여 OK한다. **A4**

Example-15 따라하기 **319**

**A5** Dress—Up Feature Toolbar에서 Edge fillet 아이콘을 선택하고, 그림과 같이 Edge를 선택 후 Radius 값에 2를 입력하여 OK한다.

**A6** Dress—Up Feature Toolbar에서 Edge fillet 아이콘을 선택하고, 그림과 같이 Edge를 선택 후 Radius 값에 2를 입력하여 OK한다.

**A7** Dress—Up Feature Toolbar에서 Edge fillet 아이콘을 선택하고, 그림과 같이 Edge를 선택 후 Radius 값에 1을 입력하여 OK한다.

**A8** Dress—Up Feature Toolbar에서 Edge fillet 아이콘을 선택하고, 그림과 같이 Edge를 선택 후 Radius 값에 2를 입력하여 OK한다.

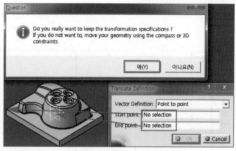

NC 데이터 추출을 위한 가공원점의
좌표축을 이동하기 위해 Reference
elements Toolbar에서 Point 아이콘을 선
택하고 x=0, Y=0, Z=0을 확인하고 OK하여
Point를 만든다.

**49**

좌표축을 Transformation
Features Toolbar에서
Translation 아이콘을 선택하고 Question
창에 예 선택하고 그림과 같이 Start point
및 End point를 선택하여 OK한다.

**50**

최종 형상이 완료된 것을 확인할 수 있다.
지금까지 Example-15 예제를 모델링 해 보았다.

**51**

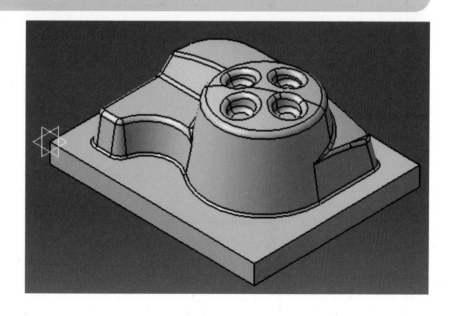

Example-15 따라하기  **321**

## 16 Example-16 따라하기

기출문제 Example-16 도면을 보고, Modeling을 해보도록 하겠습니다.

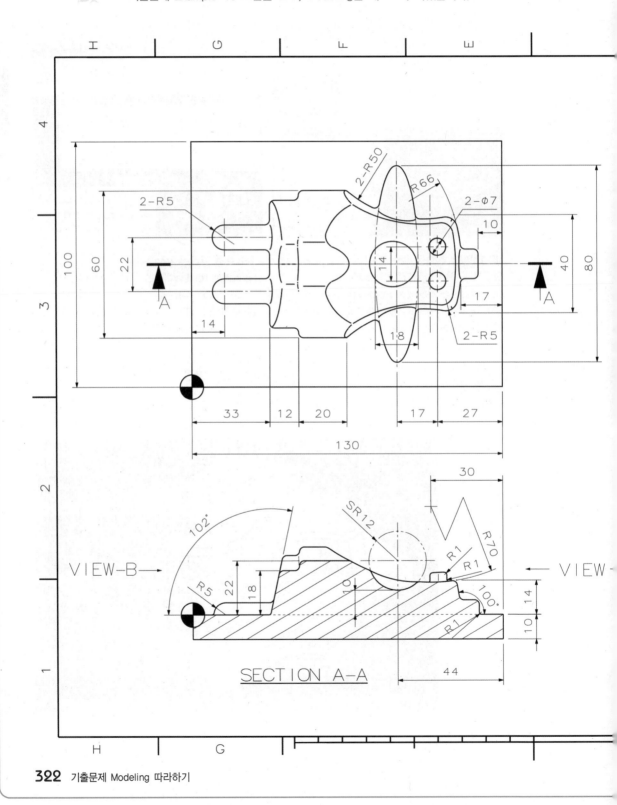

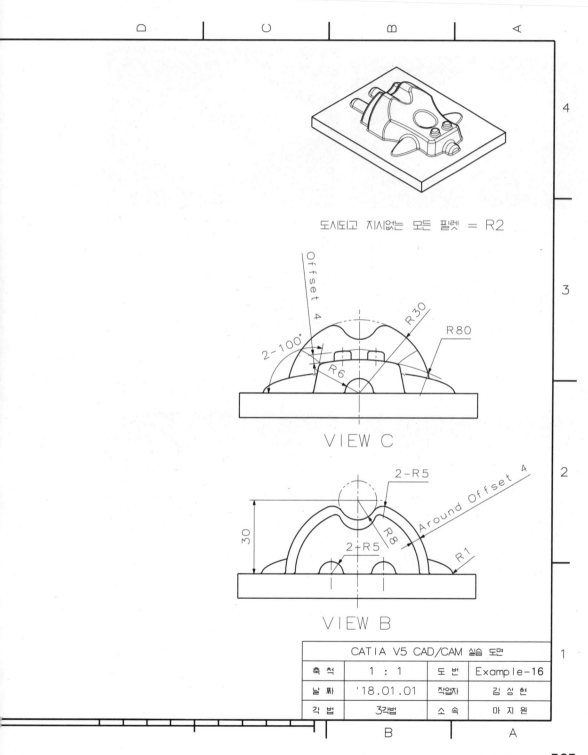

도시되고 지시없는 모든 필렛 = R2

VIEW C

VIEW B

| CATIA V5 CAD/CAM 실습 도면 | | | |
|---|---|---|---|
| 축 척 | 1 : 1 | 도 번 | Example-16 |
| 날 짜 | '18.01.01 | 작업자 | 김 상 현 |
| 각 법 | 3각법 | 소 속 | 마 지 원 |

Example-16 따라하기 **323**

# Solid Modeling 작업방법

## Modeling 작업 Process

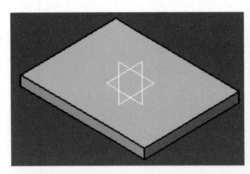

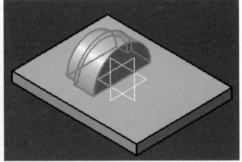

*01* 밑판을 PAD 아이콘을 이용하여
돌출한다.

*02* 왼쪽부분에 Shaft 아이콘을 이용하여
회전체를 만든다.

오른쪽부분에 PAD 아이콘을 이용하여
돌출한다.

오른쪽부위 측면에 Draft Angle을 이용하여
구배를 준다.

*03*

*04*

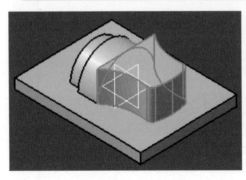

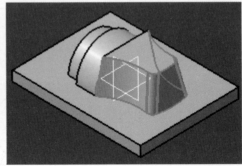

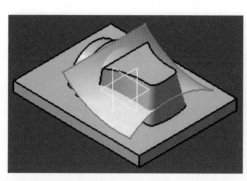

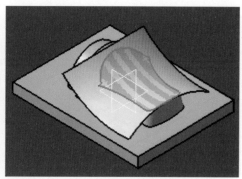

Surface를 만들기 위해 Sweep 아 이콘을 이용하여 Surface 면을 생성 한다. *05*

돌출된 측면의 일부를 Split 아이콘 을 이용하여 잘라낸다. *06*

오른쪽부분에 Groove 아이콘을 이용 하여 홈을 낸다. *07*

오른쪽부분에 Shaft 아이콘을 이용 하여 회전체를 만든다. *08*

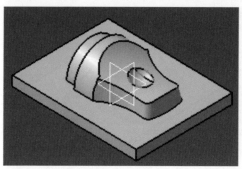

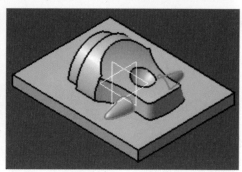

Example-16 따라하기  325

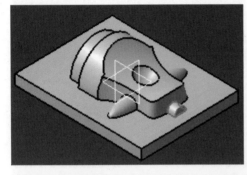

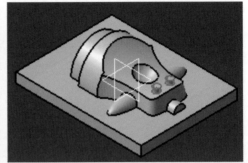

**09** 오른쪽부분에 PAD 아이콘을 이용하여 돌출한다.

**10** 오른쪽부분에 PAD 아이콘을 이용하여 돌출한다.

불필요한 모서리 부분을 Remove Face 아이콘을 이용하여 잘라낸다.

왼쪽부위 측면에 Draft Angle을 이용하여 구배를 준다.

**11**

**12**

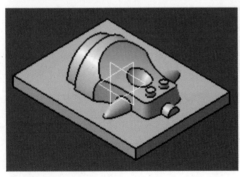

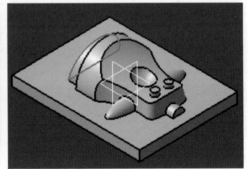

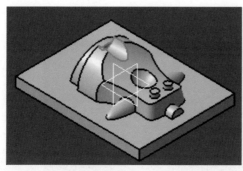

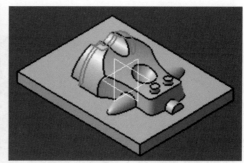

왼쪽부분의 한쪽에 Pocket 아이콘을 이용하여 홈을 낸다.

13

왼쪽부분의 한쪽에 Pocket 아이콘을 이용하여 홈을 낸다.

14

왼쪽부분의 한쪽에 Shaft 아이콘을 이용하여 회전체를 만든다.

15

왼쪽부위에 Mirror 아이콘을 이용하여 기준면을 기준으로 형상을 복사한다.

16

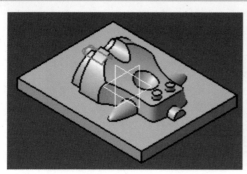

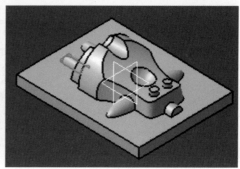

Example-16 따라하기  327

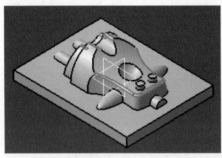 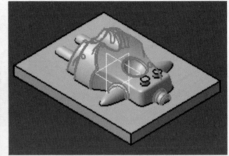

**17** Edge fillet을 이용하여 R2로 둥글게 깎는다.

**18** Edge fillet을 이용하여 R2로 둥글게 깎는다.

Edge fillet을 이용하여 R1로 둥글게 깎는다.

Edge fillet을 이용하여 R1로 둥글게 깎는다.

**19**  **20**

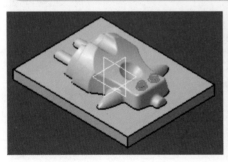 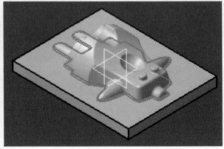

# Modeling 세부 작업 내용

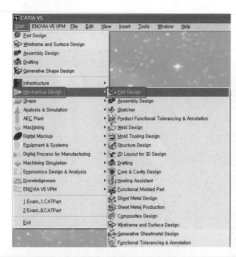

단품 모델링을 시작하기 위해서는 다음과 같이 Part Design을 선택한다. **01**

다음과 같이 창이 뜨고, Enable hybrid design을 체크한다.
Start ⇨ Mechanical Design ⇨ Part Design **02**

Enter part name에 Example-16 라고 입력하고 OK를 누른다. **03**

그림과 같이 새로운 Part Design 작업창이 생성된다. **04**

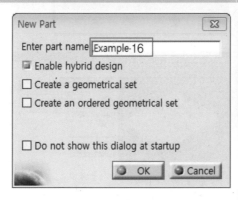

## 요점정리

Hybrid design이란!
Solid와 Surface를 Body에서 작업할 수 있는 기능으로, 트리에 Part body에서 작업된 내용을 확인할 수 있다.

Example-16 따라하기 **329**

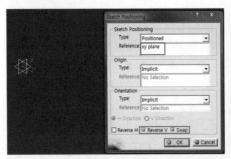

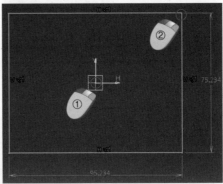

**05** Sketcher Toolbar에서 Positioned Sketch 아이콘을 선택하고, xy plane을 선택, Swap을 선택, Reverse V를 선택, 좌표계를 확인하고 OK한다.

**06** Sketch 작업창으로 들어오게 된다. Profile Toolbar에서 삼각형을 눌러 Centered Rectangle 아이콘을 선택하고, 그림과 같이 첫 번째 지점으로 원점을 클릭하고, 두 번째 지점을 우측 상단을 클릭하여 사각형을 생성한다.

Constraint Toolbar에서 Constraint 아이콘을 선택하여 치수를 생성하고, 생성된 치수를 더블클릭하여 그림과 같이 치수를 130, 100으로 수정하고

**07** OK를 선택한다. Exit Workbench 아이콘을 선택하여 Sketch 작업창을 빠져 나간다.

Sketch-Based Features에 Pad 아이콘을 선택하고, Profile로 Sketch.1을 선택한 후 Length에 10을 입력하고

**08** Reverse Direction 버튼을 이용해 방향을 바꾼 후 OK한다.

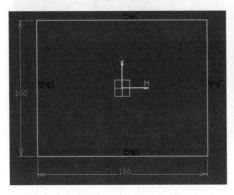

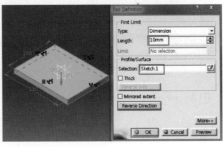

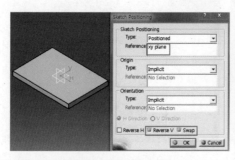

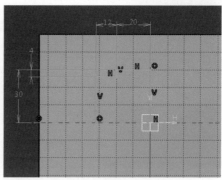

Sketcher Toolbar에서 Positioned
Sketch 아이콘을 선택하고, xy
plane을 선택, Swap을 선택, Reverse V를
선택 후 좌표계를 확인하고 OK한다. **09**

Sketch 작업창으로 들어오게 된다.
Profile Toolbar에서 Profile 및
Axis 아이콘을 이용하여 그림과 같이 생성
하고, Constraint 아이콘을 이용해 치수를
생성, 수정한다. **10**

Sketch 작업을 마치고, Exit
Workbench 아이콘을 선택하여,
Sketch 작업창을 빠져 나간다. **11**

Sketch-Based Features
Toolbar에서 Shaft 아이콘을 선택
하고, First angle에 180입력,
Profile/Surface는 Sketch.2를 선택하여
OK한다. **12**

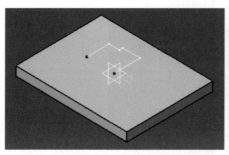

Example-16 따라하기   **331**

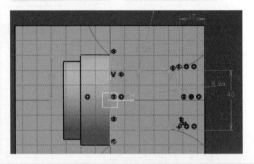

**13** Sketcher Toolbar에서 Positioned Sketch 아이콘을 선택하고, xy plane을 선택, Swap을 선택, Reverse V를 선택 후 좌표계를 확인하고 OK한다.

**14** Sketch 작업창으로 들어오게 된다. Profile Toolbar에서 Profile, Operation Toolbar에서 Corner 아이콘을 이용하여 그림과 같이 생성하고, Constraint 아이콘을 이용해 치수를 생성, 수정한다.

**15** Sketch 작업을 마치고, Exit Workbench 아이콘을 선택하여, Sketch 작업창을 빠져 나간다.

**16** Sketch-Based Features에 Pad 아이콘을 선택하고, Profile로 Sketch.3을 선택한 후 Length에 30을 입력하고 OK한다.

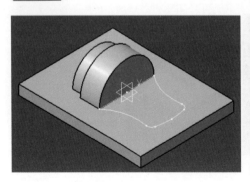

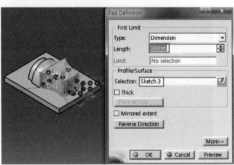

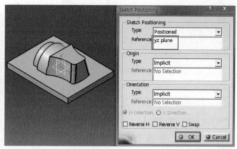

Dress-Up Features Toolbar에서
Draft Angle아이콘을 선택하고,
Angle에는 10입력, Face(s) to draft는 구
배 되는 1면 선택, Selection은 구배되는 기
준면 선택하여 OK한다. *17*

Sketcher Toolbar에서
Positioned Sketch 아이콘을 선택
하고, yz plane을 선택 후 좌표계를 확인하
여 OK한다. *18*

Sketch 작업창으로 들어오게 된다.
Profile Toolbar에서 Axis 아이콘,
Three Point Arc 아이콘을 이용하여 그림과
같이 생성하고, Constraint 아이콘을 이용해
치수를 생성, 수정한다. *19*

Sketch 작업을 마치고, Exit
Workbench 아이콘을 선택하여,
Sketch 작업창을 빠져 나간다. *20*

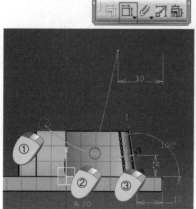

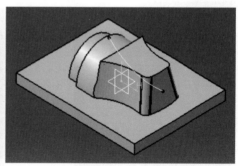

Example-16 따라하기  **333**

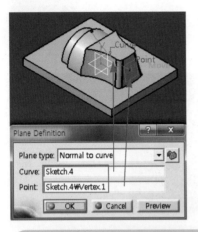

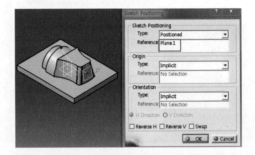

**21** Reference Element Toolbar에 Plane 아이콘을 선택하고 그림과 같이 Curve에 Sketch.4선택, Point에 Curve의 Point를 선택하여 OK한다.

**22** Sketcher Toolbar에서 Positioned Sketch 아이콘을 선택하고, Plane.1 선택 후 좌표계를 확인하여 OK한다.

**23** Sketch 작업창으로 들어오게 된다. Circle Toolbar에서 Three Point Arc 아이콘을 이용하여 그림과 같이 생성하고, Constraint 아이콘을 이용해 치수를 생성, 수정한다.

**24** Sketch 작업을 마치고, Exit Workbench 아이콘을 선택하여, Sketch 작업창을 빠져 나간다.

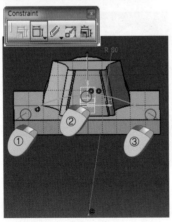

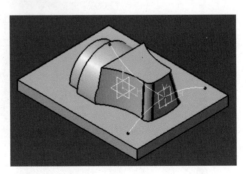

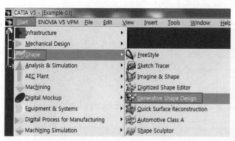

Surface를 만들기 위해 Product를
변경한다.
Start ➩ Shape ➩ Generative Shape
Design을 선택한다.

*25*

Surface Toolbar에 Sweep 아이
콘을 선택하고 Profile에는
Sketch.5 선택, Guide Curve는
Sketch.4를 선택하여 OK한다.

*26*

생성된 Surface 기준으로 자르기 위
해 Product를 변경한다.
Start ➩ Mechanical ➩ Part Design을
선택한다.

*27*

Solid를 잘라내기 위해 Surface-
Based Feature Toolbar에서
Split 아이콘을 선택하고 Splitting
Element에 Sweep.1을 선택하여 남겨질
방향을 확인한 후에 OK한다.

*28*

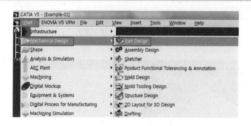

Example-16 따라하기  **335**

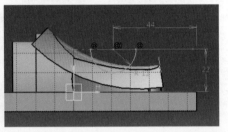

**29** Sketcher Toolbar에서 Positioned Sketch 아이콘을 선택하고, yz plane을 선택 후 좌표계를 확인하여 OK한다.

**30** Sketch 작업창으로 들어오게 된다. Profile Toolbar에서 Circle, Axis 아이콘 및 Operation Toolbar에서 Quick trim 아이콘을 이용하여 그림과 같이 생성하고, Constraint 아이콘을 이용해 치수를 생성, 수정한다.

**31** Sketch 작업을 마치고, Exit Workbench 아이콘을 선택하여, Sketch 작업창을 빠져 나간다.

**32** Sketch–Based Features에 Groove 아이콘을 선택하고, Profile로 Sketch.6을 선택한 후 OK한다.

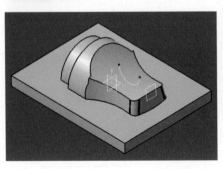

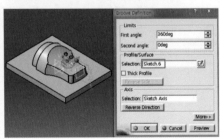

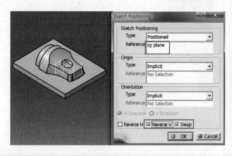

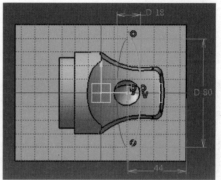

Sketcher Toolbar에서 Positioned
Sketch 아이콘을 선택하고, xy
plane을 선택, Swap을 선택, Reverse V를
선택 후 좌표계를 확인하고 OK한다.

*33*

Sketch 작업창으로 들어오게 된다.
Profile에서 Axis, Ellipse 아이콘
을 이용하여 그림과 같이 생성하고,
Constraint 아이콘을 이용해 치수를 생성,
수정한다.

*34*

Sketch 작업을 마치고, Exit
Workbench 아이콘을 선택하여,
Sketch 작업창을 빠져 나간다.

*35*

Sketch-Based Features
Toolbar에서 Shaft 아이콘을 선택
하고, First angle에 180입력,
Profile/Surface는 Sketch.7을 선택하여
OK한다.

*36*

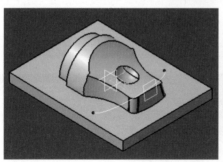

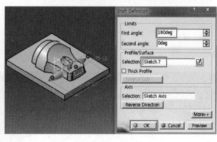

Example-16 따라하기  337

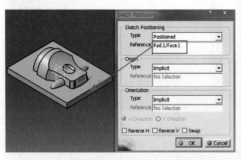

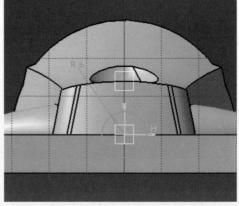

**31** Sketcher Toolbar에서 Positioned Sketch 아이콘을 선택하고, 그림과 같이 스케치 면을 선택 후 좌표계를 확인하여 OK한다.

**38** Sketch 작업창으로 들어오게 된다. Profile Toolbar에서 Circle 아이콘을 이용하여 그림과 같이 생성하고, Constraint 아이콘을 이용해 치수를 생성, 수정한다.

Sketch 작업을 마치고, Exit Workbench 아이콘을 선택하여, Sketch 작업창을 빠져 나간다.
**39**

Sketch-Based Features Toolbar에서 Pad 아이콘을 선택하고, First Limit에서 **40** Length 30입력, Second Limit에서 Length -10입력, Profile/Surface는 Sketch.8을 선택하여 OK한다.

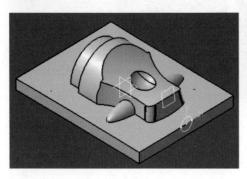

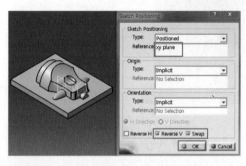

Sketcher Toolbar에서 Positioned
Sketch 아이콘을 선택하고, xy
plane을 선택, Swap을 선택, Reverse V를
선택 후 좌표계를 확인하고 OK한다.

**A1**

Sketch 작업창으로 들어오게 된다.
Profile Toolbar에서 Circle 아이
콘을 이용하여 그림과 같이 생성하고,
Constraint 아이콘을 이용해 치수를 생성,
수정한다.

**A2**

Sketch 작업을 마치고, Exit
Workbench 아이콘을 선택하여,
Sketch 작업창을 빠져 나간다.

**A3**

Sketch-Based Features에 Pad
아이콘을 선택하고, Type에 Up to
surface 선택, 그림과 같이 Limit 선택,
Offset에 4를 입력, Profile로 Sketch.9를
선택한 후 OK한다.

**A4**

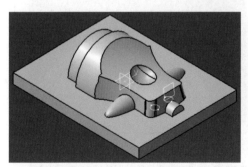

Example-16 따라하기  **339**

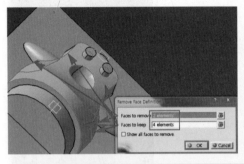

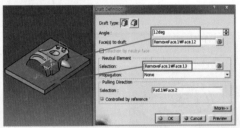

**45** Dress—Up Features Toolbar에서 Remove Face 아이콘을 선택하고, 그림과 같이 Faces to remove 및 Face to keep을 선택하여 OK한다.

**46** Dress—Up Features Toolbar에서 Draft Angle아이콘을 선택하고, Angle에는 12입력, Face(s) to draft는 구배 되는 1면 선택, Selection은 구배되는 기준면 선택하여 OK한다.

**47** Sketcher Toolbar에서 Positioned Sketch 아이콘을 선택하고, 그림과 같이 스케치 면을 선택 후 좌표계를 확인하여 OK한다.

**48** Sketch 작업창으로 들어오게 된다. Profile Toolbar에서 Circle 아이콘을 이용하여 그림과 같이 생성하고, Constraint 아이콘을 이용해 치수를 생성, 수정한다.

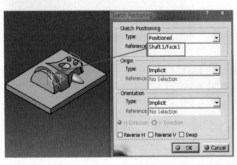

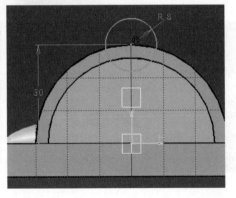

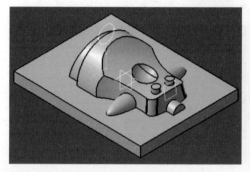

Sketch 작업을 마치고, Exit **49**
Workbench 아이콘을 선택하여,
Sketch 작업창을 빠져 나간다.

Sketch-Based Features **50**
Toolbar에서 Pocket 아이콘을 선
택하고, Type에는 Up to next를 선택,
Profile/Surface는 Sketch.10을 선택하여
OK한다.

Sketcher Toolbar에서 Positioned **51**
Sketch 아이콘을 선택하고, 그림과
같이 스케치 면을 선택 후 좌표계를 확인하여
OK한다.

Sketch 작업창으로 들어오게 된다. **52**
Profile Toolbar에서 Circle 아이
콘을 이용하여 그림과 같이 생성하고,
Constraint 아이콘을 이용해 치수를 생성,
수정한다.

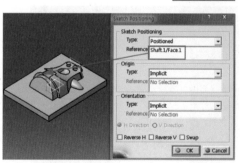

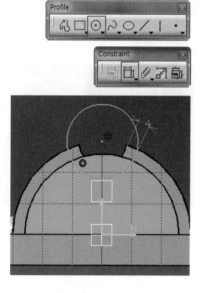

Example-16 따라하기 **341**

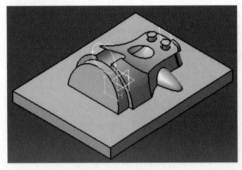

**53** Sketch 작업을 마치고, Exit Workbench 아이콘을 선택하여, Sketch 작업창을 빠져 나간다.

**54** Sketch-Based Features Toolbar에서 Pocket 아이콘을 선택하고, Type에는 Up to next를 선택, Profile/Surface는 Sketch.11을 선택, Reverse Side를 선택하여 OK한다.

**55** Sketcher Toolbar에서 Positioned Sketch 아이콘을 선택하고, xy plane을 선택, Swap을 선택, Reverse V를 선택 후 좌표계를 확인하고 OK한다.

**56** Sketch 작업창으로 들어오게 된다. Profile Toolbar에서 Profile 및 Axis 아이콘을 이용하여 그림과 같이 생성하고, Constraint 아이콘을 이용해 치수를 생성, 수정한다.

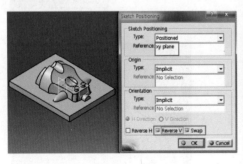

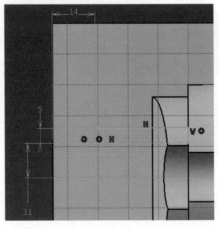

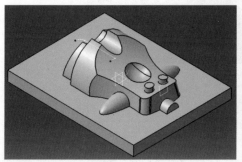

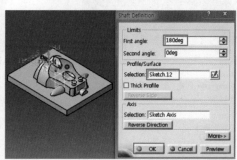

Sketch 작업을 마치고, Exit Workbench 아이콘을 선택하여, Sketch 작업창을 빠져 나간다. **57**

Sketch–Based Features Toolbar에서 Shaft 아이콘을 선택하고, First angle 에 180입력, Profile/Surface는 Sketch.12를 선택하여 OK한다. **58**

Transformation Feature에 Mirror 아이콘을 이용하여 Mirror 하고자 하는 형상을 선택 또는 Tree를 선택하고, Mirroring element에 기준면인 yz plane을 선택하여 OK한다. **59**

Dress–Up Feature Toolbar에서 Edge fillet 아이콘을 선택하고, 그림과 같이 Edge를 선택 후 Radius 값에 2를 입력하여 OK한다. **60**

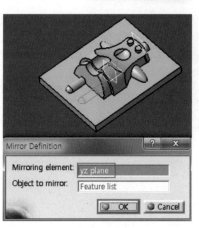

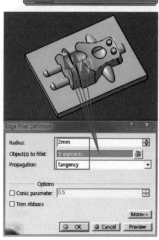

Example-16 따라하기 **343**

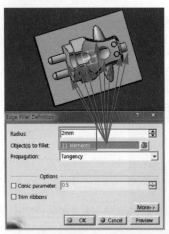

**61** Dress-Up Feature Toolbar에서 Edge fillet 아이콘을 선택하고, 그림과 같이 Edge를 선택 후 Radius 값에 2를 입력하여 OK한다.

**62** Dress-Up Feature Toolbar에서 Edge fillet 아이콘을 선택하고, 그림과 같이 Edge를 선택 후 Radius 값에 1을 입력하여 OK한다.

**63** Dress-Up Feature Toolbar에서 Edge fillet 아이콘을 선택하고, 그림과 같이 Edge를 선택 후 Radius 값에 1을 입력하여 OK한다.

**64** NC 데이터 추출을 위한 가공원점의 좌표축을 이동하기 위해 Reference elements Toolbar에서 Point 아이콘을 선택하고 x=0, Y=0, Z=0을 확인하고 OK하여 Point를 만든다.

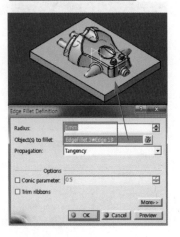

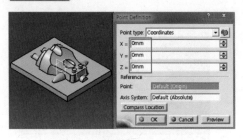

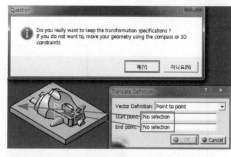

좌표축을 Transformation
Features Toolbar에서
Translation 아이콘을 선택하고 Question
창에 예 선택하고 그림과 같이 Start point
및 End point를 선택하여 OK한다.

65

최종 형상이 완료된 것을 확인할 수 있다.
지금까지 Example-16 예제를 모델링 해 보았다.

66

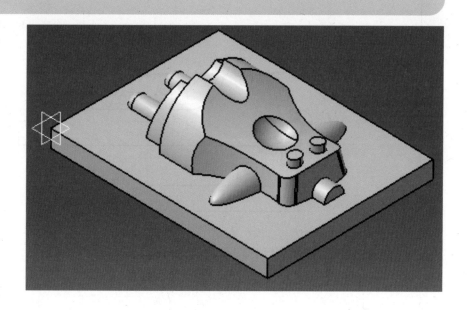

Example-16 따라하기  345

## 17   Example-17 따라하기

기출문제 Example-17 도면을 보고, Modeling을 해보도록 하겠습니다.

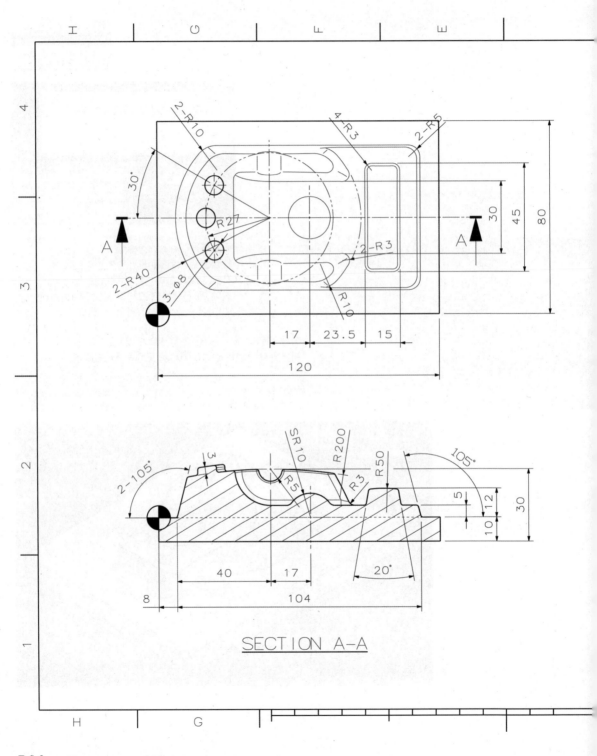

SECTION A-A

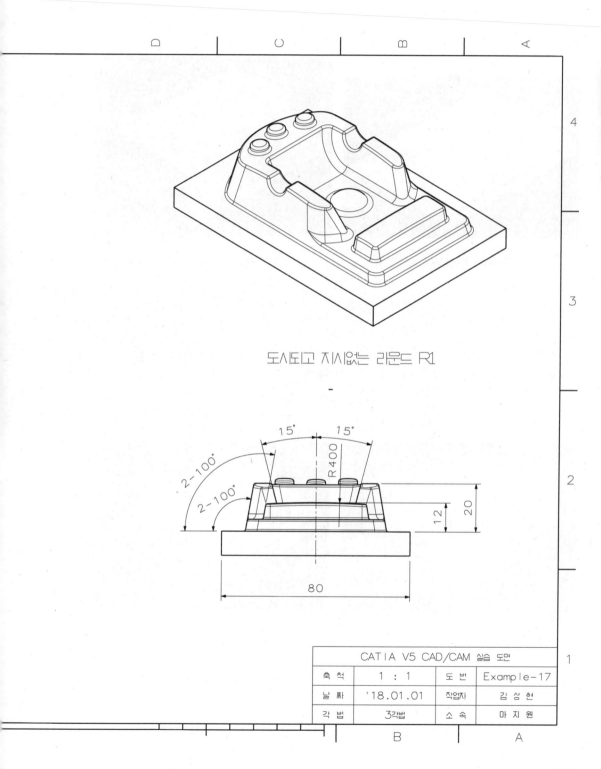

도시도고 지시없는 라운드 R1

| CATIA V5 CAD/CAM 실습 도면 | | | |
|---|---|---|---|
| 축 척 | 1 : 1 | 도 번 | Example-17 |
| 날 짜 | '18.01.01 | 작업자 | 김 상 현 |
| 각 법 | 3각법 | 소 속 | 마 지 원 |

Example-17 따라하기 **347**

## Modeling 작업 Process

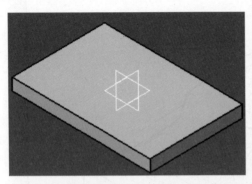

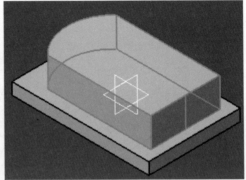

**01** 밑판을 PAD 아이콘을 이용하여
돌출한다.

**02** 중앙부분 PAD 아이콘을 이용하여
돌출한다.

돌출된 측면에 Draft Angle을 이용하여
구배를 준다.

측면에 Draft Angle을 이용하여 구배를
준다.

**03**

**04**

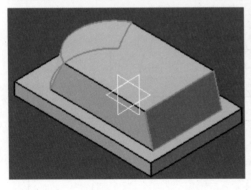

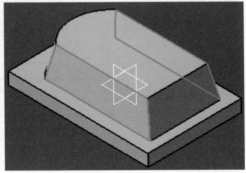

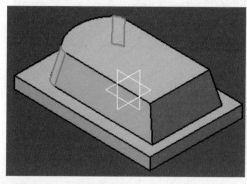

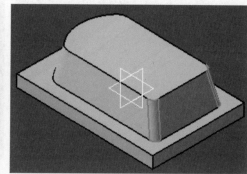

Edge fillet을 이용하여 R10으로
둥글게 깎는다.

Edge fillet을 이용하여 R5로 둥글
게 깎는다.

Pocket 아이콘을 이용하여 형상의
윗 부분을 잘라낸다.

Pocket 아이콘을 이용하여 형상의
중앙 부분에 홈을 낸다.

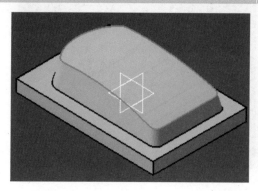

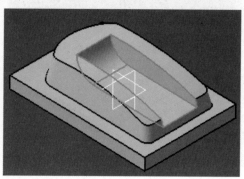

Example-17 따라하기  349

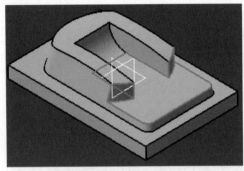

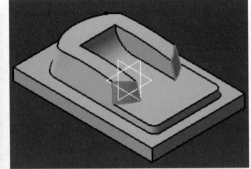

**09** Pocket 아이콘을 이용하여 형상의 우측 부분에 홈을 낸다.

**10** 측면에 Draft Angle을 이용하여 구배를 준다.

중앙 부분의 측면에 Draft Angle을 이용하여 구배를 준다.

Pocket 아이콘을 이용하여 홈을 낸다.

**11**

**12**

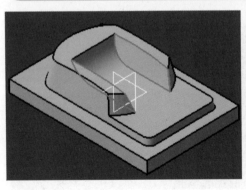

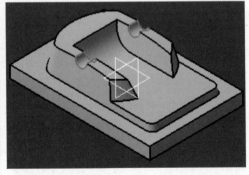

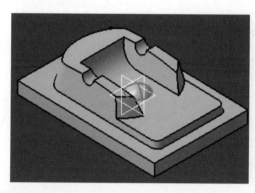

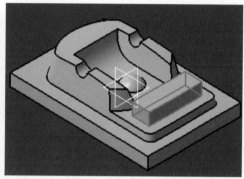

중앙부분에 Shaft 아이콘을 이용하여 회전체를 만든다. **13**

우측부분에 PAD 아이콘을 이용하여 돌출한다. **14**

Surface를 만들기 위해 Sweep 아이콘을 이용하여 Surface 면을 생성한다. **15**

돌출된 측면의 일부를 Split 아이콘을 이용하여 잘라낸다. **16**

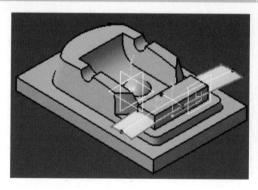

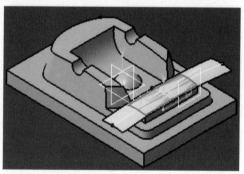

Example-17 따라하기 **351**

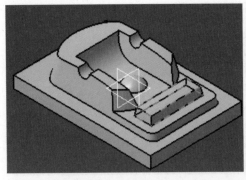
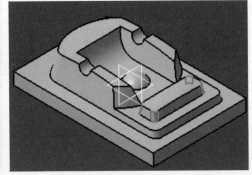

**17** 돌출된 측면에 Draft Angle을 이용하여 구배를 준다.

**18** Edge fillet을 이용하여 R3으로 둥글게 깎는다.

**19** 좌측 부분에 PAD 아이콘을 이용하여 돌출한다.

**20** Edge fillet을 이용하여 R10으로 둥글게 깎는다.

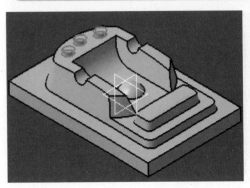
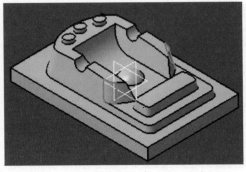

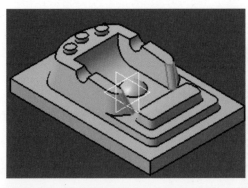

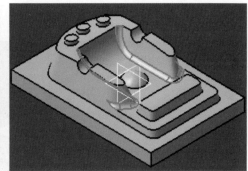

Edge fillet을 이용하여 R5로 둥글게 깎는다.

Edge fillet을 이용하여 R3으로 둥글게 깎는다.

Edge fillet을 이용하여 R3으로 둥글게 깎는다.

Edge fillet을 이용하여 R1로 둥글게 깎는다.

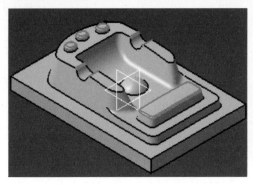

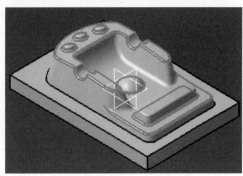

Example-17 따라하기 **353**

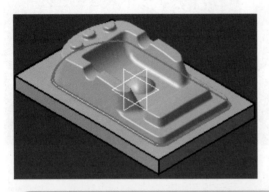

 Edge fillet을 이용하여 R1로 둥글게 깎는다.

 MEMO

Example-17 따라하기 **355**

# Surface Modeling 작업방법

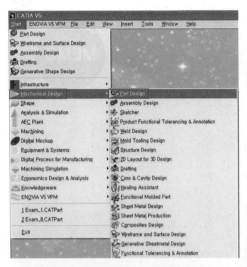

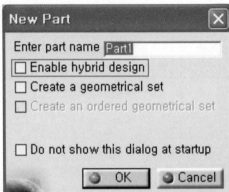

**01** 단품 모델링을 시작하기 위해서는 다음과 같이 Part Design을 선택
Start ⇨ Mechanical Design ⇨ Part Design

**02** 다음과 같이 창이 뜨고, Enable hybrid design을 체크한다.

Enter part name에 Example-17이라고 입력하고 OK를 누른다.

화면과 같이 새로운 Part Design 작업창이 생성된다.

**03**

**04**

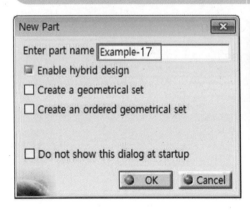

### 요점정리

Hybrid design이란!
Solid와 Surface를 Body에서 작업할 수 있는 기능으로, 트리에 Part body에서 작업된 내용을 확인할 수 있다.

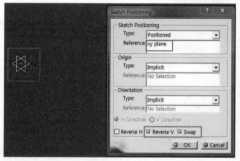

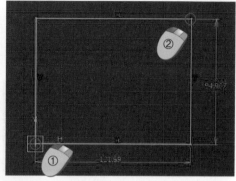

Sketcher Toolbar에서 Positioned
Sketch 아이콘을 선택하고, XY PLANE을
선택 후 Swap을 선택하고, Reverse V를 선택 후
좌표계를 확인하고 OK를 선택한다.

*05*

Sketch 작업창으로 들어오게 된다.
Profile Toolbar에서 Rectangle아
이콘을 선택하고, 그림과 같이 첫 번째 지점으
로 원점을 클릭하고, 두 번째 지점을 우측 상
단을 클릭해 사각형을 생성한다.

*06*

Constraint Toolbar를 Constraint 아이콘
을 선택하여 치수를 생성하고, 생성된 치수
를 더블클릭하여 화면과 같이 치수를 120, 80으로
수정하고 OK를 선택한다. Exit Workbench 아이
콘을 선택하여, Sketch 작업창을 빠져 나간다.

*07*

Sketch-Based Features에 Pad
아이콘을 선택하고, Profile로
Sketch.1을 선택한 후 Length에 10을 입력
하고 Reverse Direction 버튼을 이용해 방향
을 바꾼 후 OK를 선택한다.

*08*

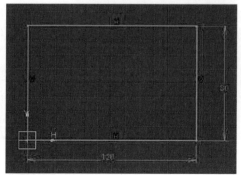

Example-17 따라하기 **357**

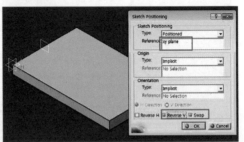

**09**    Reference Element Toolbar에서 Plane 아이콘을 선택하고 Reference 로 yz plane을 선택하고 Offset에 40을 입력 후 OK를 선택한다. 방향은 Reverse Direction 버튼을 눌러 바꿀 수 있다.

**10**    Sketcher Toolbar에서 Positioned Sketch 아이콘을 선택하고, xy plane을 선택 후 Swap을 선택하고, Reverse V를 선택 후 좌표계를 확인하고 OK를 선택한다.

**11**    Profile Toolbar에서 Profile 아이콘을 선 택하고 화면과 같이 생성한 후 Constraint 아이콘을 선택하여 치수를 생성 한다.

**12**    Sketcher Toolbar에서 Positioned Sketch 아이 콘을 선택하고, xy plane을 선택 후 Swap을 선택 하고, Reverse V를 선택 후 좌표계를 확인 하고 OK를 선택한다.

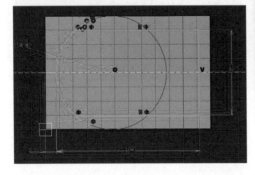

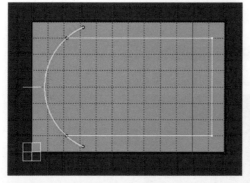

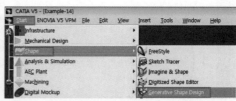

Operation Toolbar에서
Projection 3d element 아이콘을
선택하고 화면과 같이 생성한다.

*13*

Product를 변경하기 위해 Start ⇨
Shape ⇨ generative shape
design을 선택한다.

*14*

Surface Toolbar에서 Sweep 아이콘을 선
택하고 Type에 Line을 선택하고 Draft
Direction을 선택 후 Guide curve로 Sketch.3을
선택하고 방향에 xy plane을 선택 후 Angle에 15를
입력하고 Length에 25를 입력하고 OK를 선택한다.

*15*

Sketcher Toolbar에서
Positioned Sketch 아이콘을 선택
하고, xy plane을 선택 후 Swap을 선택하
고, Reverse V를 선택 후 좌표계를 확인하
고 OK를 선택한다.

*16*

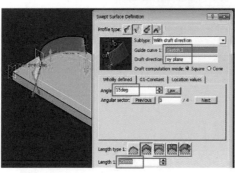

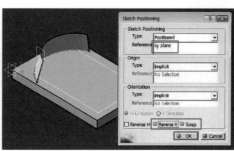

Example-17 따라하기  **359**

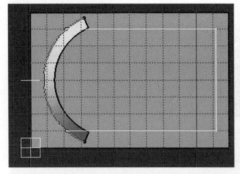

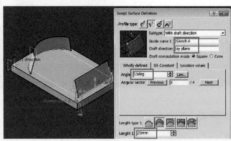

**17** Operation Toolbar에서 Projection 3d element 아이콘을 선택하고 화면과 같이 생성한다.

**18** Surface Toolbar에서 Sweep 아이콘을 선택하고 Type에 Line을 선택하고 Draft Direction을 선택 후 Guide curve로 Sketch.4를 선택하고 방향에 xy plane을 선택 후 Angle에 15를 입력하고 Length에 25를 입력하고 OK를 선택한다.

**19** Sketcher Toolbar에서 Positioned Sketch 아이콘을 선택하고, xy plane을 선택 후 Swap을 선택하고, Reverse V를 선택 후 좌표계를 확인하고 OK를 선택한다.

**20** Operation Toolbar에서 Projection 3d element 아이콘을 선택하고 화면과 같이 생성한다.

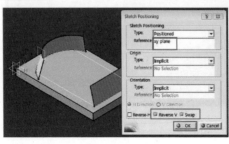

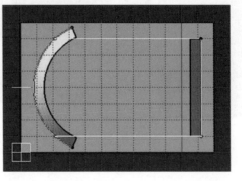

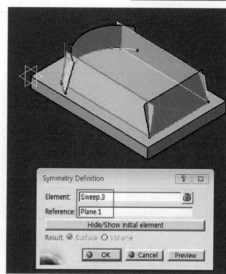

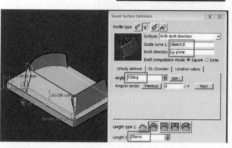

Surface Toolbar에서 Sweep 아이콘을 선택 **21**
하고 Type에 Line을 선택하고 Draft
Direction을 선택 후 Guide curve로 Sketch.5를 선
택하고 방향에 xy plane을 선택 후 Angle에 15를 입
력하고 Length에 25를 입력하고 OK를 선택한다.

Surface Toolbar에서 Offset 아이 **22**
콘을 선택하고 Sweep.1을 선택 후
offset에 5를 입력하고 화살표 방향을 확인
하고 OK를 선택한다.

Operation Toolbar에서 Trim 아이 **23**
콘을 선택하고 Sweep.1와 Sweep.3
를 선택하고 남길 영역을 확인 후 OK를
선택한다.

Operation Toolbar에서 Trim 아 **24**
이콘을 선택하고 Trim.1과
Symmetry.1을 선택하고 남길 영역을 확인
후 OK를 선택한다.

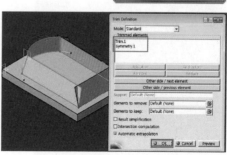

Example-17 따라하기 **361**

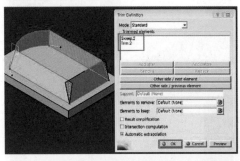

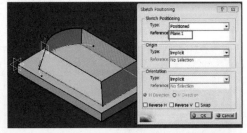

**25** Operation Toolbar에서 Trim 아이콘을 선택하고 Sweep.2와 Trim.2를 선택하고 남길 영역을 확인 후 OK를 선택한다.

**26** Sketcher Toolbar에서 Positioned Sketch 아이콘을 선택하고, Plane.1을 선택 후 OK를 선택한다.

Circle Toolbar에서 3 Point arc 아이콘을 선택하고 화면과 같이 생성한 후 **27** Constraint 아이콘을 선택해 치수를 생성한다.

Surface Toolbar에서 Extrude 아이콘을 선택하고 Profile로 Sketch.7을 선택하고 **28** Length에 45를 입력하고 OK를 선택한다.

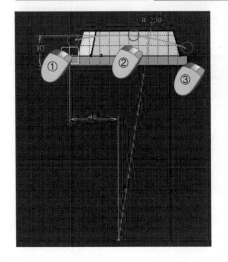

Surface Toolbar에서 Offset
surface 아이콘을 선택하고
Extrude.1을 선택 후 Offset 값으로 3을 입
력하고 생성방향을 확인 후 OK를 선택하다. **29**

Operation Toolbar에서 Trim 아이
콘을 선택하고 Extrude.1과 Trim.3
을 선택하고 남길 영역을 확인 후 OK를 선택
한다. **30**

Fillet Toolbar에서 Edgefillet 아이
콘을 선택하고 화면과 같이 edge를
선택하고 Radius에 10을 입력하고 OK를
선택한다. **31**

Fillet Toolbar에서 Edgefillet 아
이콘을 선택하고 화면과 같이
edge를 선택하고 Radius에 5를 입력하고
OK를 선택한다. **32**

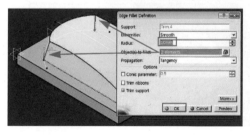

Example-17 따라하기 **363**

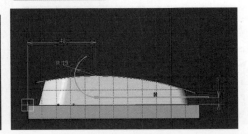

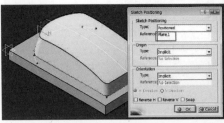

**33** Sketcher Toolbar에서 Positioned Sketch 아이콘을 선택하고, Plane.1을 선택 후 OK를 선택한다.

**34** Profile Toolbar에서 Profile 아이콘을 선택하고 화면과 같이 생성한 후 Constraint 아이콘을 선택해 치수를 생성한다.

Surface Toolbar에서 Extrude 아이콘을 선택하고 Profile로 Sketch.10을 선택하고 Dimension에 각각 40을 입력하고 **35** OK를 선택한다.

Sketcher Toolbar에서 Positioned Sketch 아이콘을 선택하고, zx plane을 선택 후 OK를 선택한다. **36**

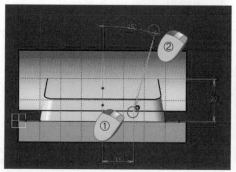

Profile Toolbar에서 Line 아이콘을 선택하고 화면과 같이 생성한 후 Constraint 아이콘을 선택해 치수를 생성한다.

*37*

Surface Toolbar에서 Extrude 아이콘을 선택하고 Profile로 Sketch.11을 선택하고 Dimension에 120을 입력하고 OK를 선택한다.

*38*

Transfermations Toolbar에서 Symmetry 아이콘을 선택하고 Extrude.3을 선택하고 Reference로 Plane.1을 선택하고 OK를 선택한다.

*39*

Operation Toolbar에서 Trim 아이콘을 선택하고 Extrude.2와 Symmetry.2를 선택하고 남길 영역을 확인 후 OK를 선택한다.

*40*

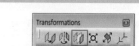

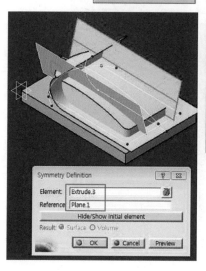

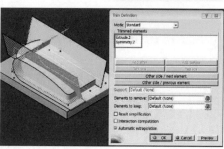

Example-17 따라하기  **365**

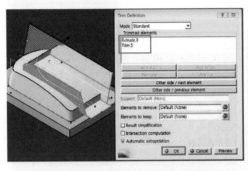

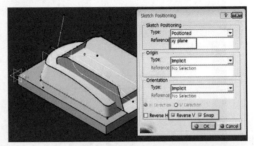

**A1** Operation Toolbar에서 Trim 아이콘을 선택하고 Extrude.3과 Trim.5를 선택하고 남길 영역을 확인 후 OK를 선택한다.

**A2** Sketcher Toolbar에서 Positioned Sketch 아이콘을 선택하고, XY PLANE을 선택 후 Swap을 선택하고, Reverse V를 선택 후 좌표계를 확인하고 OK를 선택한다.

**A3** Profile Toolbar에서 3 point arc 아이콘을 선택하고 화면과 같이 생성한 후 Constraint 아이콘을 선택해 치수를 생성한다.

**A4** Surface Toolbar에서 Sweep 아이콘을 선택하고 Type에 Line을 선택하고 Draft Direction을 선택 후 Guide curve로 Sketch.12를 선택하고 방향에 xy plane을 선택 후 Angle에 15를 입력하고 Length에 25를 입력하고 OK를 선택한다.

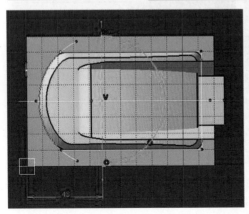

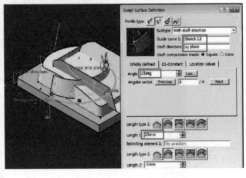

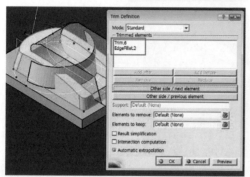

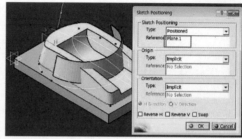

Operation Toolbar에서 Trim 아이
콘을 선택하고 Trim.6과
Edgefillet.2를 선택하고 남길 영역을 확인
후 OK를 선택한다.

*A5*

Sketcher Toolbar에서
Positioned Sketch 아이콘을 선택
하고, plane.1을 선택 후 좌표계를 확인하
고 OK를 선택한다.

*A6*

Operation Toolbar에서
Projection 3d element 아이콘을
선택하고 화면과 같이 생성한다.

*A7*

Surface Toolbar에서 Extrude 아
이콘을 선택하고 Profile로
Sketch.14를 선택하고 Dimension에 각각
50을 입력하고 OK를 선택한다.

*A8*

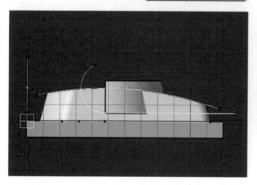

Example-17 따라하기 **367**

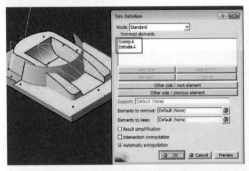

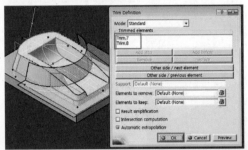

**49** Operation Toolbar에서 Trim 아이콘을 선택하고 Extrude.4와 Sweep.4를 선택하고 남길 영역을 확인 후 OK를 선택한다.

**50** Operation Toolbar에서 Trim 아이콘을 선택하고 Trim.7과 Trim.8을 선택하고 남길 영역을 확인 후 OK를 선택한다. 메시지 창이 나오면 확인을 선택한다.

**51** Sketcher Toolbar에서 Positioned Sketch 아이콘을 선택하고, 화면의 면을 선택 후 Swap을 선택하고, Reverse V를 선택 후 좌표계를 확인하고 OK를 선택한다.

**52** Profile Toolbar에서 Profile 아이콘을 선택하고 화면과 같이 생성한 후 Constraint 아이콘을 선택해 치수를 생성한다.

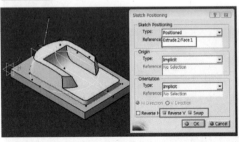

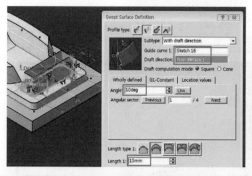

Surface Toolbar에서 Sweep 아이콘을 선택하고 Type에 Line을 선택하고 Draft Direction을 선택 후 Guide curve로 Sketch.16을 선택하고 방향에 xy plane을 선택 후 Angle에 10를 입력하고 Length에 15를 입력하고 OK를 선택한다. **53**

Sketcher Toolbar에서 Positioned Sketch 아이콘을 선택하고, plane.1을 선택 후 좌표계를 확인하고 OK를 선택한다. **54**

Circle Toolbar에서 3 point arc 아이콘을 선택하고 화면과 같이 생성한 후 Constraint 아이콘을 선택해 치수를 생성한다. **55**

Surface Toolbar에서 Extrude 아이콘을 선택하고 Profile로 Sketch.18을 선택하고 Dimension에 각각 50을 입력하고 OK를 선택한다. **56**

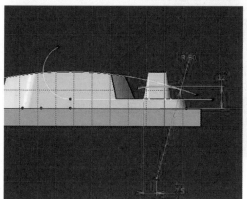

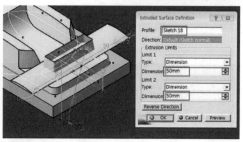

Example-17 따라하기  369

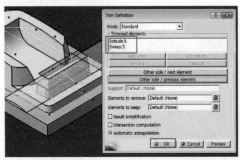

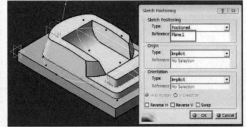

**57** Operation Toolbar에서 Trim 아이콘을 선택하고 Extrude.5와 Sweep.5를 선택하고 남길 영역을 확인 후 OK를 선택한다.

**58** Sketcher Toolbar에서 Positioned Sketch 아이콘을 선택하고, plane.1을 선택 후 좌표계를 확인하고 OK를 선택한다.

Profile Toolbar에서 point 아이콘을 선택하고 화면과 같이 생성한 후 Constraint 아이콘을 선택해 치수를 생성한다.

**59**

Extrude—Revolution Toolbar에서 Sphere 아이콘을 선택하고 Center로 Sketch.20을 선택하고 Radius에 10을 입력하고 OK를 선택한다.

**60**

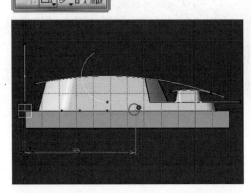

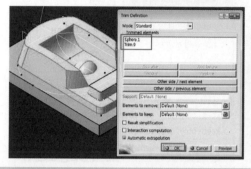

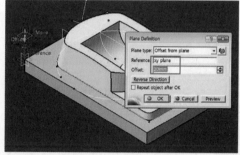

Operation Toolbar에서 Trim 아이
콘을 선택하고 Sphere.1과 Trim.9를
선택하고 남길 영역을 확인 후 OK를 선택한다.

*61*

Reference Element Toolbar에서
Plane 아이콘을 선택하고
Reference로 xy plane을 선택하고
Offset에 20을 입력 후 OK를 선택한다.

*62*

Sketcher Toolbar에서 Positioned
Sketch 아이콘을 선택하고, plane.2
를 선택 후 Swap을 선택하고, Reverse V를
선택 후 좌표계를 확인하고 OK를 선택한다.

*63*

Profile Toolbar에서 Circle 아이
콘을 선택하고 화면과 같이 생성한
후 Constraint 아이콘을 선택해 치수를 생
성한다.

*64*

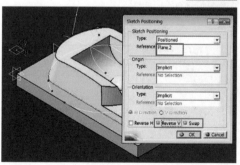

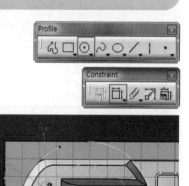

Example-17 따라하기  **371**

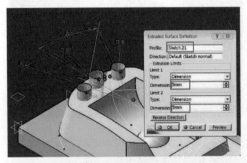

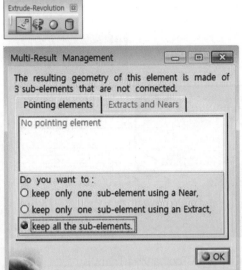

**65** Surface Toolbar에서 Extrude 아이콘을 선택하고 Profile로 Sketch.21을 선택하고 Dimension에 각각 5을 입력하고 OK를 선택한다.

**66** 3개의 Surface를 생성하기 위해서는 다음 메시지 창이 생성된다. 3개를 모두 생성하기 위해 ALL을 선택하고 OK를 선택한다.

Operation Toolbar에서 Trim 아이콘을 선택하고 Extrude.6과 Offset.1을 선택하고 남길 영역을 확인 후 OK를 선택한다. 메시지 창이 나오면 확인을 선택하다. **67**

Operation Toolbar에서 Trim 아이콘을 선택하고 Trim.11과 Trim.12를 선택하고 남길 영역을 확인 후 OK를 선택한다. **68**

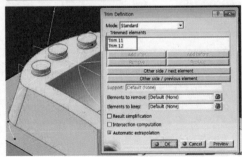

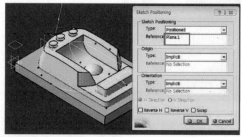

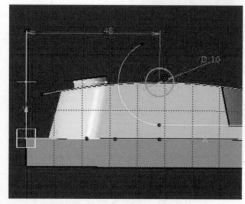

Sketcher Toolbar에서 Positioned
Sketch 아이콘을 선택하고, plane.1
을 선택 후 좌표계를 확인하고 OK를 선택
한다.

**69**

Profile Toolbar에서 Circle 아이
콘을 선택하고 화면과 같이 생성한
후 Constraint 아이콘을 선택해 치수를 생
성한다.

**70**

Surface Toolbar에서 Extrude 아
이콘을 선택하고 Profile로
Sketch.24를 선택하고 Dimension에 각각
35를 입력하고 OK를 선택한다.

**71**

Operation Toolbar에서 Trim 아
이콘을 선택하고 Trim.11과
Extrude.7을 선택하고 남길 영역을 확인
후 OK를 선택한다.

**72**

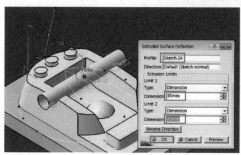

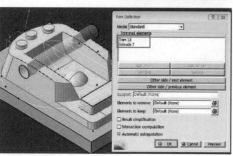

Example-17 따라하기 **373**

**13** Operation Toolbar에서 Trim 아이콘을 선택하고 Trim.10과 Trim.14를 선택하고 남길 영역을 확인 후 OK를 선택한다.

**14** Dress-up Toolbar에서 Edgefillet 아이콘을 선택하고 Radius에 3을 입력하고 화면과 같이 edge를 선택 후 OK를 선택한다.

**15** Dress-up Toolbar에서 Edgefillet 아이콘을 선택하고 Radius에 3을 입력하고 화면과 같이 edge를 선택 후 OK를 선택한다.

**16** Dress-up Toolbar에서 Edgefillet 아이콘을 선택하고 Radius에 10을 입력하고 화면과 같이 edge를 선택 후 OK를 선택한다.

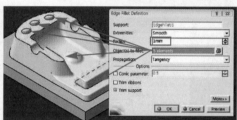

Dress-up Toolbar에서 Edgefillet
아이콘을 선택하고 Radius에 1을 입
력하고 화면과 같이 edge를 선택 후 OK를
선택한다.

*17*

Dress-up Toolbar에서
Edgefillet 아이콘을 선택하고
Radius에 1을 입력하고 화면과 같이 edge
를 선택 후 OK를 선택한다.

*18*

Product를 변경하기 위해 Start ➪
Mechanical design ➪ part
design을 선택한다.

*19*

Surface-Based Toolbar에서
Close-surface 아이콘을 선택하고
Edgefillet.7을 선택후 OK를 선택한다.

*80*

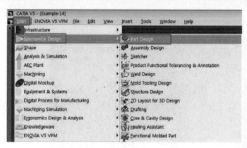

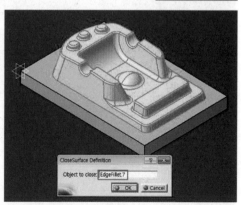

Example-17 따라하기  **375**

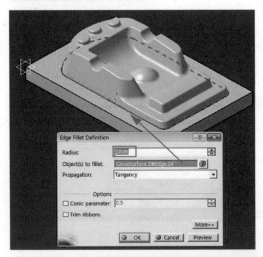

81 Dress—up Toolbar에서 Edgefillet 아이콘을 선택하고 Radius에
1을 입력하고 화면과 같이 edge를 선택 후 OK를 선택한다.

최종 형상이 완료된 것을 확인할 수 있다.
지금까지 Example—17 예제를 모델링 해 보았다

82

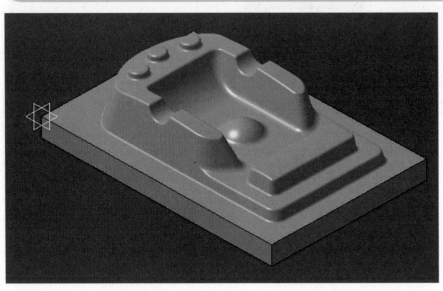

MEMO

Example-17 따라하기 **377**

# 18 Example-18 따라하기

기출문제 Example-18 도면을 보고, Modeling을 해보도록 하겠습니다.

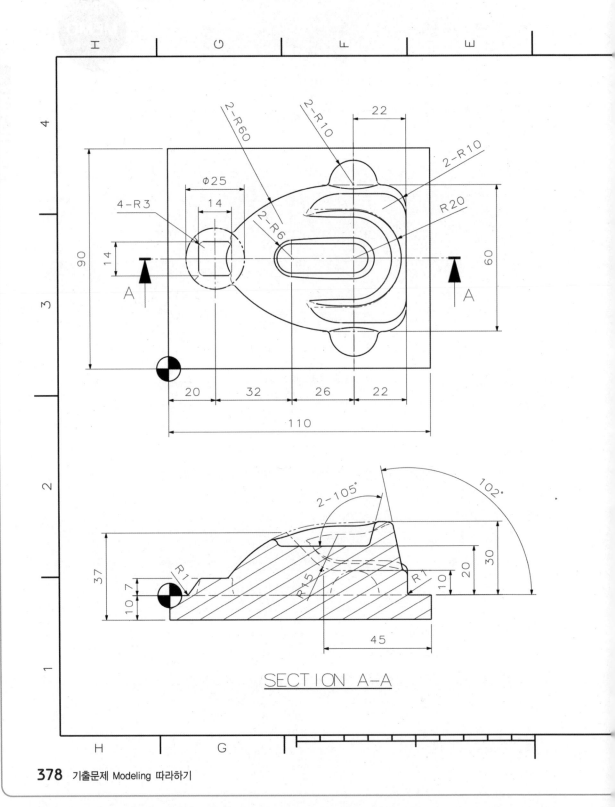

SECTION A-A

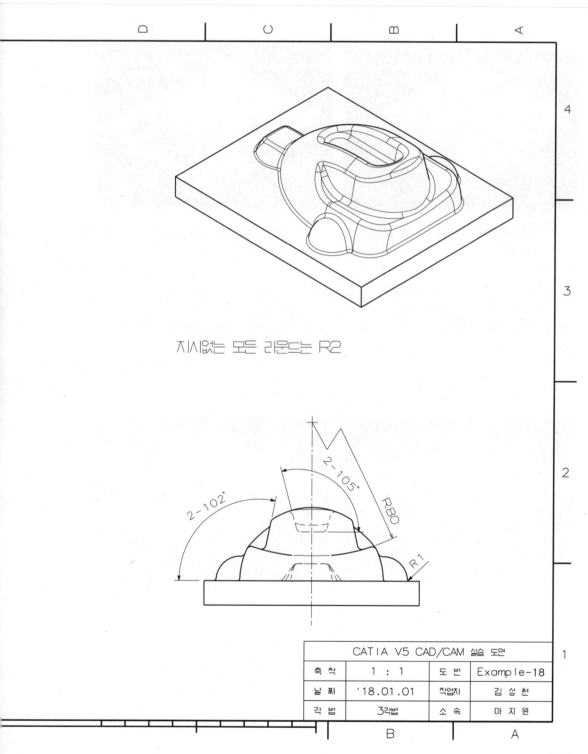

지시없는 모든 라운드는 R2

2-105°

R80

2-102°

R1

| CATIA V5 CAD/CAM 실습 도면 | | | |
|---|---|---|---|
| 축 척 | 1 : 1 | 도 번 | Example-18 |
| 날 짜 | '18.01.01 | 작업자 | 김 상 현 |
| 각 법 | 3각법 | 소 속 | 마 지 원 |

Example-18 따라하기  **379**

# Solid Modeling 작업방법

## Modeling 작업 Process

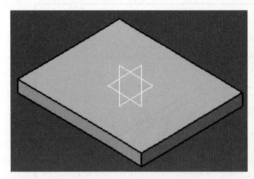

**01** 밑판을 PAD 아이콘을 이용하여 돌출한다.

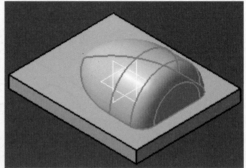

**02** 중앙부분에 Pocket 아이콘을 이용하여 홈을 낸다.

**03** 중앙부분에 Shaft 아이콘을 이용하여 회전체를 만든다.

**04** 홈 부분에 Draft Angle을 이용하여 구배를 준다.

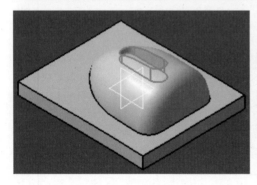

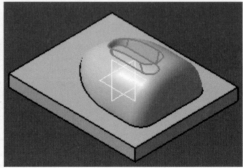

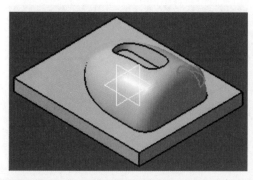

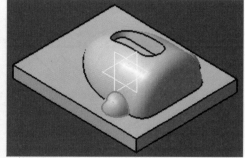

측면에 Shaft 아이콘을 이용하여
회전체를 만든다.

Mirror 아이콘을 이용하여 대칭되
는 반대 측면에 같은 회전체를
만든다.

좌측면에 Multi-Section 아이콘을
이용하여 돌출한다.

Surface를 만들기 위해 Sweep 아
이콘을 이용하여 Surface 면을 생
성한다.

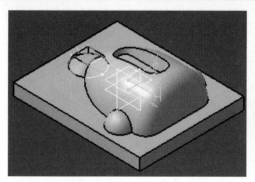

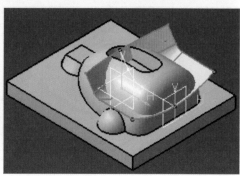

Example-18 따라하기  **381**

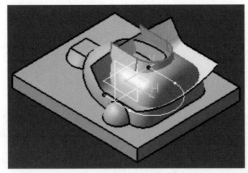
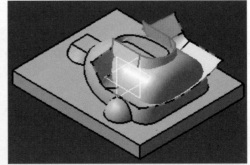

**09** Surface를 만들기 위해 Sweep 아이콘을 이용하여 Surface 면을 생성한다.

**10** Trim 아이콘을 이용하여 불필요한 Surface 면을 잘라낸다.

일부 잘라내기 위해서 Split 아이콘을 이용하여 잘라낸다

Edge fillet을 이용하여 R3으로 둥글게 깎는다.

**11**

**12**

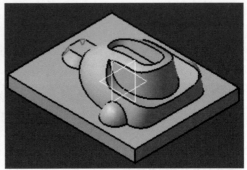

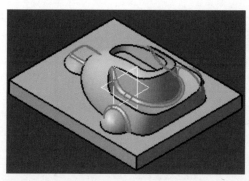

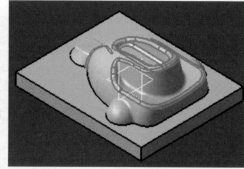

Edge fillet을 이용하여 R2로 둥글게 깎는다.

Edge fillet을 이용하여 R2로 둥글게 깎는다.

Edge fillet을 이용하여 R1로 둥글게 깎는다.

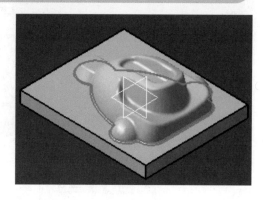

Example-18 따라하기 383

## Modeling 세부 작업 내용

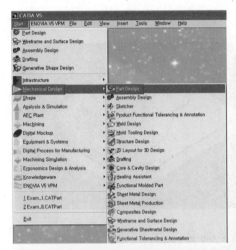

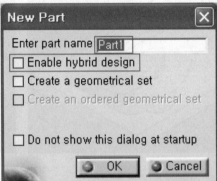

**01** 단품 모델링을 시작하기 위해서는 다음과 같이 Part Design을 선택한다.

**02** 다음과 같이 창이 뜨고, Enable hybrid design을 체크한다.
Start ⇨ Mechanical Design ⇨ Part Design

**03** Enter part name에 Example-18이라고 입력하고 OK를 누른다.

**04** 화면과 같이 새로운 Part Design 작업창이 생성된다.

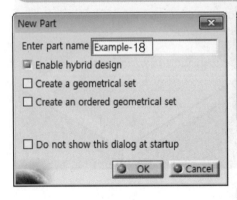

### 요점정리

Hybrid design이란!
Solid와 Surface를 Body에서 작업할 수 있는 기능으로, 트리에 Part body에서 작업된 내용을 확인할 수 있다.

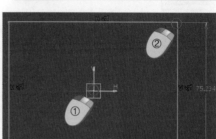

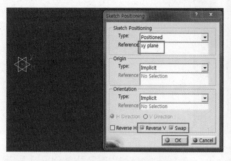

Sketcher Toolbar에서 Positioned
Sketch 아이콘을 선택하고, xy
plane을 선택, Swap을 선택, Reverse V를
선택하여 좌표계를 확인하고 OK한다.

*05*

Sketch 작업창으로 들어오게 된다.
Profile Toolbar에서 삼각형을 눌러
Centered Rectangle 아이콘을 선택하고, 그림과
같이 첫 번째 지점으로 원점을 클릭하고, 두 번째
지점을 우측 상단을 클릭하여 사각형을 생성한다.

*06*

Constraint Toolbar에서 Constraint 아이
콘을 선택하여 치수를 생성하고, 생성된 치
수를 더블클릭하여 그림과 같이 치수를 90, 110으로
수정하고 OK를 선택한다. Exit Workbench 아이콘
을 선택하여 Sketch 작업창을 빠져 나간다.

*07*

Sketch-Based Features에 Pad
아이콘을 선택하고, Profile로
Sketch.1을 선택한 후 Length에 10을 입
력하고 Reverse Direction 버튼을 이용해
방향을 바꾼 후 OK한다.

*08*

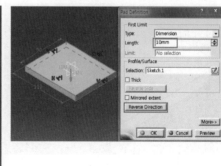

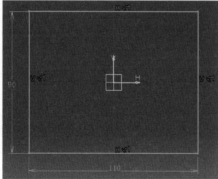

Example-18 따라하기  **385**

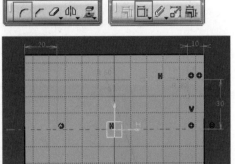

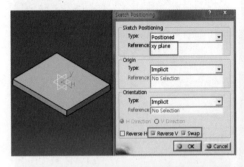

**09** Sketcher Toolbar에서 Positioned Sketch 아이콘을 선택하고, xy plane 선택, Swap을 선택, Reverse V를 선택하여 좌표계를 확인하고 OK한다.

**10** Sketch 작업창으로 들어오게 된다. Profile Toolbar에서 Axis, Profile 아이콘 및 Operation Toolbar에서 Coner 아이콘을 이용하여 그림과 같이 생성하고, Constraint 아이콘을 이용해 치수를 생성, 수정한다.

Sketch 작업을 마치고, Exit Workbench 아이콘을 선택하여, Sketch 작업창을 빠져 나간다. **11**

Sketch-Based Features Toolbar에서 Shaft 아이콘을 선택하고, First angle에 180입력, Profile/Surface는 Sketch.2를 선택하여 OK한다. **12**

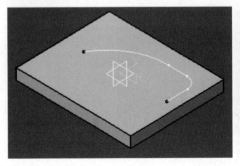

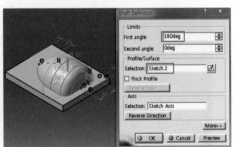

Sketcher Toolbar에서 Positioned
Sketch 아이콘을 선택하고, xy
plane을 선택, Swap을 선택, Reverse V를
선택하여 좌표계를 확인하고 OK한다.

*13*

Sketch-Based Features Toolbar
에서 Pocket 아이콘을 선택하고,
First Limit에서 Depth 35입력, Second
Limit에서 Depth -20입력, Profile/Surface
는 Sketch.3을 선택하여 OK한다.

*14*

Dress-Up Features Toolbar에서
Draft Angle아이콘을 선택하고,
Angle에는 15입력, Face(s) to draft는 구
배 되는 1면 선택, Selection은 구배되는 기
준면 선택하여 OK한다.

*15*

Sketcher Toolbar에서
Positioned Sketch 아이콘을 선택
하고, xy plane을 선택, Swap을 선택,
Reverse V를 선택 후 좌표계를 확인하여
OK한다.

*16*

Example-18 따라하기 **387**

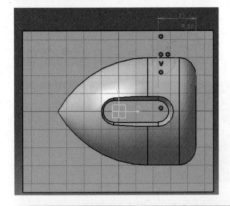

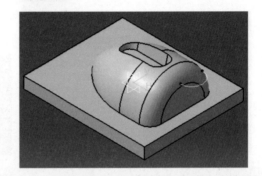

**17** Toolbar에서 Circle, Axis 아이콘 및 Operation Toolbar에서 Quick trim 아이콘을 이용하여 그림과 같이 생성하고, Constraint 아이콘을 이용해 치수를 생성, 수정한다.

**18** Sketch 작업을 마치고, Exit Workbench 아이콘을 선택하여, Sketch 작업창을 빠져 나간다.

Sketch-Based Features Toolbar에서 Shaft 아이콘을 선택하고, First angle에 180입력, Profile/Surface는 Sketch.4를 선택하여 OK한다.

**19**

Transformation Features Toolbar에서 Mirror 아이콘을 선택하고, Mirror 하고자하는 객체를 선택(Tree에서 Mirror.1선택도 가능)하고 그림과 같이 Mirror하고자 하는 기준면을 선택하고 OK한다.

**20**

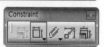

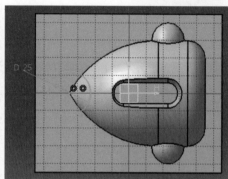

**21** Sketcher Toolbar에서 Positioned Sketch 아이콘을 선택하고, xy plane을 선택, Swap을 선택, Reverse V를 선택하여 좌표계를 확인하고 OK한다.

**22** Sketch 작업창으로 들어오게 된다. Profile Toolbar에서 Circle 아이콘을 이용하여 그림과 같이 생성하고, Constraint 아이콘을 이용해 치수를 생성, 수정한다.

**23** Sketch 작업을 마치고, Exit Workbench 아이콘을 선택하여, Sketch 작업창을 빠져 나간다.

**24** Reference-Element Toolbar에서 Plane 아이콘을 선택하고 Reference를 면을 선택 후 offset에 7을 입력하고 OK한다.

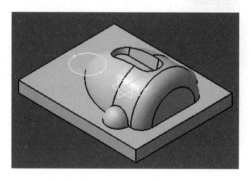

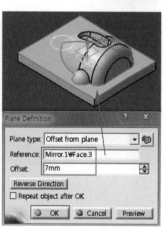

Example-18 따라하기 **389**

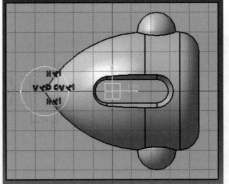

**25** Sketcher Toolbar에서 Positioned Sketch 아이콘을 선택하고, Plane.1을 선택, Swap을 선택, Reverse V, Reverse H를 선택하여 좌표계를 확인하고 OK한다.

**27** Sketch 작업을 마치고, Exit Workbench 아이콘을 선택하여, Sketch 작업창을 빠져 나간다.

**26** Sketch 작업창으로 들어오게 된다. Profile Toolbar에서 삼각형을 눌러 Centered Rectangle 아이콘을 이용하여 그림과 같이 생성하고, Constraint 아이콘을 이용해 치수를 생성, 수정한다.

**28** Sketcher Toolbar에서 Positioned Sketch 아이콘을 선택하고, xy plane을 선택, Swap을 선택, Reverse V를 선택하여 좌표계를 확인하여 OK한다.

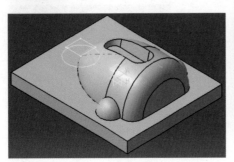

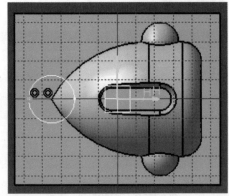

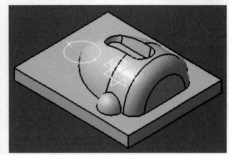

Sketch 작업창으로 들어오게 된다.
Profile Toolbar에서 Point 아이콘
을 이용하여 그림과 같이 생성하고,
Constraint 아이콘을 이용하여 수정한다.

*29*

Sketch 작업을 마치고, Exit
Workbench 아이콘을 선택하여,
Sketch 작업창을 빠져 나간다.

*30*

Sketcher Toolbar에서 Positioned
Sketch 아이콘을 선택하고, Plane.1
을 선택, Swap을 선택, Reverse V,
Reverse H를 선택하여 좌표계를 확인하고
OK한다.

*31*

Sketch 작업창으로 들어오게 된다.
Profile Toolbar에서 Point 아이콘
을 이용하여 그림과 같이 생성하고,
Constraint 아이콘을 이용하여 수정한다.

*32*

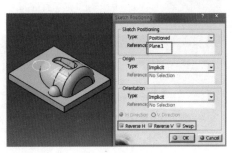

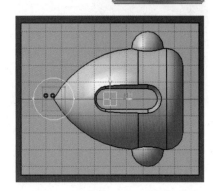

Example-18 따라하기   **391**

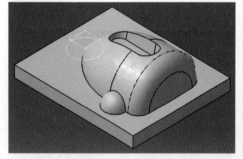

**33** Sketch 작업을 마치고, Exit Workbench 아이콘을 선택하여, Sketch 작업창을 빠져 나간다.

**34** Surface Toolbar에서 Multi- Section Solid 아이콘을 선택하고 Sketch.5, Sketch.6을 선택한고 Close point를 확인하고 OK한다.

**35** Sketcher Toolbar에서 Positioned Sketch 아이콘을 선택하고, yz plane을 선택하여 좌표계를 확인하여 OK 한다.

**36** Sketch 작업창으로 들어오게 된다. Profile Toolbar에서 Profile 아이콘 및 Operation Toolbar에서 Corner을 이용하여 그 림과 같이 생성하고, Constraint 아이 콘을 이용해 치수를 생성, 수정한다.

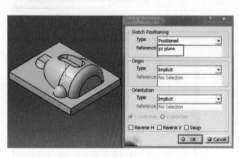

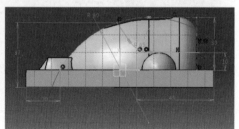

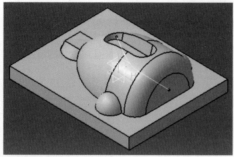

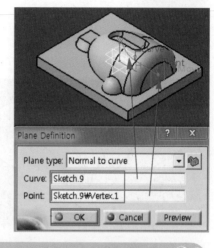

Plane Definition

Plane type: Normal to curve
Curve: Sketch.9
Point: Sketch.9₩Vertex.1

OK    Cancel    Preview

**37** Sketch 작업을 마치고, Exit Workbench 아이콘을 선택하여, Sketch 작업창을 빠져 나간다.

**38** Reference Element Toolbar에 Plane 아이콘을 선택하고 그림과 같이 Curve에 Sketch.9선택, Point에 Curve의 Point를 선택하여 OK한다.

**39** Sketcher Toolbar에서 Positioned Sketch 아이콘을 선택하고, Plane.2 를 선택하고 좌표계를 확인하여 OK한다.

**40** Sketch 작업창으로 들어오게 된다. Circle Toolbar에서 Three Point Arc 아이콘을 이용하여 그림과 같이 생성하고, Constraint 아이콘을 이용해 치수를 생성, 수정한다.

Sketch Positioning

Sketch Positioning
Type: Positioned
Reference: Plane.2

Origin
Type: Implicit
Reference: No Selection

Orientation
Type: Implicit
Reference: No Selection
H Direction   V Direction
Reverse H   Reverse V   Swap
OK   Cancel

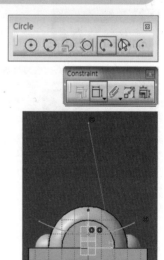

R 80

Example-18 따라하기  **393**

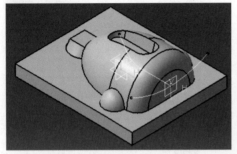

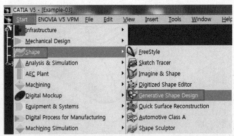

**A1** Sketch 작업을 마치고, Exit Workbench 아이콘을 선택하여, Sketch 작업창을 빠져 나간다.

**A2** Surface를 만들기 위해 Product를 변경한다.
Start ⇨ Shape ⇨ Generative Shape Design을 선택한다.

**A3** Surface Toolbar에 Sweep 아이콘을 선택하고 Profile에는 Sketch.10 선택, Guide Curve는 Sketch.9를 선택하여 OK한다.

**A4** Sketcher Toolbar에서 Positioned Sketch 아이콘을 선택하고, xy plane을 선택, Swap을 선택, Reverse V를 선택하여 좌표계를 확인하여 OK한다.

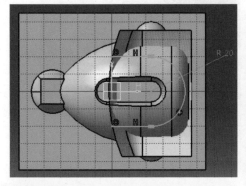

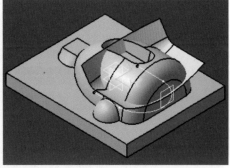

Sketch 작업창으로 들어오게 된다.
Profile Toolbar에서 Profile 아이콘
을 이용하여 그림과 같이 생성하고,
Constraint 아이콘을 이용해 치수를 생성,
수정한다.

**45**

Sketch 작업을 마치고, Exit
Workbench 아이콘을 선택하여,
Sketch 작업창을 빠져 나간다.

**46**

Surface Toolbar에 Sweep 아이콘
을 선택하고 Profile type에 Line 선
택, Guide Curve1에 Sketch.11을 선택,
Draft direction을 선택, Z축 Angle에 12입
력, Length에 35입력하여 OK한다.

**47**

Operation Toolbar에 삼각형을
눌러Trim 아이콘을 선택 후
Sweep.2와 Sweep.1을 선택하고 그림과
같이 남길 영역을 확인하고 OK한다.

**48**

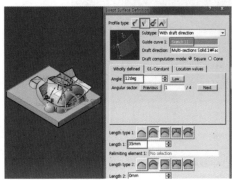

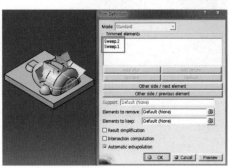

Example-18 따라하기  **395**

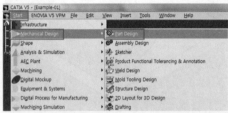

**49** 생성된 Surface 기준으로 자르기 위해 Product를 변경한다.
Start ⇨ Mechanical ⇨ Part Design을 선택한다.

**50** Solid를 잘라내기 위해 Surface-Based Feature Toolbar에서 Split 아이콘을 선택하고 Splitting Element에 Trim.1을 선택하여 남겨질 방향을 확인한 후에 OK한다.

Dress-Up Feature Toolbar에서 Edge fillet 아이콘을 선택하고, 그림과 같이 Edge를 선택 후 Radius 값에 3을 입력하여 OK한다. **51**

Dress-Up Feature Toolbar에서 Edge fillet 아이콘을 선택하고, 그림과 같이 Edge를 선택 후 Radius 값에 2를 입력하여 OK한다. **52**

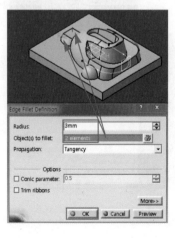

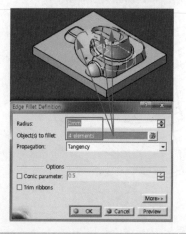

Dress-Up Feature Toolbar에서 Edge fillet 아이콘을 선택하고, 그림과 같이 Edge를 선택 후 Radius 값에 2를 입력하여 OK한다. **53**

Dress-Up Feature Toolbar에서 Edge fillet 아이콘을 선택하고, 그림과 같이 Edge를 선택 후 Radius 값에 1을 입력하여 OK한다. **54**

NC 데이터 추출을 위한 가공원점의 좌표축을 이동하기 위해 Reference elements Toolbar에서 Point 아이콘을 선택하고 x=0, Y=0, Z=0을 확인하고 OK하여 Point를 만든다. **55**

좌표축을 Transformation Features Toolbar에서 Translation 아이콘을 선택하고 Question 창에 예 선택하고 그림과 같이 Start point 및 End point를 선택하여 OK한다. **56**

Example-18 따라하기 **397**

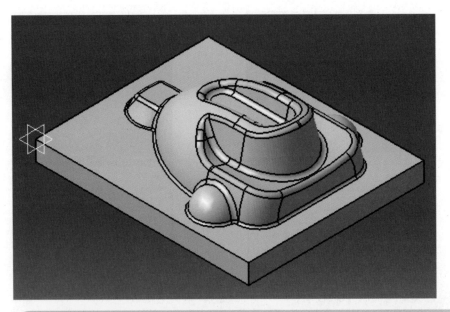

 최종 형상이 완료된 것을 확인할 수 있다.
지금까지 Example-18 예제를 모델링 해 보았다.

MEMO

Example-18 따라하기 **399**

Section

**02**

기출문제 Modeling 따라하기

# 19 Example-19 따라하기

기출문제 Example-19 도면을 보고, Modeling을 해보도록 하겠습니다.

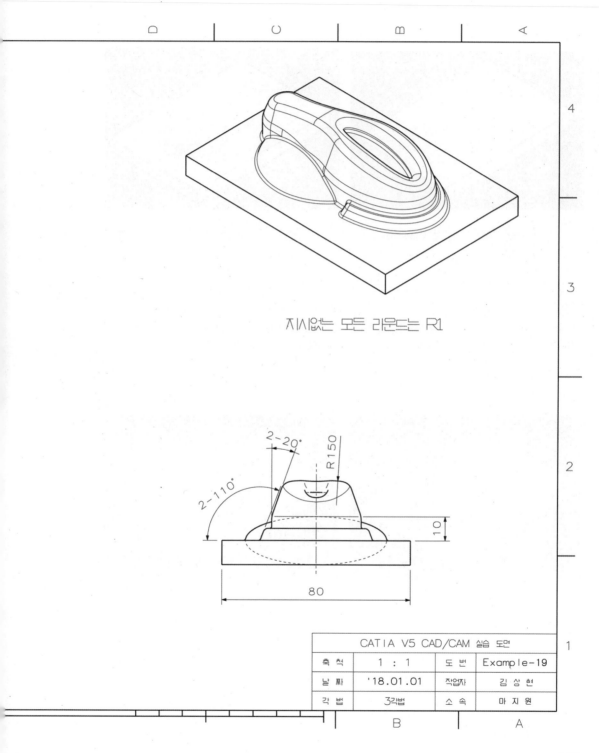

Example-19 따라하기 **401**

## Modeling 작업 Process

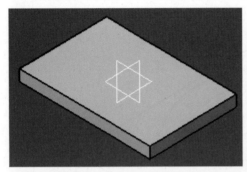

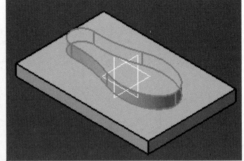

*01* 밑판을 PAD 아이콘을 이용하여 돌출한다.

*02* 중앙부분에 PAD 아이콘을 이용하여 돌출한다.

Surface를 만들기 위해 Sweep 아이콘을 이용하여 Surface 면을 생성한다.

Surface를 만들기 위해 Sweep 아이콘을 이용하여 Surface 면을 생성한다.

*03*

*04*

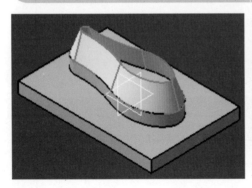

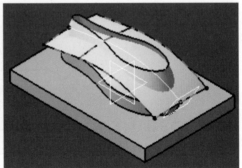

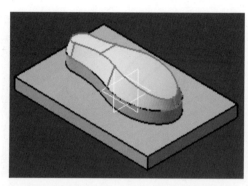

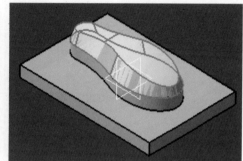

Trim 아이콘을 이용하여 불필요한
Surface 면을 잘라낸다.

*05*

Solid를 만들기 위하여 Close
Surface 아이콘으로 Solid를 채워
넣는다.

*06*

측면에 Shaft 아이콘을 이용하여 회
전체를 만든다.

*07*

우측면에 PAD 아이콘을 이용하여
돌출한다.

*08*

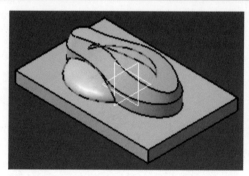

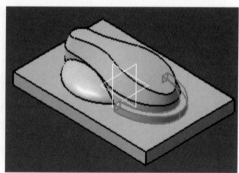

Example-19 따라하기  **403**

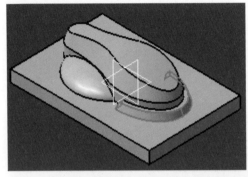 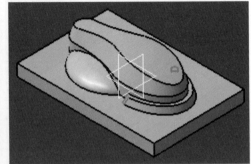

**09** 돌출된 우측면에 Draft Angle 아이콘을 이용하여 구배를 준다.

**10** Edge fillet을 이용하여 R3로 둥글게 깎는다.

중앙부위에 Pocket 아이콘을 이용하여 홈을 낸다.

Edge fillet을 이용하여 R3으로 둥글게 깎는다.

**11**

**12**

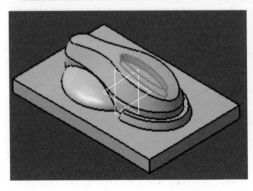 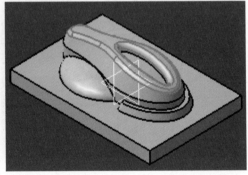

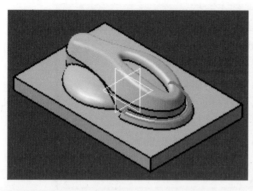

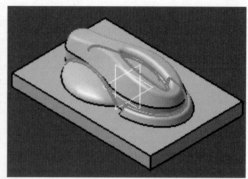

Edge fillet을 이용하여 R2로 둥글게
깎는다. **13**

Edge fillet을 이용하여 R1로 둥글
게 깎는다. **14**

Edge fillet을 이용하여 R10으로
둥글게 깎는다. **15**

Edge fillet을 이용하여 R1로
둥글게 깎는다. **16**

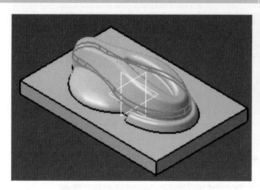

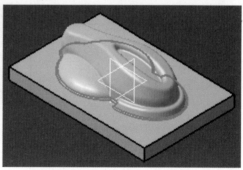

Example-19 따라하기  **405**

# Surface Modeling 작업방법

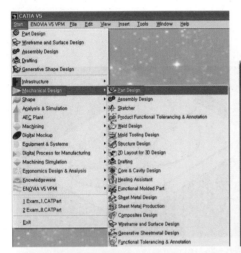

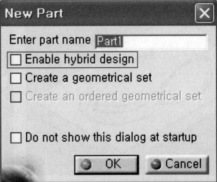

**01** 단품 모델링을 시작하기 위해서는 다음과 같이 Part Design을 선택

Start ▷ Mechanical Design ▷ Part Design

Enter part name에 Example-19이라고 입력하고 OK를 누른다.

**02** 다음과 같이 창이 뜨고, Enable hybrid design을 체크한다.

화면과 같이 새로운 Part Design 작업창이 생성된다.

**03**

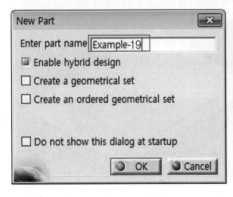

**04**

## 요점정리

Hybrid design이란!
Solid와 Surface를 Body에서 작업할 수 있는 기능으로, 트리에 Part body에서 작업된 내용을 확인할 수 있다.

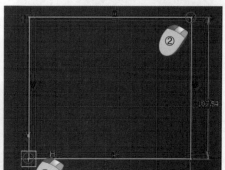

Sketcher Toolbar에서 Positioned *05*
Sketch 아이콘을 선택하고, xy plane을을
선택 후 Swap을 선택하고, Reverse V를 선택 후
좌표계를 확인하고 OK를 선택한다.

Sketch 작업창으로 들어오게 된다. *06*
Profile Toolbar에서 Rectangle아
이콘을 선택하고, 그림과 같이 첫 번째 지점으
로 원점을 클릭하고, 두 번째 지점을 우측 상
단을 클릭해 사각형을 생성한다.

Constraint Toolbar를 Constraint 아이콘 *07*
을 선택하여 치수를 생성하고,생성된 치수
를 더블클릭하여 화면과 같이 치수를 120, 80으로
수정하고 OK를 선택한다. Exit Workbench 아이
콘을 선택하여, Sketch 작업창을 빠져 나간다.

Sketch-Based Features에 Pad *08*
아이콘을 선택하고, Profile로
Sketch.1을 선택한 후 Length에 10을 입
력하고 Reverse Direction 버튼을 이용해
방향을 바꾼 후 OK를 선택한다.

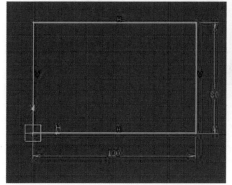

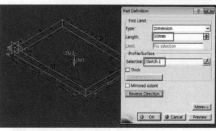

Example-19 따라하기 **407**

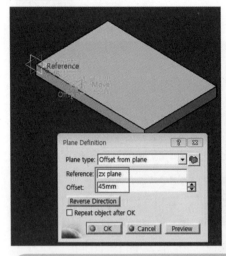

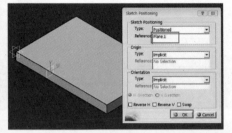

**09** Reference-Element Toolbar에서 Plane 아이콘을 선택하고 zx plane을 선택 후 Offset에 45를 입력하고 OK를 선택한다. 방향은 Reverse Direction 버튼을 선택하면 바뀐다.

**10** Sketcher Toolbar에서 Positioned Sketch 아이콘을 선택하고, plane.1을 선택 후 좌표계를 확인하고 OK를 선택한다.

**11** Profile Toolbar에서 Ellipse 아이콘을 선택하고 화면과 같이 생성하고 Constraint 아이콘을 이용해 치수를 생성한다.

**12** Product를 변경하기 위해 Start ⇨ Shape ⇨ Generative Shape Design을 선택한다.

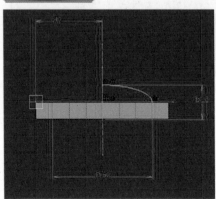

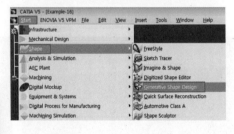

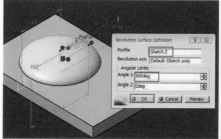

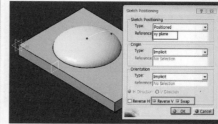

Extrude–Revolution Toolbar에서
Revolution 아이콘을 선택하고
angle에 360을 입력하고 OK를 선택한다. **13**

Sketcher Toolbar에서
Positioned Sketch 아이콘을 선택
하고,xy plane을 선택 후 Swap을 선택하
고, Reverse V를 선택하고 좌표계를 확인
하인 OK를 선택한다. **14**

Profile Toolbar에서 Profile 아이콘
을 선택하고 화면과 같이 생성하고
Constraint 아이콘을 이용해 치수를
생성한다. **15**

Surface Toolbar에서 Extrude 아
이콘을 선택하고 Profile로
Sketch.4를 선택하고 Dimension에 10을
입력하고 OK를 선택한다. **16**

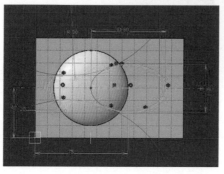

Example–19 따라하기 **409**

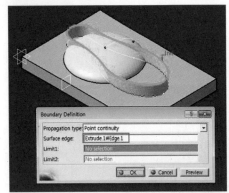

**17** Operation Toolbar에서 Boundary 아이콘을 선택하고 화면의 edge를 선택후 OK를 선택한다.

**18** Surface Toolbar에서 Sweep 아이콘을 선택하고 Type에 Line을 선택하고 Draft Direction을 선택 후 Guide curve로 Boundary.1을 선택하고 방향에 xy plane을 선택 후 Angle에 20을 입력하고 Length에 20을 입력하고 OK를 선택한다.

Wireframe Toolbar에서 Plane 아이콘을 선택하고 yz plane을 선택 후 Offset에 40을 입력하고 OK를 선택한다. 생성 방향은 Reverse Direction 버튼을 선택하면 바뀐다. **19**

Sketcher Toolbar에서 Positioned Sketch 아이콘을 선택하고, plane.2를 선택 후 좌표계를 확인하인 OK를 선택한다. **20**

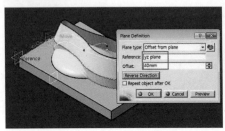

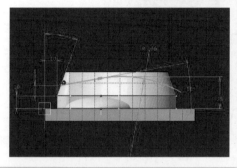

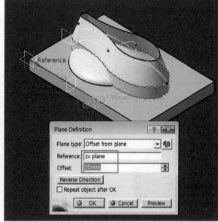

Profile Toolbar에서 Profile 아이콘
을 선택하고 화면과 같이 생성하고
Constraint 아이콘을 이용해 치수를 생성
한다.

*21*

Wireframe Toolbar에서 Plane
아이콘을 선택하고 zx plane을 선
택 후 Offset에 75를 입력하고 OK를 선택
한다.

*22*

Sketcher Toolbar에서 Positioned
Sketch 아이콘을 선택하고, plane.3
을 선택 후 좌표계를 확인하인 OK를
선택한다.

*23*

Circle Toolbar에서 3 Point arc
아이콘을 선택하고 화면과 같이 생
성하고 Constraint 아이콘을 이용해 치수
를 생성한다.

*24*

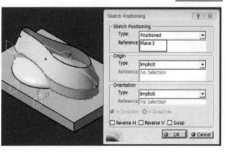

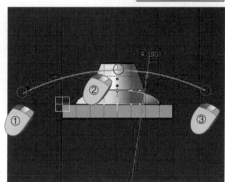

Example–19 따라하기 **411**

*25* Surface Toolbar에서 Sweep 아이콘을 선택하고 Type에 Reference surface를 선택 후 Profile로 Sketch.7을 선택하고 Guide curve로 Sketch.5를 선택 후 OK를 선택한다.

*26* Surface Toolbar에서 Offset 아이콘을 선택하고 Sweep.2를 선택 후 Offset에 5를 입력하고 OK를 선택한다.

*27* Operation Toolbar에서 Trim 아이콘을 선택하고 Sweep.1과 Sweep.2를 선택하고 남길 영역을 확인하고 OK를 선택한다.

*28* Operation Toolbar에서 Trim 아이콘을 선택하고 Trim.1과 Extrude.1을 선택하고 남길 영역을 확인하고 OK를 선택한다. 메시지 창이 나오면 확인을 선택한다.

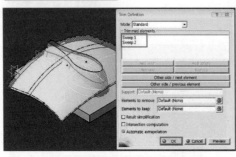

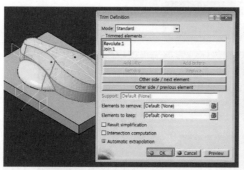

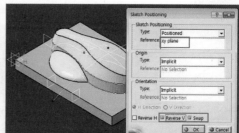

Operation Toolbar에서 Trim 아이
콘을 선택하고 Revolute.1과 Join절
차 생략 됨을 선택하고 남길 영역을 확인하고
OK를 선택한다. *29*

Sketcher Toolbar에서
Positioned Sketch 아이콘을 선택
하고, xy plane을 선택 후 Swap을 선택하
고, Reverse V를 선택하고 좌표계를 확인
하인 OK를 선택한다. *30*

Operation Toolbar에서 3D
Project 아이콘을 선택하고 화면과
같이 생성하고 Constraint 아이콘을 선택하
여 치수를 생성한다. *31*

Surface Toolbar에서 Sweep 아이콘을 선
택하고 Type에 Line을 선택하고 Draft
Direction을 선택 후 Guide curve로 Sketch.8을
선택하고 방향에 xy plane을 선택 후 Angle에 20을
입력하고 Length에 10을 입력하고 OK를 선택한다. *32*

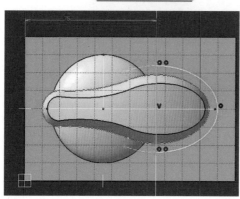

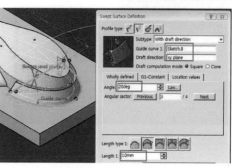

Example-19 따라하기 **413**

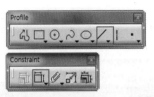

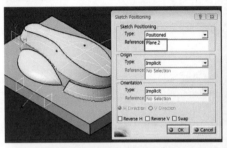

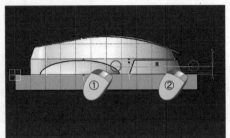

**33** Sketcher Toolbar에서 Positioned Sketch 아이콘을 선택하고, plane.2를 선택 후 좌표계를 확인하인 OK를 선택한다.

**34** Profile Toolbar에서 Line 아이콘을 선택하고 화면과 같이 생성 후 Constraint 아이콘을 선택하여 치수를 생성한다.

**35** Surface Toolbar에서 Extrude 아이콘을 선택하고 Profile로 Sketch.10을 선택하고 Dimension에 각각 40을 입력하고 OK를 선택한다.

**36** Operation Toolbar에서 Trim 아이콘을 선택하고 Extrude.2와 Sweep.3을 선택하고 남길 영역을 확인하고 OK를 선택한다.

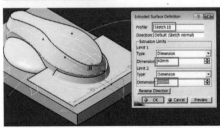

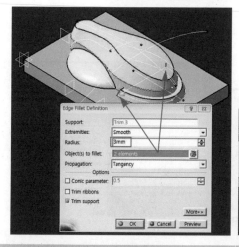

Fillet Toolbar에서 Edgefillet 아이
콘을 선택하고 화면과 같이 Edge를
선택 후 Radius에 3을 입력하고 OK를
선택한다. *37*

Operation Toolbar에서 Trim 아
이콘을 선택하고 Trim.2와
Edgefillet.1을 선택하고 남길 영역을 확인
하고 OK를 선택한다. *38*

Sketcher Toolbar에서 Positioned
Sketch 아이콘을 선택하고, xy
plane을 선택 후 Swap을 선택하고,
Reverse V를 선택하고 좌표계를 확인하인
OK를 선택한다. *39*

Profile Toolbar에서 Ellipse 아이
콘을 선택하고 화면과 같이 생성 후
Constraint 아이콘을 이용해 치수를 생성
한다. *40*

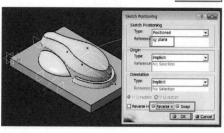

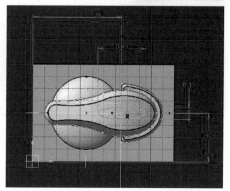

Example-19 따라하기 **415**

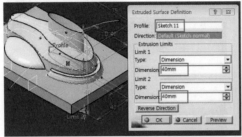

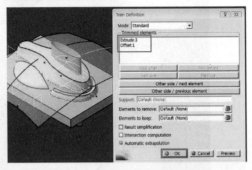

**A1** Surface Toolbar에서 Extrude 아이콘을 선택하고 Profile로 Sketch.11를 선택하고 Dimension에 각각 40을 입력하고 OK를 선택한다.

**A2** Operation Toolbar에서 Trim 아이콘을 선택하고 Extrude.3과 Offset.1을 선택하고 남길 영역을 확인하고 OK를 선택한다.

**A3** Operation Toolbar에서 Trim 아이콘을 선택하고 Trim.4와 Trim.5를 선택하고 남길 영역을 확인하고 OK를 선택한다.

**A4** Fillet Toolbar에서 Edgefillet 아이콘을 선택하고 화면과 같이 Edge를 선택 후 Radius에 2를 입력하고 OK를 선택한다.

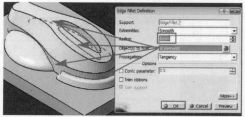

Fillet Toolbar에서 Edgefillet 아이콘을 선택하고 화면과 같이 Edge를 선택 후 Radius에 1을 입력하고 OK를 선택한다. *45*

Fillet Toolbar에서 Edgefillet 아이콘을 선택하고 화면과 같이 Edge를 선택 후 Radius에 1을 입력하고 OK를 선택한다. *46*

Fillet Toolbar에서 Edgefillet 아이콘을 선택하고 화면과 같이 Edge를 선택 후 Radius에 9.9를 입력하고 OK를 선택한다. *47*

Product를 변경하기 위해 Start ⇨ Mechanical Design ⇨ Part Design을 선택한다. *48*

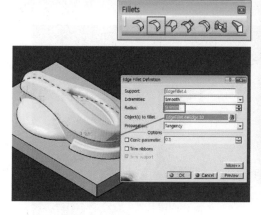

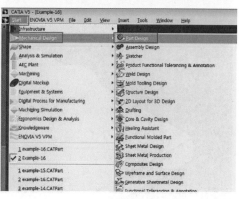

Example-19 따라하기  **417**

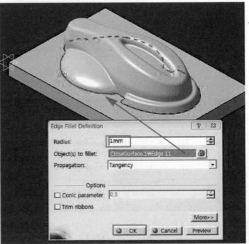

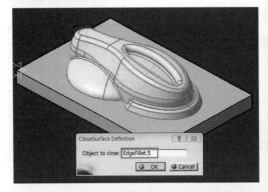

**49** Surfafce–Based Toolbar에서 Closesurface 아이콘을 선택하고 Edgefillet.5를 선택 후 OK를 선택한다.

**50** Dress–Up Toolbar에서 Edge fillet 아이콘을 선택하고 화면과 같이 edge를 선택 후 Radius에 1을 입력하고 OK를 선택한다.

최종 형상이 완료된 것을 확인할 수 있다.
지금까지 Example–19 예제를 모델링 해 보았다.

**51**

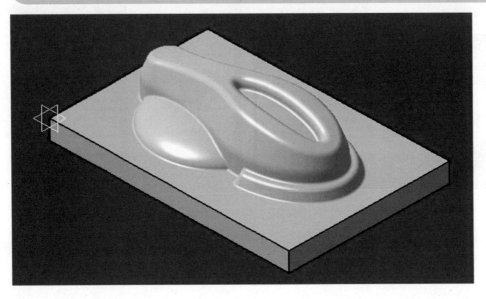

MEMO

Example-19 따라하기  419

기출문제 Example-20 도면을 보고, Modeling을 해보도록 하겠습니다.

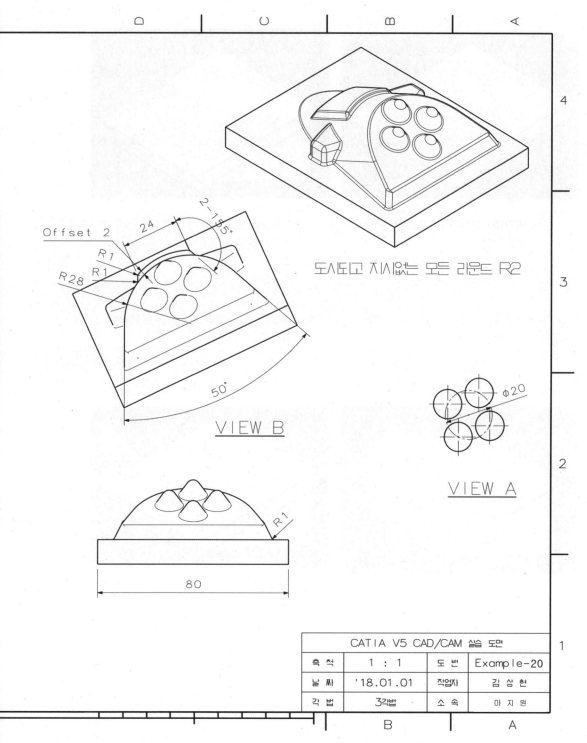

도시도고 지시없는 모든 라운드 R2

Offset 2

R1

R1

R28

24

2-1.5°

50°

VIEW B

φ20

VIEW A

R1

80

| CATIA V5 CAD/CAM 실습 도면 | | | |
|---|---|---|---|
| 축 척 | 1 : 1 | 도 번 | Example-20 |
| 날 짜 | '18.01.01 | 작업자 | 김 상 현 |
| 각 법 | 3각법 | 소 속 | 마 지 원 |

Example-20 따라하기  **421**

# Solid Modeling 작업방법

## Modeling 작업 Process

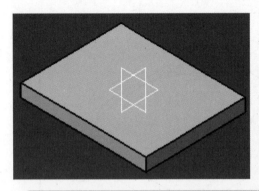

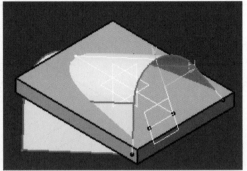

**01** 밑판을 PAD 아이콘을 이용하여 돌출한다.

**02** Surface를 만들기 위해 Extrude 아이콘을 이용하여 Surface 면을 생성한다.

Surface를 만들기 위해 Extrude 아이콘을 이용하여 Surface 면을 생성한다.

Trim 아이콘을 이용하여 불필요한 Surface 면을 잘라낸다.

**03**

**04**

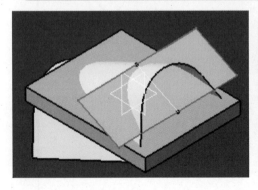

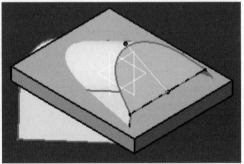

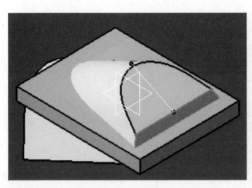

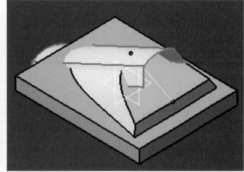

Blend 아이콘을 이용하여 Surface 면을 생성한다. *05*

Surface를 만들기 위해 Extrude 아이콘을 이용하여 Surface 면을 생성한다. *06*

Surface를 만들기 위해 Extrude 아 이콘을 이용하여 Surface 면을 생성 한다. *07*

Surface를 만들기 위해 Extrude 아이콘을 이용하여 Surface 면을 생성한다. *08*

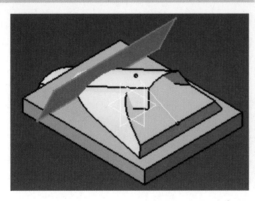

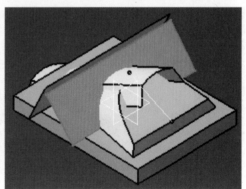

Example-20 따라하기 **423**

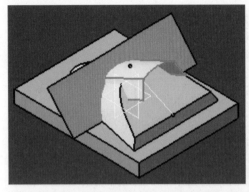

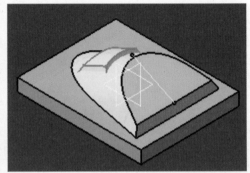

**09** Trim 아이콘을 이용하여 불필요한 Surface 면을 잘라낸다.

**10** Trim 아이콘을 이용하여 불필요한 Surface 면을 잘라낸다.

Trim 아이콘을 이용하여 불필요한 Surface 면을 잘라낸다.

Solid를 만들기 위하여 Close Surface 아이콘으로 Solid를 채워 넣는다.

**11**

**12**

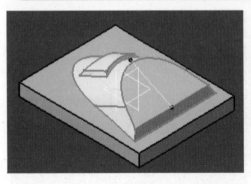

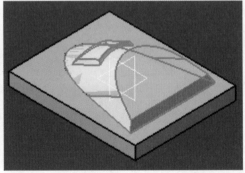

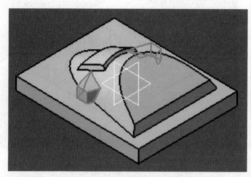

중앙부위는 PAD 아이콘을 이용하여
돌출한다.

*13*

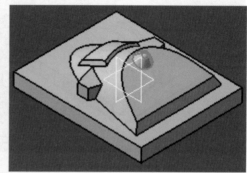

Shaft 아이콘을 이용하여 하나의
회전체를 만든다.

*14*

중앙부위 중심으로 Circular Pattern
아이콘을 이용하여 90도 간격으로 4
개의 회전체를 만든다.

*15*

Edge fillet을 이용하여 R2로 둥글
게 깎는다.

*16*

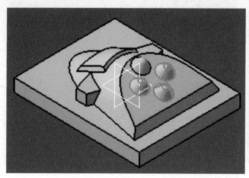

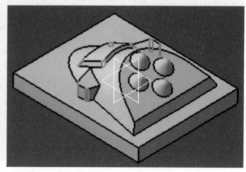

Example-20 따라하기  **425**

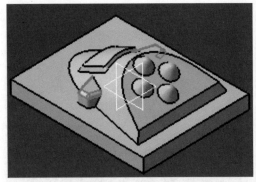

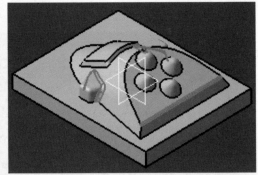

**17** Edge fillet을 이용하여 R2로 둥글게 깎는다.

**18** Edge fillet을 이용하여 R2로 둥글게 깎는다.

Edge fillet을 이용하여 R2로 둥글게 깎는다.

Edge fillet을 이용하여 R2로 둥글게 깎는다.

**19**

**20**

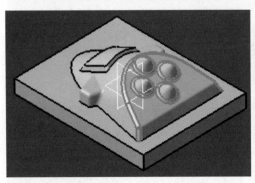

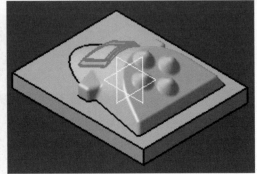

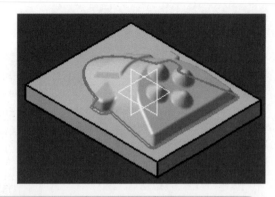

Edge fillet을 이용하여 R1로 둥글게 깎는다.

Example-20 따라하기 **427**

## Modeling 세부 작업 내용

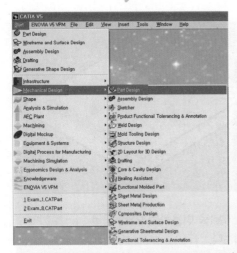

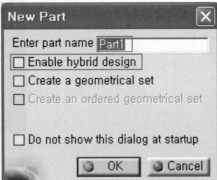

**01** 단품 모델링을 시작하기 위해서는 다음과 같이 Part Design을 선택한다.

Enter part name에 Example-20이라고 입력하고 OK를 누른다.

**02** 다음과 같이 창이 뜨고, Enable hybrid design을 체크한다.
Start ⇨ Mechanical Design ⇨ Part Design

화면과 같이 새로운 Part Design 작업창이 생성된다.

**03**

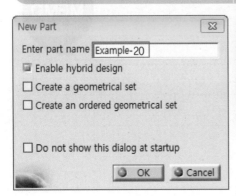

**04**

### 요점정리

Hybrid design이란!
Solid와 Surface를 Body에서 작업할 수 있는 기능으로, 트리에 Part body에서 작업된 내용을 확인할 수 있다.

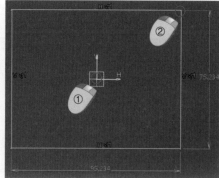

Sketcher Toolbar에서 Positioned Sketch 아이콘을 선택하고, xy plane을 선택, Swap을 선택, Reverse V를 선택, 좌표계를 확인하고 OK한다. **05**

Sketch 작업창으로 들어오게 된다. Profile Toolbar에서 삼각형을 눌러 Centered Rectangle 아이콘을 선택하고, 그림과 같이 첫 번째 지점으로 원점을 클릭하고, 두 번째 지점을 우측 상단을 클릭하여 사각형을 생성한다. **06**

Constraint Toolbar에서 Constraint 아이콘을 선택하여 치수를 생성하고, 생성된 치수를 더블클릭하여 그림과 같이 치수를 100, 80으로 수정하고 OK를 선택한다. Exit Workbench 아이콘을 선택하여 Sketch 작업창을 빠져 나간다. **07**

Sketch-Based Features에 Pad 아이콘을 선택하고, Profile로 Sketch.1을 선택한 후 Length에 10을 입력하고 Reverse Direction 버튼을 이용해 방향을 바꾼 후 OK한다. **08**

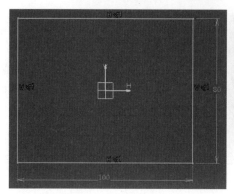

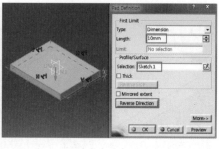

Example-20 따라하기 **429**

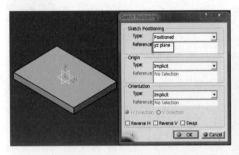

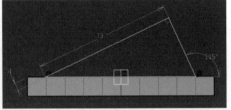

**09** Sketcher Toolbar에서 Positioned Sketch 아이콘을 선택하고, yz plane을 선택 후 좌표계를 확인하여 OK한다.

**10** Sketch 작업창으로 들어오게 된다. Profile Toolbar에서 Profile 아이콘을 이용하여 그림과 같이 생성하고, Constraint 아이콘을 이용해 치수를 생성, 수정한다.

**11** Sketch 작업을 마치고, Exit Workbench 아이콘을 선택하여, Sketch 작업창을 빠져나간다.

**12** Reference Element Toolbar에 Line아이콘을 선택하고 그림과 같이 Line type에 Point-Direction 선택, Point에 Line의 시작점 선택, Direction에 yz Plane선택, End에 20을 입력하여 OK한다.

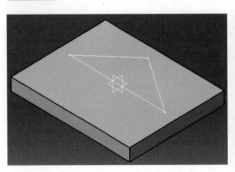

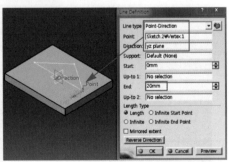

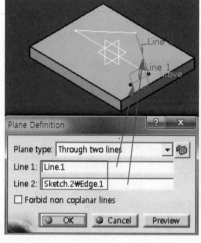

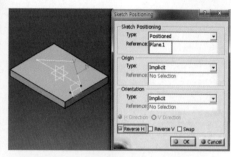

Reference Element Toolbar에
Plane 아이콘을 선택하고 그림과 같
이.Line 1에 Line.1을 선택, Line 2에
Sketch.2의 선을 선택하고 OK한다.

**13**

Sketcher Toolbar에서
Positioned Sketch 아이콘을 선택
하고, Plane.1을 선택, Reverse H를 선택,
좌표계를 확인하여 OK한다.

**14**

Sketch 작업창으로 들어오게 된다.
Profile Toolbar에서 Profile 아이콘
을 이용하여 그림과 같이 생성하고,
Constraint 아이콘을 이용해 치수를 생성,
수정한다.

**15**

Sketch 작업을 마치고, Exit
Workbench 아이콘을 선택하여,
Sketch 작업창을 빠져 나간다.

**16**

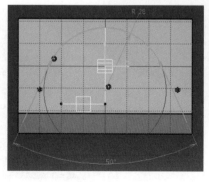

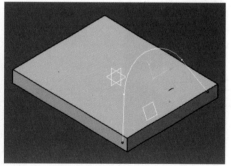

Example-20 따라하기  **431**

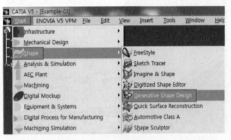

**17** Surface를 만들기 위해 Product를 변경한다.
Start ⇨ Shape ⇨ Generative Shape Design을 선택한다.

**18** Surface Toolbar에서 Extrude 아이콘을 선택, Profile에 Sketch.3을 선택, Limit 1에 100입력하고 OK한다.

**19** Sketcher Toolbar에서 Positioned Sketch 아이콘을 선택하고, yz plane을 선택 후 좌표계를 확인하여 OK 한다.

**20** Sketch 작업창으로 들어오게 된다. Profile Toolbar에서 Line 아이콘을 이용하여 그림과 같이 생성하고, Constraint 아이콘을 이용해 치수를 생성, 수정한다.

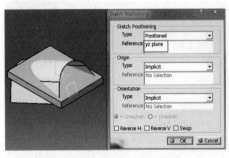

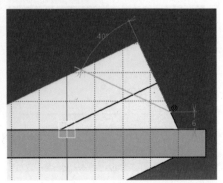

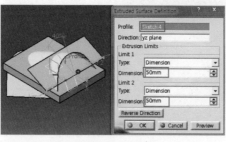

Surface Toolbar에서 Extrude 아
이콘을 선택, Profile에 Sketch.4을
선택, Limit 1에 50입력, Limit 2에 50 입력
하고 OK한다. *21*

Operation Toolbar에 삼각형을
눌러Trim 아이콘을 선택 후
Extrude.1과 Extrude.2를 선택하고 그림과
같이 남길 영역을 확인하고 OK한다. *22*

Surface Toolbar에서 Blend 아이
콘을 선택하고 그림과 같이 First
curve, Second curve를 선택하여
OK한다. *23*

Operation Toolbar에 Join 아이
콘을 선택하고 Trim.1, Blend.1을
선택하여 OK한다. *24*

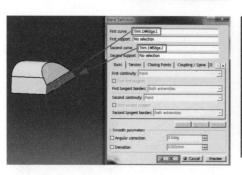

Example-20 따라하기 **433**

**25** Operation Toolbar에서 Split 아이콘을 선택 후 그림과 같이 Element to cut에 Join.1을 선택, Cutting elements에 제거하고자 하는 기준면을 선택하여 OK한다.

**26** Sketcher Toolbar에서 Positioned Sketch 아이콘을 선택하고, Plane.1을 선택, Reverse H를 선택, 좌표계를 확인하여 OK한다.

**27** Sketch 작업창으로 들어오게 된다. Profile Toolbar에서 Line 아이콘, Operation Toolbar에서 Offset, Quick trim 아이콘을 이용하여 그림과 같이 생성하고, Constraint 아이콘을 이용해 치수를 생성, 수정한다.

**28** Sketch 작업을 마치고, Exit Workbench 아이콘을 선택하여, Sketch 작업창을 빠져나간다.

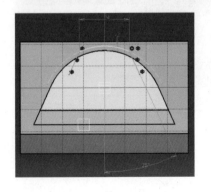

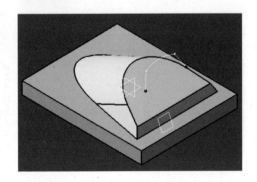

Surface Toolbar에서 Extrude 아
이콘을 선택, Profile에 Sketch.4를
선택, Limit 1에 100을 입력하고 OK한다.

*29*

Sketcher Toolbar에서
Positioned Sketch 아이콘을 선택
하고, yz plane을 선택 후 좌표계를 확인하
여 OK한다.

*30*

Sketch 작업창으로 들어오게 된다.
Profile Toolbar에서 Line 아이콘을
이용하여 그림과 같이 생성하고, Constraint
아이콘을 이용해 치수를 생성, 수정한다.

*31*

Sketch 작업을 마치고, Exit
Workbench 아이콘을 선택하여,
Sketch 작업창을 빠져 나간다.

*32*

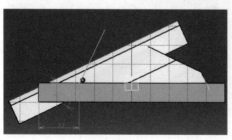

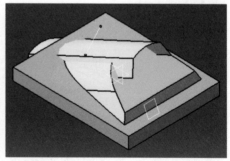

Example-20 따라하기  **435**

**33** Surface Toolbar에서 Extrude 아이콘을 선택, Profile에 Sketch.6을 선택, Limit 1에 50, Limit 2에 50을 입력하고 OK한다.

**34** Sketcher Toolbar에서 Positioned Sketch 아이콘을 선택하고, yz plane을 선택 후 좌표계를 확인하여 OK한다.

**35** Sketch 작업창으로 들어오게 된다. Profile Toolbar에서 Line 아이콘을 이용하여 그림과 같이 생성하고, Constraint 아이콘을 이용해 치수를 생성, 수정한다.

**36** Sketch 작업을 마치고, Exit Workbench 아이콘을 선택하여, Sketch 작업창을 빠져나간다.

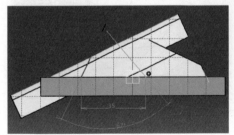

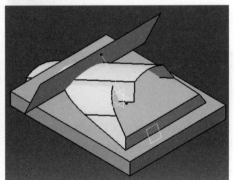

<br>

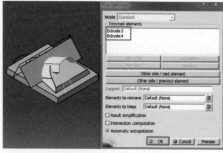

Surface Toolbar에서 Extrude 아
이콘을 선택, Profile에 Sketch.7을
선택, Limit 1에 50, Limit 2에 50을 입력하
고 OK한다.

Operation Toolbar에 삼각형을
눌러Trim 아이콘을 선택 후
Extrude.3과 Extrude.4를 선택하고 그림
과 같이 남길 영역을 확인하고 OK한다.

Operation Toolbar에 삼각형을 눌
러 Trim 아이콘을 선택 후 Trim.2와
Extrude.5를 선택하고 그림과 같이 남길 영
역을 확인하고 OK한다.

Operation Toolbar에 삼각형을
눌러 Trim 아이콘을 선택 후 Trim.3
과 Split.1을 선택하고 그림과 같이 남길 영
역을 확인하고 OK한다.

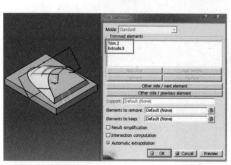

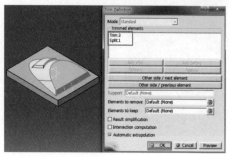

Example-20 따라하기  437

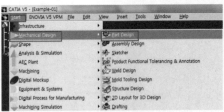

**A1** Solid 만들기 위해 Product를 변경한다.
Start ⇨ Mechanical ⇨ Part Design을 선택한다.

**A2** Surface–Based Feature에서 Close Surface 아이콘을 선택, Object to close에 Trim.4를 선택하여 OK한다.

**A3** Sketcher Toolbar에서 Positioned Sketch 아이콘을 선택하고, xy plane을 선택, Swap을 선택, Reverse V를 선택 후 좌표계를 확인하고 OK한다.

**A4** Sketch 작업창으로 들어오게 된다. Profile Toolbar에서 Profile 아이콘, Operation Toolbar에서 Quick trim 아이콘을 이용하여 그림과 같이 생성하고, Constraint 아이콘을 이용해 치수를 생성, 수정한다.

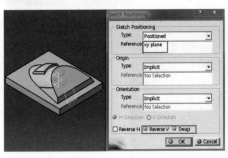

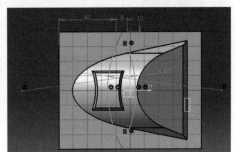

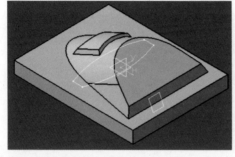

Sketch 작업을 마치고, Exit Workbench 아이콘을 선택하여, Sketch 작업창을 빠져 나간다. **45**

Sketch–Based Features에 Pad 아이콘을 선택하고, Profile로 Sketch.8을 선택한 후 Length에 8을 입력하고 OK한다. **46**

Sketcher Toolbar에서 Positioned Sketch 아이콘을 선택하고, yz plane을 선택 후 좌표계를 확인하여 OK한다. **47**

Sketch 작업창으로 들어오게 된다. Profile Toolbar에서 Axis, Profile 아이콘 및 Operation Toolbar에서 Quick Trim 아이콘을 이용하여 그림과 같이 생성하고, Constraint 아이콘을 이용해 치수를 생성, 수정한다. **48**

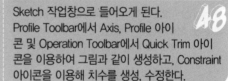

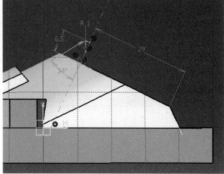

Example–20 따라하기 **439**

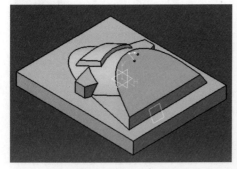

**49** Sketch 작업을 마치고, Exit Workbench 아이콘을 선택하여, Sketch 작업창을 빠져 나간다.

**50** Sketch-Based Features에 Shaft 아이콘을 선택하고, Profile로 Sketch.9를 선택한 후 OK한다.

**51** Sketcher Toolbar에서 Positioned Sketch 아이콘을 선택하고, yz plane을 선택 후 좌표계를 확인하여 OK 한다.

**52** Sketch 작업창으로 들어오게 된다. Profile Toolbar에서 Line 아이콘을 이용하여 그림과 같이 생성하고, Constraint 아이콘을 이용해 치수를 생성, 수정한다.

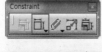

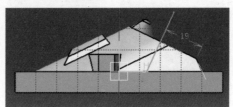

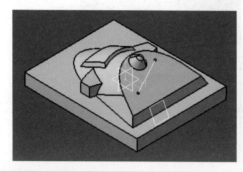

Sketch 작업을 마치고, Exit
Workbench 아이콘을 선택하여,
Sketch 작업창을 빠져 나간다.

**53**

Transformation Features Toolbar에서
Circular Pattern 아이콘을 선택 후
Parameters에는 Compleat crown 선택, Instance(s)
는 4 입력, Reference element는 Sketch.10을 선택,
Objects는 Shaft.1을 선택하여 OK한다.

**54**

Dress-Up Feature Toolbar에서
Edge fillet 아이콘을 선택하고, 그림
과 같이 Edge를 선택 후 Radius 값에 2를
입력하여 OK한다.

**55**

Dress-Up Feature Toolbar에서
Edge fillet 아이콘을 선택하고, 그
림과 같이 Edge를 선택 후 Radius 값에 2
를 입력하여 OK한다.

**56**

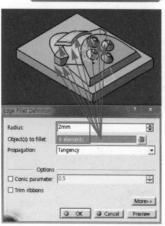

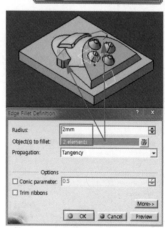

Example-20 따라하기 **441**

*57* Dress-Up Feature Toolbar에서 Edge fillet 아이콘을 선택하고, 그림과 같이 Edge를 선택 후 Radius 값에 2를 입력하여 OK한다.

*58* Dress-Up Feature Toolbar에서 Edge fillet 아이콘을 선택하고, 그림과 같이 Edge를 선택 후 Radius 값에 2를 입력하여 OK한다.

Dress-Up Feature Toolbar에서 Edge fillet 아이콘을 선택하고, 그림과 같이 Edge를 선택 후 Radius 값에 1을 입력하여 OK한다. *59*

Dress-Up Feature Toolbar에서 Edge fillet 아이콘을 선택하고, 그림과 같이 Edge를 선택 후 Radius 값에 1을 입력하여 OK한다. *60*

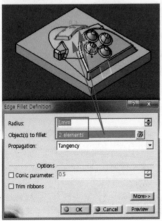

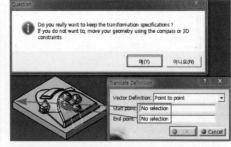

NC 데이터 추출을 위한 가공원점의
좌표축을 이동하기 위해 Reference
elements Toolbar에서 Point 아이콘을 선
택하고 x=0, Y=0, Z=0을 확인하고 OK하여
Point를 만든다.

*61*

좌표축을 Transformation
Features Toolbar에서
Translation 아이콘을 선택하고 Question
창에 예 선택하고 그림과 같이 Start point
및 End point를 선택하여 OK한다.

*62*

최종 형상이 완료된 것을 확인할 수 있다.
지금까지 Example-20 예제를 모델링 해 보았다.

*63*

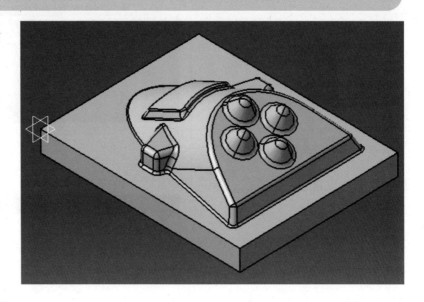

Example-20 따라하기 **443**

# Surface Modeling 작업방법

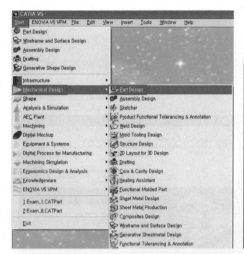

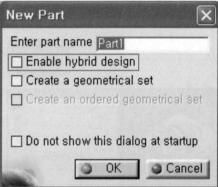

**01** 단품 모델링을 시작하기 위해서는 다음과 같이 Part Design을 선택
Start ➪ Mechanical Design ➪ Part Design

**02** 다음과 같이 창이 뜨고, Enable hybrid design을 체크한다.

**03** Enter part name에 Example-20이라고 입력하고 OK를 누른다.

**04** 화면과 같이 새로운 Part Design 작업창이 생성된다.

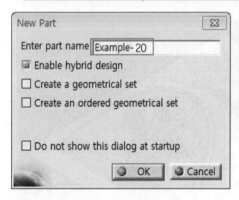

> **요점정리**
>
> Hybrid design이란!
> Solid와 Surface를 Body에서 작업할 수 있는 기능으로, 트리에 Part body에서 작업된 내용을 확인할 수 있다.

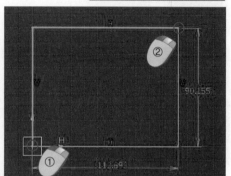

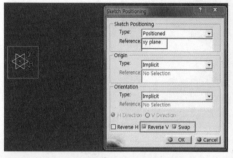

05 Sketcher Toolbar에서 Positioned Sketch 아이콘을 선택하고, xy plane을 선택 후 Swap을 선택하고, Reverse V를 선택 후 좌표계를 확인하고 OK를 선택한다.

06 Sketch 작업창으로 들어오게 된다. Profile Toolbar에서 Rectangle아 이콘을 선택하고, 그림과 같이 첫 번째 지점으로 원점을 클릭하고, 두 번째 지점을 우측 상단을 클릭해 사각형을 생성한다.

07 Constraint Toolbar를 Constraint 아이콘을 선택하여 치수를 생성하고, 생성된 치수를 더블클릭하여 화면과 같이 치수를 100, 80으로 수정하고 OK를 선택한다. Exit Workbench 아이콘을 선택하여, Sketch 작업창을 빠져 나간다.

08 Sketch-Based Features에 Pad 아이콘을 선택하고, Profile로 Sketch.1을 선택한 후 Length에 10을 입력하고 Reverse Direction 버튼을 이용해 방향을 바꾼 후 OK를 선택한다.

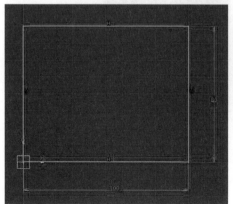

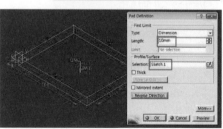

Example-20 따라하기 445

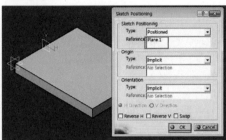

**09** Reference Element Toolbar에서 Plane 아이콘을 선택하고 Reference로 yz plane을 선택하고 Offset에 40을 입력 후 OK를 선택한다. 생성 방향은 Reverse Direction 버튼을 누르면 바뀐다.

**10** Sketcher Toolbar에서 Positioned Sketch 아이콘을 선택하고, plane.1을 선택 후 좌표계를 확인하고 OK를 선택한다.

**11** Profile Toolbar에서 Profile 아이콘을 선택하고 화면과 같이 생성한 후 Constraint 아이콘을 선택하여 치수를 생성한다.

**12** Reference Element Toolbar에서 Line 아이콘을 선택하고 Point-Direction을 선택하고 point로 Sketch.2를 선택하고 방향으로 Pad.1의 모서리를 지정하고 end값에 20을 입력 후 OK를 선택한다.

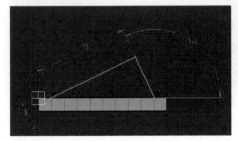

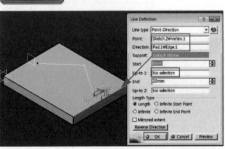

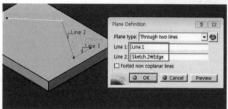

Reference Element Toolbar에서
Plane 아이콘을 선택하고 Throught
two line을 선택하고 line 1, line2로 화면과 같
이 선택하고 OK를 선택한다.

*13*

Sketcher Toolbar에서 Positioned
Sketch 아이콘을 선택하고, 화면의 면
을 선택 후 Swap을 선택하고, Reverse V를
선택 후 좌표계를 확인하고 OK를 선택한다.

*14*

Profile Toolbar에서 Profile 아이콘
을 선택하고 화면과 같이 생성한 후
Constraint 아이콘을 선택하여 치수를 생성
한다.

*15*

Product를 변경하기 위해 Start ⇨
Shape ⇨ Generative Shape
Design을 선택한다.

*16*

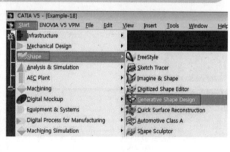

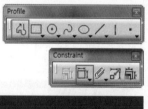

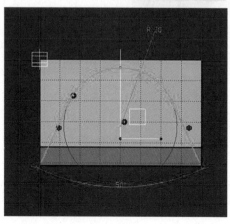

Example-20 따라하기 **447**

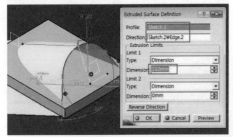

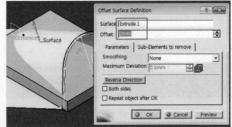

**17** Surface Toolbar에서 Extrude 아이콘을 선택하고 Profile로 Sketch.3을 선택하고 Dimension에 110을 입력하고 OK를 선택한다.

**18** Surface Toolbar에서 Offset 아이콘을 선택하고 Extrude.1을 선택하고 Offset 값으로 2를 입력하고 OK를 선택한다. 생성 방향은 Reverse Direction 버튼을 선택하면 바뀐다.

Reference Element Toolbar에서 Line 아이콘을 선택하고 Point–Point를 선택하고 point로 화면과 같이 양끝점을 **19** 지정한 후 OK를 선택한다.

Surface Toolbar에서 Fill 아이콘을 선택하고 Sketch.3와 Line.2를 선택하고 OK를 선택한다. **20**

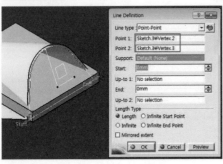

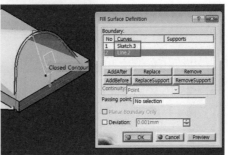

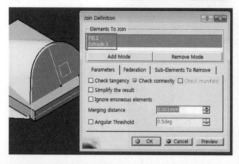

| | |
|---|---|
| Operation Toolbar에서 Join 아이<br>콘을 선택하고 Fill.1과 Extrude.1을<br>선택하고 OK를 선택한다. | Sketcher Toolbar에서<br>Positioned Sketch 아이콘을 선택<br>하고, plane.1을 선택 후 좌표계를 확인하<br>고 OK를 선택한다. |
| Profile Toolbar에서 Line 아이콘을아이콘을<br>선택하고 화면과 같이 생성 후<br>Constraint 아이콘을 이용해 치수를 생성<br>한다. | Surface Toolbar에서 Extrude 아<br>이콘을 선택하고 Profile로<br>Sketch.6을 선택하고 Dimension에 50을<br>입력하고 OK를 선택한다. |

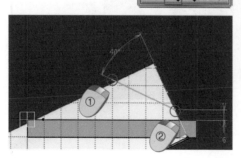

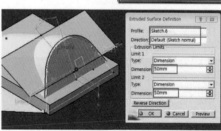

Example-20 따라하기   **449**

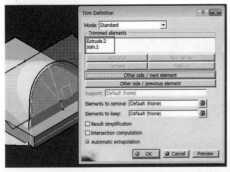

**25** Operation Toolbar에서 Trim 아이콘을 선택하고 Extrude.2와 Join.1를 선택하고 남길 영역을 확인 후 OK를 선택한다.

**26** Sketcher Toolbar에서 Positioned Sketch 아이콘을 선택하고, Plane.1을 선택 후 좌표계를 확인하고 OK를 선택한다.

**27** Profile Toolbar에서 Profile 아이콘을 선택하고 화면과 같이 생성한 후 Constraint 아이콘을 선택하여 치수를 생성한다.

**28** Surface Toolbar에서 Extrude 아이콘을 선택하고 Profile로 Sketch.8을 선택하고 Length에 각각 50을 입력하고 OK를 선택한다.

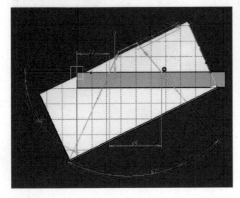

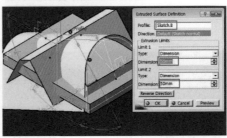

Sketcher Toolbar에서 Positioned
Sketch 아이콘을 선택하고, plane.2
를 선택 후 좌표계를 확인하고 OK를 선택
한다.

*29*

Surface Toolbar에서 Extrude 아
이콘을 선택하고 Profile로
Sketch.10을 선택하고 Length에 100을 입
력하고 OK를 선택한다. 생성 방향은
Reverse Direction 버튼을 선택하면 바뀐다.

*30*

Operation Toolbar에서 Trim 아이
콘을 선택하고 Extrude.3과 Offset.1
을 선택하고 남길 영역을 확인 후 OK를
선택한다.

*31*

Operation Toolbar에서 Trim 아
이콘을 선택하고 Trim.2와
Extrude.4를 선택하고 남길 영역을 확인
후 OK를 선택한다.

*32*

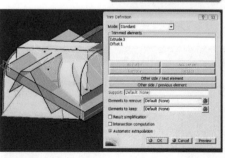

Example-20 따라하기  **451**

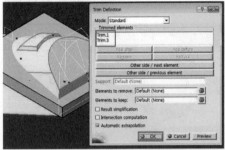

**33** Operation Toolbar에서 Trim 아이콘을 선택하고 Trim.1과 Trim.3을 선택하고 남길 영역을 확인 후 OK를 선택한다.

**34** Operation Toolbar에서 Split 아이콘을 선택하고 자를 물체로 Trim.4를 선택하고 기준 물체로 xy plane을 선택 후 OK를 선택한다.

**35** Sketcher Toolbar에서 Positioned Sketch 아이콘을 선택하고, xy plane을 선택 후 OK를 선택한다.

**36** Profile Toolbar에서 Profile 아이콘을 선택하고 화면과 같이 생성한 후 Constraint 아이콘을 선택하여 치수를 생성한다.

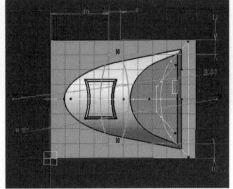

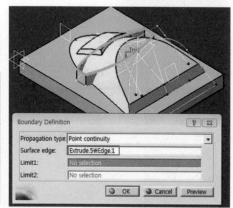

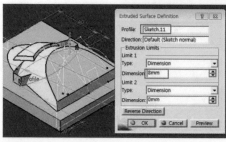

Surface Toolbar에서 Extrude 아
이콘을 선택하고 Profile로
Sketch.11을 선택하고 Dimension에 8을 입
력하고 OK를 선택한다.

*31*

Operation Toolbar에서
Boundary 아이콘을 선택하고 화
면의 edge를 선택 후 OK를 선택한다.

*38*

Surface Toolbar에서 Fill 아이콘을
선택하고 Boundary.1을 선택 후
OK를 선택한다.

*39*

Operation Toolbar에서 Join 아
이콘을 선택하고 Fill.2와
Extrude.5를 선택하고 OK를 선택한다.

*40*

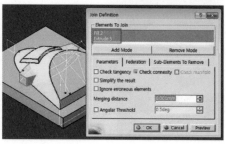

Example-20 따라하기 **453**

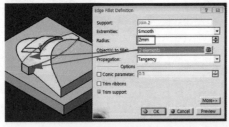

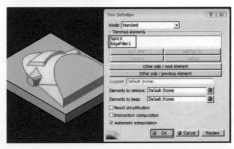

**A1** Operation Toolbar에서 Edgefillet 아이콘을 선택하고 화면의 edge를 선택 후 Radius에 2를 입력하고 OK를 선택한다.

**A2** Operation Toolbar에서 Trim 아이콘을 선택하고 Split.3과 Edgefillet.1을 선택하고 남길 영역을 확인 후 OK를 선택한다.

**A3** Sketcher Toolbar에서 Positioned Sketch 아이콘을 선택하고, plane.1을 선택 후 OK를 선택한다.

**A4** Profile Toolbar에서 Profile 아이콘을 선택하고 화면과 같이 생성한 후 Constraint 아이콘을 선택하여 치수를 생성한다.

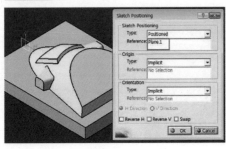

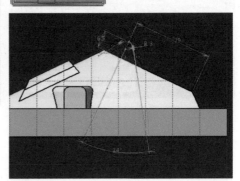

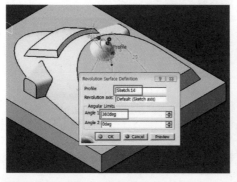

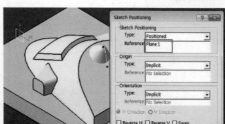

Surface Toolbar에서 Revolution
아이콘을 선택하고 Sketch.14를 선
택 후 Angle에 360을 입력하고 OK를 선택
한다.

**45**

Sketcher Toolbar에서
Positioned Sketch 아이콘을 선택
하고, plane.1을 선택 후 좌표계를 확인하
고 OK를 선택한다.

**46**

Profile Toolbar에서 Line 아이콘을
선택하고 화면과 같이 생성 후
Constraint 아이콘을 선택하여 치수를 생성
한다.

**47**

Pattern Toolbar에서 Circular
Pattern 아이콘을 선택하고
Object로 Revolute.1을 선택하고
Parameters에 Complate crown을 선택
하고 개수에 4를 입력하고 OK를 선택한다.

**48**

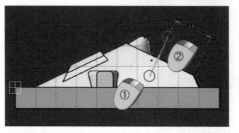

Example-20 따라하기  **455**

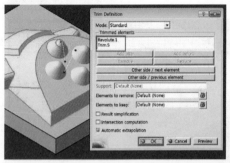

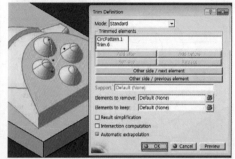

**49** Operation Toolbar에서 Trim 아이콘을 선택하고 Revolute.1과 Trim.5를 선택하고 남길 영역을 확인 후 OK를 선택한다.

**50** Operation Toolbar에서 Trim 아이콘을 선택하고 Circpattern.1과 Trim.6을 선택하고 남길 영역을 확인 후 OK를 선택한다.

**51** Fillet Toolbar에서 Edgefillet 아이콘을 선택하고 화면과 같이 edge를 선택 후 Radius에 2를 입력하고 OK를 선택한다.

**52** Fillet Toolbar에서 Edgefillet 아이콘을 선택하고 화면과 같이 edge를 선택 후 Radius에 1을 입력하고 OK를 선택한다.

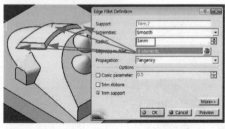

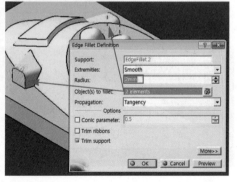

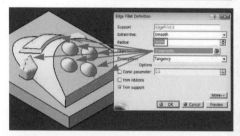

Fillet Toolbar에서 Edgefillet 아이
콘을 선택하고 화면과 같이 edge를
선택 후 Radius에 1을 입력하고 OK를 선택
한다.

*53*

Fillet Toolbar에서 Edgefillet 아
이콘을 선택하고 화면과 같이
edge를 선택 후 Radius에 1을 입력하고
OK를 선택한다.

*54*

Product를 변경하기 위해 Start ⇨
Mechanical Design ⇨ Part
Design을 선택한다.

*55*

Surface-based Toolbar에서
Close-surface 아이콘을 선택하고
Edgefillet.5를 선택 후 OK를 선택한다.
메시지 창이 나오면 확인을 선택한다.

*56*

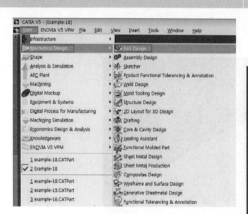

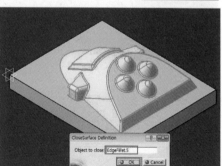

Example-20 따라하기   **457**

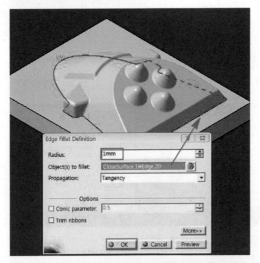

 Dress-up Toolbar에서 Edgefillet 아이콘을 선택하고 Radius에
1을 입력하고 화면과 같이 edge를 선택 후 OK를 선택한다.

최종 형상이 완료된 것을 확인할 수 있다.
지금까지 Example-20 예제를 모델링 해 보았다.

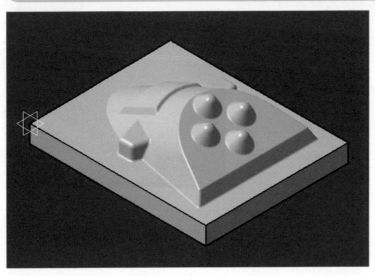

Example-20 따라하기 **459**

## 21 Example-21 따라하기

기출문제 Example-21 도면을 보고, Modeling을 해보도록 하겠습니다.

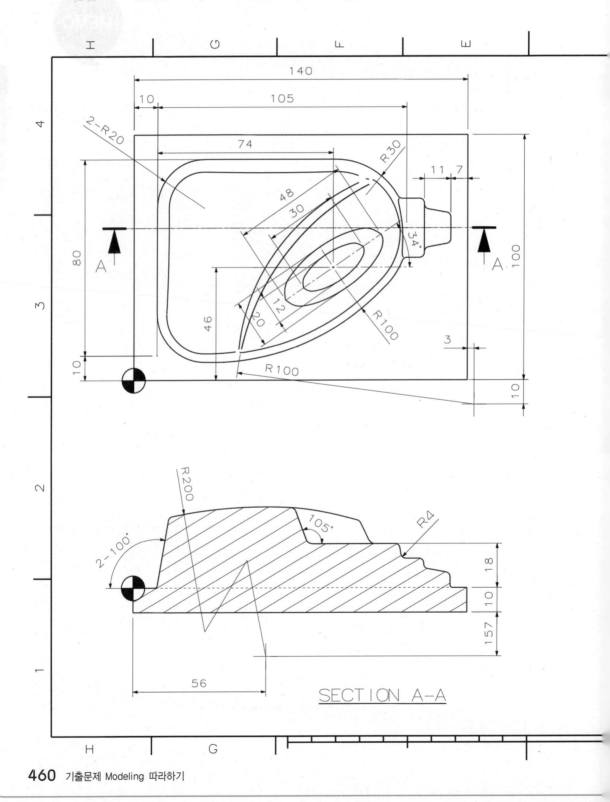

SECTION A-A

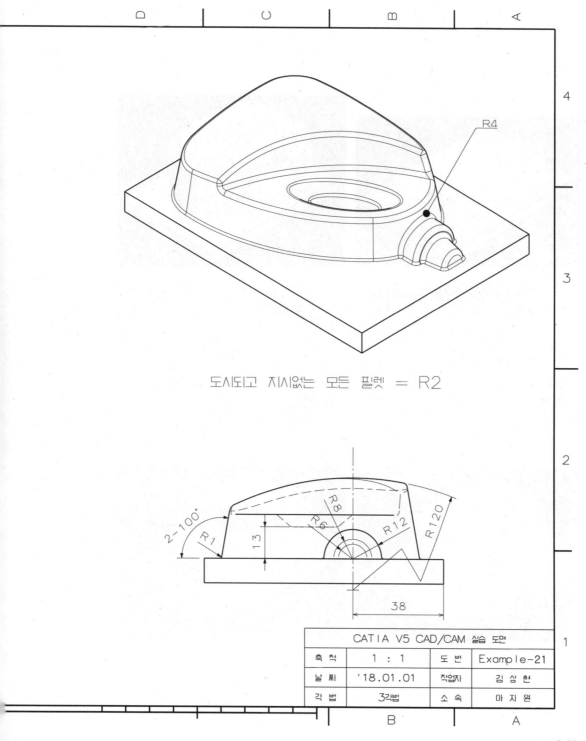

도시되고 지시없는 모든 필렛 = R2

| CATIA V5 CAD/CAM 실습 도면 | | | |
|---|---|---|---|
| 축 척 | 1 : 1 | 도 번 | Example-21 |
| 날 짜 | '18.01.01 | 작업자 | 김 상 현 |
| 각 법 | 3각법 | 소 속 | 마 지 원 |

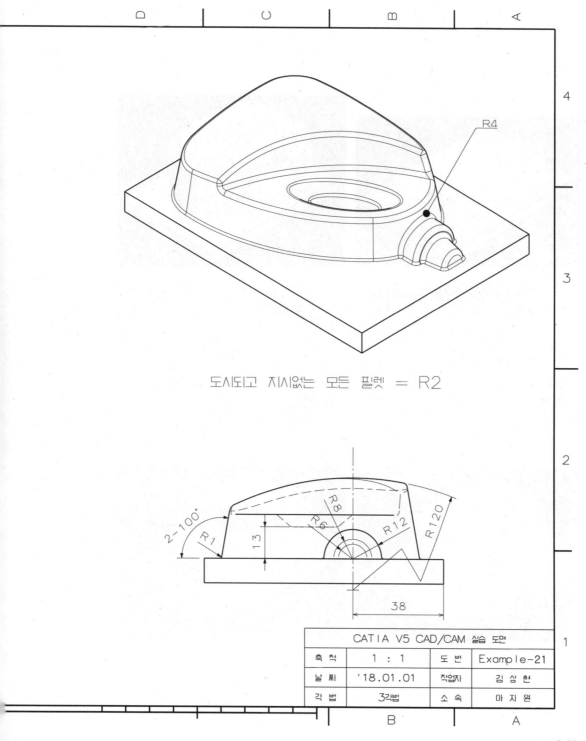

Example-21 따라하기 461

# Solid Modeling 작업방법

## Modeling 작업 Process

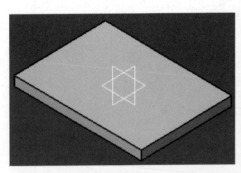

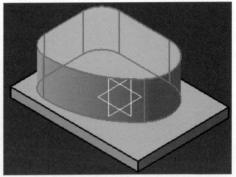

**01** 밑판을 PAD 아이콘을 이용하여 돌출한다.

**02** 중앙부분에 PAD 아이콘을 이용하여 돌출한다.

돌출된 측면에 Draft Angle을 이용하여 구배를 준다.

돌출된 측면에 Pocket 아이콘을 이용하여 홈을 낸다.

**03**

**04**

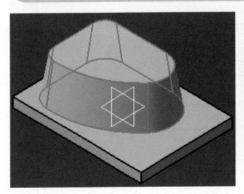

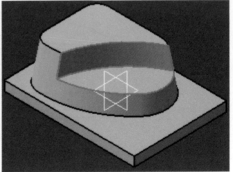

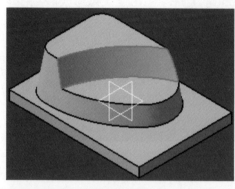

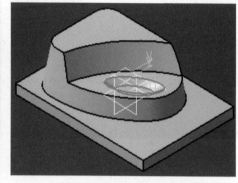

홈 부분에 Draft Angle을 이용하여 구배를 준다.

Removed Multi-Section 아이콘을 이용하여 홈을 낸다.

측면에 Shaft 아이콘을 이용하여 회전체를 만든다.

Surface를 만들기 위해 Sweep 아이콘을 이용하여 Surface 면을 생성한다.

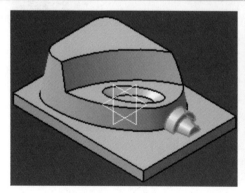

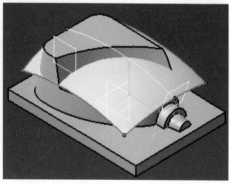

Example-21 따라하기  463

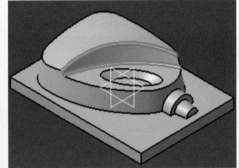

**09** 일부 잘라내기 위해서 Split 아이콘을 이용하여 잘라낸다.

**10** Edge fillet을 이용하여 R2로 둥글게 깎는다.

Edge fillet을 이용하여 R2로 둥글게 깎는다.

Edge fillet을 이용하여 R1로 둥글게 깎는다.

**11**

**12**

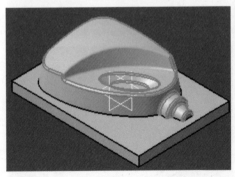

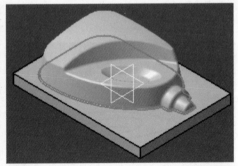

## Modeling 세부 작업 내용

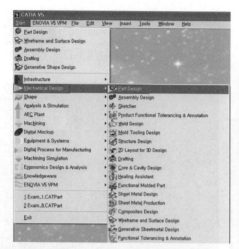

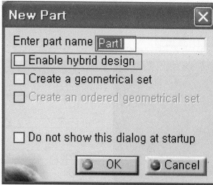

단품 모델링을 시작하기 위해서는 다음과 같이 Part Design을 선택한다. *01*

다음과 같이 창이 뜨고, Enable hybrid design을 체크한다. *02*
Start ⇨ Mechanical Design ⇨ Part Design

Enter part name에 Example-21 이라고 입력하고 OK한다. *03*

그림과 같이 새로운 Part Design 작업창이 생성된다. *04*

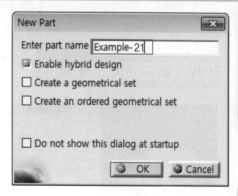

### 요점정리

Hybrid design이란!
Solid와 Surface를 Body에서 작업할 수 있는 기능으로, 트리에 Part body에서 작업된 내용을 확인 할 수 있다.

Example-21 따라하기 **465**

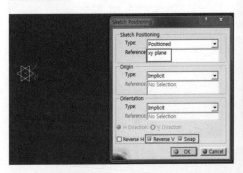

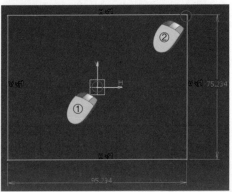

**05** Sketcher Toolbar에서 Positioned Sketch 아이콘을 선택하고, xy plane을 선택, Swap을 선택, Reverse V를 선택, 좌표계를 확인하고 OK한다.

Constraint Toolbar에서 Constraint 아이콘을 선택하여 치수를 생성하고, 생성된 치수를 더블클릭하여 그림과 같이 치수를 140, 100으로 수정하고 OK를 선택한다. Exit Workbench 아이콘을 선택하여 Sketch 작업창을 빠져 나간다.

**07**

**06** Sketch 작업창으로 들어오게 된다. Profile Toolbar에서 삼각형을 눌러 Centered Rectangle 아이콘을 선택하고, 그림과 같이 첫 번째 지점으로 원점을 클릭하고, 두 번째 지점을 우측 상단을 클릭하여 사각형을 생성한다.

**08** Sketch-Based Features에 Pad 아이콘을 선택하고, Profile로 Sketch.1을 선택한 후 Length에 10을 입력하고 Reverse Direction 버튼을 이용해 방향을 바꾼 후 OK한다.

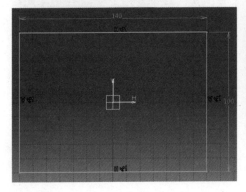

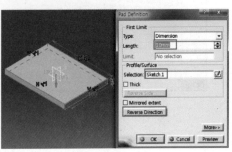

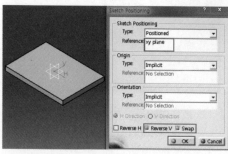

Sketcher Toolbar에서 Positioned Sketch 아이콘을 선택하고, xy plane을 선택, Swap을 선택, Reverse V를 선택 후 좌표계를 확인하고 OK한다. **09**

Sketch 작업창으로 들어오게 된다. Profile Toolbar에서 Profile, Operation Toolbar에서 Corner 아이콘을 이용하여 그림과 같이 생성하고, Constraint 아이콘을 이용해 치수를 생성, 수정한다. **10**

Sketch 작업을 마치고, Exit Workbench 아이콘을 선택하여, Sketch 작업창을 빠져 나간다. **11**

Sketch-Based Features에 Pad 아이콘을 선택하고, Profile로 Sketch.2를 선택한 후 Length에 40을 입력하고 OK한다. **12**

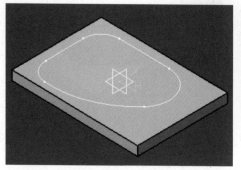

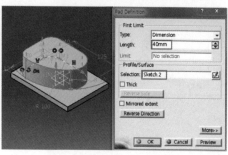

Example-21 따라하기 **467**

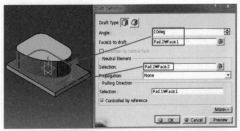

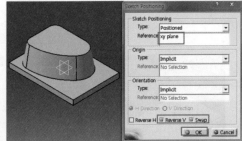

**13** Dress-Up Features Toolbar에서 Draft Angle아이콘을 선택하고, Angle에는 10입력, Face(s) to draft는 구배 되는 1면 선택, Selection은 구배되는 기준면 선택하여 OK한다.

**14** Sketcher Toolbar에서 Positioned Sketch 아이콘을 선택하고, xy plane을 선택, Swap을 선택, Reverse V를 선택 후 좌표계를 확인하고 OK한다.

Sketch 작업창으로 들어오게 된다. Circle Toolbar에서 Circle 아이콘을 이용하여 그림과 같이 생성하고, Constraint 아이콘을 이용해 치수를 생성, 수정한다.

**15**

Sketch 작업을 마치고, Exit Workbench 아이콘을 선택하여, Sketch 작업창을 빠져나간다.

**16**

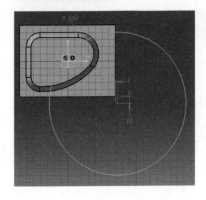

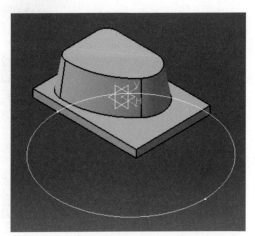

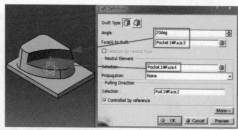

Sketch-Based Features Toolbar
에서 Pocket 아이콘을 선택하고,
First Limit에서 Depth 40입력, Second
Limit에서 Depth −18입력, Profile/Surface
는 Sketch.3을 선택하여 OK한다. 17

Dress-Up Features Toolbar에
서 Draft Angle 아이콘을 선택하고,
Angle에는 20입력, Face(s) to draft는 구
배 되는 1면 선택, Selection은 구배되는
기준면 선택하여 OK한다. 18

Reference-Element Toolbar에서
Plane 아이콘을 선택하고
Reference를 면을 선택 후 offset에 13을
입력하고 OK한다. 19

Sketcher Toolbar에서
Positioned Sketch 아이콘을 선택
하고, 그림과 같이 Reference에 스케치면
을 선택, Reverse H, Reverse V, Swap
을 선택 후 좌표계를 확인하여 OK한다. 20

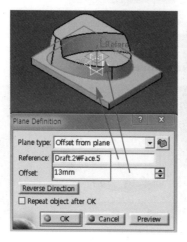

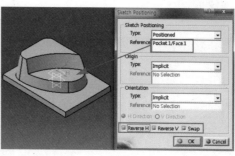

Example-21 따라하기 469

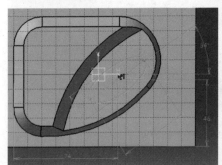

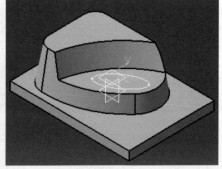

**21** Sketch 작업창으로 들어오게 된다. Profile에서 Axis, Ellipse 아이콘을 이용하여 그림과 같이 생성하고, Constraint 아이콘을 이용해 치수를 생성, 수정한다.

**22** Sketch 작업을 마치고, Exit Workbench 아이콘을 선택하여, Sketch 작업창을 빠져 나간다.

**23** Sketcher Toolbar에서 Positioned Sketch 아이콘을 선택하고, Reference에 Plane.1을 선택 후 Reverse H, Reverse V, Swap을 선택 후 좌표계를 확인하여 OK한다.

**24** Sketch 작업창으로 들어오게 된다. Profile에서 Axis, Ellipse 아이콘을 이용하여 그림과 같이 생성하고, Constraint 아이콘을 이용해 치수를 생성, 수정한다.

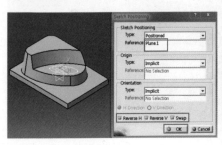

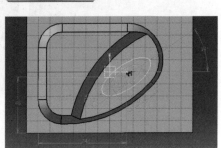

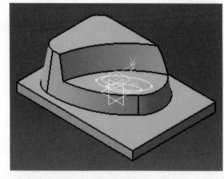

Sketch 작업을 마치고, Exit
Workbench 아이콘을 선택하여,
Sketch 작업창을 빠져 나간다.

*25*

Surface Toolbar에서 Removed
Multi-Section Solid 아이콘을 선
택하고 Sketch.4, Sketch.5를 선택하고
Close point를 확인하여 OK한다.

*26*

Sketcher Toolbar에서 Positioned
Sketch 아이콘을 선택하고, xy
plane을 선택, Swap을 선택, Reverse V를
선택 후 좌표계를 확인하고 OK한다.

*27*

Sketch 작업창으로 들어오게 된다.
Profile Toolbar에서 Profile 및
Axis 아이콘을 이용하여 그림과 같이 생성
하고, Constraint 아이콘을 이용해 치수를
생성, 수정한다.

*28*

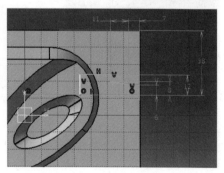

Example-21 따라하기  **471**

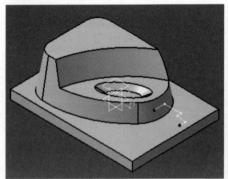

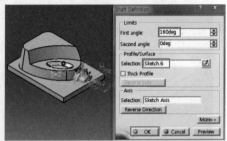

*29* Sketch 작업을 마치고, Exit Workbench 아이콘을 선택하여, Sketch 작업창을 빠져 나간다.

*30* Sketch–Based Features Toolbar에서 Shaft 아이콘을 선택하고, First angle에서 180입력, Profile/Surface는 Sketch.6을 선택하여 OK한다.

*31* Reference–Element Toolbar에서 Plane 아이콘을 선택하고 Reference를 면을 선택 후 offset에 38을 입력하고 OK 한다.

*32* Sketcher Toolbar에서 Positioned Sketch 아이콘을 선택하고, Reference에 Plane.2를 선택 후 좌표계를 확인 하여 OK한다.

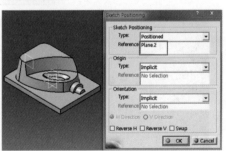

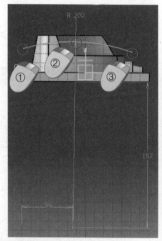

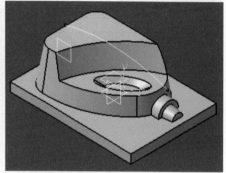

Sketch 작업창으로 들어오게 된다.
Circle Toolbar에서 Three Point
Arc 아이콘을 이용하여 그림과 같이 생성하
고, Constraint 아이콘을 이용해 치수를 생
성, 수정한다.

*33*

Sketch 작업을 마치고, Exit
Workbench 아이콘을 선택하여,
Sketch 작업창을 빠져 나간다.

*34*

Reference Element Toolbar에
Plane 아이콘을 선택하고 그림과 같
이 Curve에 Sketch.7선택, Point에 Curve
의 Point를 선택하여 OK한다.

*35*

Sketcher Toolbar에서
Positioned Sketch 아이콘을 선택
하고, Plane.3을 선택하고 Reverse H를
선택 후 좌표계를 확인하여 OK한다.

*36*

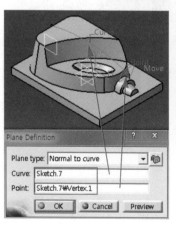

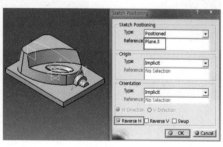

Example-21 따라하기 **473**

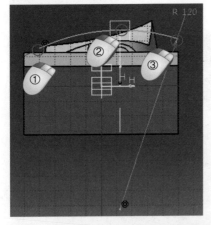

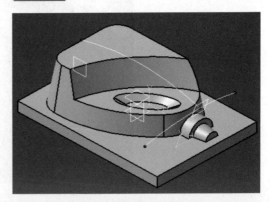

**37** Sketch 작업창으로 들어오게 된다. Circle Toolbar에서 Three Point Arc 아이콘을 이용하여 그림과 같이 생성하고, Constraint 아이콘을 이용해 치수를 생성, 수정한다.

**38** Sketch 작업을 마치고, Exit Workbench 아이콘을 선택하여, Sketch 작업창을 빠져 나간다.

Surface를 만들기 위해 Product를 변경한다.

**39** Start ⇨ Shape ⇨ Generative Shape Design을 선택한다.

**40** Surface Toolbar에 Sweep 아이콘을 선택하고 Profile에는 Sketch.8 선택, Guide Curve는 Sketch.7을 선택하여 OK 한다.

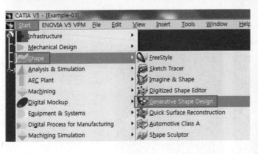

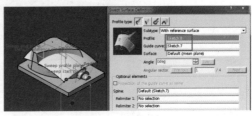

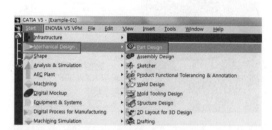

| | |
|---|---|
| 생성된 Surface 기준으로 자르기 위해 Product를 변경한다.<br><br>Start ⇨ Mechanical ⇨ Part Design을 선택한다.  | Solid를 잘라내기 위해 Surface-Based Feature Toolbar에서 Split 아이콘을 선택하고 Splitting Element에 Sweep.1을 선택하여 남겨질 방향을 확인한 후에 OK한다. |
| Dress-Up Feature Toolbar에서 Edge fillet 아이콘을 선택하고, 그림과 같이 Edge를 선택 후 Radius 값에 2를 입력하여 OK한다. | Dress-Up Feature Toolbar에서 Edge fillet 아이콘을 선택하고, 그림과 같이 Edge를 선택 후 Radius 값에 2를 입력하여 OK한다. |

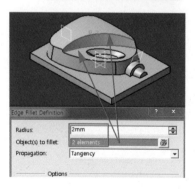

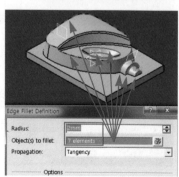

Example-21 따라하기  **475**

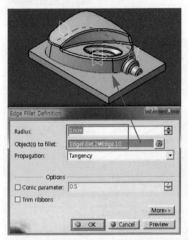

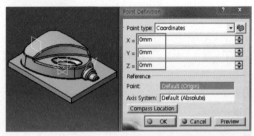

**45** Dress-Up Feature Toolbar에서 Edge fillet 아이콘을 선택하고, 그림과 같이 Edge를 선택 후 Radius 값에 1을 입력하여 OK한다.

**46** NC 데이터 추출을 위한 가공원점의 좌표축을 이동하기 위해 Reference elements Toolbar에서 PoinPoin 아이콘을 선택하고 x=0, Y=0, Z=0을 확인하고 OK하여 Point를 만든다.

좌표축을 Transformation Features Toolbar에서 Translation 아이콘을 선택하고 Question 창에 예 선택하고 그림과 같이 Start point 및 End point를 선택하여 OK한다.

**47**

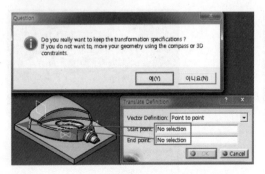

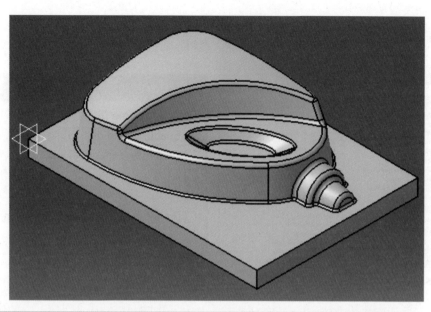

최종 형상이 완료된 것을 확인할 수 있다.
지금까지 Example-21 예제를 모델링 해 보았다.

48

MEMO

Example-21 따라하기 **477**

# Surface Modeling 작업방법

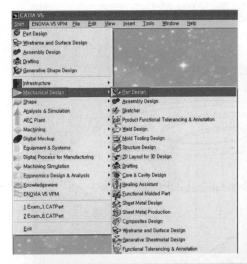

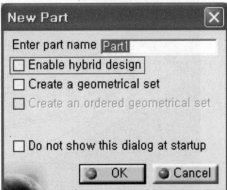

**01** 단품 모델링을 시작하기 위해서는 다음과 같이 Part Design을 선택

Start ⇨ Mechanical Design ⇨ Part Design

**02** 다음과 같이 창이 뜨고, Enable hybrid design을 체크한다.

**03** Enter part name에 Example-21이라고 입력하고 OK를 누른다.

**04** 화면과 같이 새로운 Part Design 작업창이 생성된다.

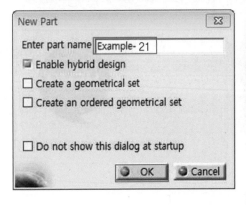

### 요점정리

Hybrid design이란!
Solid와 Surface를 Body에서 작업할 수 있는 기능으로, 트리에 Part body에서 작업된 내용을 확인 할 수 있다.

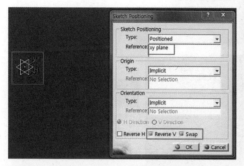

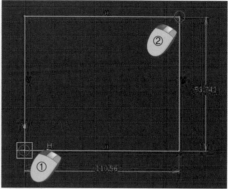

Sketcher Toolbar에서 Positioned
Sketch 아이콘을 선택하고, xy plane을
선택 후 Swap을 선택하고, Reverse V를 선택 후
좌표계를 확인하고 OK를 선택한다. *05*

Sketch 작업창으로 들어오게 된다.
Profile Toolbar에서 Rectangle아
이콘을 선택하고, 그림과 같이 첫 번째 지점으
로 원점을 클릭하고, 두 번째 지점을 우측 상
단을 클릭해 사각형을 생성한다. *06*

Constraint Toolbar를 Constraint 아이콘
을 선택하여 치수를 생성하고,생성된 치수
를 더블클릭하여 화면과 같이 치수를 140, 100으로
수정하고 OK를 선택한다. Exit Workbench 아이
콘을 선택하여, Sketch 작업창을 빠져 나간다. *07*

Sketcher Toolbar에서
Positioned Sketch 아이콘을 선택
하고, xy plane을 선택 후 Swap을 선택하
고, Reverse V를 선택 후 좌표계를 확인하
고 OK를 선택한다. *08*

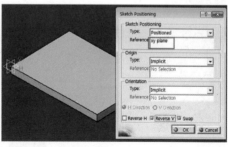

Example-21 따라하기 **479**

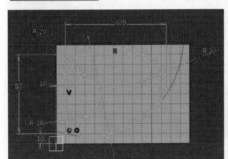

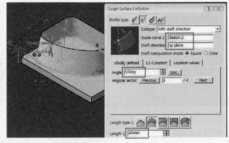

**09** Profile Toolbar에서 Profile 아이콘을 선택하고 화면과 같이 생성하고 Constraint 아이콘을 이용해 치수를 생성한다.

**10** Surface Toolbar에서 Sweep 아이콘을 선택하고 Profile type으로 Line을, Sub type으로 Draft Direction을 선택 후 Sketch.2와 xy plane을 선택하고 angle에 10을 입력하고 Length에 40을 입력하고 OK를 선택한다.

**11** Wireframe Toolbar에서 Plane 아이콘을 선택하고 xy plane을 선택 후 Offset에 18을 입력하고 OK를 선택한다.

**12** Sketcher Toolbar에서 Positioned Sketch 아이콘을 선택하고, plane.1을 선택 후 Swap을 선택하고, Reverse V를 선택 후 좌표계를 확인하고 OK를 선택한다.

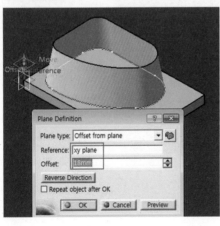

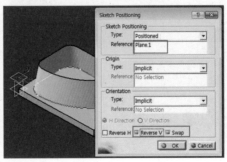

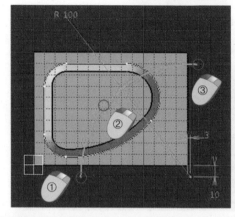

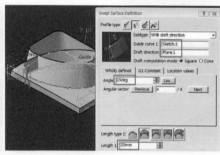

Circle Toolbar에서 3 point arc
아이콘을 선택하고 화면과 같이 생성
하고 Constraint 아이콘을 이용해 치수를 생
성한다.

**13**

Surface Toolbar에서 Sweep 아이
콘을 선택하고 Sketch.3과 plane.1
을 선택하고 angle에 15를 입력하고
Length에 20을 입력하고 OK를 선택한다.

**14**

Sketcher Toolbar에서 Positioned
Sketch 아이콘을 선택하고, Plane.1을
선택 후 Swap을 선택하고, Reverse V를 선택
후 좌표계를 확인하고 OK를 선택한다.

**15**

Profile Toolbar에서 Profile 아이
콘을 선택하고 constraint 아이콘
을 이용하여 구속을 생성한다.

**16**

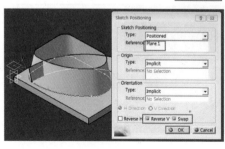

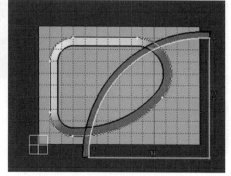

Example-21 따라하기 **481**

**17** Surface Toolbar에서 Fill 아이콘을 선택하고 Sketch.5를 선택 후 OK를 선택한다.

**18** Operation Toolbar에서 Join 아이콘을 선택하고 Fill.1과 Sweep.2를 선택하고 OK를 선택한다.

Wireframe Toolbar에서 Plane 아이콘을 선택하고 화면의 면을 선택 후 Offset 값에 38을 입력하고 OK를 선택한다.

**19**

Sketcher Toolbar에서 Positioned Sketch 아이콘을 선택하고, plane.2를 선택 후 좌표계를 확인하고 OK를 선택한다.

**20**

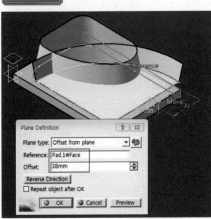

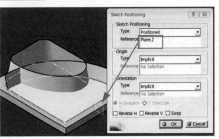

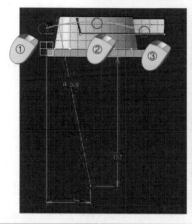

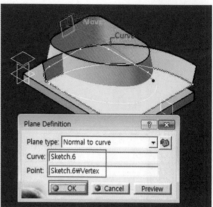

Section 02

기출문제 Modeling 따라하기

Circle Toolbar에서 3 point arc 아이콘을 선택하고 화면과 같이 생성 하고 Constraint 아이콘을 이용해 치수를 생성한다.

21

Wireframe Toolbar에서 Plane 아이콘을 선택하고 Curve로 Sketch.6을, Point로 Sketch.6의 Point를 선택하고 OK를 선택한다.

22

Sketcher Toolbar에서 Positioned Sketch 아이콘을 선택하고, plane.3 을 선택 후 Reverse H를 선택하고 좌표계를 확인하고 OK를 선택한다.

23

Circle Toolbar에서 3 point arc 아이콘을 선택하고 화면과 같이 생 성하고 Constraint 아이콘을 이용해 치수 를 생성한다.

24

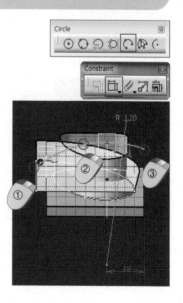

Example-21 따라하기 **483**

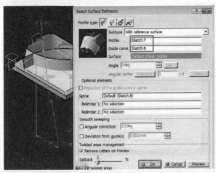

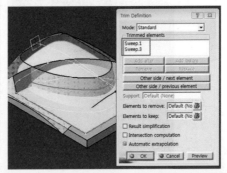

*25* Surface Toolbar에서 Sweep 아이콘을 선택하고 Profile type에 Explicit를, Sub type에 reference surface로 선택하고 Sketch.7과 6을 선택하고 OK를 선택한다.

*26* Operation Toolbar에서 Trim 아이콘을 선택하고 Sweep.1과 Sweep.3을 선택하고 남길 영역을 확인하고 OK를 선택한다.

Operation Toolbar에서 Trim 아이콘을 선택하고 Trim.1과 Join.1을 선택하고 남길 영역을 확인하고 OK를 선택한다. *27*

Sketcher Toolbar에서 Positioned Sketch 아이콘을 선택하고, 화면의 면을 선택 후 Swap을 선택하고 Reverse V를 선택 후 좌표계를 확인하고 OK를 선택한다. *28*

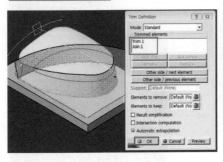

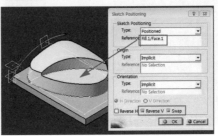

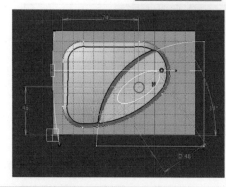

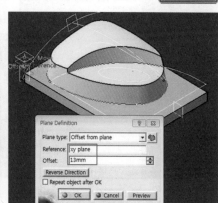

Profile Toolbar에서 Ellipse 아이콘을 선택하고 화면과 같이 생성하고 Constraint 아이콘을 이용해 치수를 생성한다.

*29*

Wireframe Toolbar에서 Plane 아이콘을 선택하고 Offset from plane을 선택 후 xy plane을 선택하고 Offset 값으로 13을 입력하고 생성방향을 확인 후 OK를 선택한다.

*30*

Sketcher Toolbar에서 Positioned Sketch 아이콘을 선택하고, plane.4를 선택 후 좌표계를 확인하고 OK를 선택한다.

*31*

Profile Toolbar에서 Ellipse 아이콘을 선택하고 화면과 같이 생성하고 Constraint 아이콘을 이용해 치수를 생성한다.

*32*

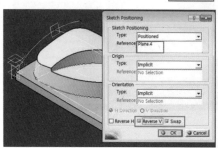

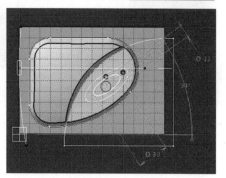

Example-21 따라하기  **485**

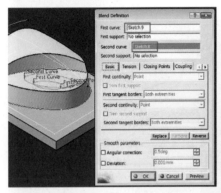

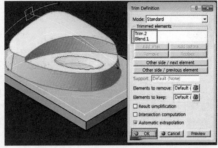

*33* Surface Toolbar에서 Bland 아이콘을 선택하고 First curve로 Sketch.8을 선택하고 Second curve로 Sketch.9를 선택 후 OK를 선택한다.

*34* Operation Toolbar에서 Trim 아이콘을 선택하고 Trim.2와 Bland.1을 선택하고 남길 영역을 확인하고 OK를 선택한다.

Surface Toolbar에서 Fill 아이콘을 선택하고 Sketch.9를 선택 후 OK를 선택한다.

*35*

Operation Toolbar에서 Join 아이콘을 선택하고 Trim.3과 Fill.2를 선택하고 OK를 선택한다.

*36*

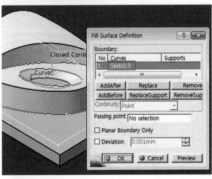

Sketcher Toolbar에서 Positioned Sketch 아이콘을 선택하고, plane.2를 선택 후 좌표계를 확인하고 OK를 선택한다.

*37*

Operation Toolbar에서 Trim 아이콘을 선택하고 Extrude.1과 Extrude.2를 선택하고 남길 영역을 확인하고 OK를 선택한다.

*38*

Surface Toolbar에서 Revolution 아이콘을 선택하고 Sketch.11을 선택 후 angle에 각각 90을 입력하고 OK를 선택한다.

*39*

Operation Toolbar에서 Trim 아이콘을 선택하고 Join.2와 Revolution.1을 선택하고 남길 영역을 확인하고 OK를 선택한다.

*40*

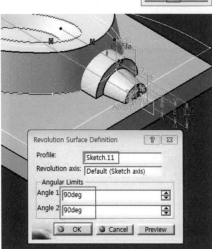

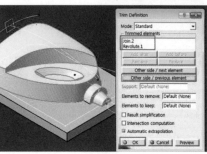

Example-21 따라하기  **487**

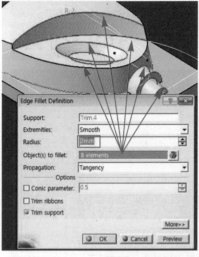

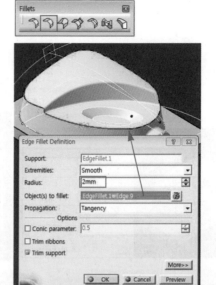

A1  Dress-up Toolbar에서
Edgefillet 아이콘을 선택하고
Radius에 2를 입력하고 화면과 같이
edge를 선택 후 OK를 선택한다.

A2  Dress-up Toolbar에서
Edgefillet 아이콘을 선택하고
Radius에 2를 입력하고 화면과 같이
edge를 선택 후 OK를 선택한다.

Product를 변경하기 위해 Start ⇨
Mechanical design ⇨ part design을
선택한다.

A3

Dress-up Toolbar에서 Close-Surface 아이
콘을 선택하고 Edgefillet.2를 선택 후 OK를 선
택한다. 메시지 창이 나오면 확인을
A4  선택한다.

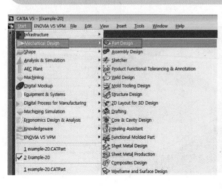

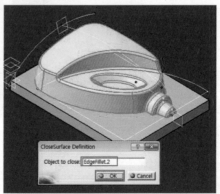

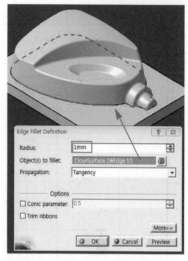

Dress-Up Toolbar에서 Edgefillet 아이콘을 선택하고 화면과
같이 edge를 선택 후 Radius에 1을 입력하고 OK를 선택한다.

**A5**

최종 형상이 완료된 것을 확인할 수 있다.
지금까지 Example-21 예제를 모델링 해 보았다.

**A6**

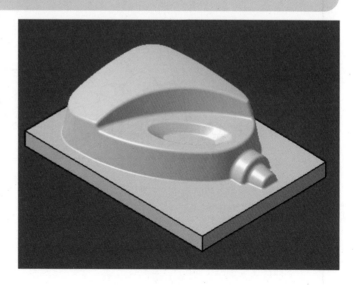

Example-21 따라하기 **489**

## 22 Example-22 따라하기

기출문제 Example-22 도면을 보고, Modeling을 해보도록 하겠습니다.

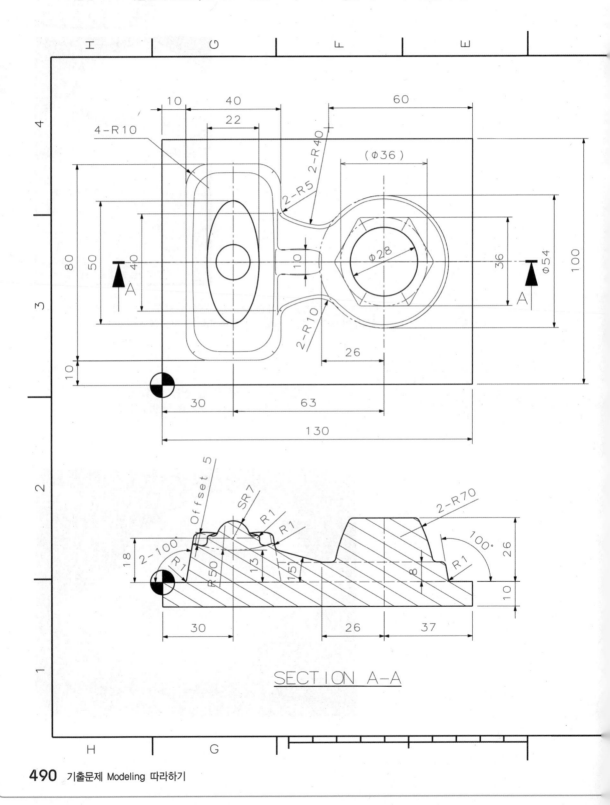

SECTION A-A

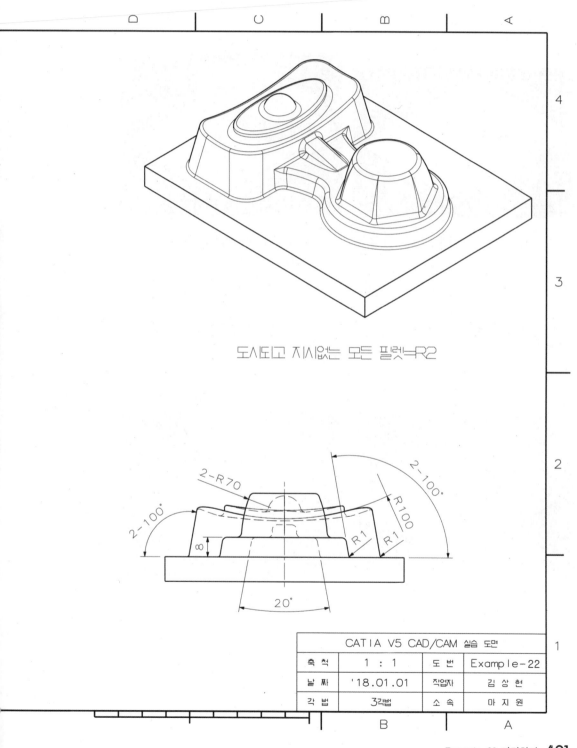

도시도고 지시없는 모든 필렛=R2

| CATIA V5 CAD/CAM 실습 도면 | | | |
|---|---|---|---|
| 축 척 | 1 : 1 | 도 번 | Example-22 |
| 날 짜 | '18.01.01 | 작업자 | 김 상 현 |
| 각 법 | 3각법 | 소 속 | 마 지 원 |

Example-22 따라하기 491

# Solid Modeling 작업방법

## Modeling 작업 Process

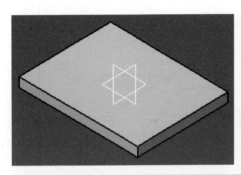

**01** 밑판을 PAD 아이콘을 이용하여 돌출한다.

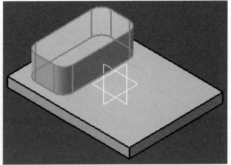

**02** 밑판의 좌측 부분에 PAD 아이콘을 이용하여 돌출한다.

돌출된 측면에 Draft Angle을 이용하여 구배를 준다.

**03**

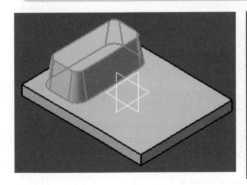

Surface를 만들기 위해 Sweep 아이콘을 이용하여 Surface 면을 생성한다.

**04**

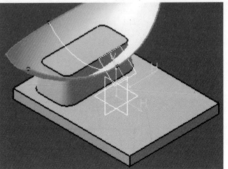

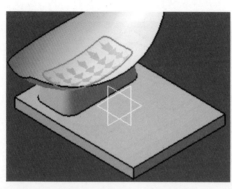

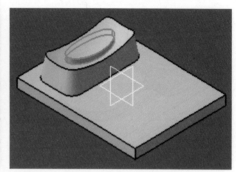

돌출된 측면의 일부를 Split 아이콘을 이용하여 잘라낸다.

*05*

좌측 부분에 PAD 아이콘을 이용하여 돌출한다.

*06*

좌측 부분에 Shaft 아이콘을 이용하여 회전체를 만든다.

*07*

밑판의 중앙 부분에 PAD 아이콘을 이용하여 돌출한다.

*08*

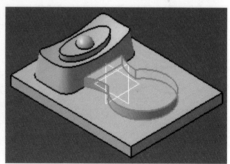

Example-22 따라하기 **493**

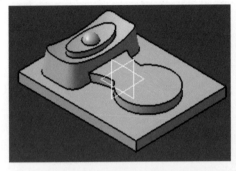

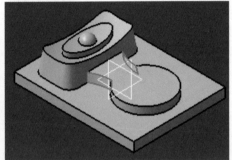

**09** 좌측부분과 중앙부분의 틈새를 Thickness 아이콘을 이용하여 연결한다.

**10** 중앙부위의 측면에 Draft Angle을 이용하여 구배를 준다.

우측부위의 측면에 Draft Angle을 이용하여 구배를 준다.

**11**

Edge fillet을 이용하여 R10으로 둥글게 깎는다.

**12**

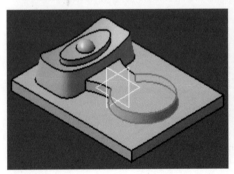

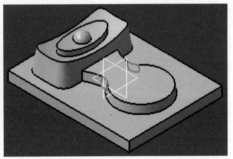

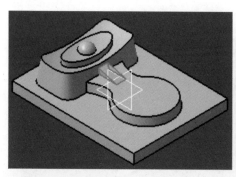
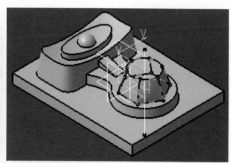

중앙부위에 PAD 아이콘을 이용하여
돌출한다. **13**

우측 부분에 Multi-Section 아이콘
을 이용하여 돌출한다. **14**

Edge fillet을 이용하여 R2로 둥글게
깎는다. **15**

Edge fillet을 이용하여 R5로 둥글
게 깎는다. **16**

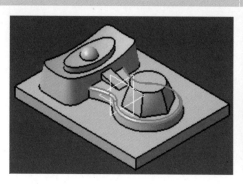
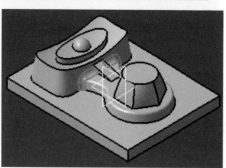

Example-22 따라하기 **495**

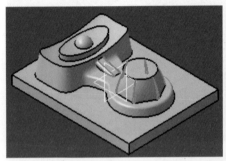 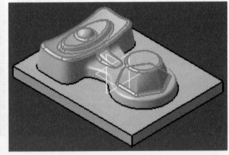

**17** Edge fillet을 이용하여 R2로 둥글게 깎는다.

**18** Edge fillet을 이용하여 R2로 둥글게 깎는다.

Edge fillet을 이용하여 R1로 둥글게 깎는다.

**19**

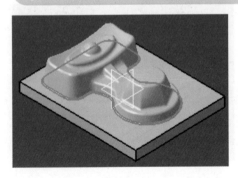

# Modeling 세부 작업 내용

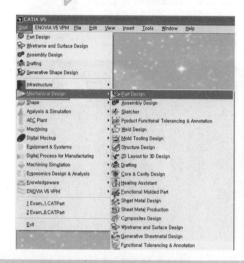

단품 모델링을 시작하기 위해서는 다음과 같이 Part Design을 선택한다. *01*

다음과 같이 창이 뜨고, Enable hybrid design을 체크한다.
Start ⇨ Mechanical Design ⇨ Part Design *02*

Enter part name에 Example-22 라고 입력하고 OK한다. *03*

그림과 같이 새로운 Part Design 작업창이 생성된다. *04*

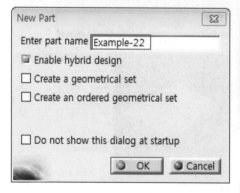

## 요점정리

Hybrid design이란!
Solid와 Surface를 Body에서 작업할 수 있는 기능으로, 트리에 Part body에서 작업된 내용을 확인 할 수 있다.

Example-22 따라하기 **497**

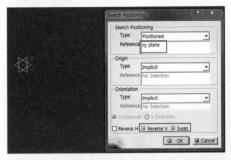

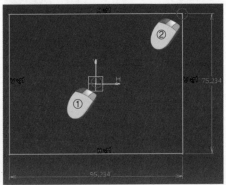

**05** Sketcher Toolbar에서 Positioned Sketch 아이콘을 선택하고, xy plane을 선택, Swap을 선택, Reverse V를 선택, 좌표계를 확인하고 OK한다.

**06** Sketch 작업창으로 들어오게 된다. Profile Toolbar에서 삼각형을 눌러 Centered Rectangle 아이콘을 선택하고, 그림과 같이 첫 번째 지점으로 원점을 클릭하고, 두 번째 지점을 우측 상단을 클릭하여 사각형을 생성한다.

**07** Constraint Toolbar에서 Constraint 아이콘을 선택하여 치수를 생성하고, 생성된 치수를 더블클릭하여 그림과 같이 치수를 130, 100으로 수정하고 OK를 선택한다. Exit Workbench 아이콘을 선택하여 Sketch 작업창을 빠져 나간다.

**08** Sketch-Based Features에 Pad 아이콘을 선택하고, Profile로 Sketch.1을 선택한 후 Length에 10을 입력하고 Reverse Direction 버튼을 이용해 방향을 바꾼 후 OK한다.

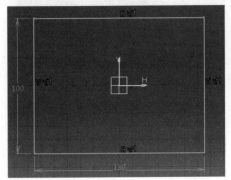

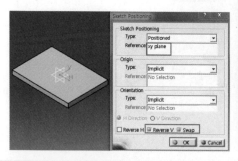

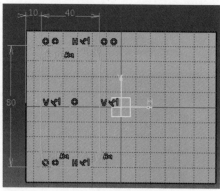

Sketcher Toolbar에서 Positioned
Sketch 아이콘을 선택하고, xy
plane을 선택, Swap을 선택, Reverse V를
선택 후 좌표계를 확인하고 OK한다.

**09**

Sketch 작업창으로 들어오게 된다.
Predefined Profile Toolbar에서
Centered Rectangle 아이콘 및 Operation Toolbar
에서 Corner 아이콘을 이용하여 그림과 같이 생성하고,
Constraint 아이콘을 이용해 치수를 생성, 수정한다.

**10**

Sketch 작업을 마치고, Exit
Workbench 아이콘을 선택하여,
Sketch 작업창을 빠져 나간다.

**11**

Sketch–Based Features에 Pad
아이콘을 선택하고, Profile로
Sketch.2를 선택한 후 Length에 25를 입
력하고 OK한다.

**12**

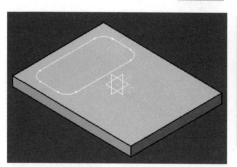

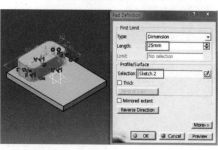

Example-22 따라하기  **499**

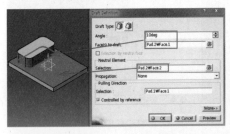

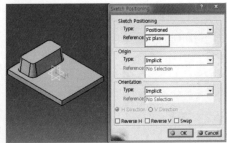

**13** Dress-Up Features Toolbar에서 Draft Angle아이콘을 선택하고, Angle에는 10입력, Face(s) to draft는 구배 되는 1면 선택, Selection은 구배되는 기준면 선택하여 OK한다.

Sketch 작업창으로 들어오게 된다. Circle Toolbar에서 Three Point Arc 아이콘을 이용하여 그림과 같이 생성하고, Constraint 아이콘을 이용해 치수를 생성, 수정한다.

**14** Sketcher Toolbar에서 Positioned Sketch 아이콘을 선택하고, yz plane을 선택 후 좌표계를 확인하여 OK한다.

**15**

**16** Sketch 작업을 마치고, Exit Workbench 아이콘을 선택하여, Sketch 작업창을 빠져나간다.

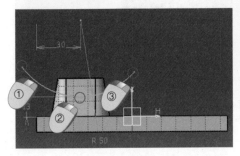

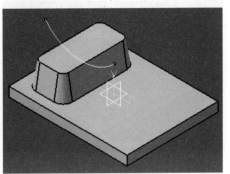

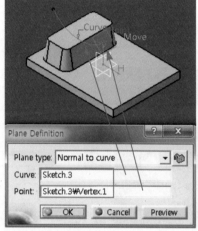

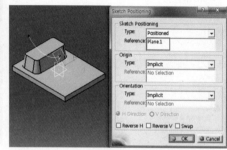

Reference Element Toolbar에
Plane 아이콘을 선택하고 그림과 같
이 Curve에 Sketch.3선택, Point에 Curve
의 Point를 선택하여 OK한다.

*17*

Sketcher Toolbar에서
Positioned Sketch 아이콘을 선택
하고, Plane.1선택 후 좌표계를 확인하여
OK한다.

*18*

Sketch 작업창으로 들어오게 된다.
Circle Toolbar에서 Three Point
Arc 아이콘을 이용하여 그림과 같이 생성하
고, Constraint 아이콘을 이용해 치수를 생
성, 수정한다.

*19*

Sketch 작업을 마치고, Exit
Workbench 아이콘을 선택하여,
Sketch 작업창을 빠져 나간다.

*20*

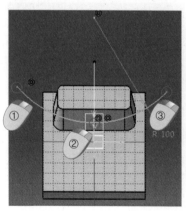

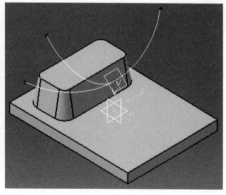

Example-22 따라하기  **501**

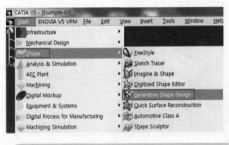

| | |
|---|---|
| **21** Surface를 만들기 위해 Product를 변경한다.<br><br>Start ⇨ Shape ⇨ Generative Shape Design을 선택한다. | **22** Surface Toolbar에 Sweep 아이콘을 선택하고 Profile에는 Sketch.4 선택, Guide Curve는 Sketch.3을 선택하여 OK한다. |
| 생성된 Surface 기준으로 자르기 위해 Product를 변경한다.<br><br>**23** Start ⇨ Mechanical ⇨ Part Design을 선택한다. | Solid를 잘라내기 위해 Surface-Based Feature Toolbar에서 Split 아이콘을 선택하고 Splitting Element에<br>**24** Sweep.1을 선택하여 남겨질 방향을 확인한 후에 OK한다. |

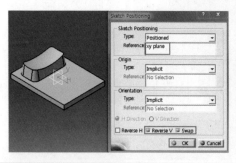

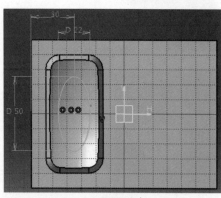

Sketcher Toolbar에서 Positioned Sketch 아이콘을 선택하고, xy plane을 선택, Swap을 선택, Reverse V를 선택 후 좌표계를 확인하고 OK한다.

*25*

Sketch 작업창으로 들어오게 된다. Profile에서 Ellipse 아이콘을 이용하여 그림과 같이 생성하고, Constraint 아이콘을 이용해 치수를 생성, 수정한다.

*26*

Sketch 작업을 마치고, Exit Workbench 아이콘을 선택하여, Sketch 작업창을 빠져 나간다.

*27*

Sketch-Based Features에 Pad 아이콘을 선택하고, Profile로 Sketch.5를 선택, Type에는 Up to surface 선택, Limit는 그림과 같이 Offset 면 선택, Offset는 5입력하여 OK한다.

*28*

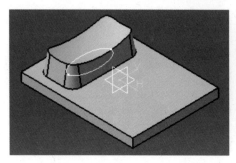

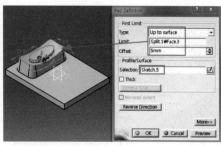

Example-22 따라하기  **503**

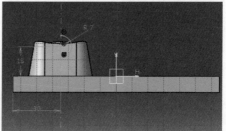

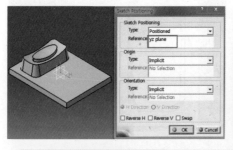

**29** Sketcher Toolbar에서 Positioned Sketch 아이콘을 선택하고, yz plane을 선택 후 좌표계를 확인하여 OK한다.

**30** Sketch 작업창으로 들어오게 된다. Profile Toolbar에서 Circle, Axis 아이콘 및 Operation Toolbar에서 Quick trim 아이콘을 이용하여 그림과 같이 생성하고, Constraint 아이콘을 이용해 치수를 생성, 수정한다.

Sketch 작업을 마치고, Exit Workbench 아이콘을 선택하여, Sketch 작업창을 빠져나간다.

**31**

Sketch–Based Features Toolbar에서 Shaft 아이콘을 선택하고 Profile/Surface는 Sketch.6을 선택하여 OK한다.

**32**

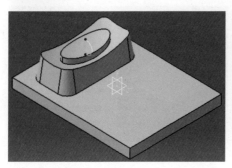

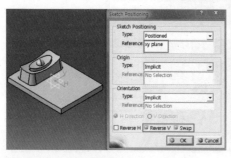

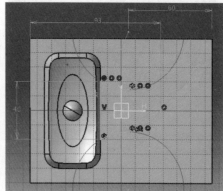

Sketcher Toolbar에서 Positioned
Sketch 아이콘을 선택하고, xy
plane을 선택, Swap을 선택, Reverse V를
선택 후 좌표계를 확인하여 OK한다.

**33**

Sketch 작업창으로 들어오게 된다.
Profile Toolbar에서 Profile, Circle 아
이콘 및 Operation Toolbar에서 Quick trim 아이
콘을 이용하여 그림과 같이 생성하고, Constraint
아이콘을 이용해 치수를 생성, 수정한다.

**34**

Sketch 작업을 마치고, Exit
Workbench 아이콘을 선택하여,
Sketch 작업창을 빠져 나간다.

**35**

Sketch-Based Features에 Pad
아이콘을 선택하고, Profile로
Sketch.7을 선택한 후 Length에 8을 입력
하고 OK한다.

**36**

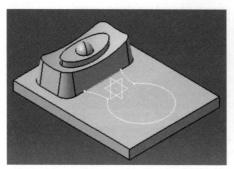

Example-22 따라하기  **505**

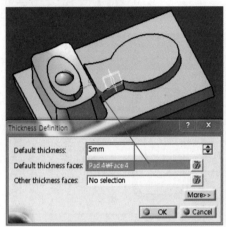

**37** Dress-Up Feature Toolbar에서 Thickness 아이콘을 선택하고, 그림과 같이 Default thickness faces면을 선택하고, Default thickness에 5를 입력하여 OK한다.

**38** Dress-Up Features Toolbar에서 Draft Angle아이콘을 선택하고, Angle에는 10.5입력, Face(s) to draft는 구배 되는 2면 선택, Selection은 구배되는 기준면 선택하여 OK한다.

**39** Dress-Up Features Toolbar에서 Draft Angle아이콘을 선택하고, Angle에는 10입력, Face(s) to draft는 구배 되는 1면 선택, Selection은 구배되는 기준면 선택하여 OK한다.

**40** Dress-Up Feature Toolbar에서 Edge fillet 아이콘을 선택하고, 그림과 같이 Edge를 선택 후 Radius 값에 10을 입력하여 OK한다.

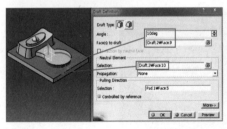

Sketcher Toolbar에서 Positioned
Sketch 아이콘을 선택하고, yz
plane을 선택 후 좌표계를 확인하여
OK한다.

Sketch 작업창으로 들어오게 된다.
Profile Toolbar에서 Profile 아이
콘을 이용하여 그림과 같이 생성하고,
Constraint 아이콘을 이용해 치수를 생성,
수정한다.

Sketch 작업을 마치고, Exit
Workbench 아이콘을 선택하여,
Sketch 작업창을 빠져 나간다.

Sketch–Based Features에 Pad
아이콘을 선택하고, Profile로
Sketch.8을 선택한 후 Length에 5를 입력
하고 Mirrored extent를 선택하여 OK한다.

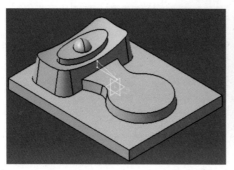

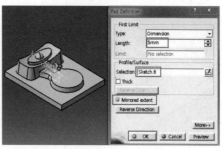

Example–22 따라하기  **507**

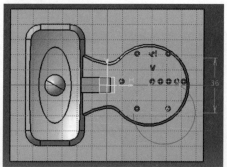

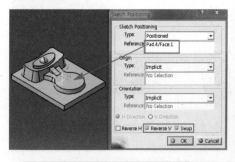

**A5** Sketcher Toolbar에서 Positioned Sketch 아이콘을 선택하고, 그림과 같이 선택 후 Swap을 선택, Reverse V를 선택, 좌표계를 확인하여 OK한다.

**A6** Sketch 작업창으로 들어오게 된다. Predefined Profile Toolbar에서 Hexagon 아이콘을 이용하여 그림과 같이 생성하고, Constraint 아이콘을 이용해 치수를 생성, 수정한다.

Sketch 작업을 마치고, Exit Workbench 아이콘을 선택하여, Sketch 작업창을 빠져 나간다. **A7**

**A8** Reference-Element Toolbar에서 Plane 아이콘을 선택하고 Reference를 면을 선택 후 offset에 26을 입력하고 OK 한다.

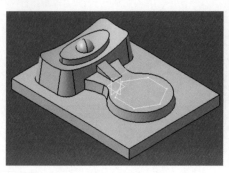

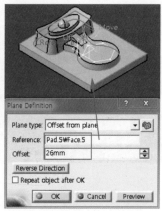

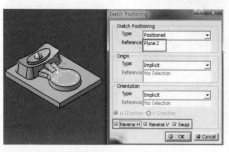

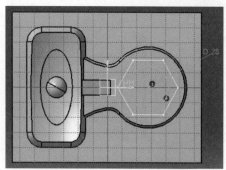

Sketcher Toolbar에서 Positioned
Sketch 아이콘을 선택하고, Plane2
를 선택 후 Swap을 선택, Reverse V,
Reverse H를 선택, 좌표계를 확인하여
OK한다.
**49**

Sketch 작업창으로 들어오게 된다.
Circle Toolbar에서 Circle 아이콘
을 이용하여 그림과 같이 생성하고,
Constraint 아이콘을 이용해 치수를 생성,
수정한다.
**50**

Sketch 작업을 마치고, Exit
Workbench 아이콘을 선택하여,
Sketch 작업창을 빠져 나간다.
**51**

Sketcher Toolbar에서
Positioned Sketch 아이콘을 선택
하고, Plane2를 선택 후 Swap을 선택,
Reverse V, Reverse H를 선택, 좌표계를
확인하여 OK한다.
**52**

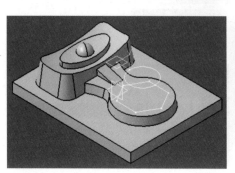

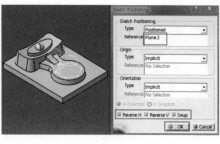

Example-22 따라하기  **509**

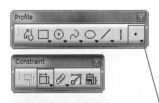

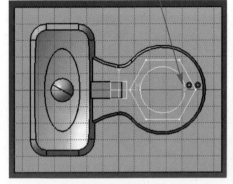

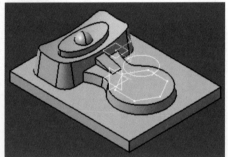

**53** Sketch 작업창으로 들어오게 된다. Profile Toolbar에서 Point 아이콘을 이용하여 그림과 같이 생성하고, Constraint 아이콘을 이용해 치수를 생성, 수정한다.

**54** Sketch 작업을 마치고, Exit Workbench 아이콘을 선택하여, Sketch 작업창을 빠져 나간다.

**55** Sketcher Toolbar에서 Positioned Sketch 아이콘을 선택하고, yz plane을 선택 후 좌표계를 확인하여 OK한다.

**56** Sketch 작업창으로 들어오게 된다. Circle Toolbar에서 Three Point Arc 아이콘을 이용하여 그림과 같이 생성하고, Constraint 아이콘을 이용해 치수를 생성, 수정한다.

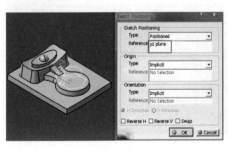

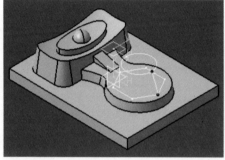

Sketch 작업을 마치고, Exit
Workbench 아이콘을 선택하여,
Sketch 작업창을 빠져 나간다.

*57*

Sketcher Toolbar에서
Positioned Sketch 아이콘을 선택
하고, yz plane을 선택 후 좌표계를 확인하
여 OK한다.

*58*

Sketch 작업창으로 들어오게 된다.
Profile Toolbar에서 Line 아이콘을
이용하여 그림과 같이 생성하고, Constraint
아이콘을 이용해 치수를 생성, 수정한다.

*59*

Sketch 작업을 마치고, Exit
Workbench 아이콘을 선택하여,
Sketch 작업창을 빠져 나간다.

*60*

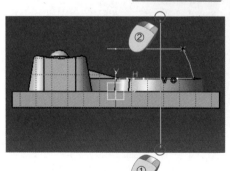

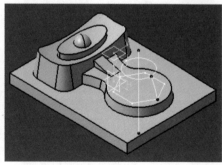

Example-22 따라하기  **511**

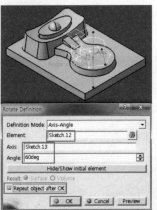

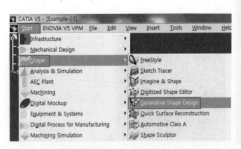

**61** Surface를 만들기 위해 Product를 변경한다.

Start ⇨ Shape ⇨ Generative Shape Design을 선택한다.

Instance에 6을 입력하고 OK한다.

**63**

**62** Transformation Toolbar에서 Rotate 아이콘을 선택하고 Element 에Sketch.12를 선택, Axis에 Sketch.13을 선택, Angle에 60을 입력하고 Repeat object after OK를 선택 후 OK한다.

생성된 Surface 기준으로 자르기 위해 Product를 변경한다.

**64** Start ⇨ Mechanical ⇨ Part Design을 선택한다.

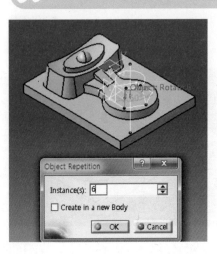

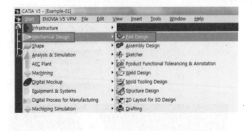

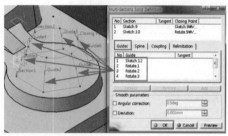

Surface Toolbar에서 Multi-Section Solid 아이콘을 선택하고 Sketch.9, Sketch.10을 선택하고 Closing point 1, Closing point 2가 동일한 방향에 갔는지 확인하고 틀리면 Closing 2에 마우스 오른쪽 버튼을 클릭하여 Replace 를 클릭하여 원하는 위치에 Closing point를 교체한다. **65**

Guides에 Sketch.12, Rotate.1, Rotate.2, Rotate.3, Rotate.4, Rotate.5그림과 같이 선택하고 OK한다. **66**

Dress-Up Feature Toolbar에서 Edge fillet 아이콘을 선택하고, 그림 과 같이 Edge를 선택 후 Radius 값에 2를 입력하여 OK한다. **67**

Dress-Up Feature Toolbar에서 Edge fillet 아이콘을 선택하고, 그 림과 같이 Edge를 선택 후 Radius 값에 5 를 입력하여 OK한다. **68**

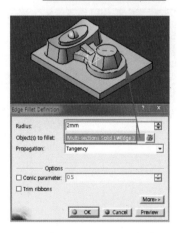

Example-22 따라하기 **513**

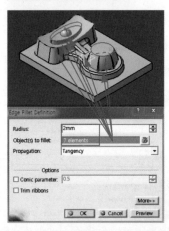

**69** Dress–Up Feature Toolbar에서 Edge fillet 아이콘을 선택하고, 그림과 같이 Edge를 선택 후 Radius 값에 2를 입력하여 OK한다.

**70** Dress–Up Feature Toolbar에서 Edge fillet 아이콘을 선택하고, 그림과 같이 Edge를 선택 후 Radius 값에 2를 입력하여 OK한다.

**71** Dress–Up Feature Toolbar에서 Edge fillet 아이콘을 선택하고, 그림과 같이 Edge를 선택 후 Radius 값에 1을 입력하여 OK한다.

**72** NC 데이터 추출을 위한 가공원점의 좌표축을 이동하기 위해 Reference elements Toolbar에서 Point 아이콘을 선택하고 x=0, Y=0, Z=0을 확인하고 OK하여 Point를 만든다.

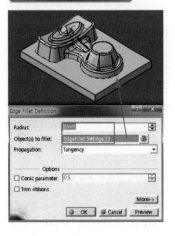

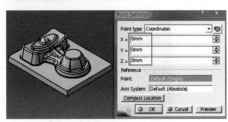

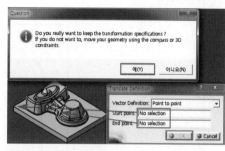

좌표축을 Transformation
Features Toolbar에서
Translation 아이콘을 선택하고 Question
창에 예 선택하고 그림과 같이 Start point
및 End point를 선택하여 OK한다.

*13*

최종 형상이 완료된 것을 확인할 수 있다.
지금까지 Example-22 예제를 모델링 해 보았다.

*14*

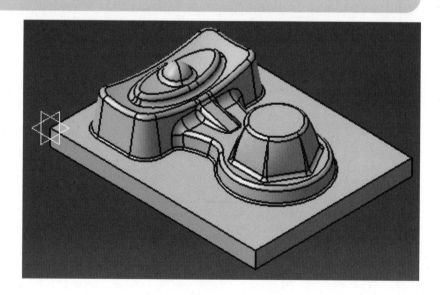

Example-22 따라하기  **515**

# 23 기출도면-1

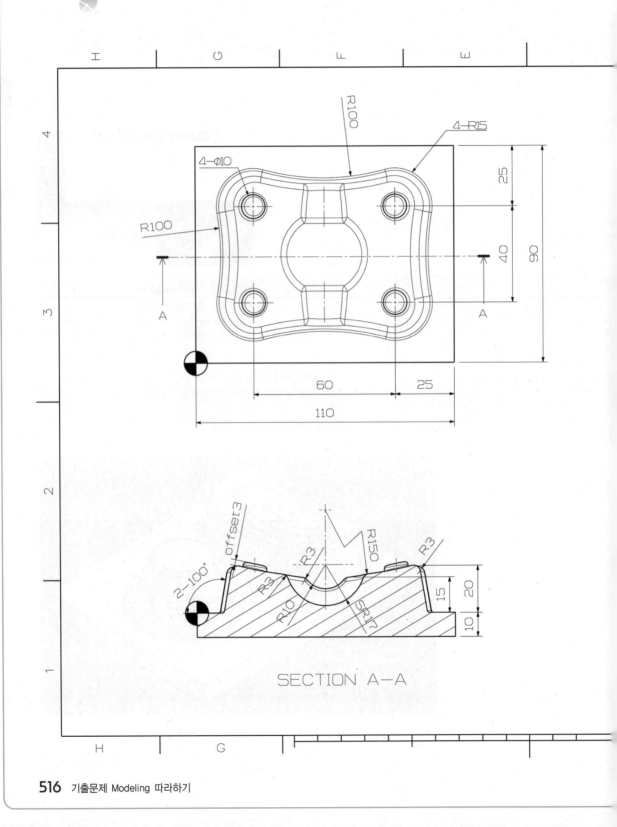

SECTION A-A

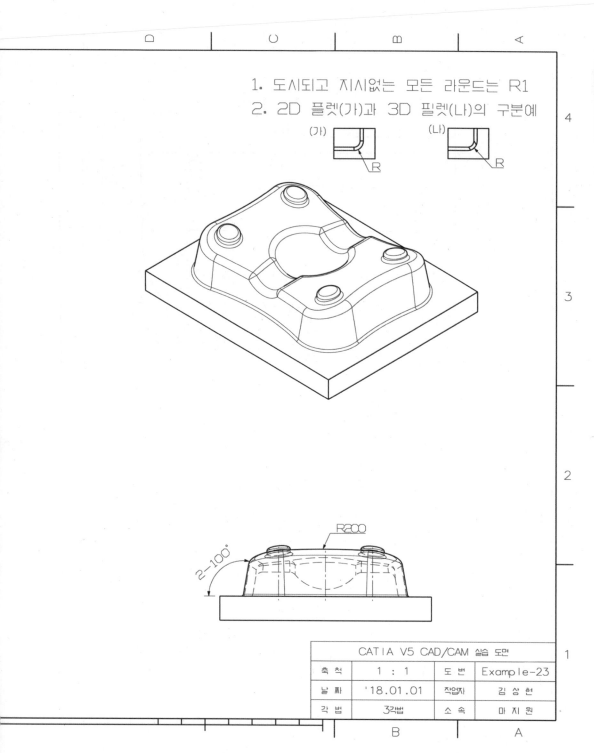

1. 도시되고 지시없는 모든 라운드는 R1
2. 2D 플렛(가)과 3D 필렛(나)의 구분에

(가)    (나)

R    R

R200

2-100°

| CATIA V5 CAD/CAM 실습 도면 | | | |
|---|---|---|---|
| 축 척 | 1 : 1 | 도 번 | Example-23 |
| 날 짜 | '18.01.01 | 작업자 | 김 상 현 |
| 각 법 | 3각법 | 소 속 | 마 지 원 |

## 24 기출도면-2

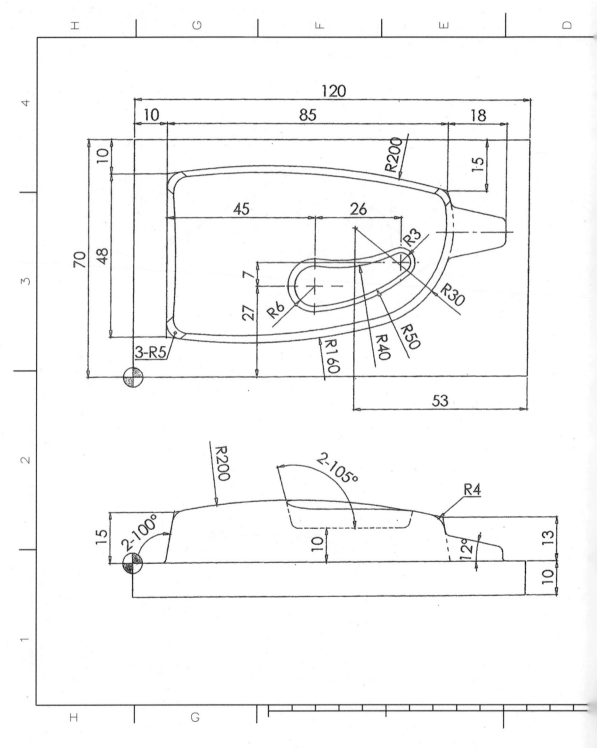

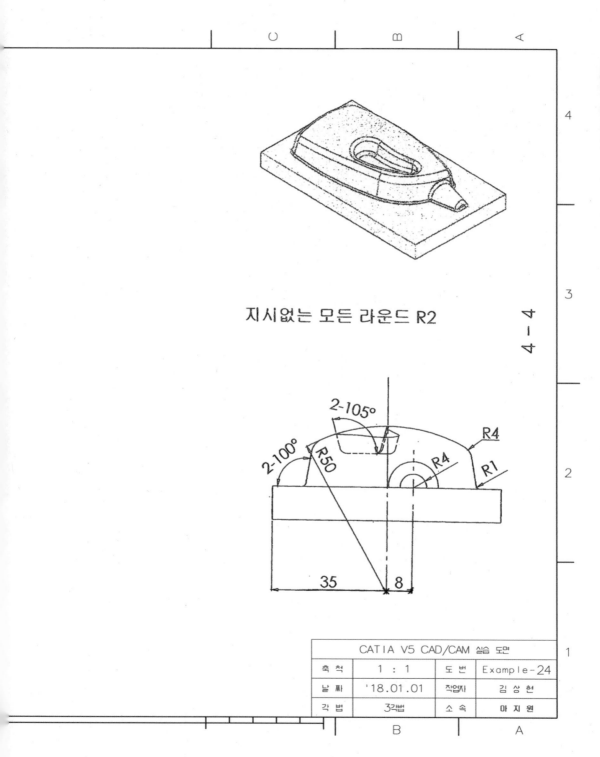

지시없는 모든 라운드 R2

4 – 4

2-105°

2-100°

R50

R4

R4

R1

35    8

| CATIA V5 CAD/CAM 실습 도면 | | | |
|---|---|---|---|
| 축 척 | 1 : 1 | 도 번 | Example-24 |
| 날 짜 | '18.01.01 | 작업자 | 김 상 현 |
| 각 법 | 3각법 | 소 속 | 마 지 원 |

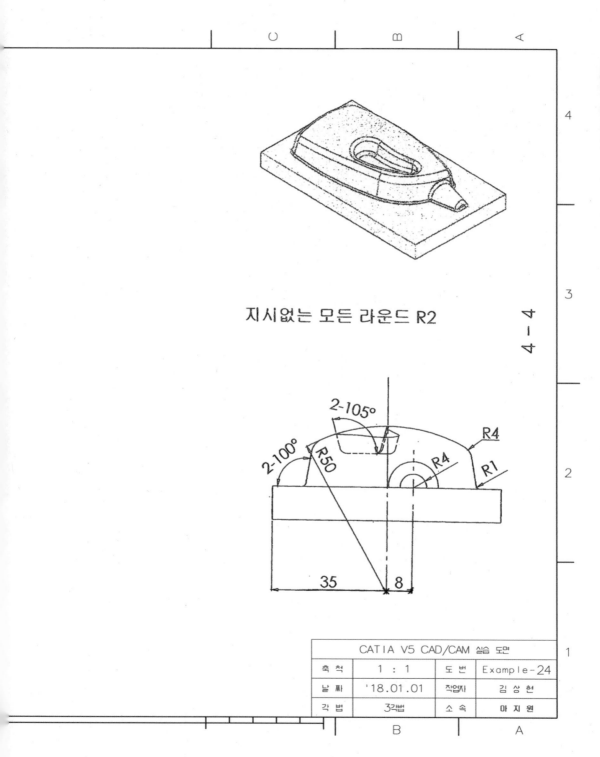

## 25 기출도면-3

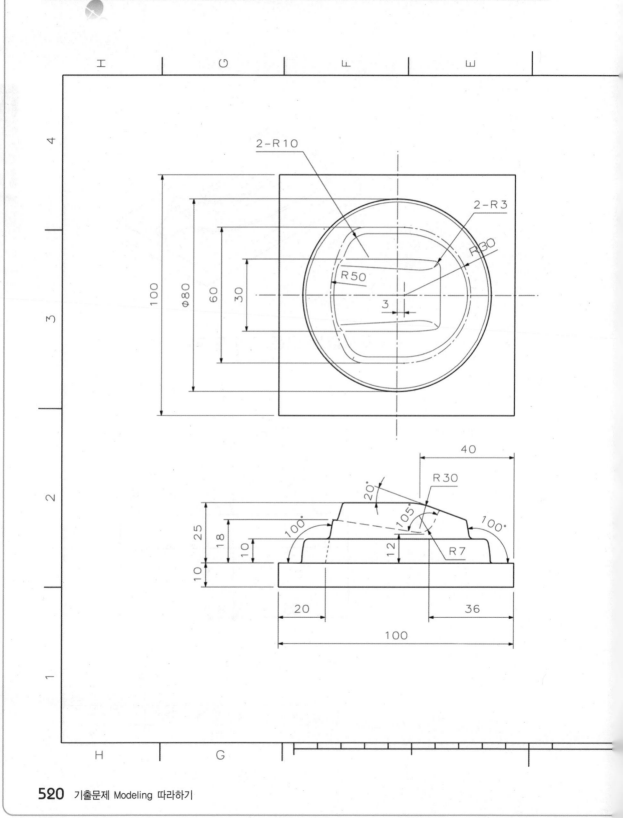

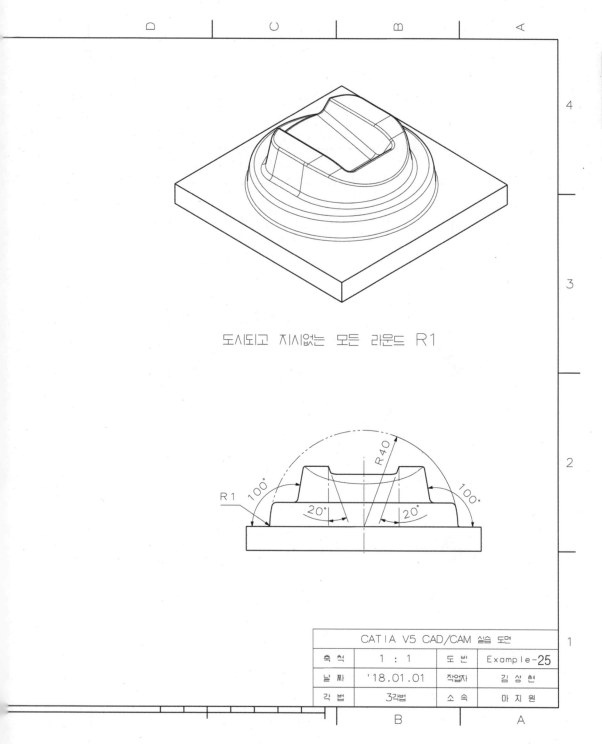

도시되고 지시없는 모든 라운드 R1

| CATIA V5 CAD/CAM 실습 도면 | | | |
|---|---|---|---|
| 축 척 | 1 : 1 | 도 번 | Example-25 |
| 날 짜 | '18.01.01 | 작업자 | 김 상 현 |
| 각 법 | 3각법 | 소 속 | 마 지 원 |

## 26 기출도면-4

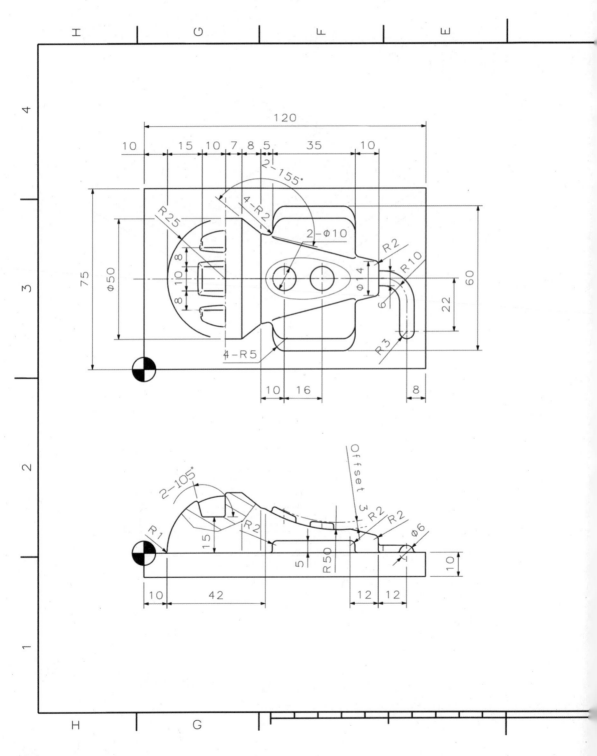

D    C    B    A

4

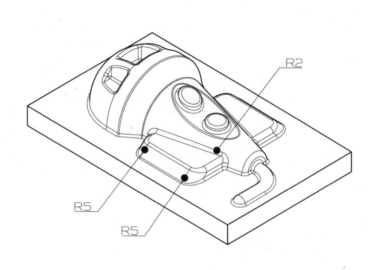

R2

R5

R5

3

지시없는 모든 라운드는 R1

2

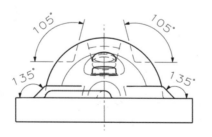

| CATIA V5 CAD/CAM 실습 도면 | | | |
|---|---|---|---|
| 축 척 | 1 : 1 | 도 번 | Example-26 |
| 날 짜 | '18.01.01 | 작업자 | 김 상 현 |
| 각 법 | 3각법 | 소 속 | 마 지 원 |

1

B    A

## 27 🖱 기출도면-5

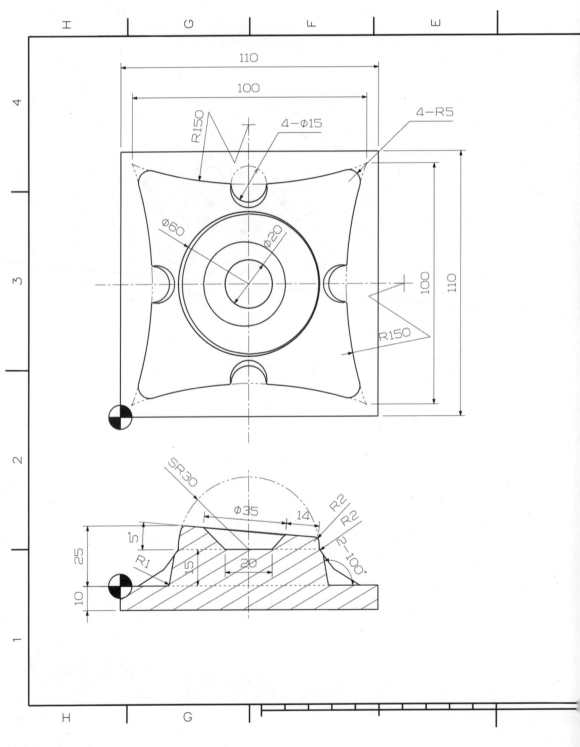

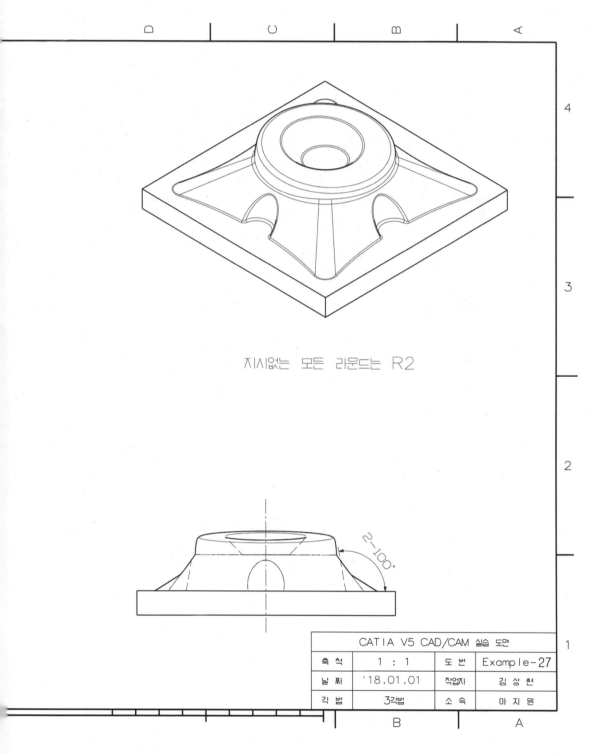

지시없는 모든 라운드는 R2

2-100°

| CATIA V5 CAD/CAM 실습 도면 | | | |
|---|---|---|---|
| 축 척 | 1 : 1 | 도 번 | Example-27 |
| 날 짜 | '18.01.01 | 작업자 | 김 상 현 |
| 각 법 | 3각법 | 소 속 | 마 지 원 |

# 28 기출도면-6

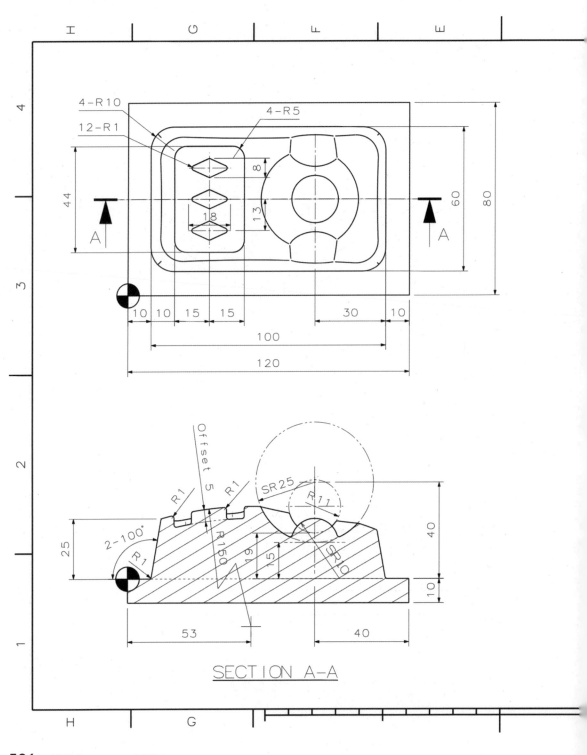

SECTION A-A

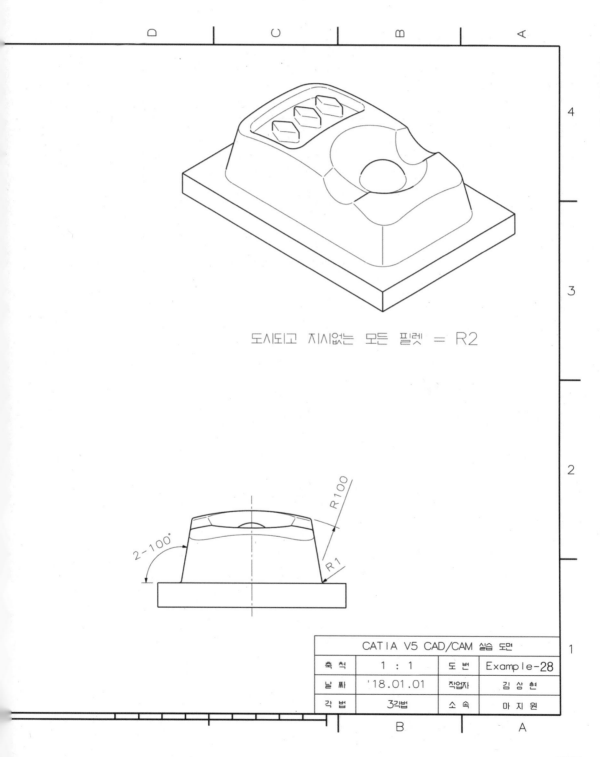

도시되고 지시없는 모든 필렛 = R2

R100

2-100°

R1

| CATIA V5 CAD/CAM 실습 도면 | | | |
|---|---|---|---|
| 축 척 | 1 : 1 | 도 번 | Example-28 |
| 날 짜 | '18.01.01 | 작업자 | 김 상 현 |
| 각 법 | 3각법 | 소 속 | 마 지 원 |

D  C  B  A

4  3  2  1

B  A

## 29 기출도면-7

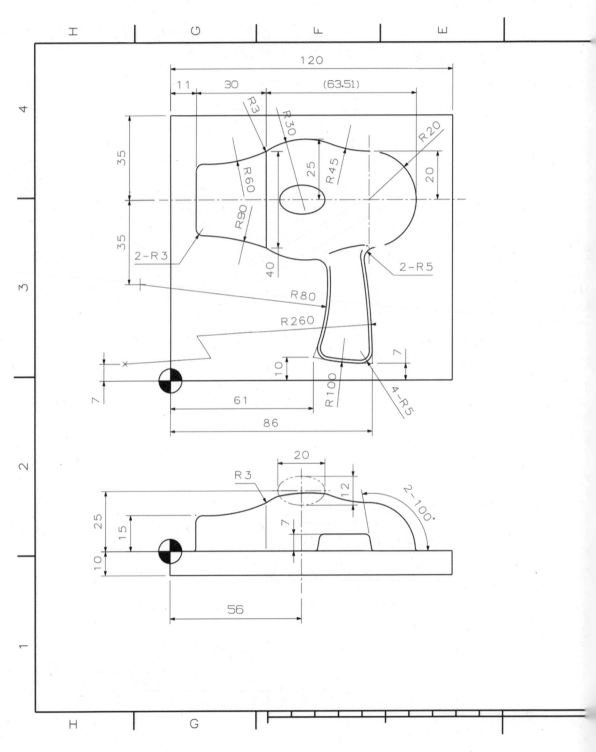

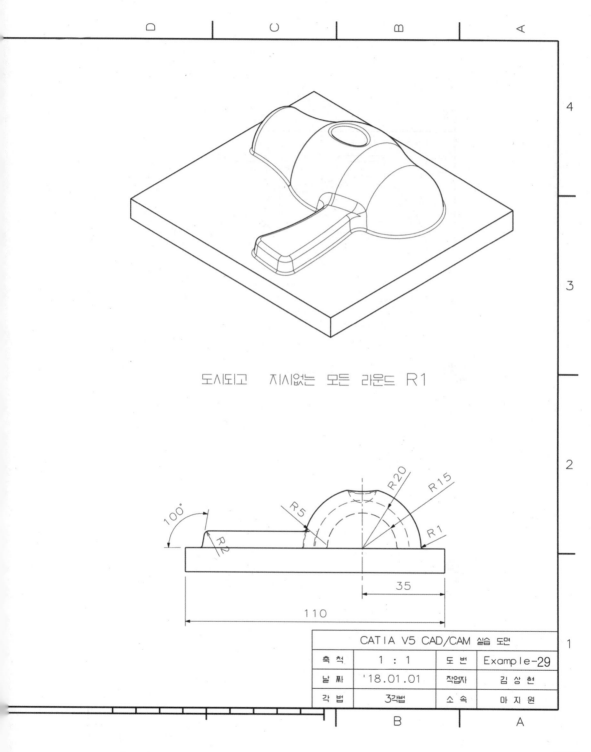

도시되고  지시없는  모든  라운드 R1

| CATIA V5 CAD/CAM 실습 도면 | | | |
|---|---|---|---|
| 축 척 | 1 : 1 | 도 번 | Example-29 |
| 날 짜 | '18.01.01 | 작업자 | 김 상 현 |
| 각 법 | 3각법 | 소 속 | 마 지 원 |

# 30 기출도면-8

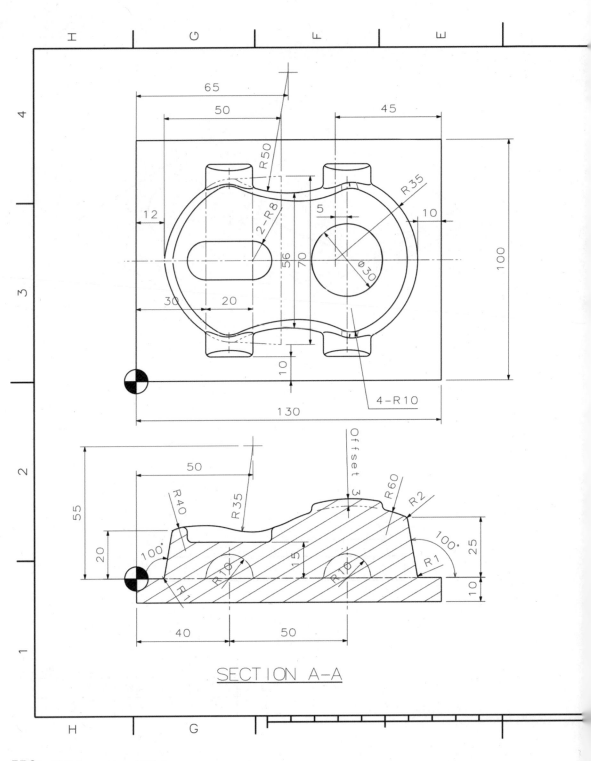

SECTION A-A

D  C  B  A

4

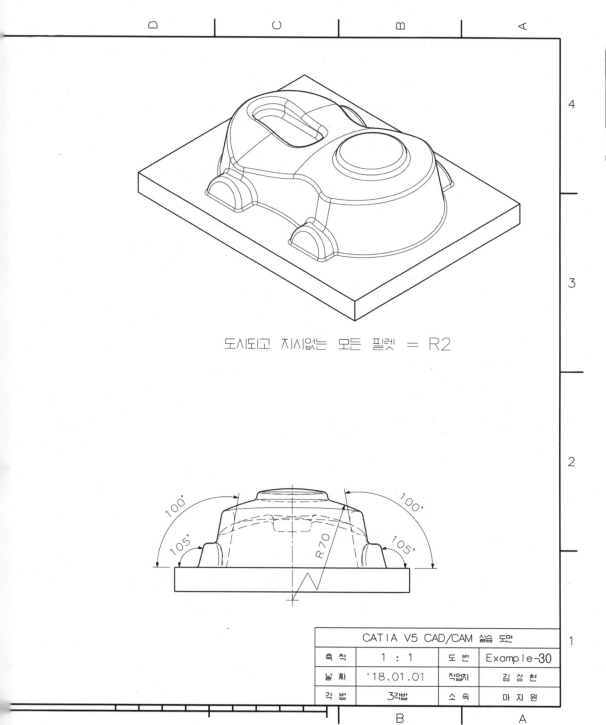

3

도시되고 지시없는 모든 필렛 = R2

2

| CATIA V5 CAD/CAM 실습 도면 | | | |
|---|---|---|---|
| 축 척 | 1 : 1 | 도 번 | Example-30 |
| 날 짜 | '18.01.01 | 작업자 | 김 상 현 |
| 각 법 | 3각법 | 소 속 | 마 지 원 |

1

B  A

# 31 기출도면-9

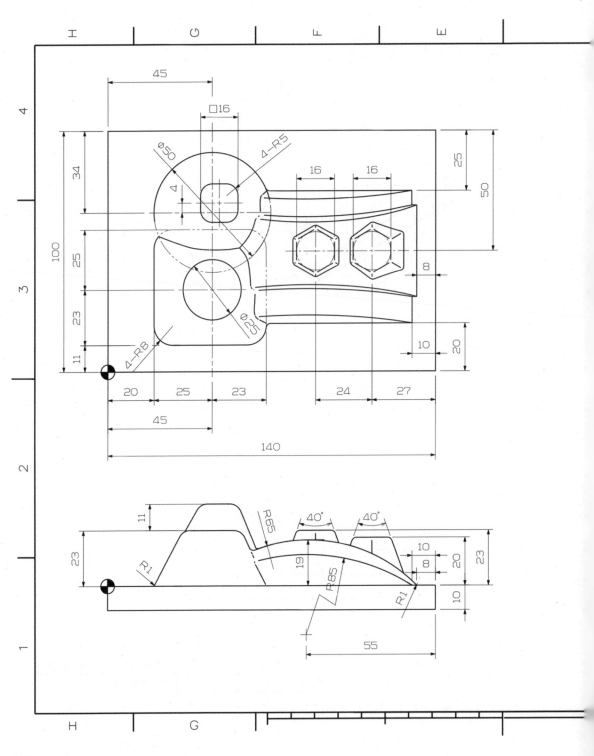

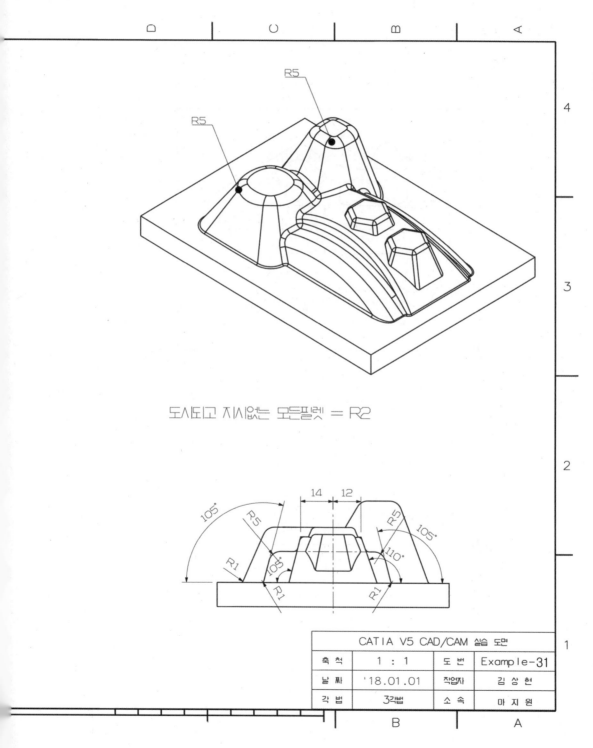

도시되고 지시없는 모든필렛 = R2

# 32 기출도면-10

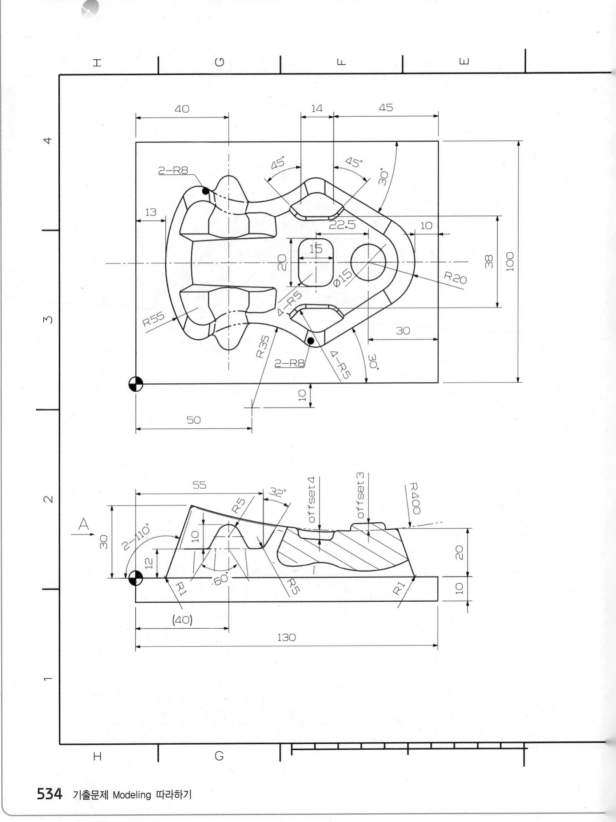

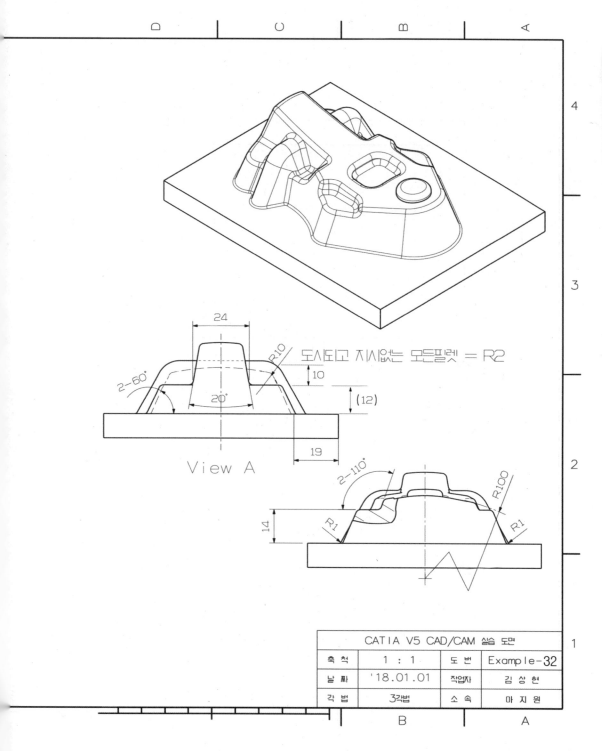

24

R10

도시도고 지시없는 모든필렛 = R2

10

2-60°

20°

(12)

19

View A

2-110°

R100

14

R1

R1

| CATIA V5 CAD/CAM 실습 도면 | | | |
|---|---|---|---|
| 축 척 | 1 : 1 | 도 변 | Example-32 |
| 날 짜 | '18.01.01 | 작업자 | 김 상 현 |
| 각 법 | 3각법 | 소 속 | 마 지 원 |

B

A

# 33 기출도면-11

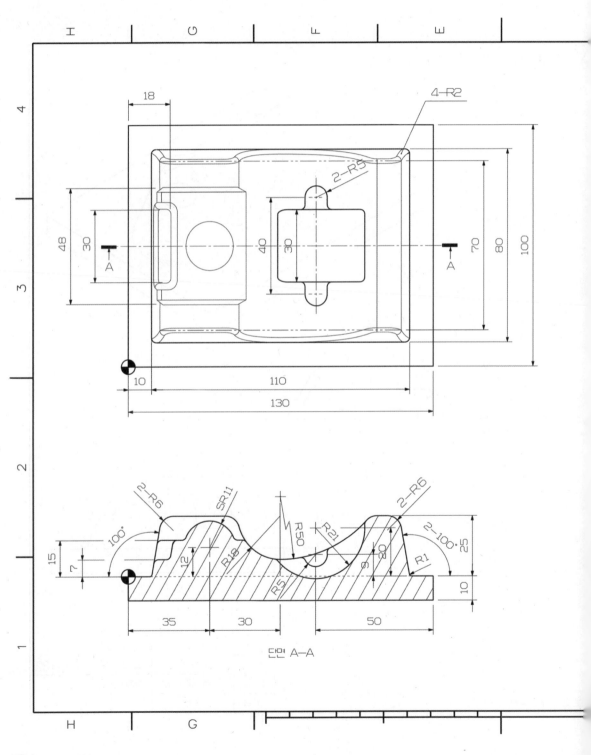

단면 A-A

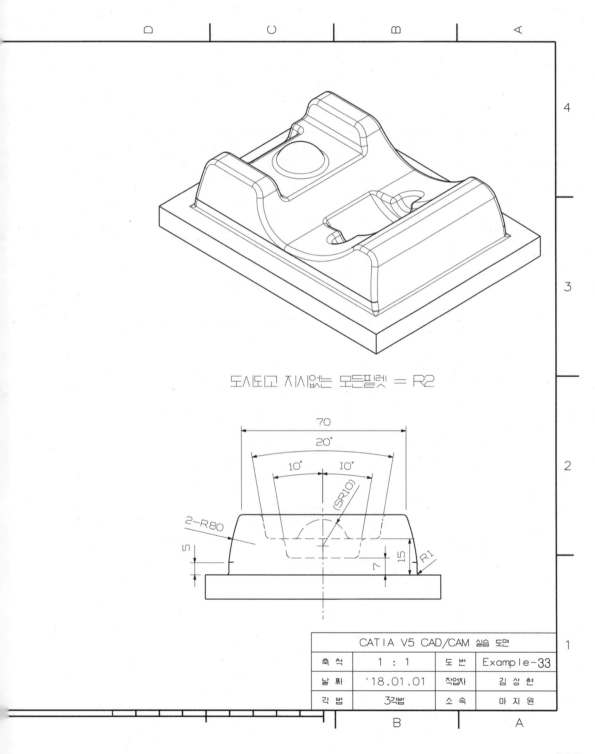

도시도고 지시없는 모든필렛 = R2

# 34 기출도면-12

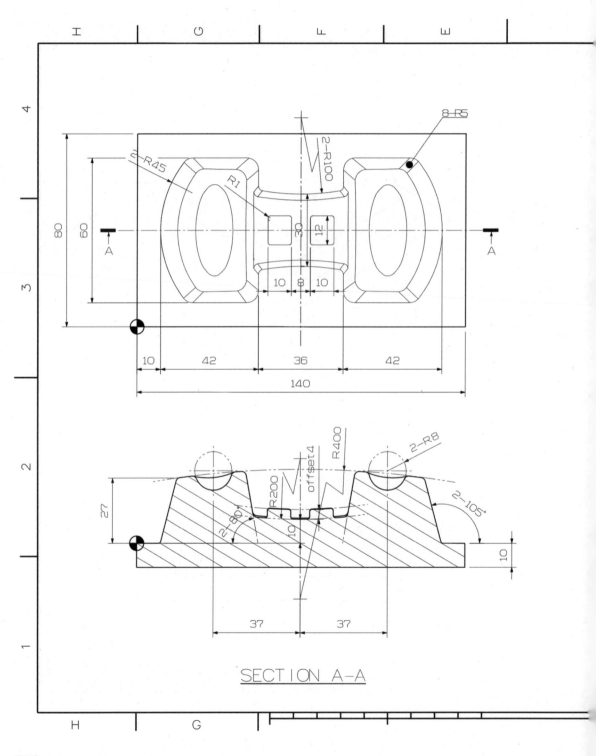

SECTION A-A

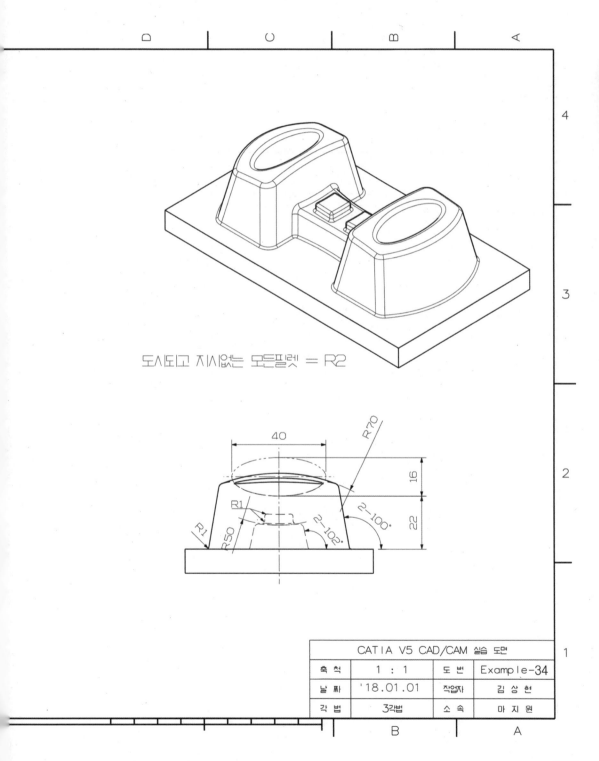

도시도고 지시없는 모든필렛 = R2

| CATIA V5 CAD/CAM 실습 도면 | | | |
|---|---|---|---|
| 축 척 | 1 : 1 | 도 번 | Example-34 |
| 날 짜 | '18.01.01 | 작업자 | 김 상 현 |
| 각 법 | 3각법 | 소 속 | 마 지 원 |

# 35 기출도면-13

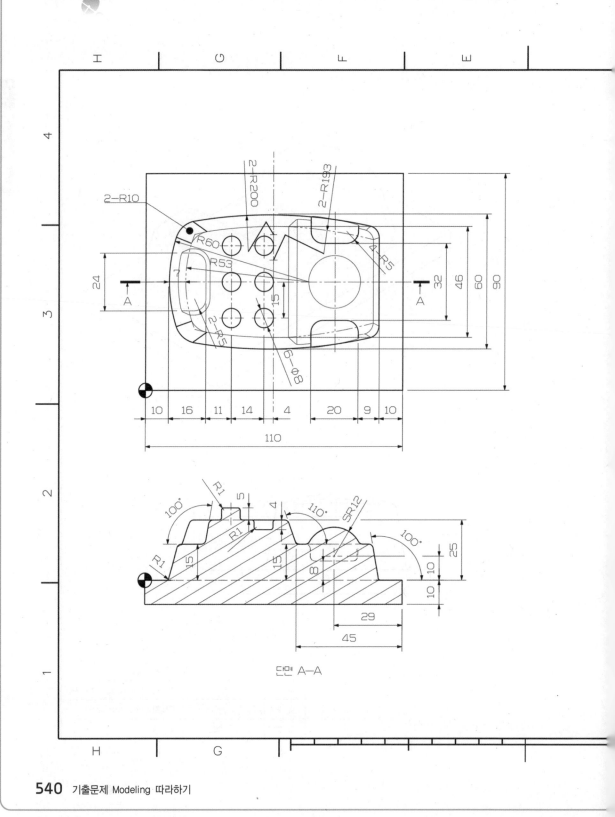

단면 A-A

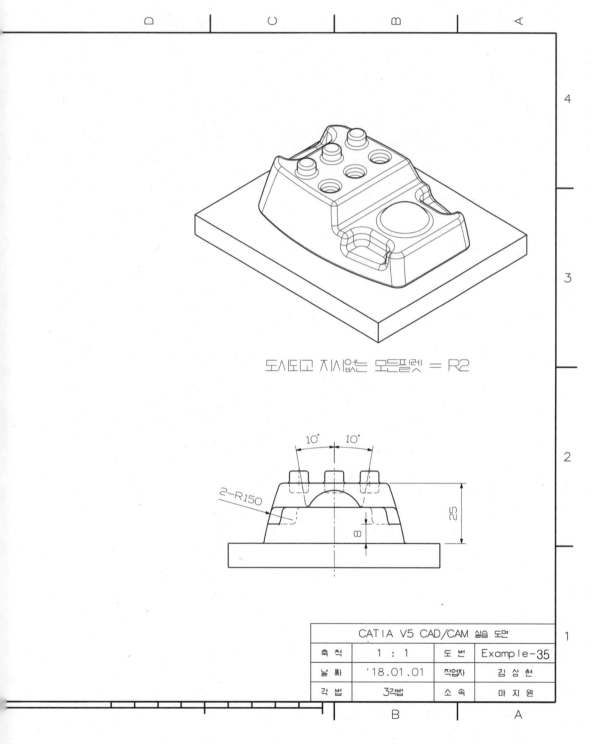

도시되고 지시없는 모든필렛 = R2

| CATIA V5 CAD/CAM 실습 도면 | | | |
|---|---|---|---|
| 축 척 | 1 : 1 | 도 번 | Example-35 |
| 날 짜 | '18.01.01 | 작업자 | 김 상 현 |
| 각 법 | 3각법 | 소 속 | 마 지 원 |

# Section 03

## CATIA Modeling
## NC-Code 추출하기

+ 국가기술자격 실기시험문제
+ 황삭, 정삭, 잔삭 가공 경로 Capture하는 방법
+ 도면작업하는 방법

## 국가기술자격 실기시험문제

1. 시험시간 : 표준시간 2시간 30분

2. NC 데이터 절삭 지시서

| 작업 내용 | 파일명 (비번호가 2번일 경우) | 공구조건 | | 경로 간격 (mm) | 절삭조건 | | | | 비고 |
| --- | --- | --- | --- | --- | --- | --- | --- | --- | --- |
| | | 종류 | 직경 | | 회전수 (rpm) | 이송 (mm/ min) | 절입량 (mm) | 잔량 (mm) | |
| 황삭 | 07황삭.nc | 평E/M | $\phi12$ | 5 | 1400 | 100 | 6 | 0.5 | |
| 정삭 | 07정삭.nc | 볼E/M | $\phi4$ | 1 | 1800 | 90 | | | |
| 잔삭 | 07잔삭.nc | 볼E/M | $\phi2$ | | 3700 | 80 | | | Pencil |

✷ 수검자 요구사항 및 CAM작업 제출 파일

가. 수검자 요구사항

1) 공작물을 고정하는 베이스(10mm) 부위는 제외하고 윗 부분만 Modeling 하여 NC data를 생성하여야 한다.

2) 황삭 가공에서 Z 방향의 시작 높이는 공작물의 상면으로부터 10mm 높은 곳으로 정한다.

3) 안전 높이는 원점에서 Z방향으로 50mm 높은 곳으로 한다.

4) 절대 좌표 값을 이용하시오.

5) 공구번호, 작업내용, 공구조건, 공구경로 간격, 절삭조건 등은 반드시 절삭지시서에 준하여 작업하시오.

6) 치수가 명시되지 않은 개소는 도면크기에 유사하게 완성하시오.

## 나. CAM작업 제출파일

1) 모델의 형상의 출력물(치수제외, 척도 1 : 1) : 정면도, 평면도, 우측면도, 입체도

2) CAM작업 형상의 출력물(화면 캡쳐, 척도 임의) : 황삭가공경로, 정삭가공경로, 잔삭가공경로

3) NC Code(전반부 30 Block) 출력물 : 황삭NC Code, 정삭NC Code, 잔삭NC Code

※ 황삭, 정삭, 잔삭 생성된 NC Code가 가공이 가능하도록 Code를 수정하여 제출하여야 한다.

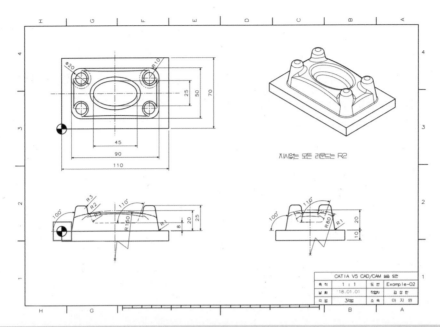

**01** 도면의 보고 CATIA V5로 형상을 모델링한다.
가공원점의 좌표에 주의하여 형상을 모델링한다.

NC Code를 작업하기 위해 작업된 모델링을 불러온다.
CD안에 section 3 ⇨ modeling3 파일을 선택
    화면과 같이 모델링이 나타나며, 특히 Fillet 처리에 주의하여 형상을 체크한다.
**02** (아래 Modeling은 도면과 다르게 가공원점을 좌표를 밑에 설정하여 Modeling 작업)

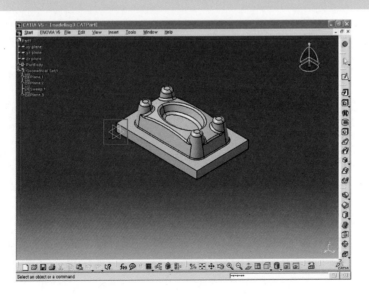

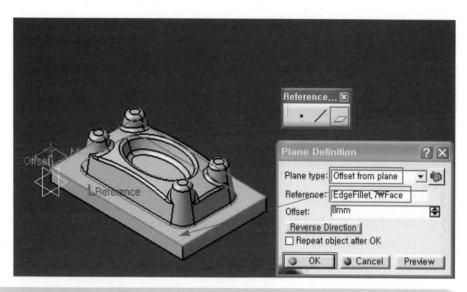

수검자 주의사항에 "사"를 참조하여 안전 높이를 설정 한다.

안전 높이 설정은 다음과 같다.

Reference Element ▷ Plane를 선택하고 화면과 같이 모델링의 평면(도면의 기계원점 좌표평면)을 선택한 후 Plane Definition 창에서 Offset에 50mm를 입력한다.

(안전높이가 50mm 임. 지시서에 따라 달라짐)

*03*

화면과 같이 Plane이 생성된 것을 확인 할 수 있다.

*04*

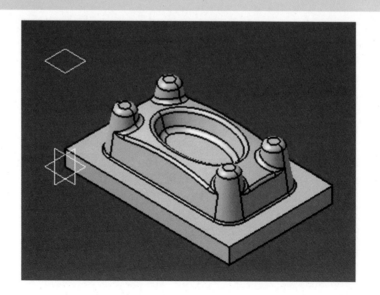

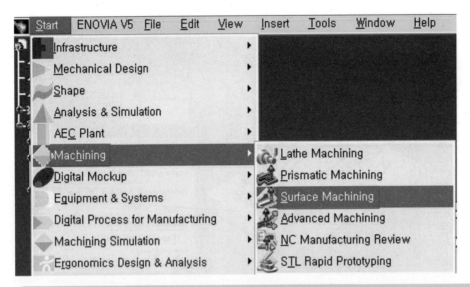

**05** NC Code를 생성시키기 위해 Product를 변경한다.
Start ⇨ Machining ⇨ Surface Machining을 선택한다.

화면과 같이 Machining 작업 공간으로 변경된 것을 확인 할 수 있다.

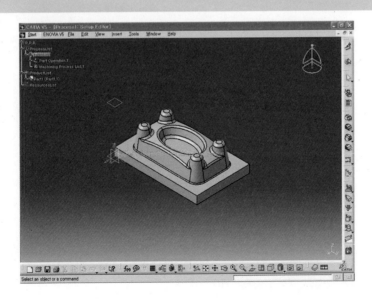

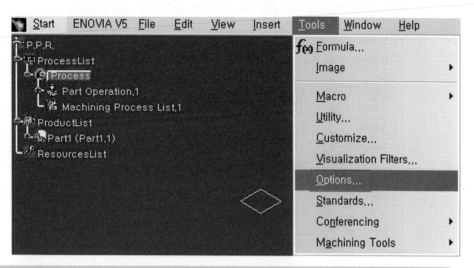

작업에 들어가기 앞서 작업환경을 먼저 Setting 해야 한다.
(Post process 설정과 NC Code 확장자를 nc로 설정)
Tool ⇨ Options…을 선택한다.

*01*

Options ⇨ Machining을 선택 ⇨ 우측에 Output을 선택한다.
Post Processor and Controller Emulator Folder에서 IMS를 선택한다.
그러면 CATIA 자체 Post Processor가 나타나게 된다.

*08*

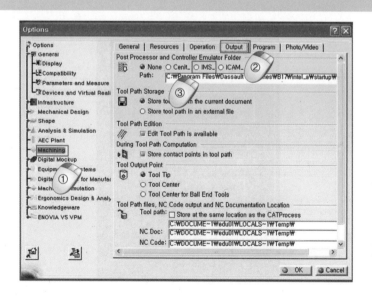

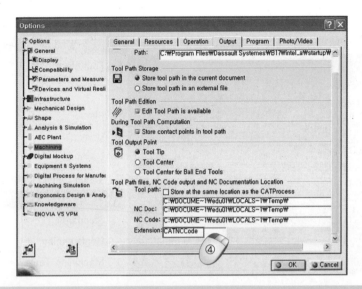

**09** 계속해서 scroll를 아래로 내려서 Tool Path files에서 Extension에 CATNCCode 를 nc로 변경하고 OK를 누른다.

Options setting은 완료

CATIA 화면의 Tree를 화면과 같이 우측 Tree에 + 되어 있는 것을 그림과 같이 −로 나타 낸다.

+ 버튼을 클릭하면 −로 변경된다.

**10**

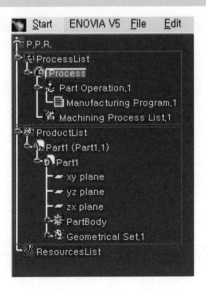

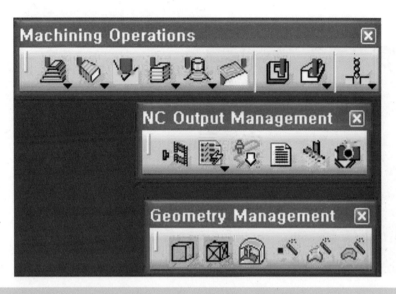

**11**

NC Code를 추출하기 위해 아래와 같이 필요한 Toolbar를 정리한다.
아래의 Toolbar를 찾아서 화면과 같이 정리한다.

**12**

먼저 소재의 규격을 Setting 해야 하므로
Geometry Management ⇨ Create rough stock을 선택하여 Tree에 Part1을
선택하거나, 모델링을 선택하며, 그림과 같이 창이 나타난다.

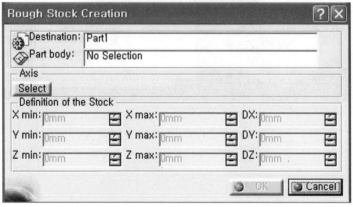

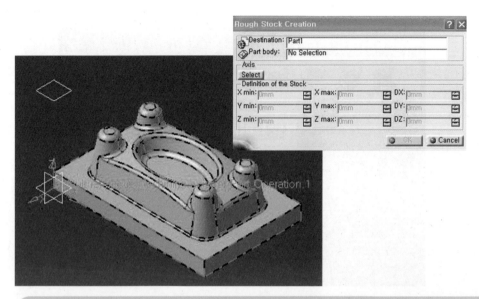

**13** Rough Stock Creation ➡ Destination에 모델링 이름이 Part1로 입력된 것을 확인할 수 있다.

다시 한번 더 Modeling을 선택하면 Rough Stock Creation ➡ Part body에 모델링 이름이 부여된 것을 확인할 수 있다.

**14**

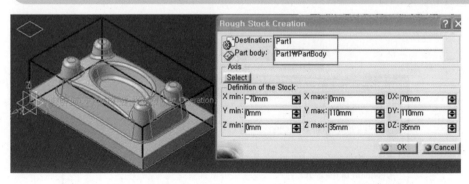

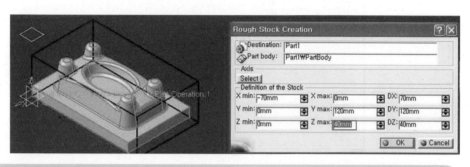

NC 데이터 절삭 지시서 주의사항 "아"에 소재의 규격은 가로(120mm) x 세로(70mm) x 높이(40mm)로 되어 있다. X max는 0mm , Y max는 120mm, Z max는 전체 규격이며, DX, DY, DZ는 기계원점 좌표에서 규격을 나타 낸다. 따라서 차이는 Z max와 DZ가 10mm 차이밖에 없다. 여기서는 기계원점을 제일 밑에 설정 하였으므로 Zmax를 40mm로 setting 해야 한다. 화면과 같이 변경된 것을 확인하고 OK를 선택한다.

(기계원점을 도면과 같이 설정되었으면 Z max는 30mm 값을 설정해야 한다.)

기계 Setting을 하기 위해 다음과 같이 Setting을 한다.
화면과 같이 Tree ⇨ Part Operation.1를 더블 클릭하면 Part Operation 창이 나 타나고 Machine 아이콘을 선택한다.

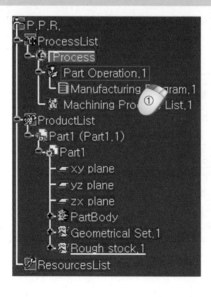

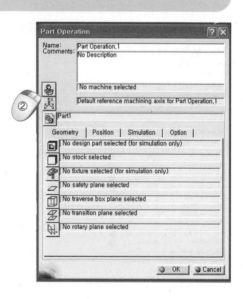

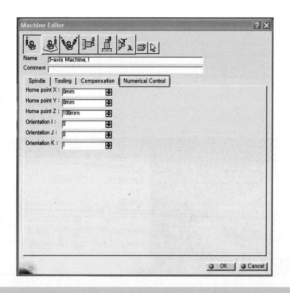

**17** 화면과 같이 Machine Editor 창이 나타나면 Numerical Control 창을 선택한다.

화면과 같이 Post Processor를 누르면 List가 나오는데 그 중에 fanuc0.lib를 선택하고 OK를 누른다.

    (국내에서 가장 많이 사용되는 Post Process "Fanuc0"이다.)

**18**

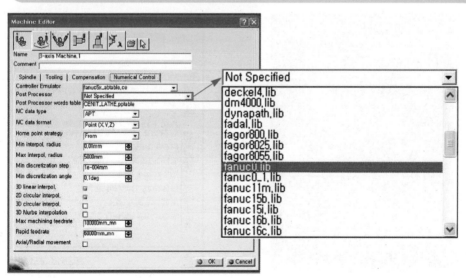

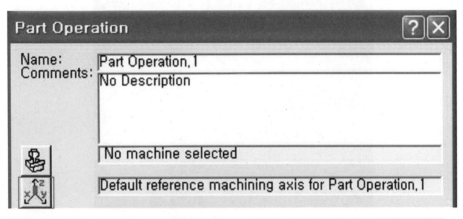

계속해서 Part Operation에 AXIS 아이콘을 선택한다.

그림과 같은 설정창이 나타나며 여기서 기계좌표를 설정하는 곳이므로 대단히 중요
한 곳이다. 현재 모델에서는 기계좌표를 다시 설정해 줘야 함으로 아래 화면과 같이
원점 좌표를 선택한다.

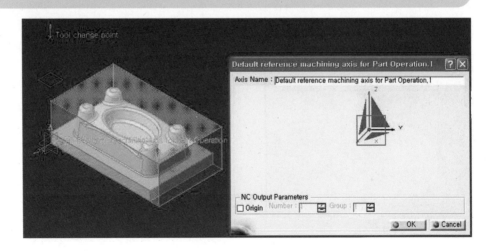

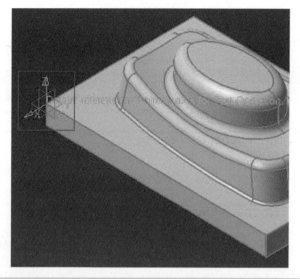

 만약 화면과 같이 모델링 좌표가 설정되어 있으면 기계원점 좌표는 설정 할 필요가 없으며 X,Y 좌표만 변경하면 된다.

(Modeling 작업에서 22번 좌표로 되어 있으면 20번 작업을 생략해도 된다.)

기계좌표는 설정되었으나 X축과 Y축이 변경이 되어야하므로 설정화면에 X축을 선택한다.

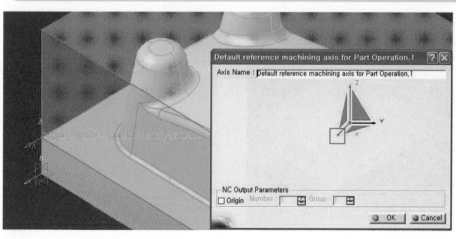

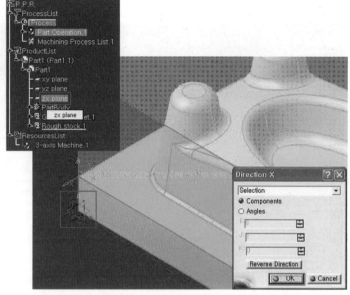

화면과 같이 Direction X 창이 뜨면 우측 화면의 Tree에서 ZX plane를 선택한다. **23**
그 다음 아래 그림처럼 되면서 기계좌표가 빨간색으로 X,Y 좌표가 다시 설정된 것을
확인 할 수 있다. OK를 선택한다.

화면과 같이 기계좌표 즉, X,Y 좌표가 설정 된 것을 확인하고 OK를 선택한다. **24**

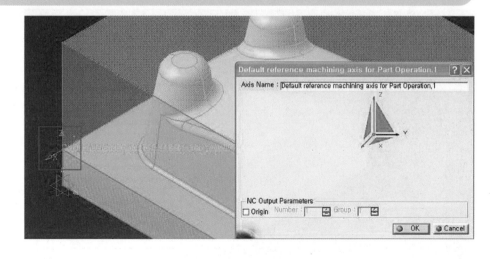

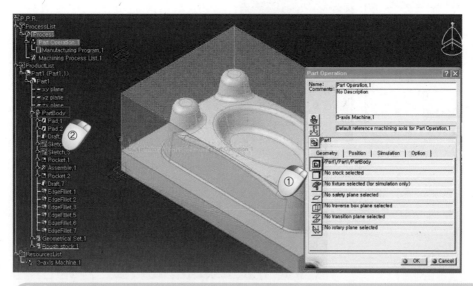

25 모델링 형상을 설정하기 위해 Geometry ⇨ Design Part for Simulation 아이콘
을 선택하고, Tree에서 PartBody를 더블클릭 한다.

소재 규격을 인식시키기 위해 Stock 아이콘을 선택
Tree에서  Rough stock를 더블클릭 한다.

26

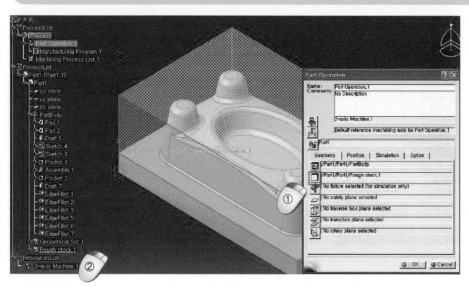

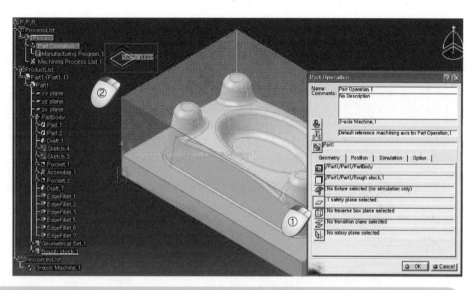

제품의 안전높이를 설정하기 위해 Stock Plane 아이콘을 선택
Tree에서 안전높이 Plane를 선택한 후, 설정을 마무리하기 위해 OK를 선택한다.

*27*

황삭을 Setting 하기 위해 화면과 같이 Tree ⇨ Manufacturing Program.1을 선택하고, Machining Operations Toolbar에서 Rought(황삭) 아이콘을 선택한다.

*28*

**29** 화면의 좌측 창이 생성되고 화면의 우측 창으로 설정하면 된다.

먼저 황삭 잔량을 Setting 하기 위해 Offset on part를 선택하고 절삭 지시서에
잔량 0.5mm으로 수정, Offset on check를 선택하여 0.5mm으로 수정
다음으로 part를 선택하고 Tree에 PartBody를 더블 클릭한다.
다음으로 Rough stock 선택하고 Tree에 Rough stock 더블클릭한다.
다음으로 Safety Plane 선택하고 Tree에서 마지막 화면과 같이 Plane을 선택
설정이 완료되면 우측 화면에서 녹색으로 변경된 것을 확인할 수 있다.
설정을 마무리하고 다음으로 Sensitive 버튼을 선택한다.

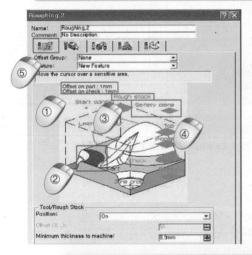

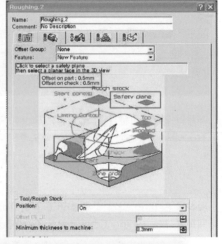

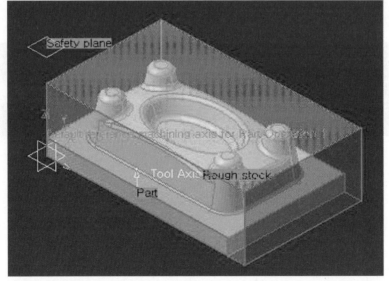

화면과 같이 Sensitive area 창이 나타난다.
공구경로 설정를 설정하기 위해 Tool path style에서 Spiral를 선택
Distinct style in pocket을 체크하고 Spiral를 선택
Machining Tolerance를 0.1을 0.01로 수정한다.(공구와 공구사이 간격을 조밀하게)
그리고 다음으로 Radial 버튼을 선택한다.

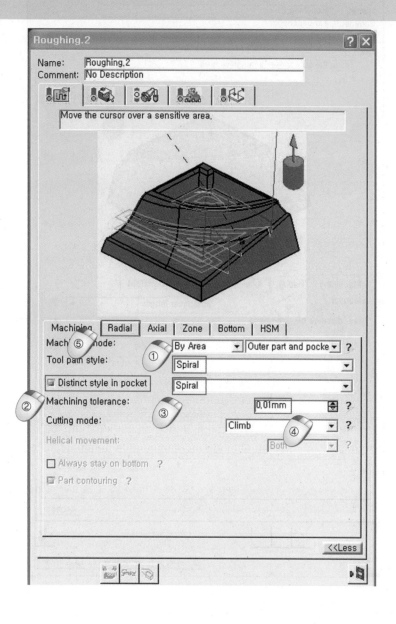

**31** Radial 영역에서 절삭지시서에 황삭경로 간격 값이 "5"로 설정되어 있음.
Stepover에서 Stepover Length을 선택.
Max. distance between pass값에 5를 입력한다.
그리고 다음으로 Axial 버튼을 선택한다.

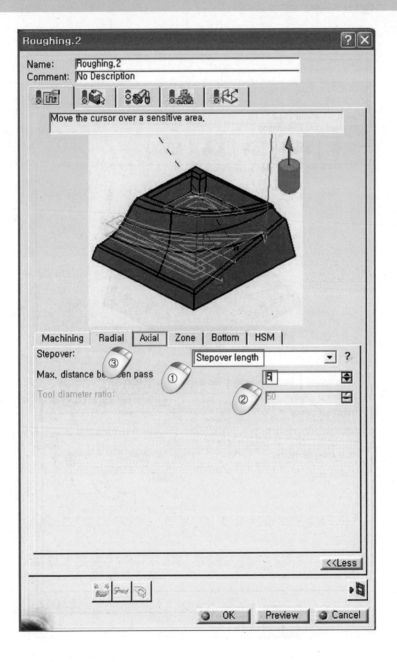

Axial 영역에서 절삭지시서에 황삭 절입량 값이 "6"으로 설정되어 있음.
Maximum cut depth 값에 "6"을 입력한다.
그리고 다음으로 Tool 버튼을 선택한다.

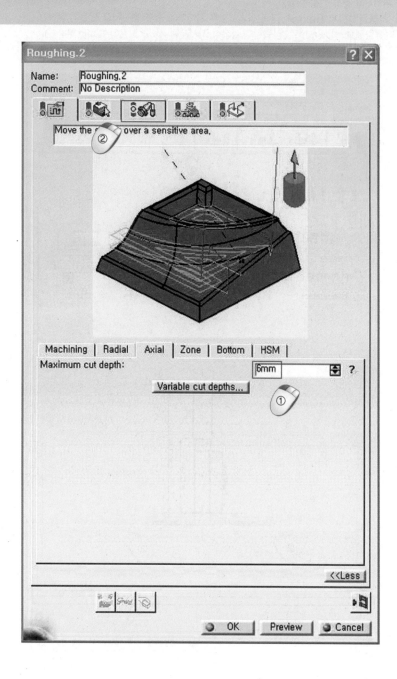

**33** 먼저 공구 황삭 공구 직경 이름 부여

Name에 T1 End Mill D10을 T1 End Mill D12로 수정한다.

키보드의 Tap키를 누르면 밑에 그림이 활성화 되며 Ball-end tool를 체크하여 해제한다.

(절삭 지시서에 황삭은 평 E/M)

Rc를 더블클릭해서 0mm로 입력한다. (절삭 지시서에 공구 평E/M로 만들기 위해)

D를 더블클릭해서 12mm로 입력한다. (절삭 지시서에 공구 직경이 12mm 임)

그리고 다음으로 Feedrate 버튼을 선택한다.

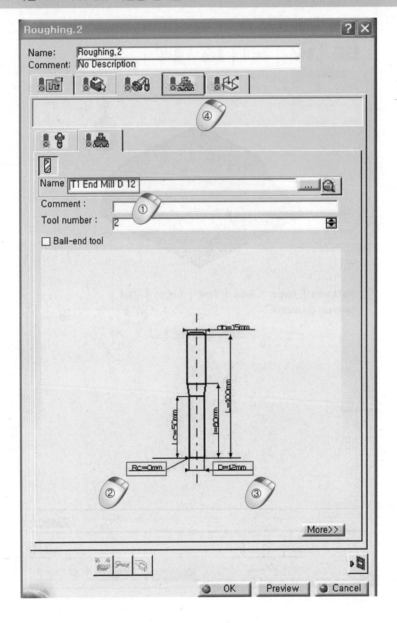

Feedrate에서 Automatic compute from tooling Feeds and Speeds를 선택하여 해제 시킨다. (황삭 이송을 기입하기 위해)

Maching에 100 mm_min 입력한다. (황삭 절삭 지시서에 이송 100 mm/min)

Spindle Speed를 Setting하기 위해 Automatic compute from tooling Feeds and Speeds를 선택하여 해재 시킴 (황삭 회전수를 기입하기 위해)

다음으로 Maching에 1400 turn_min 입력한다. (황삭 절삭 지시서에 회전수 1400 turn_mn)

마지막으로 Tool Path Replay 아이콘을 눌러 실행한다. (Computed로 계산이 수행된다.)

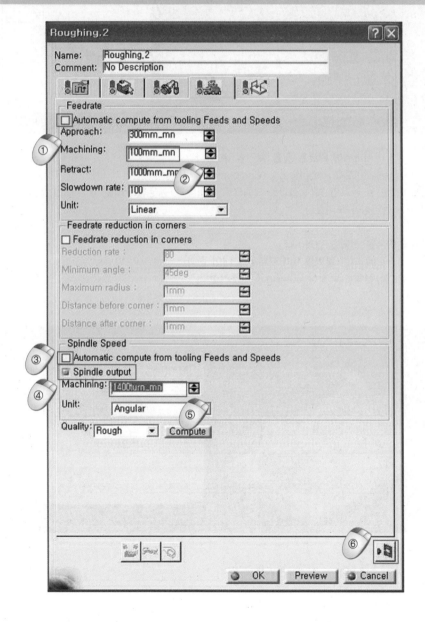

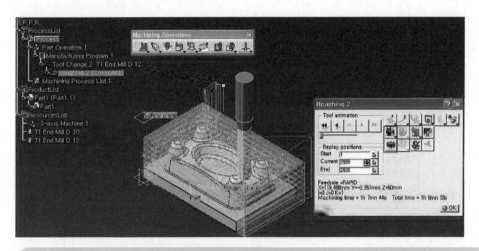

**35** 황삭 Setting이 완료된 것을 확인할 수 있다.
Tree에 반드시 Roughing.2 (Computed)가 나타나야 한다.
이미지 아이콘을 누르면 황삭 결과를 그림으로 나타내고, 동영상 아이콘을 누르면 황삭 결과
를 가공된 동영상을 보여준다.

**36** 이미지 아이콘을 선택한 결과이다.
설정된 가공값에 의한 결과를 이미지로 나타내어 준다.
OK를 선택하여 황삭 Setting을 마무리한다.

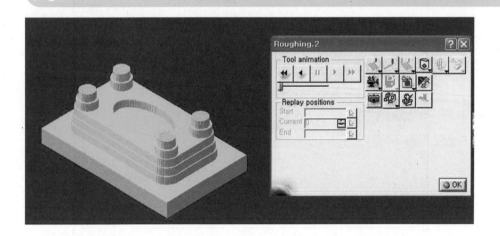

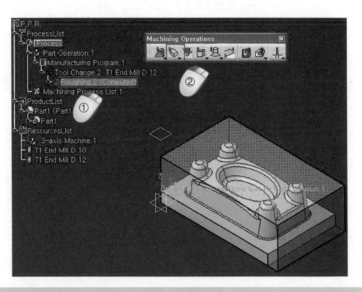

정삭을 setting 하기위해
Tree에 Roughing.2 (computed)를 선택하고, Machining Operations에
Sweeping(정삭) 아이콘을 선택한다.

*37*

정삭에는 잔량이 없으므로 Offset on part를 선택하고 0으로 입력하고 Offset on
check를 선택하고 0으로 입력한다.
Part를 선택하여 Tree에서 Partbody를 더블클릭하고 Safety plane을 선택하고 화면의
Plane을 선택한다.
화면과 같이 Setting 된다. 그리고 다음으로 Sensitive area 버튼을 선택한다.

*38*

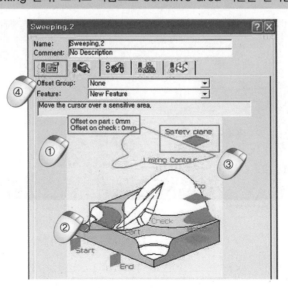

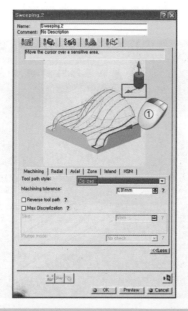

39   계속해서 Sensitive area 영역에서 가공방향과 Tool 진행방향을 Setting 하기 위해 화면의 화살표를 선택한다.

Tree에 ZX plane를 선택하며 가공방향과 Tool진행방향이 바뀐 것을 확인할 수 있다.
(주황색 처럼 진한 화살표가 가공방향이며, 빨강 화살표가 Tool진행 방향이다.)
    OK를 선택한다.

40

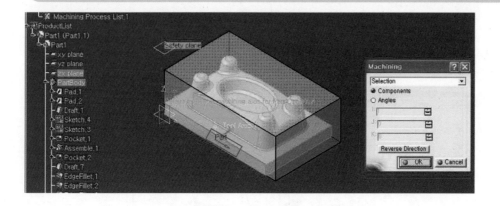

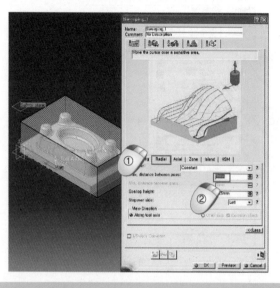

계속해서 Radial 버튼을 선택하고 Max.distance between pass에 정삭 지시서를 참고하여 경로 간격으로 1을 입력한다.

A1

Tool 버튼을 선택하여 공구를 Setting 한다.

A2

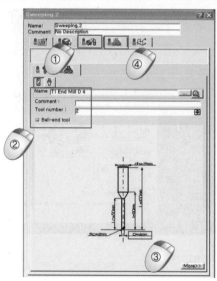

Name에 T1 End Mill D4를 입력한다.

Tap키를 누르면 밑에 그림이 활성화되고,

Tool number 2가 된 것을 확인할 수 있다.
(자동 기입됨)

Ball-end tool를 체크 (Ball End Mill임)

D=12mm를 더블클릭해서 4mm로 입력한다.
(자동으로 Rc=2mm Setting됨)

Setting이 완료되면 Feedrate를 선택한다.

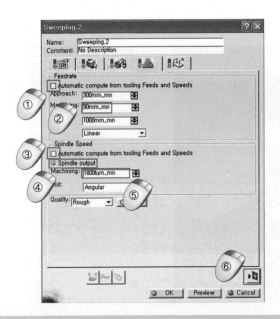

**A4** 정삭 Setting이 완료된 것을 확인할 수 있다.
이미지 아이콘을 누르면 정삭 결과를 그림으로 나타내고. 동영상 아이콘을 누르면 정삭 결과를
가공된 동영상을 보여준다. OK를 선택한다.

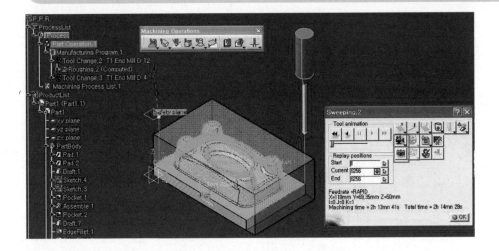

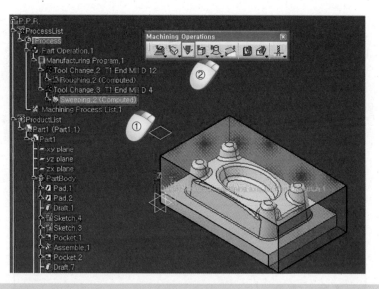

잔삭을 setting 하기위해
Tree에 Sweeping.2 (computed)를 선택하고, Machining Operations에 Pencil
(잔삭) 아이콘을 선택한다.

잔삭에는 잔량이 없으므로 그림과 같이 그대로 Setting한다.
Part를 선택하여 Tree에서 Partbody를 더블클릭하고 Safetv plane을 선택하고
화면의 Plane을 선택한다.
화면과 같이 Setting 된다. 그리고 다음으로 Tool 버튼을 선택한다.

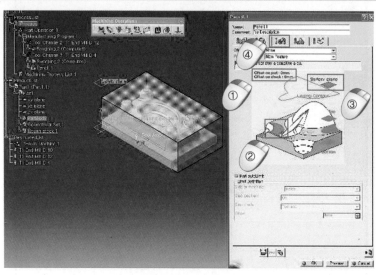

**47** 계속해서 잔삭에 해당하는 Tool을 Setting 한다.
　　Name에 T1 End Mill D2로 입력한다.
키보드의 Tap키를 누르며 밑에 그림이 활성화되고 Tool number 3이 나타난다. (자동 기입됨)
Ball-end tool를 체크되어 있으며 (절삭 지시서에 볼E/M 임)
D=4mm를 더블클릭해서 2mm로 입력한다. (자동으로 Rc가 1mm로 Setting됨)
그리고 다음으로 Feedrate버튼을 선택한다.

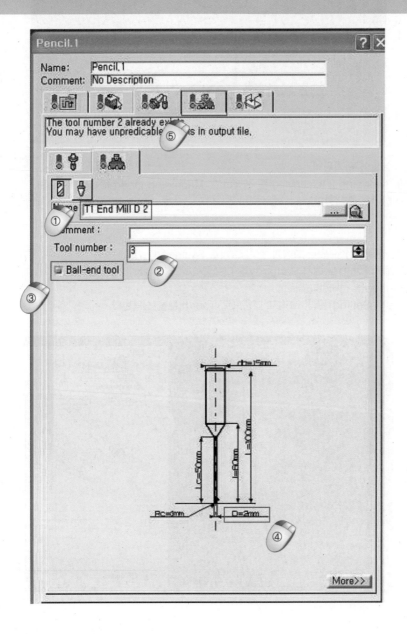

Feedrate에서 Automatic compute from tooling Feeds and Speeds를 선택하여 해제 시킨다. (잔삭 이송을 기입하기 위해)
Maching에 80 mm_min 입력한다. (잔삭 절삭 지시서에 이송 80 mm/min)
Spindle Speed를 Setting하기 위해 Automatic compute from tooling Feeds and Speeds를 선택하여 해제 시킴 (잔삭 회전수를 기입하기 위해)
다음으로 Maching에 3700 turn_min 입력한다. (잔삭 절삭 지시서에 회전수 3700 turn_min)
마지막으로 Tool Path Replay 아이콘을 눌러 실행한다. (Computed로 계산이 수행된다.)

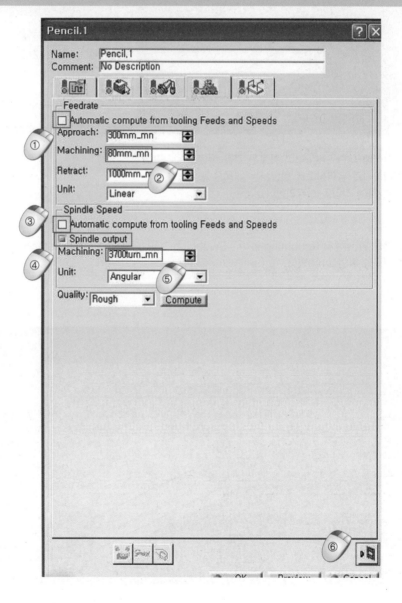

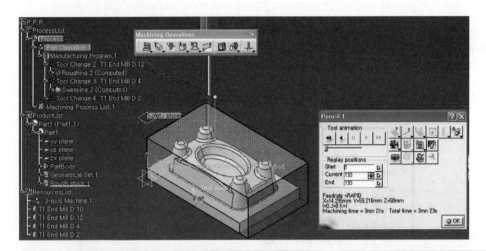

**49** 잔삭에 대한 Setting이 완료된 것을 확인할 수 있다.
이미지와 동영상으로 확인하는 내용은 동일하다.
OK를 선택하여 작업을 마무리한다.

그림과 같이 Tree에서 Roughting(황삭) , Sweeping(정삭) , Pencil(잔삭)이 Setting이
완료된 내용을 확인할 수 있다.

**50**

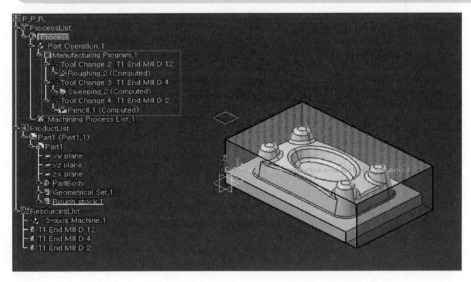

NC 데이터 파일을 형성하기 위해 NC Ouput Management에 그림과 같이
Generate NC code Interactively 아이콘을 선택한다.
화면창이 뜨면 Resulting NC Data에서 NC data type에 NC Code를 선택
One file...에 by machining operation을 선택
Ouput File 경로 버튼을 눌러 저장 위치를 지정. 바탕화면에 폴더1 생성
Execute버튼을 선택하면 Message 창이 3번 나타나며 3번 Continue을 선택한다.

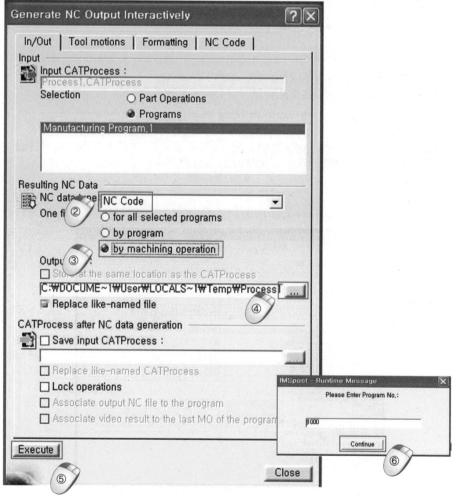

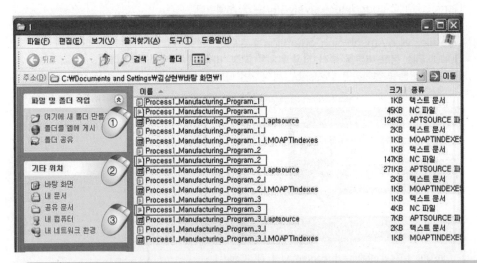

**52** 저장위치에 찾아가면 다음 그림과 같이 파일들이 형성되어 있으며 파일종류에 보면
NC파일 중 1번이 황삭, 2번이 정삭, 3번이 잔삭이다.
워드패드 및 메모장을 열어 이 파일을 1번부터 Open 시킨다.

Process1_Manufacturing_Program_1은 황삭이므로 절삭 지시서를 보고 N1, N2 항목을
화면과 같이 수정하고 저장 이름을 01황삭.nc로 저장한다.
**53** (01는 수험자 등번호 임)

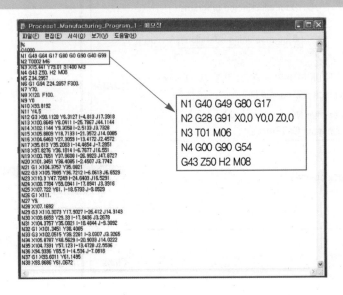

Process1_Manufacturing_Program_2는 정삭이므로 수정하고 01정삭.nc로 저장한다.

```
N1 G40 G49 G80 G17
N2 G28 G91 X0.0 Y0.0 Z0.0
N3 T02 M06
N4 G00 G90 G54
G43 Z50 H2 M08
```

Process1_Manufacturing_Program_3는 잔삭이므로 수정하고 01잔삭.nc로 저장한다.

```
N1 G40 G49 G80 G17
N2 G28 G91 X0.0 Y0.0 Z0.0
N3 T03 M06
N4 G00 G90 G54
G43 Z50 H2 M08
```

정삭과 잔삭도 동일하게 수정한다.

54

55

실기시험을 칠 때 수험자 등 번호가 1번일 경우 다음과 같이 파일 이름을 정해서 제출하면 된다.
01황삭.nc / 01정삭.nc / 01잔삭.nc 파일 3개를 제출하면 된다.

## 황삭, 정삭, 잔삭 가공 경로 Capture하는 방법

앞의 566page 부분에서 Capture 하면 된다.

Tool 〉〉 Image 〉〉 Capture 선택

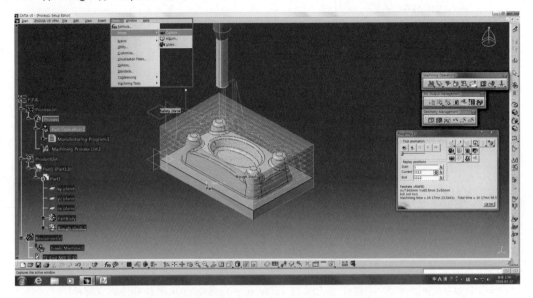

다음과 같이 Capture 아이콘이 생성됨

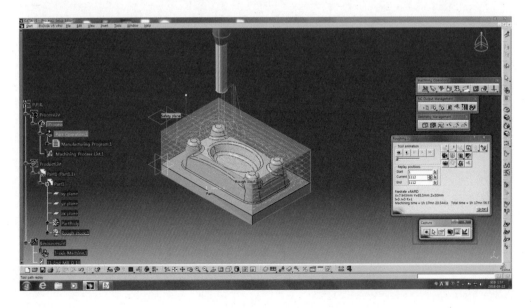

Capture 아이콘에 Capture 아이콘 선택

다음과 같은 Capture Preview가 생성됨

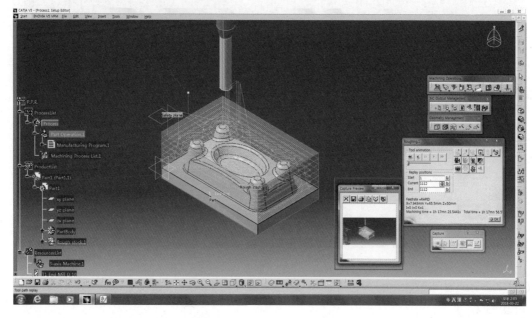

Capture Preview에 Save as 선택함

다음과 같이 화면이 나타남.

바탕화면 선택 〉〉 새폴더 만들기 선택

하여 새폴더를 만들고

파일이름을 황삭 가공경로.jpg 파일로 저장

정삭가공경로(앞의 570page) 부분과 잔삭가공경로(앞의 574page) 부분에서 Capture 작업을 진행하면 된다.

# 도면작업하는 방법

Start >> Mechanical Design >> Drafting 선택

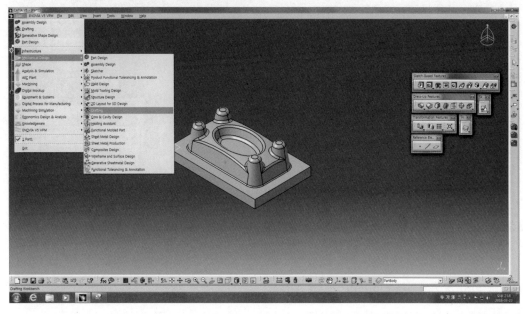

다음과 같이 New Drawing Creation이 생성됨

Modify... 선택함

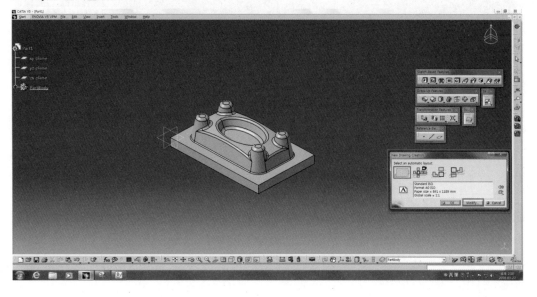

New Drawing이 생성되며 New Drawing 그림과 같이

Standard에 JIS를 선택 >> Sheet Style에 A4 JIS를 선택 >> Landscape 선택 후 Ok선택

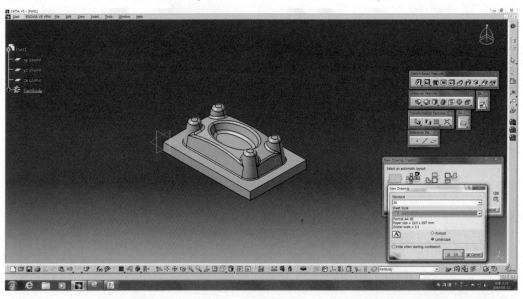

다음과 같이 조건이 결정되었으면, OK를 선택

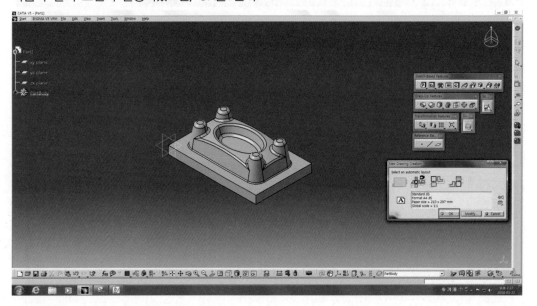

다음과 같이 Drawing Interface로 이동 되며, View Tool를 배치함.

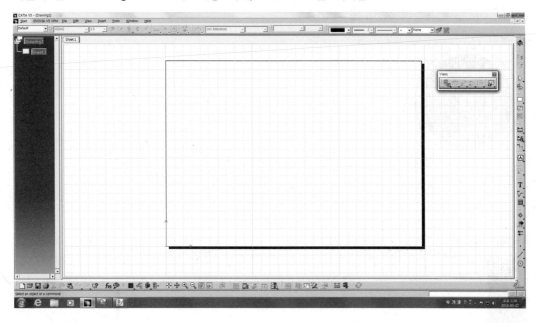

View Tool에서 Front View 선택 >> 키보드에 Ctrl + Tab 선택

다음과 같은 화면이 나타나며, 그림과 같이 정면도를 선택한다.

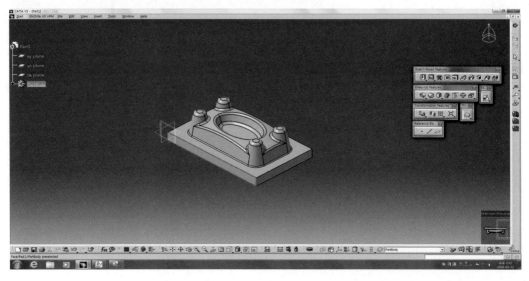

그림과 같이 Drawing에 정면도가 나타난다.
여기서 이것을 활용하여 정면도를 나타낸다.

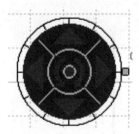

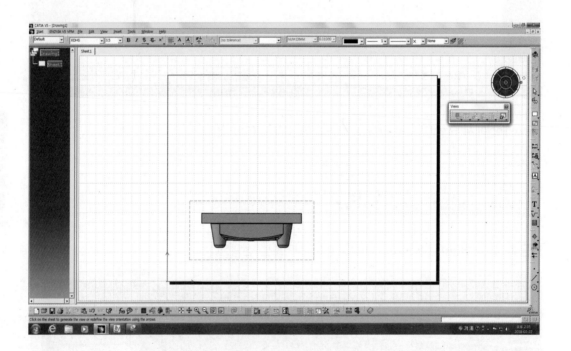

정면도를 나타냄.

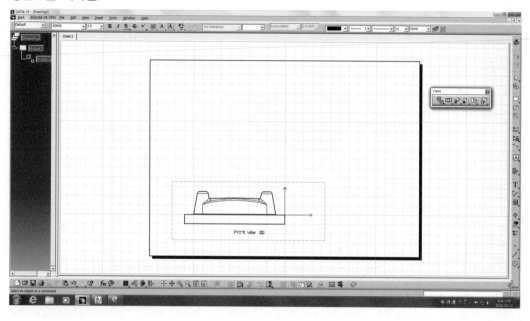

평면도 및 우측면도를 나타내기 위해 Projection View를 선택함

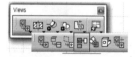

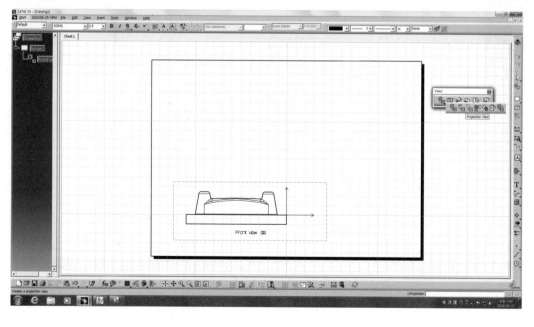

마우스를 평면도로 가져가면 그림과 같이 평면도가 나타나면, 선택함.

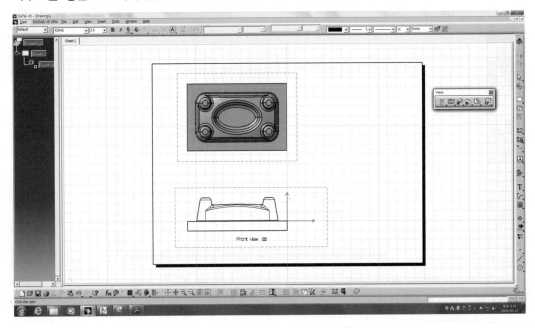

마우스를 우측에 가져가면 그림과 같이 우측면도가 나타나면, 선택함

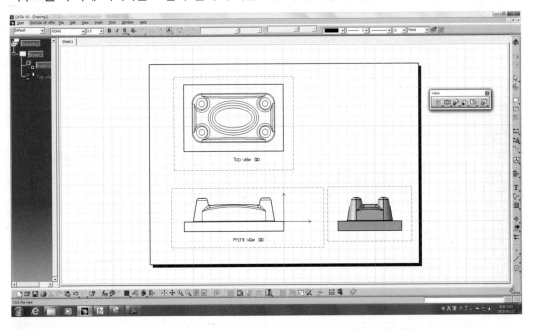

다음과 같이 정면도, 평면도, 우측면도를 나타남.

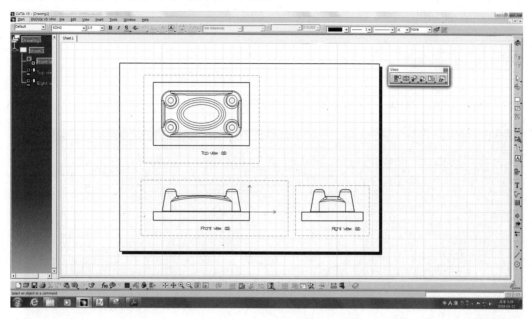

등각투상도를 나타내기 위해 View Tool bar에서
Isometric View 아이콘 선택 한 후, Ctrl + Tab 선택

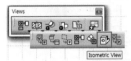

Part Design View Toolbar에서 Isometric View 선택한 후, 모델링 아무면 선택

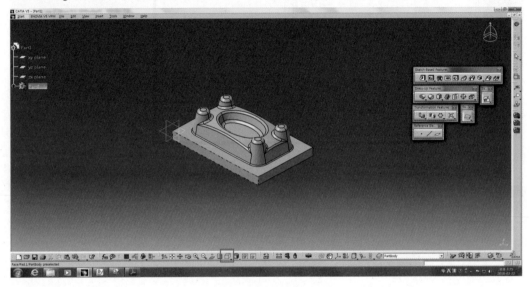

다음 그림과 같이 Isometric View 도면이 형성되면, 아무위치에 마우스 선택

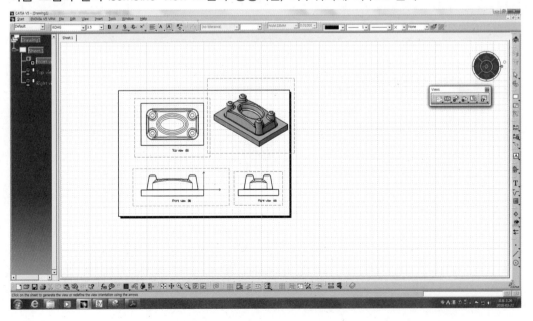

모든 도면작업이 완성됨.

File 》 Save as 선택하여 파일을 저장함.

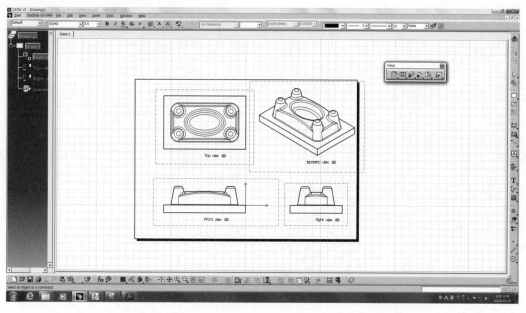

# Section 04

## CNC/MCT 기출문제

# 01 CNC 선반 기출문제 형식 (기계가공기능장)

## 01-1. 시험시간 1시간 50분 (프로그래밍 50분, 기계가공:1시간)

## 01-2. 요구사항

① 도면과 같이 가공할 수 있도록 프로그램 입력 장치에서 수동 프로그램하여 디스켓에 저장하여 제출한다.

② 디스켓에 저장된 프로그램을 CNC선반에 입력시켜 제품을 가공한다.

③ 척에 고정되는 부분(Ø49)은 핸들운전(MPG), 반자동, 프로그램에 의한 자동운전 중에서 수검자가 원하는 방법으로 가공할 수 있다. 또한, C3 모따기도 수검자의 판단에 의해 가공하지 않을 수도 있다.

④ 공구셋팅 및 좌표계 설정을 제외하고는 CNC프로그램에 의한 자동운전으로 가공해야 한다.

⑤ 지급된 재료는 교환할 수 없다.
(단, 지급된 재료에 이상이 있다고 감독위원이 판단 할 경우 교환이 가능하다.)

## 01-3. 수검자 유의 사항

① 본인이 지참한 공구와 지정된 시설을 사용하며 안전수칙을 준수하여야 한다.

② 시험시간은 프로그래밍 시간, 기계가공 시간을 합하여 1시간 50분이며, 프로그램 시간은 50분을 초과할 수 없고 남는 시간을 기계가공 시간에 사용할 수 없다.

③ 작업 완료시 작품은 기계에서 분리하여 제출하고, 프로그램 및 공구보정을 삭제한 후, 다음 수검자가 가공하도록 한다.

④ 프로그래밍

① 시험시간(50분) 안에 문제도면을 가공하기 위한 CNC프로그램을 작성하고 지급된 디스켓에 저장 후 도면과 같이 제출한다. (Process sheet 포함)

② Process sheet는 프로그래밍을 위한 도구로 사용여부는 수검자가 결정하며 채점대상에서 제외한다.

⑤ 기계가공

① 감독위원으로부터 수검자 본인의 디스켓 또는 프로그램을 전송 받는다.

② 프로그램을 CNC선반에 입력 후 수검자 본인이 직접 공작물을 장착, 공구 셋팅, 좌표계 설정 등을 한다.

③ 시뮬레이션을 통해 프로그램의 이상 유무를 감독위원으로부터 확인을 받은 후 가공을 시작한다.

④ 가공시 프로그램 수정은 좌표계 설정 및 절삭조건으로 제한한다.

⑤ 고가의 장비이므로 파손의 위험이 없도록 각별히 유의해야 하며, 파손시 수검자가 책임을 진다.

⑥ 프로그램이 저장된 디스켓은 작업이 완료된 후, 작품과 동시에 제출한다.

⑦ 안정상 가공은 감독위원 입회 하에 자동운전 한다.

⑧ 가공이 끝난 후 수검자 본인의 프로그램 및 공구 보정값은 삭제한다.

⑥ 다음 사항에 해당하는 작품은 채점대상에서 제외하고 해당 작업을 0점 처리한다.

① 프로그램 입력 장치를 이용하여 50분 안에 프로그램을 제출하지 못한 경우

② 프로그램 작성 및 저장 중 부정행위를 하는 경우

③ 검정장에 설치되어 있는 장비에 사용할 수 없는 기능으로 프로그램한 경우

④ 제출된 가공 프로그램이 미완성 프로그램으로 가공이 불가능한 경우

⑤ 공구 및 일감 세팅이 조작 미숙으로 감독 위원에게 3회 이상 지적을 받거나 정당한 지시에 불응한 경우

⑥ 주어진 도면과 상이하게 가공되어 치수가 ±2mm이상 초과한 부분이 1개소라도 있는 경우

⑦ 과다한 절삭 깊이로 인하여 작품의 일부분이 파손된 경우

⑧ 기계조작이 미숙하여 가공이 불가능한 경우나 기계에 파손의 위험이 있는 경우

⑨ 기계가공 시험시간 안에 작품을 제출하지 못한 경우

⑩ 요구사항이나 수검자 유의사항을 준수하지 않은 경우

⑦ 제품은 감독위원의 확인을 받아야 하며 확인이 누락된 작품을 제출할 경우는 채점 대상에서 제외하고 해당 작업을 0점 처리한다.

⑧ 수검자의 합산득점이 합격점수 이상이 되더라도 4개의 작업 중 어느 하나의 작업에서 0점인 경우 전체를 채점대상에서 제외한다.

⑨ 문제지를 포함한 모든 제출 자료는 반드시 비번호를 기재 한 후 제출한다.

# 02   CNC 선반 기계 Setting방법

## 02-1. 두산 수치제어선반 작동방법 PUMA 240 화낙

1 Power ON [기계뒷면], 조작반 전원ON, EME/STOP해제

2 기계원점 복귀
   ① MODE - HANDLE  ① X축 선택 ⇨ X축을 (−) 방향 ② Z축 선택 ⇨ Z축을 (−) 방향으로 50mm정도 이동시킨다
   ② MODE SELECT ⇨ REF(원점복귀)선택(FEED는 저속) : X⊕, Z⊕ 누른다. [완료시 점등]

3 공구선택 : 기준공구 (황삭 T0100)
   ① 공구선택: MODE- MDI- PROG- T0100 EOB - INSERT - C/S
   ② 주축회전: G97 S1000 M03 EOB - INSERT- C/S

4 공구옵셋
   ① HANDLE - X축  Z축 (−) 방향으로 이동하여 공작물 근처로 이동
   ② SPINDLE 회전 - 단면가공을 한다
   ③ OFFSET/SETTING ⇨ [▶]두번누름 ⇨ [W.이동] ⇨ [측정값] 커서Z 위치에서  Z0.0 ⇨ [TOOL MEASURE] ⇨ [측정] 누른다
   ④ 외경 가공후 측정한다(측정값 X48.6) - 커서를 공구번호 X축에 이동  X48.6 ⇨ [TOOL MEASURE] ⇨ [측정] 누른다.

5 다른 공구보정 ; 공구보정은 보정- 형상화면에서 한다.
   ① MODE- HANDLE- 공구 T0300(정삭)또는 MDI T0300 싸이클스타트
   ② [Z축] : 공작물 단면 [Z축]에 접촉하고 ⇨ 보정- 형상- 커서 해당번호3 Z축에 일치 ⇨ Z0.0 입력 ⇨ [TOOL MEASURE] ⇨ [측정] 누른다.
   ③ [X축] : 공작물 외경 [X축]에 접촉하고 - 보정- 형상- 커서 해당번호 3 X축에 일치 ⇨ X48.6 입력 ⇨ [TOOL MEASURE] ⇨ [측정] 누른다.

6 가공 : AUTO - SBK, 급송이송속도0, OSP ON -싸이클 스타트

### 데이터전송방법

1 DNC전송 - KDNC.EXE 실행

2 준비사항
   ① 기계측에서 [EDIT] ⇨ [PROG] ⇨ [조작] ⇨ [▶] ⇨ [READ]
   ② 컴퓨터에서 [KDNC.EXE]실행 ⇨ [파일] ⇨ [열기] ⇨ 프로그램 선두에 %입력
   ③ 기계에서 [실행] ⇨ [LSK]가 깜박이며 나타난다.
   ④ 컴퓨터에서 ⇨ [송신(F3)]

## 02-2. 위아 수치제어선반 작동방법 화낙

① Power ON [기계뒷면], 조작반 전원ON, EME/STOP해제
  ▷1-1 stand-by

② 기계원점 복귀
  ① MODE – HANDLE  ① X축 선택 ⇨ X축을 (–) 방향 ② Z축 선택 ⇨ Z축을 (–) 방향으로 50mm정도 이동시킨다
  ② MODE SELECT ⇨ REF(원점복귀)선택(FEED는 저속) : X⊕, Z⊕ 누른다. [완료시 점등] 또는 REF원점마크 누르고 CYCEL START하면 자동으로 되는 기계도 있다.

③ 공구선택 : 기준공구 (황삭 T0100)
  ① 공구선택: MODE- MDI- PROG- T0100 EOB – INSERT – C/S
  ② 주축회전: G97 S1000 M03 EOB – INSERT- C/S

④ 공구옵셋
  ① HANDLE – X축  Z축 (–) 방향으로 이동하여 공작물 근처로 이동
  ② SPINDLE 회전 – 단면가공을 한다
  ③ OFFSET/SETTING ⇨ [▶]두번누름 ⇨ [W.이동] ⇨ [측정값] 커서Z 위치에서 0.0 ⇨ INPUT 누른다
  ④ 외경 가공후 측정한다(측정값 X48.6) – 커서를 공구번호 X축에 이동  X48.6 ⇨ INPUT 누른다  누른다.

⑤ 다른 공구보정 ; 공구보정은 보정– 형상화면에서 한다.
  ① MODE- HANDLE- 공구 T0300(정삭)또는 MDI ⇨ T0300 ⇨ 싸이클스타트
  ② [Z축] : 공작물 단면 [Z축]에 접촉하고 ⇨ 보정– 형상– 커서 해당번호3 Z축에 일치 ⇨ Z0.0 입력 ⇨ [측정] 누른다.
  ③ [X축] : 공작물 외경 [X축]에 접촉하고 – 보정– 형상– 커서해당번호 3 X축에 일치 ⇨ X48.6 입력 ⇨ [측정] 누른다.

⑥ 가공 : AUTO – SBK, 급송이송속도0, OSP ON –싸이클 스타트

### 데이터전송방법

① DNC전송 – KDNC.EXE 실행

② 준비사항
  ① 기계측에서 [EDIT] ⇨ [PROG] ⇨ [조작] ⇨ [▶] ⇨ [READ]
  ② 컴퓨터에서 [KDNC.EXE]실행 ⇨ [파일] ⇨ [열기] ⇨ 프로그램 선두에 %입력
  ③ 기계에서 [실행] ⇨ [LSK]가 깜박이며 나타난다.
  ④ 컴퓨터에서 ⇨ [송신(F3)]

## 02-3. SKT21 FANUC(OT기종) 운용

### 1차 가공

① 전원 ON ⇨
  비상스위치 해제 ⇨
  스텐바이 ⇨ (EMG사라질때까지누름)
  손JOG ⇨
  ZERORETURN ⇨ (절대 : 약 X314.0 Z292.453)
  POS 버턴(절대, 상대, 전체좌표 확인 가능)
  공구옵셋(1.3.5.7) ⇨ 공구교환(SELECT+터릿그림)

② 공구를 바로 찾고자 할 때
  MDI-PROG-T0101-EOB-INSERT-START
  Q-세트를 펴고 1번공구 부터 X, Z축 2,3회 터치
  〈H/D의 XZ로 이송, 미세이송은INCREMENT를 10 ⇨ JOG ⇨ RAPID의 XZ로 접촉〉
  MDI ⇨ PROG ⇨ CRT에
  T0101 EOB ⇨ INSERT
  S1000M03 EOB ⇨ INSERT
  START ⇨ (S/B 하여 한 블록씩 가능)
  손JOG ⇨ 단면절삭(X로만 후퇴) ⇨ STOP

③ 축 재회전은 JOG ⇨ SELECT+FOR
  OFFSETSETTING ⇨ (Z0.의 옵셋)
  CRT Soft Key ▶를 2번 누름
  W.이동 누름 ⇨
  측정값 Z란에 커서 0. [입력]하여 0.확인
  JOG ⇨ ZERO RETURN ⇨ EDIT
  PROG ⇨ 〈RESET ; P/G 안뜰 때〉
  MEMORY ⇨ SINGLE BLOCK ⇨ OPTIONAL STOP
  SPINDLE OVERRIDE와 FEEDRATE (각100)
  START ⇨ START와 FEED HOLD를 교대로 눌러 G00으로 X, Z의 남은 거리가 0. 확인우측
  하단 R/O를 초보 5, 숙달 25/50으로

④ 모따기 가공이 끝나면 모재를 척으로부터 분리하여 마이크로미터로 직경값을 측
  정하여 보정여부를 결정한다.
  도면 Ø49에 대한 가공치 Ø48.86은(-0.14)에 정밀공차(-0.04에 대한 -0.02)를 고려한
  -0.12를 OFFSETING ⇨ 보정 ⇨ 마모하여 1,3,5,7X에 0.12를 [+입력], 가공 Ø이 크면
  반대

1 모따기 가공면 돌려서 척킹한다.

MDI ⇨ PROG CRT에

T0101 ⇨ EOB ⇨ INSERT

S1000 M03 ⇨ EOB ⇨ INSERT

START ⇨

손JOG ⇨ 단면절삭 (X로만 후퇴) ⇨ SPINDLE STOP

2 길이측정

〈PROG ⇨ POS ⇨ 상대 ⇨ W(자판) ⇨ ORGN(0.000)〉

도면치수보다 길이가 큰 치수만큼 POS의 증분 좌표로 깎기 위해 큰 치수만큼 Z로 적정량 조정

손JOG ⇨ SELECT+FOR (축 회전)하여

⇨ H/D의 X를 누르고 전장에 맞게 절삭

OFFSETSETTING ⇨ (Z0.의 옵셋)

CRT Soft Key ▶를 2번 누름 ⇨

W.이동 누름 ⇨ 측정값 Z에 커서 ⇨ 0. [입력]

EDIT ⇨ PROG (RESET ; P/G 안뜰 때)

3 모따기가공 다음 P/G 위치에 커서 확인(M01 다음 G50 S1800)

MEMORY ⇨ SINGBLOCK ⇨ OPTIONAL STOP

SPINDLE OVERRIDE와 FEEDRATE 확인

START ⇨ 가공시작

P/G의 중간부터 가공시에는 가공위치에 커서 MEMORY ⇨ START

### SKT21 전송(조작기 모드를 편집으로)

1 디스켓에서 조작기로

손 ⇨ 일람표 ⇨ 손 ⇨ 플로피디스트 ⇨ FDD입출력 ⇨ 입력 ⇨ 선택/취소 ⇨ ↓↑ ⇨ 선택결정 ⇨ 실행

2 불러오기

일람표 ⇨ 택 ⇨ ↓↑ ⇨ 선택결정

3 전송(조작기에서 기계로)

손 ⇨ 일람표 ⇨ 손 ⇨ RS232C입출력 ⇨ 출력 ⇨ 선택 ⇨ 선택결정

4 기계에서(EDIT하고 CRT화면에서)

조작 ⇨ ▶ ⇨ READ ⇨ 실행(LSK깜빡임) ⇨ 조작기에서 실행

## 일반적 알람 발생시 제거방법

① ZERO RETURN ALM(500OVER TRAVEL;+X)

MDI ⇨ SYSTEM ⇨ OFFSETSETTING

파라메타 써넣기에 0 ⇨ 1로 수정 입력

MESSAGE ⇨ SYSTEM 1320 입력 ⇨ NO검색

X1000 ⇨ 999000입력

JOG ⇨ X, Z로 가운데모음 ZERO RETURN

이상이 없으면 1320의 X에 MDI ⇨ 1000 입력

파라메타 써넣기에 커서 맨 위로 이동하여 0입력 후 사용

② AL-6  X-AXIS TROQUE ALARM

각목 척에 받힌 후 터릿 -X하여 접촉소리 후에 전원 OFF ⇨ ON 원점복귀

③ AL-16 Q-SETTER ARM DOWN

ALM 해제 후 큐세트 넣었다 뺌

④ AL-7 Z-AXIS TROQUE ALARM

척과 터릿 사이 각목을 끼워 소리가 날 때까지 벌려 전원 OFF ⇨ ON 원점복귀

◉주의 !!!

1. 가공중 갑자기 소음이 심하거나 진동 발생시는 즉시 정지 버튼을 누른다.

2. 가공 중 절삭 칩이 가공면에 감기면 터렛공구가 후퇴 할 때 정지버턴(FEED HOLD)을 누른 후 기구로 칩을 제거시킨 다음 재가공

3. 자동운전실행시 왼손은 시작버턴에 두고, 오른손은 정지버턴에 손을 두고 공구가 급속 이송(G00)시 신속히 정지버턴을 눌러 XZ축의 남은거리를 확인하여 충돌여부를 확인한다. (본교 SKT21 기종은 그래픽 기능이 없음)

## TRANSCEND 전송법(P/G ALL, 개별 입력)

① Memory Card ⇨ NC

② Memory Key를 WRITE로

③ PARAMETER NO.20 ⇨ 4

셋팅 I/O CHANNER의 0 ⇨ 4(MDI에서)

※Memory Card제거시 4 ⇨ 0

④ 기계 조작반 EDIT

⑤ 기능 Key에서 PROG선택

⑥ Soft Key에서 ▶ 선택 ⇨ CARD ⇨ 조작(OPRT) ⇨ F READ 파일 NO.입력 ⇨ F SET(설정) ⇨ P/G입력 ⇨ EXEC선택

## 02-4. SKT100 FANUC(OT기종) 운용

**1차 가공**

1. 전원 ON ⇨
   비상스위치 해제 ⇨
   스텐바이 ⇨ (EMG사라질때까지누름)
   손JOG ⇨
   ZERORETURN ⇨ (절대 : 약 X380.0 Z258.133)
   POS 버턴(절대, 상대, 전체좌표 확인 가능)
   공구옵셋(1.3.5.7) ⇨ 공구교환(SELECT+터릿그림)

2. **공구를 바로 찾고자 할 때**
   MDI-PROG-T0101-EOB-INSERT-START
   Q-세트를 펴고 1번공구 부터 X, Z축 2,3회 터치
   〈H/D의 XZ로 이송, 미세이송은INCREMENT를 10 ⇨ JOG ⇨ RAPID의 XZ로 접촉〉
   MDI ⇨ PROG ⇨ CRT에
   T0101 EOB ⇨ INSERT
   S1000MO3 EOB ⇨ INSERT
   START ⇨ (S/B 하여 한 블록씩 가능)
   손JOG ⇨ 단면절삭(X로만 후퇴) ⇨ STOP

3. 축 재회전은 JOG ⇨ SELECT+FOR
   OFFSETSETTING ⇨ (Z0.의 옵셋)
   CRT Soft Key ▶를 2번 누름
   W.이동 누름 ⇨
   측정값 Z란에 커서 0. [입력]하여 0.확인
   JOG ⇨ ZERO RETURN ⇨ EDIT
   PROG ⇨ 〈RESET ; P/G 안뜰 때〉
   MEMORY ⇨ SINGLE BLOCK ⇨ OPTIONAL STOP
   SPINDLE OVERRIDE와 FEEDRATE (각100)
   START ⇨ START와 FEED HOLD를 교대로 눌러 G00으로 X, Z의 남은 거리가 0. 확인우측
   하단 R/O를 초보 5, 숙달 25/50으로

4. **모따기 가공이 끝나면 모재를 척으로부터 분리하여 마이크로미터로 직경값을 측정하여 보정여부를 결정한다.**
   도면 Ø49에 대한 가공치 Ø48.86은(-0.14)에 정밀공차(-0.04에 대한 -0.02)를 고려한
   -0.12를 OFFSETING ⇨ 보정 ⇨ 마모하여 1,3,5,7X에 0.12를 [+입력], 가공 Ø이 크면
   반대

### 2차 가공

① 모따기 가공면 되물리기 ⇨

MDI ⇨ PROG  CRT에

T0101 ⇨ EOB ⇨ INSERT

S1000 M03 ⇨ EOB ⇨ INSERT

START ⇨

손JOG ⇨ 단면절삭 (X로만 후퇴) ⇨ STOP

② 길이측정

〈PROG ⇨ POS ⇨ 상대 ⇨ W(자판) ⇨ ORGN(0.000)〉

도면치수보다 길이가 큰 치수만큼 POS의 증분  좌표로 깎기 위해 큰 치수만큼 Z로 적정량 조정

손JOG ⇨ SELECT+FOR (축 회전)하여

⇨ H/D의 X를 누르고 전장에 맞게 절삭

OFFSETSETTING ⇨ (Z0.의 옵셋)

CRT Soft Key ▶를 2번 누름 ⇨

W.이동 누름 ⇨ 측정값 Z에 커서 ⇨ 0. [입력]

EDIT ⇨ PROG (RESET ; P/G 안뜰 때)

③ 모따기가공 다음 P/G 위치에 커서 확인(M01 다음 G50 S1800)

MEMORY ⇨ SINGBLOCK ⇨ OPTIONAL STOP

SPINDLE OVERRIDE와 FEEDRATE 확인

START ⇨ 가공시작

P/G의 중간부터 가공시에는 가공위치에 커서 MEMORY ⇨ START

### TRANSCEND 전송법(P/G ALL, 개별 입력)

① Memory Card ⇨ NC

② Memory Key를 WRITE로

③ PARAMETER NO.20 ⇨ 4

　셋팅 I/O CHANNER의 0 ⇨ 4(MDI에서)

　※Memory Card제거시 4 ⇨ 0

④ 기계 조작반 EDIT

⑤ 기능 Key에서 PROG선택

⑥ Soft Key에서 ▶ 선택 ⇨ CARD ⇨ 조작(OPRT) ⇨ F READ 파일 NO.입력 ⇨

　F SET(설정) ⇨ P/G입력 ⇨ EXEC선택

## 일반적 알람 발생시 제거방법

① ZERO RETURN ALM(500OVER TRAVEL;+X)

MDI ⇨ SYSTEM ⇨ OFFSETSETTING

파라메타 써넣기에 0 ⇨ 1로 수정 입력

MESSAGE ⇨ SYSTEM 1320 입력 ⇨ NO검색

X1000 ⇨ 999000입력

JOG ⇨ X, Z로 가운데모음 ZERO RETURN

이상이 없으면 1320의 X에 MDI ⇨ 1000 입력

파라메타 써넣기에 커서 맨 위로 이동하여 0입력 후 사용

② AL-6  X-AXIS TROQUE ALARM

각목 척에 받힌 후 터릿 -X하여 접촉소리 후에 전원 OFF ⇨ ON 원점복귀

③ AL-16 Q-SETTER ARM DOWN

ALM 해제 후 큐세트 넣었다 뺌

④ AL-7 Z-AXIS TROQUE ALARM

척과 터릿 사이 각목을 끼워 소리가 날 때까지 벌려 전원 OFF ⇨ ON 원점복귀

◉주의 !!!

1. 가공중 갑자기 소음이 심하거나 진동 발생시는 즉시 정지 버튼을 누른다.

2. 가공 중 절삭 칩이 가공면에 감기면 터렛공구가 후퇴 할 때 정지버튼(FEED HOLD)을 누른 후 기구로 칩을 제거시킨 다음 재가공

3. 자동운전실행시 왼손은 시작버튼에 두고, 오른손은 정지버튼에 손을 두고 공구가 급속 이송(G00)시 신속히 정지버튼을 눌려 XZ축의 남은거리를 확인하여 충돌여부를 확인한다. (본교 SKT21 기종은 그랙픽 기능이 없음)

## TRANSCEND 전송법(P/G ALL, 개별 입력)

① Memory Card ⇨ NC

② Memory Key를 WRITE로

③ PARAMETER NO.20 ⇨ 4

셋팅 I/O CHANNER의 0 ⇨ 4(MDI에서)

※Memory Card제거시 4 ⇨ 0

④ 기계 조작반 EDIT

⑤ 기능 Key에서 PROG선택

⑥ Soft Key에서 ▶ 선택 ⇨ CARD ⇨ 조작(OPRT) ⇨ F READ 파일 NO.입력 ⇨ F SET(설정) ⇨ P/G입력 ⇨ EXEC선택

## 02-5. HWACHEON-[HI-TECH 100B] 기계 작동방법

① Main 전원 ON [후면] ⇨ 조작반 전원 ON ⇨ EME/STOP : 오른쪽방향(CW)으로 돌려 해제

② 기계원점 복귀
  ① 모드(MODE SELECT) ⇨ **핸들**(HANDLE)선택
  ② **X축** (-) **Z축**을 (-) 방향으로 약간(100mm정도) 이동시킨다.
  ③ 모드(MODE SELECT) ⇨ REF(원점복귀)선택(이동속도(FEED)는 저속으로 놓는다.)
  ④ JOG FEED의 (+X), (+Z)를 누름 ⇨ X축 Z축 원점복귀 램프에 불이 켜짐

③ 기준 공구 보정
  ① 주축회전 ⇨ MDI ⇨ PROG ⇨ G97 S1200 M03 ;(EOB) ⇨ INSERT ⇨ CYCLE START(C/S)
  ② Z축 보정 ⇨ 핸들모드를 이용 적절한 속도로 Z축 단면절삭
  ③ OFFSET/SETTING ⇨ [▶]두번누름 ⇨ [W.이동] ⇨ [측정값] 커서Z 위치에서 측정값(0.0)만 [입력]
  ④ X축 보정 ⇨ 핸들모드를 이용 적절한 속도로 X축 외경 절삭
  ⑤ [측정값] 커서 X 위치에서 측정값(48.5)만 [입력]

④ 기타공구 입력(공구 보정은 **보정** ⇨ **형상** 화면에서 실시한다)
  ① 3번공구 Z축 단면에 핸들모드를 이용 접촉
  ② 보정 ⇨ 3번공구 커서이동 ⇨ Z축 측정값(0.0) ⇨ Z0.[측정]  길이 맞춤시 남은 길이입력
  ③ 3번공구 X축 외경에 핸들모드를 이용 접촉
  ④ 보정에서 ⇨ 3번공구에 커서 이동 ⇨ X축 측정값(48.5) ⇨ X48.5 [측정]
  ⑤ 5번 7번도 1) ~ 4) 번을 반복하여 실행한다.

⑤ 가공 : 오토(AUTO)모드 ⇨ SBK, OSP를 ON 시키고 ⇨ CYCLE START

⑥ 프로그램 호출방법 : PROG - DIR - 원하는 P/G번호 선정하여 KEY IN - O 검색

## 02-6. TONGIL-[Sentrol-TSL-6S] 기계 작동방법

1. Main 전원 ON [뒤쪽] ⇨ 조작반 전원 ON ⇨ EME/STOP(CW방향으로 돌려 해제)

2. 기계원점 복귀
   ① 모드(MODE SELECT) ⇨ **핸들**(HANDLE)선택
   ② **X축** (-) **Z축**을 (-) 방향으로 약간(100mm정도) 이동시킨다.
   ③ 모드(MODE SELECT) ⇨ 원점선택(이동속도(FEED)는 저속으로 놓는다.)
   ④ 매뉴얼 ABS 필히 ON상태
   ⑤ (↑8 X), (→6 Z ) 누름 ⇨ X축 Z축 원점복귀 램프에 불이 켜짐(X Y 축동시실시시 에러
   발생)

3. 기준 공구 보정
   ① 주축회전 ⇨ Z축 보정 ⇨ 핸들모드를 이용 적절한 속도로 Z축 단면절삭
   ② 보정 ⇨ 워크에서 [측정값] ⇨ 커서Z 위치에서 측정값(0.0)만 [입력]
   ③ X축 보정 ⇨ 핸들모드를 이용 적절한 속도로 X축 외경 절삭
   ④ [측정값] 커서 X 위치에서 측정값(48.5)만 [입력]

4. 기타공구 입력(**보정** ⇨ **직접** ⇨ **측정** 화면에서 실시한다)
   ① 3번공구 Z축 단면에 핸들모드를 이용 접촉
   ② 보정 ⇨ 3번공구 커서이동 ⇨ Z축 측정값(0.0) ⇨ [측정]누르고  Z0.[입력] ⇨ 길이 맞춤
   시 남은 길이입력
   ③ 3번공구 X축 외경에 핸들모드를 이용 접촉
   ④ 보정에서 ⇨ 3번공구에 커서 이동 ⇨ 직접 ⇨ X축 측정값(48.5) ⇨ [측정]누르고 ⇨
   X48.5 [입력]
   ⑤ 5번 7번도 1) ~ 4) 번을 반복하여 실행한다.

5. 가공 : 오토(AUTO)모드 ⇨ SBK,OSP를 ON 시키고 ⇨ CYCLE START

6. 0T, 11T 전환방법 : 반자동 - 화면 - 설정 - 2/16 - TAPE FORMAT에서 원하
   는 기종 선정
   ( O=0T  1=11T )

## CNC선반 Setting (현대위아 SKT21)

■ TO300(3번 정삭 바이트) setting

◐ 면치가공 setting

1. X축, Z축 Zero 복귀를 하기 위해
   JOG Mode 〉〉 핸들로 X축 누르고 움직이고, Z축 누르고 움직임 〉〉 Zero Return를 눌러 X축 원점 누르고, Z축 원점 누름.
   ※ 한국폴리텍대학은 수동모드가 MPG Mode 〉〉 X축, Z축 움직임 〉〉 ZRN Mode 〉〉 X축 원점 먼저 누르고, Z축 원점 누름)

2. MDI Mode 〉〉 G97 S1000 M03; 〉〉 Z 터치 후 X축으로 위로 올리고, Z축 0.5들어가서 X축 단면절삭

3. Offset Setting 〉〉 ▶ 〉〉 ▶ 〉〉 W. 이동

   | 이동량 | 측정값 |
   |---|---|
   | | X |
   | | Z 0값 입력 |

   0mm 뒤에 원점이 되고 Program에서는 Z0.0이어야 함.

4. X 터치 후 Z방향으로 빼고 〉〉 X축 0.2~0.3mm 들어가서 Z축 단면절삭, 직경 측정할 범위까지 측정함. 〉〉 기계 스핀들 Stop 〉〉 Offset Setting 〉〉 ▶ 〉〉 ▶ 〉〉 W.이동

   | 이동량 | 측정값 |
   |---|---|
   | | X 측정값 입력 |
   | | Z |

   예를들어 51. 조작기 Input
   (+입력)(x)

◐ 본 가공 setting

1. X축, Z축 Zero 복귀을 하기위해
   JOG Mode 〉〉 핸들로 X축 누르고 움직이고, Z축 누르고 움직임 〉〉 Zero Return를 눌러 X축 원점 누르고, Z축 원점 누름.
   ※ 한국폴리텍대학은 수동모드가 MPG Mode 〉〉 X축, Z축 움직임 〉〉 ZRN Mode 〉〉 X축 원점 먼저 누르고, Z축 원점 누름)

2. MDI Mode 〉〉 G97 S1000 M03; 〉〉 Z 터치 후 X축으로 위로 올리고, Z축 0.5들어가서 X축 단면 절삭 〉〉 스핀들 Stop 〉〉 Z 길이 측정
   (예를 들어 도면에 길이가 96이고 측정값이 103.6이면 (103.6 - 96 = 7.6 입력)

Offset setting 〉〉 ▶ 〉〉 ▶ 〉〉 W. 이동

| 이동량 | 측정값 |
|---|---|
| | X |
| | Z 7.6값 입력 |

3. X 터치 후 Z방향으로 빼고 〉〉 X축 0.2~03mm 들어가서 Z축 단면절삭, 직경 측정할 범위까지 측정함. 〉〉 기계 스핀들 Stop
〉〉 Offset Setting 〉〉 ▶ 〉〉 ▶ 〉〉 W.이동

| 이동량 | 측정값 | | 예를들어 51. 조작기 Input |
|---|---|---|---|
| | X 측정값 입력 | | (+입력)(x) |
| | Z | | |

■ T0100(1번 황삭 바이트) setting

MDI 〉〉 G97 S1000 M03; 〉〉 Z 터치 〉〉 Offset setting 〉〉 보정 〉〉 마모 (여기서는 들어가서 전부 0.0인 확인하고 안되어 있으면 전부 0.0으로 함. 〉〉 형상 (일단 전부 0.0 입력하고 기준공구인 03번은 무조건 0.0 되어 있어야 함.)
그 다음 01번에 놓고 Z축 놓고 W.이동에 Z값 입력 후 [측정].
값 확인 하는 것은 POS 〉〉 상대 〉〉 값 확인

X 터치〉〉Offset setting〉〉보정〉〉형상〉〉01번 X축 놓고 W.이동에 X값 입력 후 [측정].

■ T0500(5번 홈바이트) setting → T0100과 같음

■ T0700(7번 나사바이트) setting

Offset setting 〉〉 보정 〉〉 형상 〉〉 07번에 보정은 X, Z 한번에 입력

# 03 🖱 CNC 선반 실기시험 예문 형식

## 03-1. 예문형식 1

| | |
|---|---|
| O0001 | 프로그램번호 |
| G50 S1800 T0100 | 최고절삭속도제어1800m/min, 1번공구로 교환(황삭바이트) |
| G96 S180 M03 | 절삭속도 180m/min으로 정회전 |
| G0 X52. Z10. T0101 M08 | 공구와 공작물이 충돌하지 않는지점으로 싸이클초기점으로이동, 1번공구 1번보정 절삭유ON |
| G71 P10 Q20 U0.4 W0.1 D1000 F0.2 | 황삭싸이클 P~Q까지 U0.4 W0.1여유를 남기면서 1회당 반경치1 절입(직경 2) , 회전당 0.2이송 |
| N10 G0 X0. | 황삭싸이클 시작 |
| G1 Z0. | 재료길이를 지정한 원점까지 황삭싸이클로 절단 |
| ~ | ~ |
| G1 G2 G3⋯. | 좌표점 |
| ~ | ~ |
| N20마지막코드(X□.또는X□.Z□.) | 황삭싸이클 끝 |
| G0 X150. Z150. T0100 M5 | 다음 공구교환을 위하여 부딪히지 않는 지점까지 도망, 1번공구 1번보정 취소, 주축정지 |
| M9 | 절삭유 OFF |
| G50 S2000 T0300 | 최고절삭속도제어2000m/min, 3번공구로 교환(정삭바이트) |
| G96 S200 M3 | 절삭속도 200m/min으로 정회전 |
| G0 X52. Z10. T0303 M8 | 공구와 공작물이 충돌하지 안는지점으로 싸이클초기점으로이동, 3번공구 3번보정 절삭유ON |
| G70 P10 Q20 F0.15 | 정삭싸이클 P~Q까지 절삭, 회전당 0.15이송 |
| G0 X150. Z150. T0300 M5 | 다음 공구교환을 위하여 부딪히지 않는 지점까지 도망, 3번공구 3번보정 취소, 주축정지 |
| M9 | 절삭유 OFF |
| T0500 | 5번공구로교환 (홈바이트) |
| G97 S500 M3 | 주축회전수제어 500rpm, 주축정회전 |
| G0 X□. Z□. T0505 M8 | 홈깍을위치 잡고, 5번보정 절삭유ON |
| G1 X□. F0.05 | 깍고 |
| G0 X□. | 도망 |
| W2. | 홈깍을위치 잡고 |
| G1 X□. | 깍고 |
| G0 X□. | 도망 |
| X150. Z150. T0500 M5 | 다음 공구교환을 위하여 부딪히지 않는 지점까지 도망, 5번공구 5번보정 취소, 주축정지 |
| M9 | 절삭유OFF |

| | |
|---|---|
| T0700 | 7번공구로교환 (나사바이트) |
| G97 S500 M3 | 주축회전수제어 500rpm, 주축정회전 |
| G00 X . Z . T0707 M8 | 공구와 공작물이 충돌하지 않는지점으로 싸이클초기점으로이동, 7번공구 7번보정 절삭유ON |
| G92 X . Z . F | 나사싸이클 절입량 X . Z나사길이. F피치 |

| X . | | 피치 | P | 1.5 | 2.0 |
|---|---|---|---|---|---|
| | | 절입깊이 | H2 | 0.89 | 1.19 |
| X . | | 접촉높이 | H1 | 0.812 | 1.083 |
| X . | | 구석반경 | R | 0.11 | 0.14 |
| | | 절입횟수 | 1 | 0.35 | 0.35 |
| X . | | | 2 | 0.2 | 0.25 |
| X . | | | 3 | 0.14 | 0.19 |
| X . | | | 4 | 0.10 | 0.12 |
| X . | | | 5 | 0.05 | 0.10 |
| X . | | | 6 | 0.05 | 0.08 |
| X . | | | 7 | | 0.05 |
| | | | 8 | | 0.05 |

| | |
|---|---|
| X27.62. | 나사싸이클 끝 |
| G0 X150. Z150. T0700 M9 | 공작물제거, 공구의팁교환등을위하여공간확보, 7번공구7번보정취소, 절삭유ON |
| M5 | 주축정지 |
| M30 | 프로그램끝&초기점으로 |

## 03-2.예문형식 2

▶ CNC 선반 Program Standard

| (뒷면 모따기 가공) | |
|---|---|
| O1631 | (프로그램 번호) |
| G28 U0, W0. | (자동원점〈기계원점〉복귀, 증분지령 X0,Z0는 P/G원점이동후 기계원점) |
| G50 S1800 | (주축 최고회전수 설정) |
| T0300 | (3번 공구 호출) |
| G96 S180 M03 | (원주속도 일정제어m/min) |
| G00 X53. Z0. T0303 M08 | (공구옵셋 3번) |
| G01 X-1.6 F0.1 | |
| G00 X45. Z3. | |
| G01 Z0. F0.1 | |
|    X49. Z-2. | |
|    Z-40. | |
| G00 X150. Z150. T0303 M09 | |
| M05 | |
| M01 | (선택 P/G 정지) |
| | |
| (황삭가공) | |
| G50 S1800 | |
| T0100 | (단독불록으로 사용은 초기 상태이며 파라메타 수정후 G50 S1800 T0100사용가능함) |
| G96 S180 M03 | |
| G00 X53. Z10. T0101 M08 | |
| G71 U1. R0.5 | (내외경 황삭싸이클, 절입깊이1, 도피량0.5) |
| G71 P10 Q20 U0.4 W0.2 F0.2(mm/rev) | (P,Q-황삭가공지령절의 첫째, 마지막전개번호. U, W-XZ축 정삭여유) |
| N10 G00 X0. | |
| G01 Z0. | |
| N20 X□□. | (황삭싸이클 끝) |
| G00 X150. Z150. T0100 M09 | |
| M05 | |
| M01 | |
| | |
| (정삭가공) | |
| G50 S1800 | |
| T0300 | |

| | |
|---|---|
| G96 S180 M03 | |
| G00 X53. Z10. T0303 M08 | |
| G70 P10 Q20 F0.15 | (G70-정삭사이클) |
| G00 X150. Z150. T0300 M09 | |
| M05 | |
| M01 | |
| | |
| (홈 가공) | |
| G50 S500 | |
| T0500 | |
| G97 S500 M03 | (회전수일정제어rpm) |
| G00 X□. Z-□. T0505 M08 | |
| G01 X□. F0.07 | |
| G01 X□. | (도피=다음작업을 위한) |
| G00 X□. | |
|     X150. Z150. T0500 M09 | |
| M05 | |
| M01 | |
| | |
| (나사가공) | |
| G50 S500 | |
| T0700 | |
| G97 S500 M03 | |
| G00 X□. Z□. T0707 M08 | |
| G76 P010060 Q50 R50 | (소숫점 1/1000fh 인식) (01-정삭횟수, 00-면취량, 10은45도 60-나사산각도, Q50-최소절입깊이0.05, R50-정삭량0.05) |
| G76 X29.4 Z-50. P1190 Q350 F2.0 | (피치 2.0 : P1190-나사산높이1.19 Q350-최초절입량0.35 → 1/1000, F2.0-나사의 리드 피치 1.5 : P890-나사산높이0.89 Q350-최초절입량 0.35 → 1/1000, F1.5-나사의 리드(X29.4 계산하는 방법 : 나사직경 - (1.19×2) 또는 나사직경 - (0.89×2)) |
| | |
| G00 X150. Z150. T0700 M09 | |
| M05 | |
| M02 | |

\* G96 S180 : 절삭속도가 180m/min가 되도록 공작물 직경에 따라 주축회전수 변함

▶ 준비기능(G 기능)

| G-코드 일람표(FANUC 0T) | | |
|---|---|---|

| G코드 | 그룹 | 기능 |
|---|---|---|
| G00 | | 급속 위치결정(급속이송) |
| G01 | | 직선보간(직선가공) |
| G02 | 01 | 원호보간 C.W |
| | | (시계방향 원호가공) |
| G03 | | 원호보간 C.C.W |
| | | (반시계방향 원호가공) |
| G04 | 00 | Dwell |
| G20 | 06 | Inch Data 입력 |
| G21 | | Metric Data 입력 |
| G22 | 04 | 내장 행정한계 유효 |
| G23 | | 내장 행정한계 유효 |
| | | |
| G27 | | 원점복귀 Check |
| G28 | 00 | 자동원점 복귀 |
| | | (제1원점 복귀) |
| G30 | | 제2원점 복귀 |

| G코드 | 그룹 | 기능 |
|---|---|---|
| G40 | | 공구인선반경 보정취소 |
| G41 | 07 | 왼쪽 인선반경 보정 |
| G42 | | 오른쪽 인선반경 보정 |
| G50 | | 가공좌표계설정 |
| | | /주축최고회전 설정 |
| G70 | | 복합 반복주기(정삭) |
| G71 | 00 | 복합 반복주기(황삭) |
| G76 | | 복합 반복주기(나사) |
| G90 | 01 | 고정주기(내,외경가공) |
| G92 | | 고정주기(나사가공) |
| G96 | | 원주속도일정제어 |
| | | (mm/min) |
| G97 | 02 | 원주속도일정제어취소 |
| | | rpm지정 |
| G98 | | 분당 이송속도지정 |
| | | (mm/min) |
| G99 | 05 | 주축회전당 이송속도지정(mm/rev) |

▶ 준비기능(G 기능)

| G-코드 일람표(FANUC 16/18/21T) |
| :---: |

| G코드 | 그룹 | 기능 |
| :---: | :---: | :--- |
| G00 | | 급속 위치결정(급속이송) |
| G01 | | 직선보간(직선가공) |
| G02 | 01 | 원호보간 C.W |
| | | (시계방향 원호가공) |
| G03 | | 원호보간 C.C.W |
| | | (반시계방향 원호가공) |
| G04 | 00 | Dwell |
| G20 | 06 | Inch Data 입력 |
| G21 | | Metric Data 입력 |
| G22 | 04 | 내장 행정한계 유효 |
| G23 | | 내장 행정한계 유효 |
| | | |
| G27 | | 원점복귀 Check |
| G28 | 00 | 자동원점 복귀 |
| | | (제1원점 복귀) |
| G30 | | 제2원점 복귀 |

| G코드 | 그룹 | 기능 |
| :---: | :---: | :--- |
| G40 | | 인선 R보정취소 |
| G41 | 07 | 인선 R보정좌측 |
| G42 | | 인선 R보정우측 |
| G50 | | 가공좌표계설정 |
| | | /주축최고회전 설정 |
| G70 | | 복합 반복주기(정삭) |
| G71 | 00 | 복합 반복주기(황삭) |
| G76 | | 복합형 나사절삭사이클 |
| G90 | 01 | 황삭용 단일고정Cycle |
| G92 | | 단일고정나사 |
| G96 | | 원주속도일정제어 |
| | 02 | (mm/min) |
| G97 | | 원주속도일정제어취소 |
| | | rpm지정 |
| G98 | | 분당 이송속도지정 |
| | 05 | (mm/min) |
| G99 | | 주축회전당 이송속도지정(mm/rev) |

▶ 제6절 보조기능(M 기능)

| 기능 | 내용 |
|---|---|
| M00 | • Program Stop<br>프로그램의 일시정지 기능이며 앞에서 지령된 모든 조건들은 유효하며, 자동 개시를 누르면 자동운전이 재개된다. |
| M01 | • Optional Program Stop<br>조작판의 M01 스위치(Option Stop Switch)가 ON 상태일 때만 정지하고 Off일 때는 통과되며, 정지조건은 M00과 동일하다. |
| M02 | • Program End<br>현재까지 지령된 모든 기능은 취소되며 프로그램을 종료하고 NC를 초기화시 킨다. |
| M03 | • Spindle Rotation(CW) 주축 정회전(심압축 방향에서 보면 반 시계방향으로 회전) |
| M04 | • Spindle Rotation(CCW), 주축 역회전 |
| M05 | • Spindle Stop : 주축 정지 |
| M08 | •Coolant ON : 절삭유 모터 ON |
| M09 | • Coolant Off : 절삭유 모터 Off |
| M13 | • 척 풀림(Chuck Unclamp) |
| M14 | • 심압대 스핀들 전진 |
| M15 | • 심압대 스핀들 후진 |
| *M30 | • Program Rewind and Restart |
| *M98 | • Sub Program 호출<br> 1. FANUC 0T 시스템의 호출방법<br>  M98 P △△△△□□□□ ;<br>  □□□□ : 보조 프로그램 번호<br>  △△△△ : 반복횟수(생략하면 1회)<br> 2. 0T 시스템이 아닌 기종의 호출방법<br>  (FANUC 6, 10, 11 Series 등)<br>  M98 P □□□□ L△△△△ ;<br>  □□□□ : 보조프로그램 번호<br>  △△△△ : 반복횟수(생략하면 1회) |
| *M99 | • Main Program 호출<br> 1. 보조 프로그램의 끝을 나타내며 주프로그램으로 되돌아간다.<br> 2. 분기 지령을 할 수 있다.<br>  M99 P △△△△<br>  △△△△ : 분기 하고자 하는 시퀀스 전개번호로 전개번호를 지령하면 그 Block으로 이동하여 계속적으로 프로그램을 진행한다. |

# 04 CNC 선반 기출문제 도면 1~20

## 04-1. CNC 기출문제 도면-1

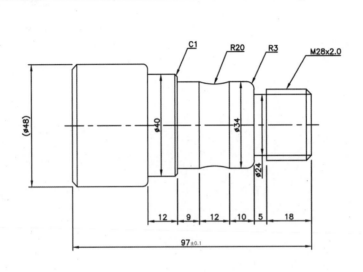

| 공차<br>구분 | M28x2.0 - 보통급 | |
|---|---|---|
| 수나사 | 외 경 | $27.962^{0}_{-0.280}$ |
| | 유효경 | $26.663^{0}_{-0.170}$ |

주)
1. 도시되고 지시되지 않은 라운드 R2
2. 도시되고 지시없는 모떼기 C2
3. Tool No
   T01 : 황삭바이트
   T03 : 정삭바이트
   T05 : 홈바이트 (폭:3mm)
   T07 : 나사바이트

| 품 번 | 품 명 | 재 질 | 수 량 | 비 고 |
|---|---|---|---|---|
| 도 명 | CNC 기출도면 -1 | 작성자 | | 김상현 |
| | 마 지 원 | | | |

```
O0001                                    T0500
G28U0.W0.                                G97S500M3
G50S2000T0100                            G0X31.Z-23.T0505M8
G96S150M3                                G1X24.F0.07
G0X52.Z10.T0101M8                        G4U2.0
G71P100Q200U0.4W0.1D1500F0.25            G0X31.
N100G42G0X0.                             W2.
G1Z0.                                    G1X24.
X24.                                     G4U2.0
X28.Z-2.                                 G0X31.
Z-23.                                    X100.Z150.
G3X34.Z-26.R3.                           T0500M9
G1Z-33.                                  M5
G2Z-45.R20.                              M1
G1Z-54.                                  T0700
X38.                                     G97S500M3
X40.Z-55.                                G0X32.Z2.T0707M8
Z-66.                                    G76X25.62Z-20.K1.19D350F2.0A60
X44.                                     G0X100Z150.M5
G3X48.Z-68.R2.                           T0700M9
N200G1Z-75.                              M2
G40G0X100.Z150.                          %
T0100M9
M5
M1
G50S2500T0300
G96S150M3
G0X52.Z10.T0300M8
G70P100Q200F0.1
G40G0X100.Z150.
T0300M9
M5
M1
```

Section **04**

CNC/MCT 기출문제

## 04-2. CNC 기출문제 도면-2

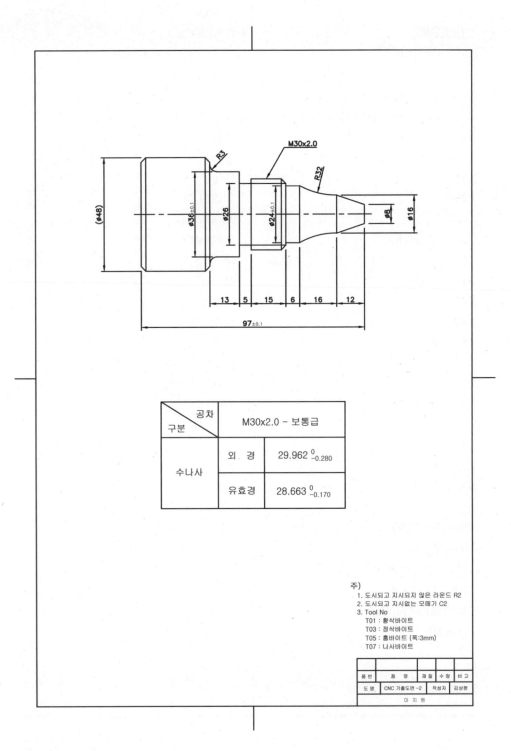

| 구분 \ 공차 | M30x2.0 - 보통급 | |
|---|---|---|
| 수나사 | 외 경 | $29.962\,^{0}_{-0.280}$ |
| | 유효경 | $28.663\,^{0}_{-0.170}$ |

주)
1. 도시되고 지시되지 않은 라운드 R2
2. 도시되고 지시없는 모떼기 C2
3. Tool No
   T01 : 황삭바이트
   T03 : 정삭바이트
   T05 : 홈바이트 (폭:3mm)
   T07 : 나사바이트

| 품 번 | 품 명 | 재 질 | 수 량 | 비 고 |
|---|---|---|---|---|
| 도 명 | CNC 기출도면 -2 | 작성자 | 김상현 | |
| | 마 지 원 | | | |

O0002
G28U0.W0.
G50S2000T0100
G96S150M3
G0X52.Z10.T0101M8
G71P100Q200U0.4W0.1D1500F0.25
N100G0G42X0.
G1Z0.
X8.
X16.Z-12.
G2X24.Z-28.R32.
G1Z-34.
X26.
X30.Z-36.
Z-54.
X36.
Z-64.
G2X42.Z-67.R3.
G1X44.
X48.Z-69.
N200G1Z-75.
G0X100.Z150.
T0100M9
M5
M1
G50S2500T0300
G96S150M3
G0X52.Z10.T0303M8
G70P100Q100F0.1
G0X100.Z150.
T0300M9
M5
M1

T0500
G97S500M3
G0X34.Z-54.T0505M8
G1X26.
G4U2.0
G0X34.
W2.
G1X26.
G4U2.0
G0X34.
X100.Z150.
T0500M9
M5
M1
T0700
G97S500M3
G0X32.Z-32.T0707M8
G76X27.62Z-51.K1.19D350F2.0A60
G0X100.Z150.M5
T0700M9
M2

## 04-3. CNC 기출문제 도면-3

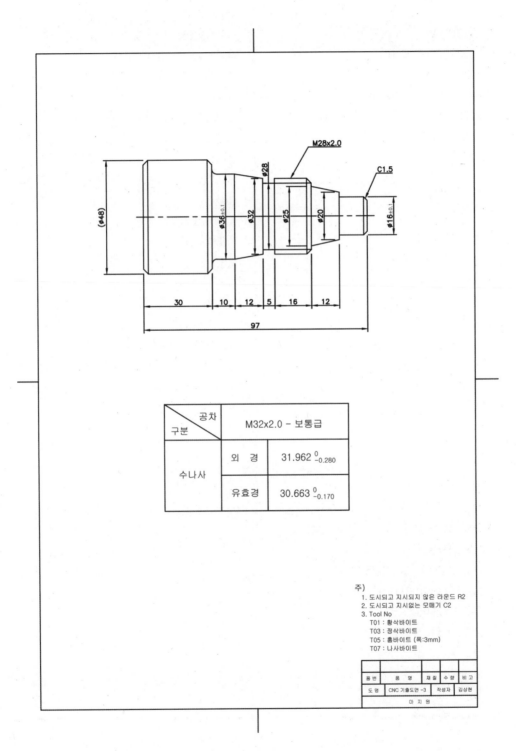

| 공차 구분 | | M32x2.0 - 보통급 | |
|---|---|---|---|
| 수나사 | 외 경 | $31.962^{\ 0}_{-0.280}$ | |
| | 유효경 | $30.663^{\ 0}_{-0.170}$ | |

주)
1. 도시되고 지시되지 않은 라운드 R2
2. 도시되고 지시없는 모떼기 C2
3. Tool No
   T01 : 황삭바이트
   T03 : 정삭바이트
   T05 : 홈바이트 (폭:3mm)
   T07 : 나사바이트

| 품 번 | 품 명 | 재질 | 수량 | 비고 |
|---|---|---|---|---|
| 도 명 | CNC 기출도면 -3 | 작성자 | 김상현 | |
| | 마 지 원 | | | |

```
O0003
G50S1800T0100
G96S180M3
G0X52.Z10.T0101M8
G71P1Q2U0.4W0.1D1000F0.25
N1G0X0.
G1Z0.
X13.
X16.Z-1.5
Z-12.
X20.
X25.Z-24.
X28.
X32.Z-26.
Z-45.
X36.Z-57.
Z-65.
G2X40.Z-67.R2.
G1X44.
N2X48.Z-69.
G0X150.Z150.M5
T0100M9
M1
G50S2000T0300
G96S200M3
G0X52.Z10.T0303M8
G70P1Q2F0.15
G0X150.Z150.M5
T0300M9
M1
```

```
T0500
G97S500M3
G0X35.Z-45.T0505
G1X28.F0.05M8
X35.
W2.
X28.
X35.
G0X50.Z150.M5
T0500M9
M1
T0700
G97S500M3
G0X32.Z-22.T0707M8
G76X29.62Z-42.K1.19D350F2.0A60
G0X150.Z150.M5
T0700M9
M2
```

## 04-4. CNC 기출문제 도면-4

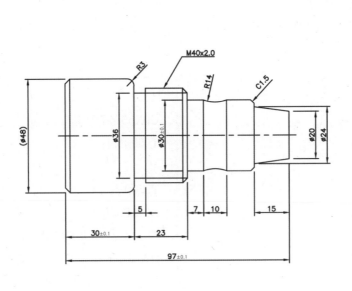

| 공차<br>구분 | | M40x2.0 - 보통급 |
|---|---|---|
| 수나사 | 외경 | $39.962^{0}_{-0.280}$ |
| | 유효경 | $38.663^{0}_{-0.170}$ |

주)
1. 도시되고 지시되지 않은 라운드 R2
2. 도시되고 지시없는 모떼기 C2
3. Tool No
   T01 : 황삭바이트
   T03 : 정삭바이트
   T05 : 홈바이트 (폭:3mm)
   T07 : 나사바이트

| 품번 | 품 명 | 재질 | 수량 | 비고 |
|---|---|---|---|---|
| 도명 | CNC 기출도면 -4 | 작성자 | 김상현 | |
| | 마 지 원 | | | |

O0004
G50S1800T0100
G96S180M3
G0X52.Z10.T0101M8
G71P1Q2U0.4W0.1D1000F0.25
N1G0X0.
G1Z0.
X20.
X24.Z-15.
X27.
X30.Z-16.5
Z-27.
G2Z-37.R14.
G1Z-44.
X36.
X40.Z-46.
.Z-67.
X42.
N2G3X48.Z-70.R3.
G0X150.Z150.M5
T0100M9
M1
G50S2000T0300
G96S200M3
G0X52.Z10.T0303M8
G70P1Q2F0.15
G0X150.Z150.M5
M1

T0500
G97S500M3
G0X45.Z-67.T0505
G1X36.F0.05M8
X45.
W2.
X36.
X45.
G0X150.Z150.M5
T0500M9
M1
T0700
G97S500M3
G0X40.Z-42.T0707M8
G76X37.62Z-65.K1.19D350F2.0A60
G0X150.Z150.M5
T0700M9
M2

## 04-5. CNC 기출문제 도면-5

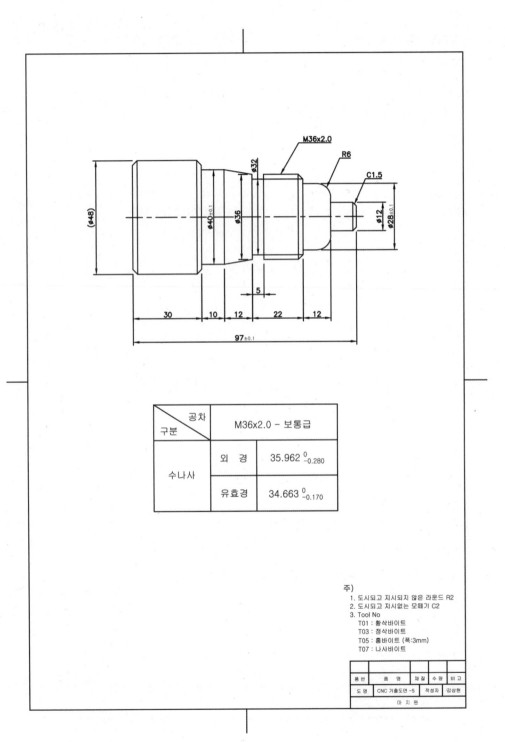

| 공차<br>구분 | | M36x2.0 - 보통급 |
|---|---|---|
| 수나사 | 외 경 | $35.962 \, ^{0}_{-0.280}$ |
| | 유효경 | $34.663 \, ^{0}_{-0.170}$ |

주)
1. 도시되고 지시되지 않은 라운드 R2
2. 도시되고 지시없는 모떼기 C2
3. Tool No
   T01 : 황삭바이트
   T03 : 정삭바이트
   T05 : 홈바이트 (폭:3mm)
   T07 : 나사바이트

| 품 번 | 품 명 | 재질 | 수량 | 비 고 |
|---|---|---|---|---|
| 도 명 | CNC 기출도면 -5 | 작성자 | 김상현 | |
| | 마 지 원 | | | |

O0005
G50S1800T0100
G96S180M3
G0X52.Z10.T0101M8
G71P1Q2U0.4W0.1D1000F0.25
N1G0X0.
G1Z0.
X9.
X12.Z-1.5
Z-11.
X16.
G3X28.Z-18.R6.
G1Z-23.
X32.
X36.Z-25.
Z-45.
X40.Z-57.
Z-67.
X44.
N2X48.Z-69.
G0X150.Z150.M5
T0100M9
M1
G50S2000T0300
G96S200M3
G0X52.Z10.T0303M8
G70P1Q2F0.15
G0X150.Z150.M5
M1

T0500
G97S500M3
G0X40.Z-45.T0505M8
G1X32.F0.05
X40.
W2.
X32.
X40.
G0X150.Z150.M5
T0500M9
M1
T0700
G97S500M3
G0X36.Z-21.T0707M8
G76X33.62Z-42.K1.19D350F2.0A60
G0X150.Z150.M5
T0700M9
M2

## 04-6. CNC 기출문제 도면-6

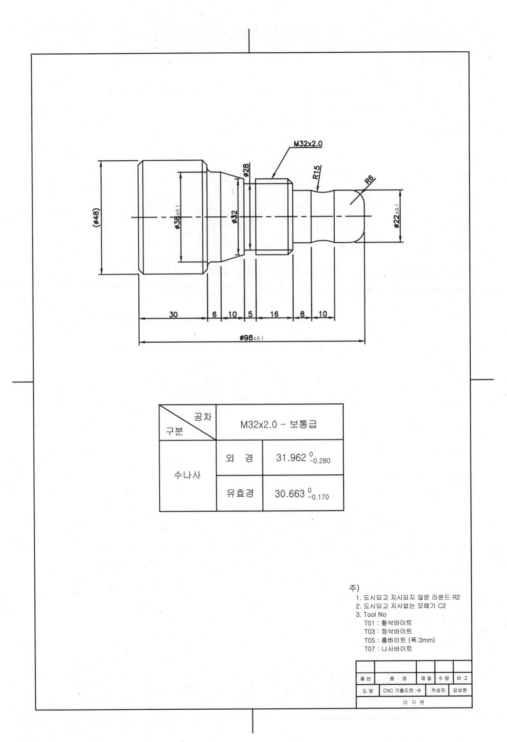

| 구분 \ 공차 | | M32x2.0 - 보통급 |
|---|---|---|
| 수나사 | 외 경 | $31.962 \, {}^{0}_{-0.280}$ |
| | 유효경 | $30.663 \, {}^{0}_{-0.170}$ |

주)
1. 도시되고 지시되지 않은 라운드 R2
2. 도시되고 지시없는 모떼기 C2
3. Tool No
   T01 : 황삭바이트
   T03 : 정삭바이트
   T05 : 홈바이트 (폭:3mm)
   T07 : 나사바이트

| 품 번 | 품 명 | | 재 질 | 수 량 | 비 고 |
|---|---|---|---|---|---|
| 도 명 | CNC 기출도면 -6 | | 작성자 | 김상현 | |
| | 마 지 원 | | | | |

```
O0006
G50S1800T0100
G96S180M3
G0X52.Z10.T0101M8
G71P1Q2U0.4W0.1D1000F0.25
N1G0X0.
G1Z0.
X10.
G3X22.Z-6.R6.
G1Z-13.
G2Z-23.R15.
G1Z-31.
X28.
X32.Z-33.
Z-52.
X38.Z-62.
Z-66.
G2X42.Z-68.R2.
G1X44.
N2X48.Z-70.
G0X150.Z150.M5
T0100M9
M1
G50S2000T0300
G96S200M3
G0X52.Z10.T0303M8
G70P1Q2F0.15
G0X150.Z150.M5
M1
```

```
T0500
G97S500M3
G0X35.Z-52.T0505
G1X28.F0.05M8
X35.
W2.
X28.
X35.
G0X150.Z150.M5
T0500M9
M1
T0700
G97S500M3
G0X35.Z-29.T0707
G76X29.62Z-49.K1.19D350A60
G0X150.Z150.M5
T0700M9
M2
```

## 04-7. CNC 기출문제 도면-7

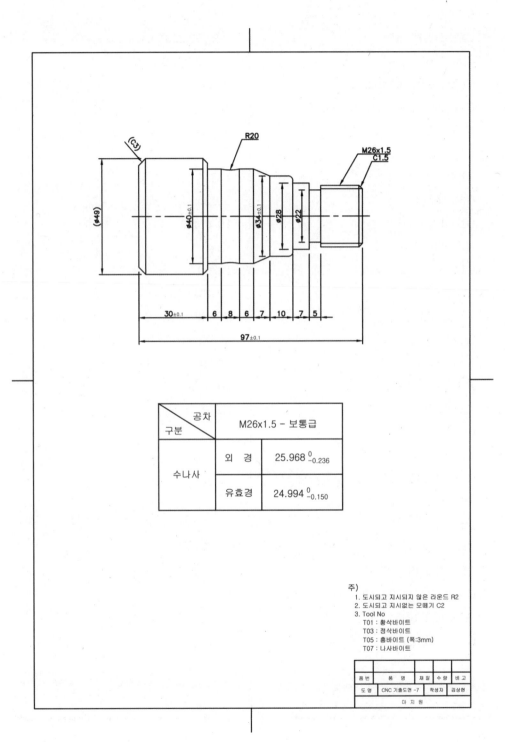

| 구분 \ 공차 | M26x1.5 - 보통급 | |
|---|---|---|
| 수나사 | 외 경 | $25.968^{\ 0}_{-0.236}$ |
| | 유효경 | $24.994^{\ 0}_{-0.150}$ |

주)
1. 도시되고 지시되지 않은 라운드 R2
2. 도시되고 지시없는 모떼기 C2
3. Tool No
   T01 : 황삭바이트
   T03 : 정삭바이트
   T05 : 홈바이트 (폭:3mm)
   T07 : 나사바이트

| 품번 | 품 명 | 재질 | 수량 | 비고 |
|---|---|---|---|---|
| 도 명 | CNC 기출도면 -7 | 작성자 | 김상현 | |
| 마 지 원 | | | | |

```
O0007
G50S1800T0100
G96S180M3
G0X52.Z10.T0101M8
G71P1Q2U0.4W0.1D1000F0.25
N1G0X0.
G1Z0.
X23.
X26.Z-1.5
Z-23.
X28.
Z-30.
X30.
G3X34.Z-32.R2.
G1Z-40.
X40.Z-47.
Z-53.
G2Z-61.R20.
G1Z-67.
X45.
N2X49.Z-69.
G0X150.Z150.M5
T0100M9
M1
G50S2000T0300
G96S200M3
G0X52.Z10.T0303M8
G70P1Q2F0.15
G0X150.Z150.M5
M1
```

```
T0500
G97S500M3
G0X30.Z-23.T0505
G1X22.F0.05M8
X30.
W2.
X22.
X30.
G0X150.Z150.M5
T0500M9
M1
T0700
G97S500M3
G0X30.Z2.T0707M8
G76X24.22Z-20.K0.89D350A60
G0X150.Z150.M5
T0700M9
M2
```

## 04-8. CNC 기출문제 도면-8

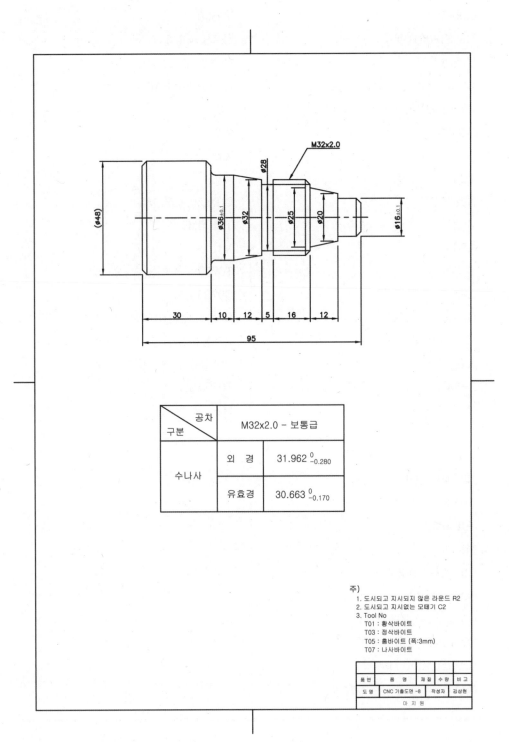

| 공차<br>구분 | | M32x2.0 - 보통급 |
|---|---|---|
| 수나사 | 외 경 | $31.962^{\ 0}_{-0.280}$ |
| | 유효경 | $30.663^{\ 0}_{-0.170}$ |

주)
1. 도시되고 지시되지 않은 라운드 R2
2. 도시되고 지시없는 모떼기 C2
3. Tool No
   T01 : 황삭바이트
   T03 : 정삭바이트
   T05 : 홈바이트 (폭:3mm)
   T07 : 나사바이트

| 품 번 | 품 명 | 재 질 | 수 량 | 비 고 |
|---|---|---|---|---|
| 도 명 | CNC 기출도면 -8 | 작성자 | 김상현 | |
| | 마 지 원 | | | |

```
O0008
G50S1800T0100
G96S180M3
G0X52.Z10.T0101M8
G71P1Q2U0.4W0.1D1000F0.25
N1G0X0.
G1Z0.
X12.
X16.Z-2.
Z-10.
X20.
X25.Z-22.
X28.
X32.Z-24.
Z-43.
X36.Z-55.
Z-63.
G2X40.Z-65.R2.
G1X44.
N2X48.Z-67.
G0X150.Z150.M5
T0100M9
M1
G50S2000T0300
G96S200M3
G0X52.Z10.T0303M8
G70P1Q2F0.15
G0X150.Z150.M5
M1
```

```
T0500
G97S500M3
G0X35.Z-43.T0505
G1X28.F0.05M8
X35.
W2.
X28.
X35.
G0X150.Z150.M5
T0500M9
M1
T0700
G97S500M3
G0X35.Z-20.T0707M8
G76X29.62Z-40.K1.19D350A60
G0X150.Z150.M5
T0700M9
M2
```

## 04-9. CNC 기출문제 도면-9

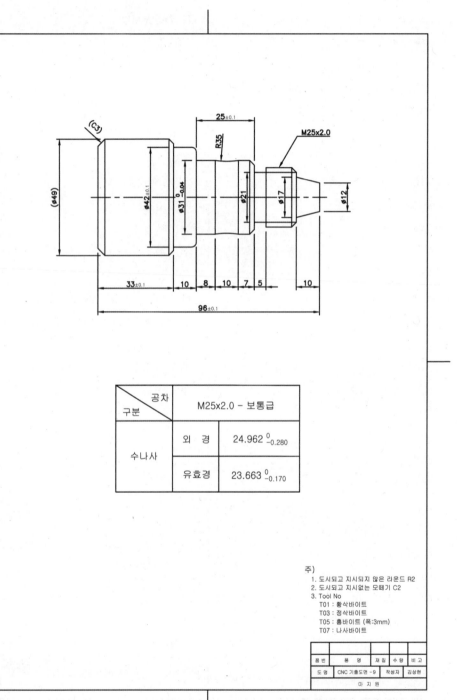

| 공차<br>구분 | | M25x2.0 - 보통급 |
|---|---|---|
| 수나사 | 외 경 | $24.962\,^{0}_{-0.280}$ |
| | 유효경 | $23.663\,^{0}_{-0.170}$ |

주)
1. 도시되고 지시되지 않은 라운드 R2
2. 도시되고 지시없는 모떼기 C2
3. Tool No
   T01 : 황삭바이트
   T03 : 정삭바이트
   T05 : 홈바이트 (폭:3mm)
   T07 : 나사바이트

| 품 번 | 품 명 | 재 질 | 수 량 | 비 고 |
|---|---|---|---|---|
| 도 명 | CNC 기출도면 -9 | 작성자 | 김상현 | |
| | 마 지 원 | | | |

```
O0009
G50S1800T0100
G96S180M3
G0X52.Z10.T0101M8
G71P1Q2U0.4W0.1D1000F0.25
N1G0X0.
G1Z0.
X12.
X17.Z-10.
X21.
X25.Z-12.
Z-28.
X27.
X31.Z-30.
Z-35.
G2Z-45.R35.
G1Z-53.
X38.
G3X42.Z-55.R2.
G1Z-63.
X45.
N2X49.Z-65.
G0X150.Z150.M5
T0100M9
M1
G50S2000T0300
G96S200M3
G0X52.Z10.T0303M8
G70P1Q2F0.15
G0X150.Z150.M5
M1
```

```
T0500
G97S500M3
G0X30.Z-28.T0505
G1X21.F0.05M8
X30.
W2.
X21.
X30.
G0X150.Z150.M5
T0500M9
M1
T0700
G97S500M3
G0X30.Z-8.T0707M8
G76X22.62Z-25.K1.19D350A60
G0X150.Z150.M5
T0700M9
M2
```

## 04-10. CNC 기출문제 도면-10

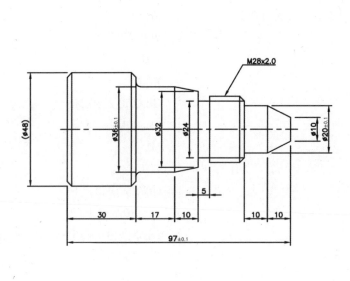

| 구분 \ 공차 | M28x2.0 - 보통급 | |
|---|---|---|
| 수나사 | 외 경 | $27.962 \, ^{0}_{-0.280}$ |
| | 유효경 | $26.663 \, ^{0}_{-0.170}$ |

주)
1. 도시되고 지시되지 않은 라운드 R2
2. 도시되고 지시없는 모떼기 C2
3. Tool No
   T01 : 황삭바이트
   T03 : 정삭바이트
   T05 : 홈바이트 (폭:3mm)
   T07 : 나사바이트

| 품 번 | 품 명 | 재 질 | 수 창 | 비 고 |
|---|---|---|---|---|
| 도 명 | CNC 기출도면 -10 | 작성자 | 김상현 | |
| | 마 지 원 | | | |

```
O0110
G50S1800T0100
G96S180M3
G0X52.Z10.T0101M8
G71P10Q20U0.4W0.1D1000F0.25
N10G0X0.
G1Z0.
X10.
X20.Z-10.
Z-20.
X24.
X28.Z-22.
Z-40.
X32.
X36.Z-50.
Z-65.
G2X40.Z-67.R2.
G1X44.
X48.Z-69.
N20G1Z-70.
G0X250.Z150.M5
T0100M9
G50S2000T0300
G96S200M3
G0X52.Z10.T0303M8
G70P10Q20F0.15
G0X250.Z150.M5
T0300M9
```

```
T0500
G97S500M3
G0X35.Z-40.T0505M8
G1X24.F0.05
X35.
W2.
X24.
X35.
G0X150.Z150.M5
T0500M9
T0700
G97S500M3
G0X28.Z-18.T0707M8
G76X25.62Z-37.K1.19D350F2.0A60
G0X150.Z150.M5
T0700M9
M2
```

## 04-11. CNC 기출문제 도면-11

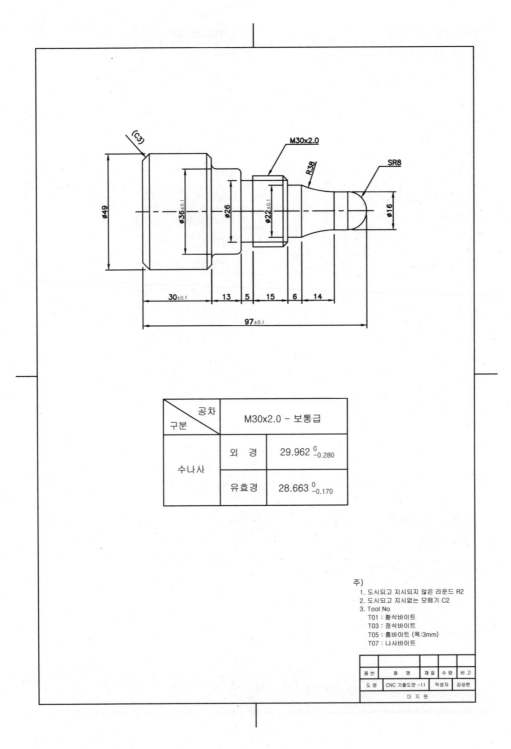

| 공차<br>구분 | M30x2.0 – 보통급 | |
|---|---|---|
| 수나사 | 외 경 | $29.962^{0}_{-0.280}$ |
| | 유효경 | $28.663^{0}_{-0.170}$ |

주)
1. 도시되고 지시되지 않은 라운드 R2
2. 도시되고 지시없는 모떼기 C2
3. Tool No
   T01 : 황삭바이트
   T03 : 정삭바이트
   T05 : 홈바이트 (폭:3mm)
   T07 : 나사바이트

| 품 번 | 품 명 | 재 질 | 수 량 | 비 고 |
|---|---|---|---|---|
| 도 명 | CNC 기출도면 -11 | 작성자 | 김상현 | |
| | 마 지 원 | | | |

O0111
G50S1800T0100
G96S180M3
G0X52.T0101Z10.M8
G71P10Q20U0.4W0.1D1000F0.25
N10G0X0.
G1Z0.
G3X16.Z-8.R8.
G1Z-14.
G3X22.Z-28.R38.
G1Z-34.
X26.
X30.Z-36.
Z-54.
X32.
G3X36.Z-56.R2.
G1Z-65.
G2X40.Z-67.R2.
G1X45.
N20X49.Z-69.
G0X150.Z150.M5
T0100M9
M1
G50S2000T0300
G96S200M3
G0X52.Z10.T0303M8
G70P10Q20F0.15
G0X150.Z150.M5
T0300M9

T0500
G97S500M3
G0X38.Z-54.T0505M8
G1X26.F0.05
X38.
W2.
X26.
X38.
G0X150.Z150.M5
T0500M9
T0700
G97S500M3
G0X30.Z-32.T0707M8
G92X29.3Z-52.F2.0
X28.8
X28.3
X27.8
X27.6
X27.52
X27.52
G0X150.Z150.M5
T0700M9
M2

## 04-12. CNC 기출문제 도면-12

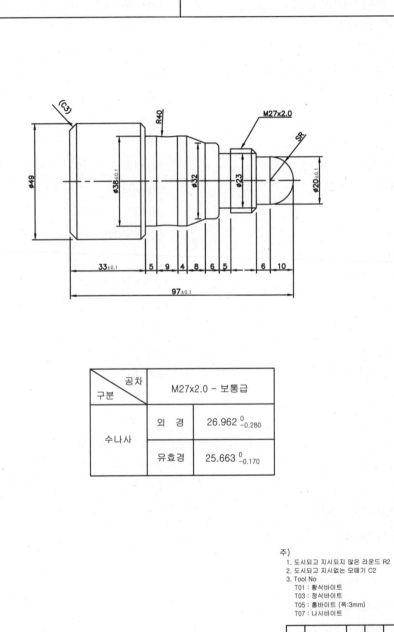

| 구분 공차 | | M27x2.0 - 보통급 |
|---|---|---|
| 수나사 | 외 경 | $26.962^{0}_{-0.280}$ |
| | 유효경 | $25.663^{0}_{-0.170}$ |

주)
1. 도시되고 지시되지 않은 라운드 R2
2. 도시되고 지시없는 모떼기 C2
3. Tool No
   T01 : 황삭바이트
   T03 : 정삭바이트
   T05 : 홈바이트 (폭:3mm)
   T07 : 나사바이트

| 품 번 | 품 명 | | 재 질 | 수 량 | 비 고 |
|---|---|---|---|---|---|
| 도 명 | CNC 기출도면 -12 | 작성자 | 김상현 | | |
| | 마 지 원 | | | | |

```
O0112                           T0500
G50S1800T0100                   G97S500M3
G96S180M3                       G0X30.Z-32.T0505
G0X52.Z10.T0101M8               G1X23.F0.05
G71P1Q2U0.4W0.1D1000F0.25       X30.
N1G0X0.                         W2.
G1Z0.                           X23.
G3X20.Z-10.R10.                 X30.
G1Z-16.                         G0X150.Z150.M5
X23.                            T0500M9
X27.Z-18.                       M1
Z-32.                           T0700
X28.                            G97S500M3
G3X32.Z-34.R2.                  G0X30.Z-16.T0707
G1Z-38.                         G92X27.Z-30.F2.0
X38.Z-46.                       X26.5
Z-50.                           X26.2
G2Z-59.R40.                     X25.9
G1Z64.                          X25.6
X45.                            X25.3
N2X49.Z-66.                     X25.1
G0X150.Z150.M5                  X24.9
T0100M9                         X24.7
M1                              X24.62
G50S2000T0300                   X24.62
G96S200M3                       G0X150.Z150.M5
G0X52.Z10.T0303M8               T0700M9
G70P1Q2F0.15                    M2
G0X150.Z150.M5
M1
```

## 04-13. CNC 기출문제 도면-13

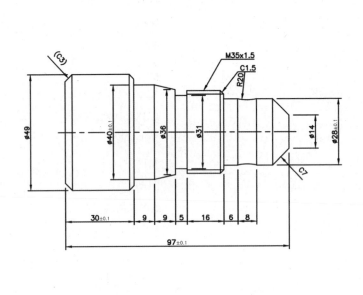

| 구분 \ 공차 | M35x1.5 - 보통급 | |
|---|---|---|
| 수나사 | 외 경 | $34.968 {}^{0}_{-0.236}$ |
| | 유효경 | $33.994 {}^{0}_{-0.150}$ |

주)
1. 도시되고 지시되지 않은 라운드 R2
2. 도시되고 지시없는 모떼기 C2
3. Tool No
   T01 : 황삭바이트
   T03 : 정삭바이트
   T05 : 홈바이트 (폭:3mm)
   T07 : 나사바이트

| 품 번 | 품 명 | 재 질 | 수 량 | 비 고 |
|---|---|---|---|---|
| 도 명 | CNC 기출도면 -13 | 작성자 | 김상현 | |
| | 마 지 원 | | | |

O0113
G50S1800T0100
G96S180M3
G0X52.Z10.T0101M8
G71P1Q2U0.4W0.1D1000F0.25
N1G0X0.
G1Z0.
X14.
X28.Z-7.
Z-14.
G2Z-22.R20.
G1Z-28.
X32.
X35.Z-29.5
Z-49.
X36.
X40.Z-58.
Z-67.
X45.
N2X49.Z-69.
G0X150.Z150.M5
T0100M9
M1
G50S2000T0300
G96S200M3
G0X52.Z10.T0303M8
G70P1Q2F0.15
G0X150.Z150.M5
M1

T0500
G97S500M3
G0X40.Z-49.T0505
G1X31.F0.05
X40.
W2.
X31.
X40.
G0X150.Z150.M5
T0500M9
M1
T0700
G97S500M3
G0X40.Z-27.T0707
G92X35.Z-47.F1.5
X34.5
X34.2
X33.9
X33.6
X33.4
X33.22
X33.22
G0X150.Z150.M5
T0700M9
M2

## 04-14. CNC 기출문제 도면-14

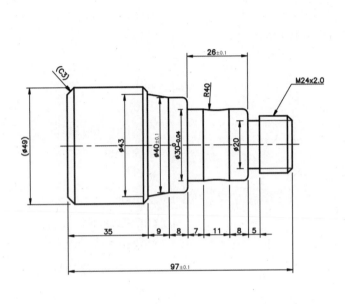

| 공차 구분 | M24x2.0 - 보통급 | |
|---|---|---|
| 수나사 | 외 경 | $25.968 \, ^{0}_{-0.236}$ |
| | 유효경 | $24.994 \, ^{0}_{-0.150}$ |

주)
1. 도시되고 지시되지 않은 라운드 R2
2. 도시되고 지시없는 모떼기 C2
3. Tool No
   T01 : 황삭바이트
   T03 : 정삭바이트
   T05 : 홈바이트 (폭:3mm)
   T07 : 나사바이트

| 품 번 | 품 명 | 재질 | 수량 | 비 고 |
|---|---|---|---|---|
| 도 명 | CNC 기출도면 - 14 | 작성자 | 김상현 | |
| | 마 지 원 | | | |

```
O0114                              T0500
G50S1800T0100                      G97S500M3
G96S180M3                          G0X30.Z-19.T0505
G0X52.Z10.T0101M8                  G1X20.F0.05
G71P1Q2U0.4W0.1D1000F0.25          X30.
N1G0X0.                            W2.
G1Z0.                              X20.
X20.                               X30.
X24.Z-2.                           G0X50.Z150.M5
Z-19.                              T0500M9
X26.                               M1
G3X30.Z-21.R2.                     T0700
G1Z-27.                            G97S500M3
G2Z-38.R40.                        G0X30.Z2.T0707
G1Z-45.                            G92X24.Z-17.F2.0
X36.                               X23.5
G3X40.Z-47.R2.                     X23.2
G1Z-53.                            X22.9
X43.Z-62.                          X22.6
X45.                               X22.3
N2X49.Z-64.                        X22.1
G0X150.Z150.M5                     X21.9
T0100M9                            X21.7
M1                                 X21.62
G50S2000T0300                      X21.62
G96S200M3                          G0X150.Z150.M5
G0X52.Z10.T0303M8                  T0700M9
G70P1Q2F0.15                       M2
G0X150.Z150.M5
T0300M9
M1
```

## 04-15. CNC 기출문제 도면-15

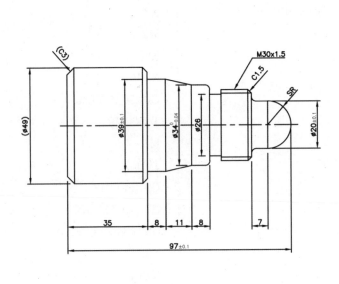

| 공차<br>구분 | | M30x1.5 - 보통급 |
|---|---|---|
| 수나사 | 외 경 | 25.968 $^{0}_{-0.236}$ |
| | 유효경 | 24.994 $^{0}_{-0.150}$ |

주)
1. 도시되고 지시되지 않은 라운드 R2
2. 도시되고 지시없는 모떼기 C2
3. Tool No
   T01 : 황삭바이트
   T03 : 정삭바이트
   T05 : 홈바이트 (폭:3mm)
   T07 : 나사바이트

| 품 번 | 품 명 | 재 질 | 수 량 | 비 고 |
|---|---|---|---|---|
| 도 명 | CNC 기출도면 -15 | 작성자 | 김상현 | |
| | 마 지 원 | | | |

O0115
G50S1800T0100
G96S180M3
G0X52.Z10.T0101M8
G71P1Q2U0.4W0.1D1000F0.25
N1G0X0.
G1Z0.
G3X20.Z-10.R10.
G1Z-15.
G2X24.Z-17.R2.
G1X27.
X30.Z-18.5
Z-35.
G3X34.Z-37.R2.
G1Z-43.
X39.Z-54.
Z-62.
X45.
N2X49.Z-64.
G0X150.Z150.M5
T0100M9
M1
G50S2000T0300
G96S200M3
G0X52.Z10.T0303M8
G70P1Q2F0.15
G0X150.Z150.M5
T0300M9
M1

T0500
G97S500M3
G0X35.Z-35.T0505
G1X26.F0.05
X35.
W2.
X26.
X35.
G0X150.Z150.M5
T0500M9
M1
T0700
G97S500M3
G0X35.Z-16.T0707
G92X30.Z-33.F1.5
X29.7
X29.4
X29.1
X28.8
X28.5
X28.22
X28.22
G0X150.Z150.M5
T0700M9
M2

## 04-16. CNC 기출문제 도면-16

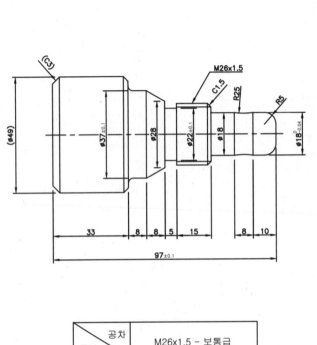

| 구분 \ 공차 | M26x1.5 - 보통급 | |
|---|---|---|
| 수나사 | 외 경 | $25.968_{-0.236}^{0}$ |
| | 유효경 | $24.994_{-0.150}^{0}$ |

주)
1. 도시되고 지시되지 않은 라운드 R2
2. 도시되고 지시없는 모떼기 C2
3. Tool No
   T01 : 황삭바이트
   T03 : 정삭바이트
   T05 : 홈바이트 (폭:3mm)
   T07 : 나사바이트

| 품 번 | 품 명 | 재 질 | 수 량 | 비 고 |
|---|---|---|---|---|
| 도 명 | CNC 기출도면 -16 | 작성자 | 김상현 | |
| | 마 지 원 | | | |

```
O0116                              T0500
G50S1800T0100                      G97S500M3
G96S180M3                          G0X30.Z-48.T0505
G0X52.Z10.T0101M8                  G1X22.F0.05
G71P1Q2U0.4W0.1D1000F0.25          X30.
N1G0X0.                            W2.
G1Z0.                              X22.
X8.                                X30.
G3X18.Z-5.R5.                      G0X150.Z150.M5
G1Z-10.                            T0500M9
G2Z-18.R25.                        M1
G1Z-28.                            T0700
X23.                               G97S500M3
X26.Z-29.5                         G0X30.Z-27.T0707
Z-48.                              G92X26.Z-46.F1.5
X28.                               X25.7
X37.Z-56.                          X25.4
Z-62.                              X25.1
G2X41.Z-64.R2.                     X24.8
G1X45.                             X24.5
N2X49.Z-66.                        X24.22
G0X150.Z150.M5                     X24.22
T0100M9                            G0X150.Z150.M5
M1                                 T0700M9
G50S2000T0300                      M2
G96S200M3
G0X52.Z10.T0303M8
G70P1Q2F0.15
G0X150.Z150.M5
T0300M9
M1
```

## 04-17. CNC 기출문제 도면-17

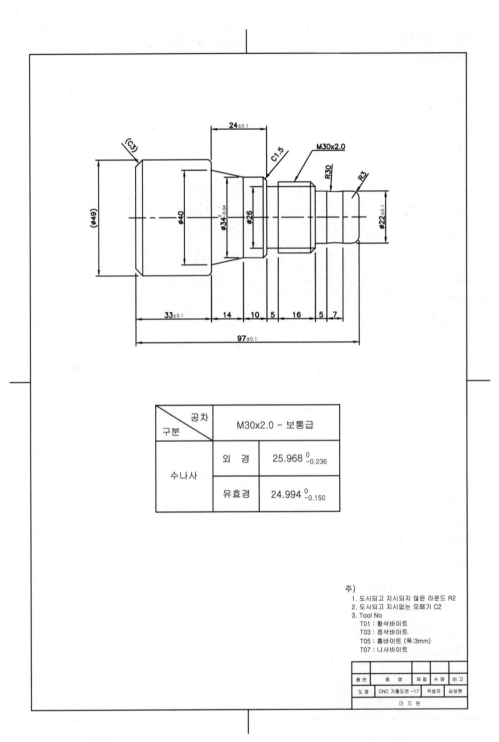

| 구분 \ 공차 | M30x2.0 - 보통급 | |
|---|---|---|
| 수나사 | 외 경 | $25.968 \, ^{0}_{-0.236}$ |
| | 유효경 | $24.994 \, ^{0}_{-0.150}$ |

주)
1. 도시되고 지시되지 않은 라운드 R2
2. 도시되고 지시없는 모따기 C2
3. Tool No
   T01 : 황삭바이트
   T03 : 정삭바이트
   T05 : 홈바이트 (폭:3mm)
   T07 : 나사바이트

| 품번 | 품 명 | 재질 | 수량 | 비고 |
|---|---|---|---|---|
| 도명 | CNC 기출도면 -17 | 작성자 | 김상현 | |
| | 마 지 원 | | | |

O0117
G50S1800T0100
G96S180M3
G0X52.Z10.T0101M8
G71P1Q2U0.4W0.1D1000F0.25
N1G0X0.
G1Z0.
X16.
G3X22.Z-3.R3.
G1Z-7.
G2Z-14.R30.
G1Z-19.
X26.
X30.Z-21.
Z-40.
X31.
X34.Z-41.5
Z-50.
X40.Z-64.
X45.
N2G3X49.Z-66.R2.
G0X150.Z150.M5
T0100M9
M1
G50S2000T0300
G96S200M3
G0X52.Z10.T0303M8
G70P1Q2F0.15
G0X150.Z150.M5
T0300M9
M1

T0500
G97S500M3
G0X35.Z-40.T0505
G1X26.F0.05
X35.
W2.
X26.
X35.
G0X150.Z150.M5
T0500M9
M1
T0700
G97S500M3
G0X35.Z-18.T0707
G92X30.Z-38.F2.0
X29.5
X29.1
X28.8
X28.5
X28.2
X27.9
X27.62
X27.62
G0X150.Z150.M5
T0700M9
M2

## 04-18. CNC 기출문제 도면-18

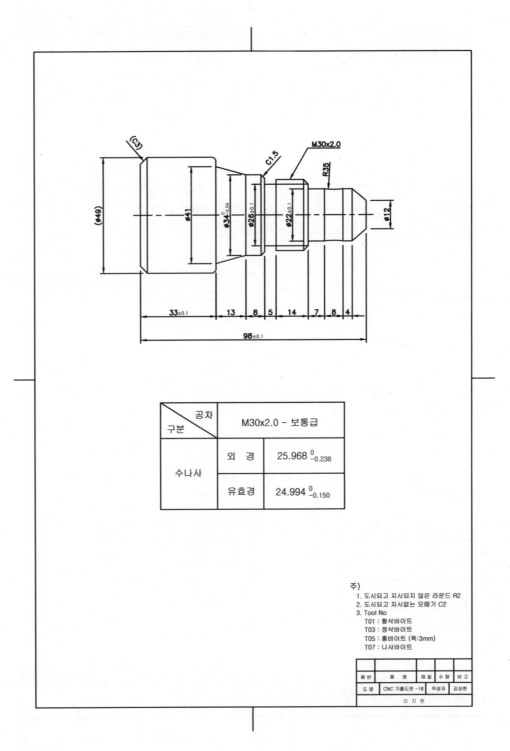

| 구분 \ 공차 | M30x2.0 - 보통급 | |
|---|---|---|
| 수나사 | 외 경 | 25.968 $^{0}_{-0.236}$ |
| | 유효경 | 24.994 $^{0}_{-0.150}$ |

주)
1. 도시되고 지시되지 않은 라운드 R2
2. 도시되고 지시없는 모떼기 C2
3. Tool No
   T01 : 황삭바이트
   T03 : 정삭바이트
   T05 : 홈바이트 (폭:3mm)
   T07 : 나사바이트

| 품 번 | 품 명 | 재 질 | 수 량 | 비 고 |
|---|---|---|---|---|
| 도 명 | CNC 기출도면 -18 | 작성자 | 김상현 | |
| | 마 지 원 | | | |

O0118
G50S1800T0100
G96S180M3
G0X52.Z10.T0101M8
G71P1Q2U0.4W0.1D1000F0.25
N1G0X0.
G1Z0.
X12.
X22.Z-6.
Z-10.
G2Z-18.R35.
G1Z-25.
X26.
X30.Z-27.
Z-44.
X31.
X34.Z-45.5
Z-52.
X41.Z-65.
X45.
N2G3X49.Z-67.R2.
G0X150.Z150.M5
T0100M9
M1
G50S2000T0300
G96S200M3
G0X52.Z10.T0303M8
G70P1Q2F0.15
G0X150.Z150.M5
T0300M9
M1

T0500
G97S500M3
G0X35.Z-44.T0505
G1X26.F0.05
X35.
W2.
X26.
X35.
G0X150.Z150.M5
T0500M9
M1
T0700
G97S500M3
G0X35.Z-23.T0707
G92X30.Z-42.F2.0
X29.5
X29.2
X28.9
X28.6
X28.4
X28.1
X27.9
X27.62
X27.62
G0X150.Z150.M5
T0700M9
M2

## 04-19. CNC 기출문제 도면-19

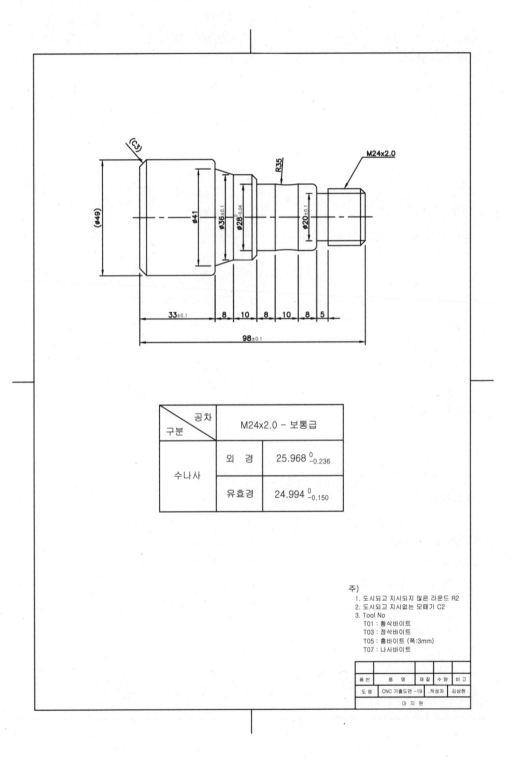

| 구분 \ 공차 | | M24x2.0 - 보통급 |
|---|---|---|
| 수나사 | 외 경 | 25.968 $^{0}_{-0.236}$ |
| | 유효경 | 24.994 $^{0}_{-0.150}$ |

주)
1. 도시되고 지시되지 않은 라운드 R2
2. 도시되고 지시없는 모떼기 C2
3. Tool No
   T01 : 황삭바이트
   T03 : 정삭바이트
   T05 : 홈바이트 (폭:3mm)
   T07 : 나사바이트

| 품 번 | 품  명 | 재질 | 수량 | 비 고 |
|---|---|---|---|---|
| 도 명 | CNC 기출도면 -19 | 작성자 | 김상현 | |
| 마 지 원 | | | | |

```
O0119                              T0500
G50S1800T0100                      G97S500M3
G96S180M3                          G0X30.Z-21.T0505
G0X52.Z10.T0101M8                  G1X20.F0.05
G71P1Q2U0.4W0.1D1000F0.25          X30.
N1G0X0.                            W2.
G1Z0.                              X20.
X20.                               X30.
X24.Z-2.                           G0X150.Z150.M5
Z-21.                              T0500M9
G3X28.Z-23.R2.                     M1
G1Z-29.                            T0700
G2Z-39.R35.                        G97S500M3
G1Z-47.                            G0X30.Z2.T0707
X32.                               G92X24.Z-19.F2.0
X36.Z-49.                          X23.5
Z-57.                              X23.1
X41.Z-65.                          X22.8
X45.                               X22.5
N2G3X49.Z-67.R2.                   X22.2
G0X150.Z150.M5                     X21.9
T0100M9                            X21.62
M1                                 X21.62
G50S2000T0300                      G0X150.Z150.M5
G96S200M3                          T0700M9
G0X52.Z10.T0303M8                  M2
G70P1Q2F0.15
G0X150.Z150.M5
T0300M9
M1
```

Section
**04**

CNC/MCT 기출문제

## 04-20. CNC 기출문제 도면-20

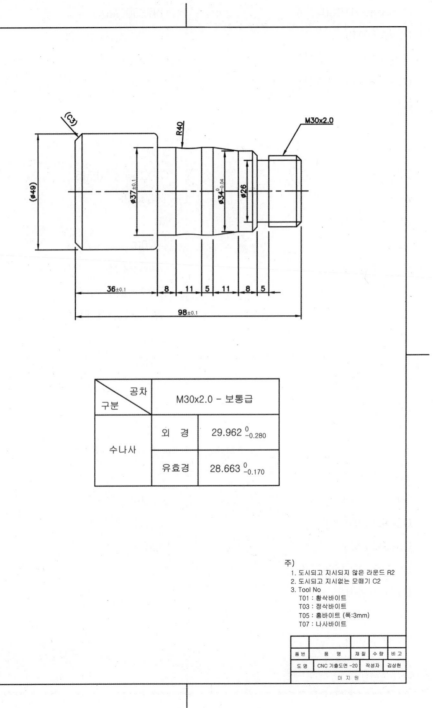

| 공차 구분 | M30x2.0 - 보통급 | |
|---|---|---|
| 수나사 | 외 경 | $29.962^{\ 0}_{-0.280}$ |
| | 유효경 | $28.663^{\ 0}_{-0.170}$ |

주)
1. 도시되고 지시되지 않은 라운드 R2
2. 도시되고 지시없는 모떼기 C2
3. Tool No
   T01 : 황삭바이트
   T03 : 정삭바이트
   T05 : 홈바이트 (폭:3mm)
   T07 : 나사바이트

| 품 번 | 품 명 | 재 질 | 수 량 | 비 고 |
|---|---|---|---|---|
| 도 명 | CNC 기출도면 -20 | 작성자 | 김상현 | |
| | 마 지 원 | | | |

O0120
G50S1800T0100
G96S180M3
G0X52.Z10.T0101M8
G71P1Q2U0.4W0.1D1000F0.25
N1G0X0.
G1Z0.
X26.
X30.Z-2.
Z-19.
X34.Z-21.
Z-27.
X37.Z-38.
Z-43.
G2Z-54.R40.
G1Z-62.
X45.
N2G3X49.Z-64.R2.
G0X150.Z150.M5
T0100M9
M1
G50S2000T0300
G96S200M3
G0X52.Z10.T0303M8
G70P1Q2F0.15
G0X150.Z150.M5
T0300M9
M1

T0500
G97S500M3
G0X35.Z-19.T0505
G1X26.F0.05
X35.
W2.
X26.
X35.
G0X150.Z150.M5
T0500M9
M1
T0700
G97S500M3
G0X35.Z2.T0707
G92X30.Z-17.F2.0
X29.5
X29.1
X28.8
X28.5
X28.2
X27.9
X27.62
X27.62
G0X150.Z150.M5
T0700M9
M2

Section **04**

CNC/MCT 기출문제

## 05 MCT 밀링 기출문제 형식 (컴퓨터 응용 가공산업기사)

### 05-1. 시험시간 : 2시간 (프로그래밍 1시간, 기계가공:1시간)

### 05-2. 요구사항

① 지급된 도명과 같이 가공할 수 있도록 프로그램 입력장치에서 수동으로 프로그램
하여 NC데이터를 저장매체(디스켓)에 저장 후 제출합니다.

② 저장매체(디스켓)에 저장된 NC데이터를 머시닝센터에 입력시켜 제품을 가공합니다.

③ 공구셋팅 및 좌표계 설정을 제외하고는 CNC프로그램에 의한 자동운전으로 가공
해야 합니다.

④ 지급된 재료는 교환할 수 없습니다.
(단, 지급된 재료에 이상이 있다고 감독위원이 판단할 경우 교환이 가능합니다.)

### 05-3. 수험자 유의사항

① 본인이 지참한 공구와 지정된 시설을 사용하며 안전수칙을 준수해야 합니다.

② 시험시간은 프로그래밍 시간, 기계가공 시간을 합하여 2시간이며, 프로그램 시간
은 1시간을 초과할 수 없고 남는 시간을 기계가공 시간에 사용할 수 없습니다.

③ 작업 완료시 작품은 기계에서 분리하여 제출하고, 프로그램 및 공구보정을 삭제
한 후, 다음 수험자가 가공하도록 합니다.

④ 프로그래밍
① 시험시간(1시간) 안에 문제도면을 가공하기 위한 프로그램을 작성하고 지급된 저장매체
(디스켓)에 저장 후 도면(process sheet 포함)과 같이 제출합니다.
② process sheet는 프로그래밍을 위한 도구로 사용여부는 수험자가 결정하며 채점 대상
에서 제외됩니다.

⑤ **기계가공**
① 감독위원으로부터 수험자 본인의 저장매체(디스켓) 또는 프로그램을 전송받는다.
② 프로그램을 머시닝센터에 입력 후 수험자 본인이 직접 공작물을 장착하고 공작물 좌표계 설정 등을 합니다.
③ 가공 경로를 통해 프로그램의 이상 유무를 감독위원으로부터 확인을 받은 후 가공을 시작합니다. (시험위원 확인과정은 시험시간에서 제외)
④ 가공시 프로그램 수정은 좌표계 설정 및 절삭조건으로 제한합니다.
⑤ 고가의 장비이므로 파손의 위험이 없도록 각별히 유의해야 하며, 파손시 수험자 책임입니다.
⑦ 안전상 가공은 감독위원 입회 하에 자동운전 합니다.
⑧ 가공이 끝난 후 수험자 본인의 프로그램 및 공구 보정값은 반드시 삭제합니다.
⑨ 가공작업 중 안전과 관련된 복장상태, 안전보호구(안전화) 착용여부 및 사용법, 안전수칙 준수 여부에 대하여 각 2회 이상 점검하여 채점합니다.

⑥ **다음 사항에 해당하는 작품은 채점대상에서 제외됩니다.**
① 미완성
　ⓐ 프로그램 입력장치를 이용하여 1시간 안에 프로그램을 제출하지 못한 경우
　ⓑ 기계가공 시험시간 안에 작품을 제출하지 못한 경우
　ⓒ 주어진 문제내용 중 1개소라도 미가공된 작품
② 오 작
　ⓐ 주어진 도면과 상이하게 가공되어 치수가 ±2mm 이상 초과한 부분이 1개소 라도 있는 경우
　ⓑ 과다한 절삭깊이로 인하여 작품의 일부분이 파손된 경우
③ 기 타
　ⓐ 제출된 가공 프로그램이 미완성 프로그램으로 가공이 불가능한 경우
　ⓑ 기계조작이 미숙하여 가공이 불가능한 경우나 기계에 파손의 위험이 있는 경우
　ⓒ 검정장에 설치되어 있는 장비에 사용할 수 없는 기능으로 프로그램한 경우
　ⓓ 공구 및 일감 세팅시 조작 미숙으로 감독위원에게 3회 이상 지적을 받거나 정당한 지시에 불응한 경우
　ⓔ 요구사항이나 수험자 유의사항을 준수하지 않는 경우

⑦ 공단에서 지정한 각인을 반드시 날인 받아야 하며 날인이 누락된 작품을 제출할 경우는 채점 대상에서 제외됩니다.

⑧ 문제지를 포함한 모든 제출 자료는 반드시 비번호를 기재 한 후 제출합니다.

# 06 🖱 MCT 밀링 기계 Setting방법

## 06-1. 머시닝 센터 WIA(위아) 셋팅 순서

❶ Power ON (버튼) ⇨ 전원 켜기.

❷ 비상정지 해제 ⇨ 시계방향 회전

❸ MODE를 HANDLE (핸들) ⇨ 이동용 핸들조작기 사용.

❹ X , Y , Z를 −로 이동 ⇨ 이동용 핸들로 − 로 돌려서 임의의 위치에 둔다

❺ MODE를 REF (원점복귀)

❻ All Zero (버튼) ⇨ 모든 축을 원점으로 복귀 또는 ((X − , Y + , Z + 동시에 누르고 있는다))

❼ MODE를 HANDLE (핸들) ⇨ 조작기에 있음.

❽ X , Y , Z를 − 로 이동 ⇨ 이⬜ (평면도) ⬜ (정면도) 이동용 핸들을 이용해 놓음(*속도조절)

❾ MDI (반자동) ⇨ 조작기에 있음.

　✻ 조작기에 PROG 을 누름. 화면하단에 보면 MDI라고 되어있는 곳을 확인함.(안되어 있으면
　　PROG 를 눌러 바꿈)

❿ S1200 M3 EOB 를 치고 조작기에 INSERT (버튼)를 누름.

⓫ CYCLE START (자동개시) ⇨ 초록색 버튼.

⓬ MODE를 HANDLE (핸들)

⓭ X축 터치.
　① 조작기에 POS(위치) 누름. ② REL (상대좌표)로 바꿈. ⇨ 화면하단의 버튼이나
　POS를 이용해서 바꿈.

⓮ X (조작기에 영문키 버튼 이용) 다음.) ORIGIN (화면 하단) ⇨ 0으로 만듬.또는 CAN ①Z
　축 + 방향으로 이동한다.

⓯ Y축 이동한다. 공작물／공구 그림처럼 ⬜◯
　• −1 Y축 터치.(핸들 속도조절 X10 으로)

⓰ Y (조작기에 영문키버튼 이용) 다음.) ORIGIN (화면 하단) ⇨ Y를"0"으로 만듬.또는 CAN

⓱ Z축을 + 방향으로 ⬜ (정면도) 올리고 X +4 , Y +4 ◯ (평면도)이동(+4값은 공구반지름값)

⓲ Z축 터치 ⬜ (평면도) ⬜ (정면도)

⓳ X ORIGIN Y ORIGIN , Z ORIGIN (조작판 영문키 버튼 이용) ORIGIN (화면 하단)
　⇨ 전부 0점으로 만듬.또는 CAN

⓴ 주축정지 ⇨ 조작기의 오른쪽 하단에 STOP 버튼을 누름.

㉑ POS (버튼) ⇨ 기계좌표값을 적어둔다. 기계좌표값 MACHINE이 안나오면 조작기의 POS

를 눌러 바꿈. 화면에 확인.

㉒ OFFSET SETTING (버튼) ⇨ WORK 에 있는지 화면 하단 확인.
기계좌표계를 종이에 적는다. (없으면 화면 하단 버튼으로 바꿈)

㉓ (01) (G54) X , Y , 입력한다. ⇨ 입력할때 INPUT (버튼) 이용
[1]또는 X 0 MEASUR Y 0 MEASUR Z 0 MEASUR 입력한다. 나머지 공구는 Z을 터치한후 상대좌표값을 원하는 H값에다 입력한다.OFFSET SETTING (버튼) ⇨ H값에다 입력한다. Z 0. MEASUR

㉔ REF (원점복귀) ⇨ ALL

㉕ 셋팅공구를 빼낸다. 공구길이를 툴 프리셋나 하이트 게이지로 길이를 측정한다
예) 셋팅공구 길이가 154 이였다.
Z "0" 셋팅시 기계좌표계가 -510.123 이였다.
01) (G54) "Z"를 공구길이154+510.123= - 664.123 입력 ( INPUT (버튼) 이용)
OFFSET SETTING (버튼)누른다. OFFSET 에 있는지 화면 하단 확인후 누른다.
H001= 154.
나머지 공구는 툴 프리셋나 하이트 게이지로 길이를 측정해서 읽는값을 그대로 원하는공구길이 H값에 입력하면 된다.

※ 또다른 셋팅법은 공작물 원점에 공구를 두고서 기계좌표계의 부호 반대값을 입력하는 방법
예) X-123.123
Y-456.456
Z-321.321 일때는 G90G92 X123.123 Y456.456 Z321.321 로 프로그램을 수정하여 작업가능하다. 다른 공구는 위23번 까지와 똑 같이 하면 됨

※ 또다른 셋팅법은 공작물 원점에 공구를 두고서 기계좌표계 값을 입력하는 방법
예) X-123.123
Y-456.456
Z-321.321 일때는 G90 G10 L2 P01 X123.123 Y456.456 Z321.321 로 프로그램을 수정하여 작업하는 방법 다른 공구는 위23번 까지와 똑 같이 하면 됨
프로그램은 G90 G10 L2 P01 X123.123 Y456.456 Z321.321 (G54에 자동 입력됨)
G54 X프로그래머가 원하는 위치 Y프로그래머가 원하는 위치Z프로그래머가 원하는 위치
G43 Z50. H원하는 공구길이 값입력 S2500 M3

머시닝 센타 셋팅 방법 14가지 방법중 4가지 방법을 기술하였고 나머지 홀셋팅 및 원주 셋팅, 치구셋팅 기계스트로크를 이용한 셋팅 조립제품 기준점 셋팅등은 현장교육으로 대처 합니다.
4축일때는 내장형인가 외장형에 따라서 프로그램만 틀리며 셋팅은 하나의 축을 추가해서 셋팅을 하면 됨 기계 메이커 마다 대동소이 하나 4축이 C축이나 B축이 가장 보편화 되어 있다.
5축 머시닝 센타는 테이블 기준일때 BC축 AB축 또는 ABC축이 동시제어가 가능하여야 한다.
5축 머시닝 센타는 주축 기준일때는 테이블은 BC축 또는 AB축, AC축 이며 주축은 360도 회전 가능하며 각각의 공구는 자동으로 셋팅이 가능하고 공작물 좌표계는 사람이 직접셋팅을 하여야 한다.
참고로 주축 TYPE은 대형기계가 많으며 테이블 TYPE은 소형기계가 대부분을 차지하고 있는 실정임
기계 메이커 마다 조금씩 부가축의 움직임이 틀리는 경우가 있지만 대동소이 하다.

## 06-2. 두산 Mynix Series 510 머시닝센터 작동순서

① 초기 운전
 ① 배전판ON(기계뒤편) ⇨ NC ON(CRT좌측) ⇨ EMG STOP RESET(시계방향회전)
 ② Ready
 ③ 왼쪽 문 해제시 : DOOR OPEN REQUEST
 ④ 기계 뒤편의 TOOL 매거진 AUTO상태에서 사용 가능 (공구매거진 자동 설정됨) – 수동
  교환시 수동상태에서 매거진 회전시켜 원하는 위치에 공구 착탈 가능

② 원점복귀 방법
 [핸들운전](이동식) ⇨ [모든 핸들] [Z축선택] ⇨ (–)100mm 내림 ⇨ Y축선택 ⇨ (–)방향
 100mm 이동 ⇨ X축선택 ⇨ (–)방향 100mm 이동 ⇨ [모드] [REF.RTN] [AXIS
 SELECT] Z축선택 [+] (누르고 있는 동안 Z 축이 원점복귀 진행되고 일정 영역안에 있으면
 손을 떼도 진행됨) Y축 X축도 동일하게 원점복귀 시킨다.

③ 상대좌표 제로(0)만들기
 [POS] – [상대]에서 X를 누르면 [ORIGIN]메뉴가 나옴 – [ORIGIN] 누르면 ZERO 가 됨
 Y, Z 축도 상대좌표를 '0'이 되게 [ORIGIN]을 누른다.

④ 프로그램 입력방법
 ① 한글자 취소 : [CAN], 자판의 작은 글씨 입력 : [SHIFT]누르고 작은글씨 입력
 ② 숫자 입력시 : [INPUT], 문자+숫자 입력시 : [INSERT], 수정[ALTER], 지움
  [DELETE]
 ③ 버턴 내용 : 위치[POS], 보정[OFS/SET], 프로그램[PRO], 옵프셋[OFS/SET], 알람메
  세지[MAEEAGE], 그래픽[CSTM/GR]
 ④ [신규작성] [PRO] ⇨ [DIR] 없는 번호 선택 입력 ⇨ 프로그램작성
 ⑤ 그래픽 기능이 없으므로 Z 축을 (+)100mm상태[G54 00번에 Z100.0 입력]로 공구의 이
  동경로를 확인하고 G54 00번에 Z0.0으로 수정하면 정상가공이 된다.

⑤ MDI에서 스핀들을 회전시킬 경우
 ① [MDI]선택 ⇨ [S1200 M03] 입력 [EOB] [INSERT]를 누름 ⇨ [자동개시] 누름
 ② 정지할 경우 [MDI모드]에서 [M05] 또는 [주축정지] 누름

⑥ [MDI 모드]에서 공구교환을 할 경우
 [핸들운전]에서 Z축을 약100mm정도 내린 후 ⇨ [MDI] ⇨
  G00 G30 G91 Z0.0 M19 ;
  T02(교환할 공구선택) M06 ; [INSERT] ⇨ [자동개시] 누름

⑦ 새로운 공구 장착하는 방법
 ① [교환할 공구선택]에 공구가 없는 번호를 선택하여 6번과 동일하게 [MDI모드]에서 공구
  를 교환하면 공구는 없는 상태에서 공구교환이 실행된다.
 ② 수동공구 착탈시 모드를 핸들운전이나 JOG모드에서 스핀들 위쪽의 공구풀림기능을 이
  용하여 공구를 장착하면 그 공구가 없는 공구번호에 해당되는 공구가 된다.

## 06-3. 두산 Mynix Series 510 머시닝센터 공구보정순서 (기준공구를 이용한 셋팅법)

① **Z축 보정**

원점복귀를 실시한 후에 [현재위치] 를 누르고 ⇨ Z축을 선택 ⇨ 주축회전 ⇨ 핸들을(−)방향으로 돌려 엔드밀을 재료의 좌측 하단부 윗면에 접촉시킴 ⇨ Z [ORIGIN]을 누르면 Z축 상대좌표가 ZERO가 된다. [Z을 누르면 [ORIGIN] 메뉴가 나타남]

② **X축 보정**

[핸들운전] ⇨ 핸들을 조작하여 ●▨ (재료의 측면에 엔드밀로 가볍게 터치) ⇨ Z축을 조금 들어 공구반경값(5mm) +방향이동 후 ⇨ X [ORIGIN]을 누르면 X축 상대좌표가 ZERO가 된다. [X을 누르면 [ORIGIN] 메뉴가 나타남]

③ **Y축 보정**

[핸들운전] ⇨ 핸들을 조작하여 ●(재료의 측면에 엔드밀로 가볍게 터치)  Z축을 조금 들어 공구반경값(5mm) + 방향이동 후 ⇨ Y[ORIGIN]을 누르면 Y축 상대좌표가 ZERO가 된다. [Y을 누르면 [ORIGIN] 메뉴가 나타남]

④ **공구 옵셋**

X,Y,Z의 상대좌표가 0인 위치에서 G54 01번 위치에 X0.0 측정, Y0.0 측정 Z0.0 측정을 누르면 1번 공구옵셋이 완료된다. 또 다른 방법으로는 해당 축에 직접 값을 입력하여도 가능하다.(이때 옵셋의 일반에서는 X,Y,Z,값은 0이며 반경값은 입력이 되어있어야 한다)

④-1 **공구옵셋 두 번째 방법**

상대좌표 제로상태에서 원점복귀하면 기계좌표값은 모두 0 이며 상대좌표값은 G92 코드 사용시 프로그램에 그대로 입력한다.(G92 코드 사용시는 공작물원점에서 기계원점까지의 거리를 입력하며 G54 코드 사용시는 기계원점에서 공작물원점까지의 거리를 입력한다. G92는 기계좌표의 부호반대이고  G54는 기계좌표이다)

⑤ **두 번째 공구 보정하기**

① 프로그램 Z축 좌표원점위치에서 [OFS/SET] 누른 후 ⇨ [C 입력] 또는 직접입력(상대좌표가 입력된다.)

② [C입력] 현재값입력, [+입력] 현재 값에 가감하여 입력됨, [입력 OR INPUT] KEY IN값 직접입력 됨

⑥ **보정이 끝난 후 다시 엔드밀 교환방법**

핸들을 조작하여 Z축 (+)방향으로 조금 올린다. ⇨ [반자동] ⇨ [G30 G91 Z0. M19;] [INSERT] ⇨ [T02 M06;] [INSERT] ⇨ [자동개시]

또는 공구자동교환 메크로 프로그램이 있을 경우 T02 M06만 해도 된다.

## 06-4. 두산 머시닝센터 작동순서 (화낙 18 iMB)

① 초기 운전
　① 배전판ON(기계뒤편) ⇨ EMG STOP RESET(시계방향회전) – Ready
　② 왼쪽 문 해제시 : DOOR OPEN REQUEST
　③ 기계 뒤편의 TOOL 매거진 AUTO상태에서 사용 가능 (공구매거진 자동 설정됨) – 수동
　　교환 시 수동상태에서 매거진 회전시켜 원하는 위치에 공구 착탈 가능

② 원점복귀 방법
　[핸들운전](이동식) ⇨ [모든 핸들] [Z축선택] ⇨ (–)100mm 내림 ⇨ Y축선택 ⇨ (–)방향
　100mm 이동 ⇨ X축선택 ⇨ (–)방향 100mm 이동 ⇨ A(4TH)축선택 ⇨ (–)방향100mm
　이동 ⇨ B(5TH)축선택 ⇨ (–)방향 100mm 이동 ⇨ [모드] [REF.RTN] [AXIS SELECT] Z
　축선택 [+] (누르고 있는 동안 Z축이 원점복귀 진행되고 일정 영역안에 있으면 손을 떼도
　진행됨) Y축 X축 A축 B축도 동일하게 원점복귀 시킨다.

③ 상대좌표 제로(0)만들기
　[POS] – [상대]에서 X를 누르면 [ORIGIN]메뉴가 나옴 – [ORIGIN] 누르면 ZERO 가 됨
　Y, Z 축도 상대좌표를 '0'이 되게 [ORIGIN]을 누른다.

④ 프로그램 입력방법
　① 한글자 취소 : [CAN], 자판의 작은 글씨 입력 : [SHIFT]누르고 작은글씨 입력
　② 숫자 입력시 : [INPUT], 문자+숫자 입력시 : [INSERT], 수정[ALTER], 지움
　　[DELETE]
　③ 버턴 내용 : 위치[POS], 보정[OFS/SET], 프로그램[PRO], 옵프셋[OFS/SET], 알람메
　　세지[MAEEAGE], 그래픽[CSTM/GR]
　④ [신규작성] ⇨ [PRO] ⇨ [DIR] 없는 번호 선택 입력 ⇨ 프로그램작성
　⑤ 그래픽 기능이 없으므로 Z 축을 (+)100mm상태[G54 00번에 Z100.0 입력]로 공구의 이
　　동경로를 확인하고 G54 00번에 Z0.0으로 수정하면 정상가공이 된다.

⑤ MDI에서 스핀들을 회전시킬 경우
　① [MDI]선택 ⇨ [S1200 M03] 입력 [EOB] [INSERT]를 누름 ⇨ [자동개시] 누름
　② 정지할 경우 [MDI모드]에서 [M05] 또는 [주축정지] 누름

⑥ [MDI 모드]에서 공구교환을 할 경우
　[핸들운전]에서 Z축을 약100mm정도 내린 후 ⇨ [MDI] ⇨
　　G00 G30 G91 Z0.0 M19 ;
　　T00(교환할 공구선택) M06 ; [INSERT] ⇨ [자동개시] 누름

⑦ 새로운 공구 장착하는 방법
　① [교환할 공구선택]에 공구가 없는 번호를 선택하여 6번과 동일하게 [MDI모드]에서 공구
　　를 교환하면 공구는 없는 상태에서 공구교환이 실행된다.
　② 수동공구 모드를 핸들에서 원점복귀 모드에 두고서 공구를 손으로 잡고서 착탈시 스핀들
　　위쪽의 공구풀림기능을 이용하여 공구를 장착하면 된다.

## 06-5. 두산 머시닝센터 공구보정순서(화낙 0iMB)

### ① Z축 보정

원점복귀를 실시한 후에 [현재위치] 를 누르고 ⇨ Z축을 선택 ⇨ 주축회전 ⇨ 핸들을(-)방향으로 돌려 엔드밀을 재료의 좌측 하단부 윗면에 접촉시킴 ⇨ Z [ORIGIN]을 누르면 Z축 상대좌표가 ZERO가 된다. [Z을 누르면 [ORIGIN] 메뉴가 나타남]

### ② X축 보정

[핸들운전] ⇨ 핸들을 조작하여 ●▨ (재료의 측면에 엔드밀로 가볍게 터치) ⇨ Z축을 조금 들어 공구반경값(4mm) + 방향이동 후 ⇨ X [ORIGIN]을 누르면 X축 상대좌표가 ZERO가 된다. [X을 누르면 [ORIGIN] 메뉴가 나타남]

### ③ Y축 보정

[핸들운전] ⇨ 핸들을 조작하여 ● (재료의 측면에 엔드밀로 가볍게 터치) ⇨ Z축을 조금 들어 공구반경값(4mm) +방향이동 후 ⇨ Y [ORIGIN]을 누르면 Y축 상대좌표가 ZERO가 된다.   [Y을 누르면 [ORIGIN] 메뉴가 나타남]

### ④ 공구 옵셋

X,Y,Z의 상대좌표가 0인 위치에서 G54 00번 위치에 X0.0 측정, Y0.0 측정 Z0.0 측정을 누르면 1번 공구옵셋이 완료된다. 또 다른 방법으로는 해당 축에 직접 값을 입력하여도 가능하다.(이때 옵셋의 일반에서는 X,Y,Z값은 0이며 반경값은 입력이 되어있어야 한다)

### ④-1 공구옵셋 두 번째 방법

상대좌표 제로상태에서 원점복귀하면 기계좌표값은 모두 0 이며 상대좌표값은 G92코드 사용시 프로그램에 그대로 입력한다.(G92는 공작물원점에서 기계원점까지의 거리값, G54는 기계원점에서 공작물원점까지의 거리값을 입력한다. (G92는 기계좌표계의 부호만 반대 , G54기계좌표계를 입력하면 된다.)

### ⑤ 두 번째 공구 보정하기

① 공구를 교환후 Z축에 터치후 Z축 프로그램 좌표원점위치에서 [OFS/SET] 누른 후 ⇨ [C입력] 또는 직접입력

② [C입력] 현재값 입력, [+입력] 현재 값에 가감하여 입력됨, [입력 OR INPUT] KEY IN 값 직접입력 됨

### ⑥ 데이터 전송 방법

① 컴퓨터에서 기계로 전송 - 컴퓨터 NCLINKFREE 실행 - 기계에서 [EDIT] - [PROG] - [조작] - [▶] - [READ] - [실행] - 컴퓨터(COM1, 4800, 7, 2)에서 [파일] - [열기] - [A:] - 원하는 P/G 선택 - 프로그램선두에 %입력 - [START] 하면 완료됨

② 기계에서 컴퓨터로 전송 - 컴퓨터 NCLINKFREE 실행 - 컴퓨터에서 [파일받기] - 기계에서 [EDIT] - [PROG] - [조작] - [▶] - [PUNCH] - [실행]하면 완료됨

### MCT 장비 Setting 방법

1. 원점복귀하기위해

   Prog 선택 ▶ MDI 모드 ▶ G91 G28 X0. Y0. Z0. ; ▶ Program Start

2. 기준공구 E/M 교체(E/M이 있으면 교체안함)

   MDI 모드▶ T01 M06;

3. S500 M03; ▶ Program Start

4. Handle 모드에서 조작기를 사용해서 각축 터치(순서는 X,Y 상관없고 Z축만 마지막에 터치)

   X축

   　　Y축

4-1. Y터치 후 ▶ POS 선택 (상대 Or 전부) ▶ Y를 입력하고 Origin 선택 ▶ 조작기로 Z축을 공작
   물 보다 근사하게 올림 ▶ Y축을 E/B 공구 반지름 만큼이동 ▶ Y를 입력하고 Origin 선택

4-2. X터치 후 ▶ POS 선택 (상대 Or 전부) ▶ X를 입력하고 Origin 선택 ▶ 조작기로 Z축을 공작
   물 보다 근사하게 올림 ▶ X축을 E/M 공구 반지름 만큼이동 ▶ X를 입력하고 Origin 선택

4-3. Z축 터치 ▶ Z를 입력하고 Origin

5. Offset setting 선택 ▶ 좌표계 선택 ▶ 01(G54)로 이동 ▶ X0.입력 후 측정 선택 , Y0.입력
   후 측정 선택 , Z0.입력 후 측정 선택 ▶ POS (기계좌표와 Offset setting좌표계 확인)

6. 조작기를 사용해서 Z축 위로 이동 ▶ 주축 정지 (Spindle Stop 아니면 MDI 모드에서 M05;
   입력)

7. 드릴공구 Setting

8. Prog 선택 ▶ MDI 모드 ▶ G91 G28 Z0.; ▶ T02 M06;

9. 길이 보정하기 위해 공작물 터치 ▶ Handle 모드 ▶ 조작기를 이용해서 공작물 근사하게 Z축 터치 ▶ Offset setting 선택 ▶ 보정 선택 ▶

   ※ 보정선택후 화면

   | NO | 형상(H) | 형상(D) |
   |---|---|---|
   | 001 | 0.0 | 5.0(공구 직경에 반값 입력) |
   | 002 | 길이 보정 값 | 0.0 |
   | 004 | 길이 보정 값 | 0.0 |

   002번 형상값에 가서 Z를 입력하고 ▶ C 입력(밑에 상대좌표값과 002 형상값이 같으면 됨) ▶ 조작기 사용 하여 Z축으로 조금 올림 ▶ MDI 모드 ▶ Prog선택 ▶ G91 G28 Z0. ; ▶ T04 M06;

10. TAP Setting
    (8번, 9번 동일함. 단 길이 보정값은 004에 입력함.)

    ※ 조작기 프로그램에서 기계로 프로그램 입력하는 방법
       Edit 모드 ▶ Prog 선택 ▶ 조작 선택 ▶ (▶)선택 ▶ Read 선택 ▶ 실행

준비기능(G 기능)

▶ G-코드 일람표

| G코드 | 그룹 | 기능 |
|---|---|---|
| G00<br>G01<br>G02<br>G03 | 01 | 급속 위치결정(급속이송)<br>직선보간(직선가공)<br>원호보간 C.W<br>(시계방향 원호가공)<br>원호보간 C.C.W<br>(반시계방향 원호가공) |
| G04<br>G10 | 00 | Dwell(휴지)<br>Data 설정 |
| G20<br>G21 | 06 | Inch Data 입력<br>Metric Data 입력 |
| G22<br>G23 | 04 | 금지영역 설정 ON<br>금지영역 설정 OFF |
| G25<br>G26 | 08 | 주축속도 변동 검출 OFF<br>주축속도 변동 검출 ON |
| G27<br>G28<br>G30 | 00 | 원점복귀 Check<br>자동원점 복귀<br>(제1원점 복귀)<br>제2원점 복귀 |
| G33 | 01 | 나사절삭 |
| G37 | 00 | 자동공구 보정(Z) |
| G40<br>G41<br>G42 | 07 | 인선 R보정 취소<br>인선 R보정 좌측<br>인선 R보정 우측 |
| G43<br>G44<br>G49 | 08 | 공구길이 보정(+)<br>공구길이 보정(−)<br>공구길이 보정 취소 |
| G54<br>&#124;<br>G59 | 14 | 공작물 좌표계 선택 |
| G65 | 00 | 매크로 호출 |
| G68<br>G69 | 16 | 좌표회전<br>좌표회전 무시 |
| G73 | 09 | 고속심공드릴사이클 |
| G74 | | 왼나사 탭 사이클 |
| G76 | | 정밀 보링 사이클 |
| G80 | | 사이클 취소 |
| G81 | | 드릴 사이클 |
| G82 | | 카운터 보링 사이클 |
| G83 | | 심공드릴 |
| G84 | | 탭 |
| G85 | | 보링 |
| G86 | | 보링 |
| G87 | | 백보링 |

| 기능 | | 내용 |
|------|------|------|
| G88 | | 보링 |
| G89 | | 보링 |
| G90 | 03 | 절대지령 |
| G91 | | 증분지령 |
| G92 | 00 | 공작물 좌표 |
| G94 | 05 | 분당이송 |
| G95 | | 회전당이송 |
| G98 | | 초기점복귀 |
| G99 | | R점복귀 |

## 보조기능(M 기능)

| 기능 | 내용 |
|------|------|
| M00 | • Program Stop<br>프로그램의 일시정지 기능이며 앞에서 지령된 모든 조건들은 유효하며, 자동개시를 누르면 자동운전이 재개된다. |
| M01 | • Optional Program Stop<br>조작판의 M01 스위치(Option Stop Switch)가 ON 상태일 때만 정지하고 Off일 때는 통과되며, 정지조건은 M00과 동일하다. |
| M02 | • Program End<br>현재까지 지령된 모든 기능은 취소되며 프로그램을 종료하고 NC를 초기화시킨다. |
| M03 | • Spindle Rotation(CW) 주축 정회전(심압축 방향에서 보면 반 시계방향으로 회전) |
| M04 | • Spindle Rotation(CCW), 주축 역회전 |
| M05 | • Spindle Stop : 주축 정지 |
| M06 | • Tool Change : 공구교환 |
| M08 | •Coolant ON : 절삭유 모터 ON |
| M09 | • Coolant Off : 절삭유 모터 Off |
| M19 | • Spindle oriention : 주축 정위치 |
| *M30 | • Program Rewind and Restart |
| *M98 | • Sub Program 호출<br>1. FANUC 0T 시스템의 호출방법<br>　M98 P △△△△ □□□□ ;<br>　□□□□ : 보조 프로그램 번호<br>　△△△△ : 반복횟수(생략하면 1회<br>2. 0T 시스템이 아닌 기종의 호출방법<br>　(FANUC 6, 10, 11 Series 등)<br>　M98 P □□□□ L△△△△ ;<br>　□□□□ : 보조프로그램 번호<br>　△△△△ : 반복횟수(생략하면 1회) |

| | |
|---|---|
| *M99 | • Main Program 호출<br>1. 보조 프로그램의 끝을 나타내며 주프로그램으로 되돌아간다.<br>2. 분기 지령을 할 수 있다.<br>　 M99 P △△△△<br>　 △△△△ : 분기 하고자 하는 시퀀스 전개번호로 전개번호를 지령하면 그 Block으로 이동하여 계속적으로 프로그램을 진행한다. |

# 07 MCT 밀링 실기시험 예문 형식

## 07-1. 예문형식 1

| | |
|---|---|
| O0001 | O프로그램, 0001번호 |
| G40G80G49G17G00 | 공구지름, 길이보정취소, 고정사이클취소, 작업평면XY, 급송이송 |
| G91G30Z0.M19 | 증분좌표로 공구교환 위치복귀, 주축정위치 |
| T3M6 | T3(Ø3 센타드릴)공구교환 |
| G90G54X35.Y35. | 공작물좌표계설정, X35.Y35 센타드릴 위치로 이동 |
| G43Z50.H3S1200M3 | 공구길이 보정H3호출 &1200정회전, Z축50으로 안전높이 |
| G81G98Z-1.5R3.F70M8 | 센타드릴싸이클, 센타드릴가공후 초기점복귀(Z50.) 이송70,절삭유ON |
| X Y | 센타드릴위치 |
| G80G0G49Z250.M9 | 싸이클취소,공구길이보정취소, Z250.급속이송, 절삭유OFF |
| M5; | 주축정지 |
| G91G30Z0.M19 | 증분좌표로 공구교환 위치복귀, 주축정위치 |
| T2M6; | T2(Ø8 드릴)공구교환 |
| G90G54X35.Y35. | 공작물좌표계설정, X35.Y35 드릴 위치로 이동 |
| G43Z50.H2S700M3 | 공구길이 보정H2호출 &정회전, Z축50으로 안전높이 |
| G73G98Z-30.R3. Q5.F70M8 | 펙드릴싸이클, 드릴가공후 초기점복귀(Z50.) 이송70,절삭유ON |
| X Y | 드릴위치 |
| G80G0G49Z250.M9 | 싸이클취소,공구길이보정취소, Z250.급속이송, 절삭유OFF |
| M5 | 주축정지 |
| G91G30Z0.M19 | 증분좌표로 공구교환 위치복귀, 주축정위치 |
| T1M6 | T1(Ø10 엔드밀)공구교환 |
| G90G54X-20.Y-20. | 공작물좌표계설정, X-20.Y-20안전위치로 이동 |
| G43Z50.H1S700M3 | 공구길이 보정H 1호출 &회전, Z축50으로 안전높이 |
| Z-5. | Z축절입깊이동, |
| 외곽 황삭 및 정삭프로그램 | 거친절삭(황삭)시작,/ 정삭여유는 수험자 본인선택<br>좌표 = 정삭치수 （＋）（공구반지름+정삭여유）<br>　　 = 정삭치수 （－）（공구반지름+정삭여유）<br>（＋）, （－）는 툴 진행방향으로 결정 (과절삭 방지)<br><br>Y+<br>X-　　　툴　　　X+<br>Y- |
| G0G40X-10 | 공구경보정 필히 취소 |
| Z10. | |
| X35.Y35. | 포켓위치로 급송이송 |
| G1 Z | Z(깊이) |
| 포켓황.정삭프로그램 | |
| G1 G41 (좌측보정) X좌표. Y좌표 .D1(경보정 )M8(절삭유 )F80(정삭이송) | |
| G01, G02, G03으로 프로그램 작성 | |
| G0G40G49Z250.M9 | 급송이송, 지름보정취소, 공구길이취소, Z250.급속이송, 절삭유OFF |
| G91G28Y0.Z0.M5 | 증분좌표로 Y축 원점복귀(G28 Y0) 공작물 탈착시 사용, 주축정지 |
| M2 (M30) | 프로그램 끝 |

## 07-2. 예문형식 2 (MCT 기출도면 – 9)

▶ MCT 작업 – 프로그램 Standard

| 알루미늄 | 일반 강 (Steel) |
|---|---|
| T0100 : ∅10 E/M / S1200 , F100 | T0100 : ∅10 E/M / S700 , F70 |
| T0200 : ∅6.8 Drill / S800 , F80 | T0200 : ∅6.8 Drill / S700 , F70 |
| T0400 : M8 X P1.25 / S100 , F125 | T0400 : M8 X P1.25 / S100 , F125 |

**프로그램시작**

| | |
|---|---|
| G40 G49 G80 G17 G00; | 공구경 취소/공구길이 취소/사이클 취소/x,y평면/급속이송 |
| G28 G91 X0. Y0. Z0.; | 자동원점복귀/증분지령 |
| G28 G91 Z0. M19; | 제 2,3,4 원점 복귀/증분지령/주축 정위치 정지 |
| T02 M6; | 공구 2번 불러오기 / 드릴가공 시작 |
| G54 G90 G00 X□. Y□.; | 공작물좌표계 1번선택/ X□. Y□. : 구멍위치 |
| G43 Z50. H02 S800 M3; | 공구+길이보정 |
| G73 G99 Z-25. R5. Q3. F80 M8; | 고정 드릴 사이클/고정사이클 R점 복귀<br>R5 : 기준점에서 5까지<br>Q3 : 매입절입량 3회 |
| G98 X□. Y□.; | 고정사이클 초기점 복귀 / X□. Y□. : 구멍위치 |
| G80 G49 Z250. M9; | 사이클 취소/공구길이 취소 |
| M5; | |
| M1; | 드릴가공 끝 |
| G28 G91 Z0. M19; | |
| T01 M6; | 황삭 시작 |
| G90 G00 X-15. Y-15.; | |
| G43 Z50. H01 S1200 M3; | |
| Z10. | |
| G01 Z-5. F100 M8; | |
| X-2.; | |
| Y30.; | |
| X8.; | |
| X-2.; | |
| Y72.; | |
| X40.; | |
| Y63.; | |
| Y72.; | |
| X72.; | |
| Y-2.; | |
| X-2.; | 황삭 끝 |
| G41 X4. D01; | 정삭 시작 (정삭 시작할때는 반드시 G41 공구경 보정) |
| Y9.; | |
| Y19.; | |
| X7. Y22.; | |
| X8.; | |
| G03 Y38. R8.; | |
| G01 X7.; | |
| X4. Y41.; | |

| Y60. ; | |
|---|---|
| G02 X10. Y66. R6. ; | |
| G01 X32. ; | |
| Y63. ; | |
| G03 X48. R8. ; | |
| G01 Y66. ; | |
| X61. ; | |
| X66. Y51. ; | |
| Y10. ; | |
| G02 X60. Y4. R6. ; | |
| G01 X9. ; | |
| X4. Y9. ; | |
| X-15. ; | |
| G40 Y-15. ; | |
| G00 Z10. ; | 정삭 끝 |
| X28. Y30. ; | 포켓 황삭하기 위해 이동 |
| G01 Z-3. ; | 포켓 황삭 시작 |
| X53. ; | |
| X40. ; | |
| Y37. ; | |
| X36. ; | |
| X40. ; | |
| X45. ; | |
| Y30. ; | |
| X46. Y17. ; | 포켓 황삭 끝 |
| G41 X53. D01; | 포켓 정삭 시작 |
| Y23. ; | |
| G03 Y37. R7. ; | |
| X45. Y45. R8. ; | |
| G01 X36. ; | |
| G03 X28. Y37. R8. ; | |
| Y23. R7. ; | |
| G01 X39. ; | |
| Y17. ; | |
| G03 X53. R7. ; | |
| G01 Y30. ; | |
| G40 X48. ; | |
| G00 G49 Z250. M9; | |
| M5; | |
| M1; | 포켓 정삭 끝 |
| G28 G91 Z0. M19; | |
| T04 M6; | 나사가공 시작 |
| G54 G90 X□. Y□. ; | |
| G43 Z50. H04 S100 M3; | |
| G84 G99 Z-25. R5. F125 M8; | |
| G98 X□. Y□. ; | |
| G80 G49 Z250. M9; | 나사가공 끝 |
| M5; | |
| M2; | |

## 08   MCT 밀링 화낙 OM 공구교환 매크로 설정법

① **공구교환 서브프로그램(O-M)**
O9001 ;
G0 G90 G80 G17 ;
G91 G28 Z0. M19 ;
M6;
G90 M1 ;
M99;

② **파라메타 설정**
MDI 모드= DGNOS PARAM = PAGE = (SETTING2).
PWE = 1 ⇨ INPUT = 알람 발생
RESET+CAN 알람소거
NO 키=NO가 깜박깜박
10 ⇨ INPUT = 파라메타 10 번 이동
#4번=1(왼쪽으로5번째)
10010001 ⇨ INPUT O9000번프로그램 작성가능
프로그램 작성후 파라메타 NO10#4번=0입력조치할석

③ **M코드에 의한 서브 프로그램 호출**
파라메타 번호NO240 ⇨ 서브 프로그램번호 O9001 입력은6으로 합니다.
파라메타 번호NO241 ⇨ 서브 프로그램번호 O9002
파라메타 번호NO242 ⇨ 서브 프로그램번호 O9003
NO 240 INPUT 하면 240 번으로 이동
PWE = 0
공구교환 확인 M6 INPUT 하면 자동공구 교환됨

### 09-1. MCT밀링 기출문제 도면-1

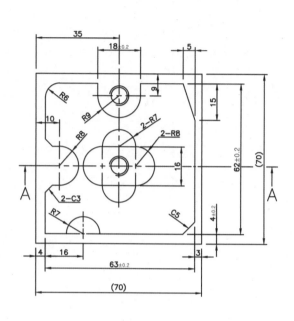

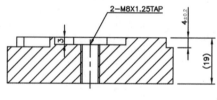

## 단면 A - A

주)
Tool No
1. T01 : $\phi$10 E/M
2. T02 : $\phi$6.8 DRILL
3. T03 : 센터드릴
4. T04 : M8 x P1.25 TAP

| 품 번 | 품 명 | 재 질 | 수 량 | 비 고 |
|---|---|---|---|---|
| 도 명 | MCT 기출도면 -1 | 작성자 | | 김상현 |
| | 마 지 원 | | | |

## 09-1. 프로그래밍

O0001
G0G40G49G80
G91G30Z0.M19
T3M6
G0G54G90X35.Y35.
G43Z50.H3S3000M3
Z5.M8
G81G98Z-5.R3.F250
X35.Y61.
G49G80G0Z150.M9
M5
G91G30Z0.M19
T2M6
G90G54X35.Y35.
G43Z50.H2S1000M3
G73G98Z-27.R3.Q5.F100M8
X35.Y61.
G0G80Z50.
G40G49Z250.M9
M5
G91G30Z0.M19
T4M6
G0G54G90X35.Y35.
G43Z50.H4S100M3
G84G98Z-27.R5.F125
X35.Y61.
G80G0G49Z250.M9
M5
G91G30Z0.M19
T1M6
G90G54X-20.Y-20.
G43Z50.H1S1200M3

G0Z-4.
G1X-2.F100M9
Y35.
X10.
X-2.
Y72.
X35.
Y61.
Y72.
X73.
Y-2.
X20.
Y4.
Y-2.
X-10.
G41D1G1X4.Y4.
Y24.
X7.Y27.
X10.
G3Y43.R8.
G1X7.
X4.Y46.
Y60.
G2X10.Y66.R6.
G1X26.
Y61.
G3X44.R9.
G1Y66.
X62.
X67.Y51.
Y9.
X62.Y4.

X27.
G3X13.R7.
G1X4.
Y30.
X-10.
G40G0Z20.
X35.Y35.
G1Z-3.
Y43.
Y27.
Y35.
X28.
X35.
G41D1G1X42.Y27.
G3Y43.R8.
G1X28.
G3Y27.R8.
G1X42.
Y43.
G3X28.R7.
G1Y27.
G3X42.R7.
G1Y35.
G0Z20.
G40G49G80Z250.M9
G91G28Y0.M5
M30

## 09-2. MCT밀링기출문제 도면-2

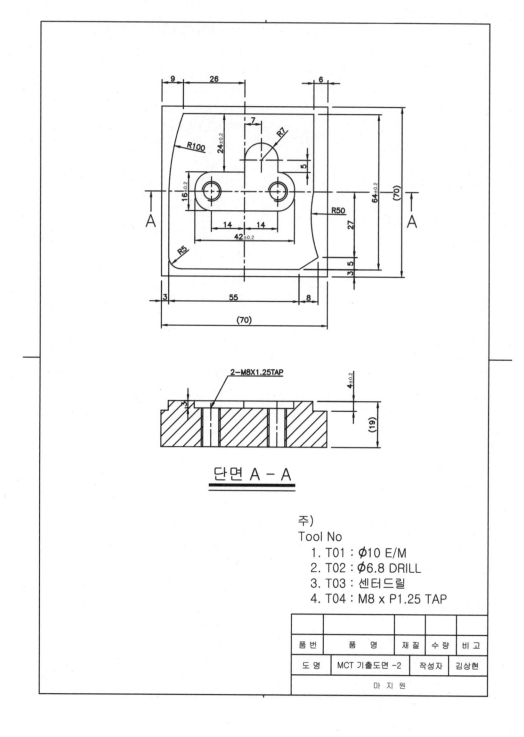

단면 A - A

주)
Tool No
1. T01 : Ø10 E/M
2. T02 : Ø6.8 DRILL
3. T03 : 센터드릴
4. T04 : M8 x P1.25 TAP

| 품 번 | 품 명 | 재 질 | 수 량 | 비 고 |
|---|---|---|---|---|
| 도 명 | MCT 기출도면 -2 | 작성자 | | 김상현 |
| | 마 지 원 | | | |

Section
04
CNC/MCT 기출문제

CNC 선반 기출문제 형식(기계가공기능장) **673**

## 09-2. 프로그래밍

```
O0002
G0G40G49G80
G91G30Z0.M19
T3M6
G90G54X21.Y35.
G43Z50.H3S3000M3
G81G98Z-5.R3F250
X49.
G0G80G49Z150.M9
M5
G91G30Z0.M19
T2M6
G90G54X21.Y35.
G43Z50.H2S1000M3
G73G98Z-27.R3.Q5.F100M8
X49.
G0G80Z50.
G40G49Z250.M9
M5
G91G30Z0.M19
T4M6
G0G54G90X21.Y35.
G43Z50.H4S100M3
G84G98Z-27.R5.F125
X49.
G80G0G49Z250.M9
M5
G91G30Z0.M19
T1M6
G90G54X-20.Y-20.
G43Z50.H1S1000M3
G0Z-4.
G1X-3.F100M8
Y73.
X70.
Y22.
X72.
```

```
Y-3.
X-10.
G41D1G1X3.Y3.
Y35.
G2X9.Y67.R100.
G1X64.
Y35.
G3X66.Y8.R50.
G1X58.Y3.
X8.
G2X3.Y8.R5.
G1Y35.
X-10.
G0G40Z10.
X21.Y35.
G1Z-3.
X49.
X42.
Y48.
Y35.
G41D1G1X49.Y27.
G3Y43.R8.
G1Y48.
G3X35.R7.
G1Y43.
X21.
G3Y27.R8.
G1X49.
G3Y43.R8.
G0Z20.
G40G49G80Z250.M9
G91G28Y0.M5
M30
```

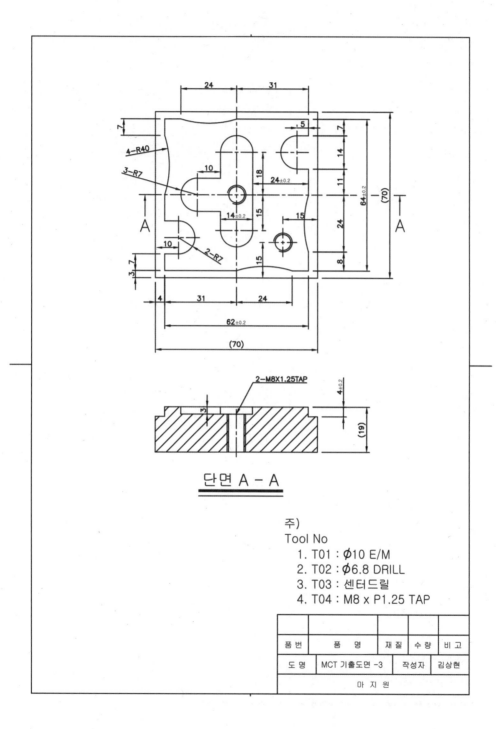

단면 A – A

주)
Tool No
 1. T01 : $\phi$10 E/M
 2. T02 : $\phi$6.8 DRILL
 3. T03 : 센터드릴
 4. T04 : M8 x P1.25 TAP

| 품 번 | 품 명 | | 재 질 | 수 량 | 비 고 |
|---|---|---|---|---|---|
| 도 명 | MCT 기출도면 -3 | | 작성자 | 김상현 | |
| | 마 지 원 | | | | |

## 09-3. 프로그래밍

| | | |
|---|---|---|
| O0003 | G0Z-4. | G1X-10. |
| G0G40G49G80 | G1X-2.F70M8 | G40G0Z10. |
| G91G30Z0.M19 | Y17. | X35.Y35. |
| T3M6 | X9. | G1Z-3. |
| G90G54X35.Y35. | X-2. | Y53. |
| G43Z50.H3S3000M3 | Y73. | Y20. |
| G81G98Z-25.R3.F250M8 | X72. | Y35. |
| X55.Y15. | Y53. | X18. |
| G0G80Z50. | X61. | X35. |
| G40G49Z250.M9 | X72. | G41G1X42.D1 |
| M5 | Y-3. | Y53. |
| G91G30Z0.M19 | X-10. | G3Y28.R7. |
| T2M6 | G41G1X4.D1 | G1Y42. |
| G90G54X35.Y35. | Y10. | X18. |
| G43Z50.H2S1000M3 | X9. | G3X28.R7. |
| G73G98Z-25.R3.Q5.F100M8 | G3Y24.R7. | G1X28. |
| X55.Y15. | G1X4. | Y20. |
| G0G80Z50. | Y35. | G3X42.R7. |
| G40G49Z250.M9 | G3Y60.R40. | G1Y53. |
| M5 | G1Y67. | G0Z10. |
| G91G30Z0.M19 | G1X11. | G40G49G80Z250.M9 |
| T4M6 | G3X35.R40. | G91G28Y0.M5 |
| G0G54G90X35.Y35. | G1X66. | M30 |
| G43Z50.H4S100M3 | Y60. | |
| G84G98Z-25.R5.F125 | X61. | |
| X55.Y15. | G3Y46.R7. | |
| G80G0G49Z250.M9 | G1X66. | |
| M5 | Y35. | |
| G91G30Z0.M19 | G3Y11.R40. | |
| T1M6 | G1Y3. | |
| G90G54X-20.Y-20. | X59. | |
| G43Z50.H1S700M3 | G3X35.R40. | |

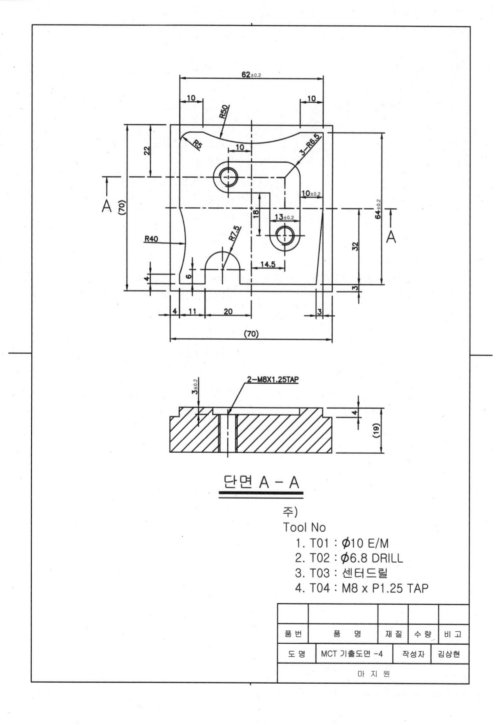

단면 A - A

주)
Tool No
   1. T01 : φ10 E/M
   2. T02 : φ6.8 DRILL
   3. T03 : 센터드릴
   4. T04 : M8 x P1.25 TAP

| 품 번 | 품 명 | | 재 질 | 수 량 | 비 고 |
|---|---|---|---|---|---|
| 도 명 | MCT 기출도면 -4 | | 작성자 | 김상현 | |
| 마 지 원 | | | | | |

Section

04

CNC/MCT 기출문제

## 09-4. 프로그래밍

```
O0004
G0G40G49G80
G91G30Z0.M19
T3M6
G90G54X25.Y48.
G43Z50.H3S3000M3
G81G98Z-25.R3.F250M8
X49.5Y23.5
G0G80Z50.
G40G49Z250.M9
M5
G91G30Z0.M19
T2M6
G90G54X25.Y48.
G43Z50.H2S1000M3
G73G98Z-25.R3.Q5.F100M8
X49.5Y23.5
G0G80Z50.
G40G49Z250.M9
M5
G91G30Z0.M19
T4M6
G0G55G90X25.Y48.
G43Z50.H4S100M3
G84G98Z-25.R5.F125M8
X49.5Y23.5
G80G0G49Z250.M9
M5
G91G30Z0.M19
T1M6
G90G54X-20.Y-20.
G43Z50.H1S700M3
G0Z-4.
G1X-2.F70M8
Y73.
X72.
Y-3.
```

```
X22.5
Y9.
Y-3.
X-10.
G41G1X4.D1
Y7.
G3Y35.R40.
G1Y62.
G2X9.Y67.R5.
G1X14.
G3X56.R40.
G1X66.
Y35.
X63.Y3.
X30.
Y9.
G3X15.R7.5
G1Y3.
X-10.
G40G0Z10.
X25.Y48.
G1Z-3.
G1X49.5
Y23.5
G41G1X56.
Y48.
G3X49.5Y54.5R6.5
G1X25.
G3Y41.5R6.5
G1X43.
Y23.5
G3X56.R6.5
G0Z10.
G40G49G80Z250.M9
G91G28Y0.M5
M30
```

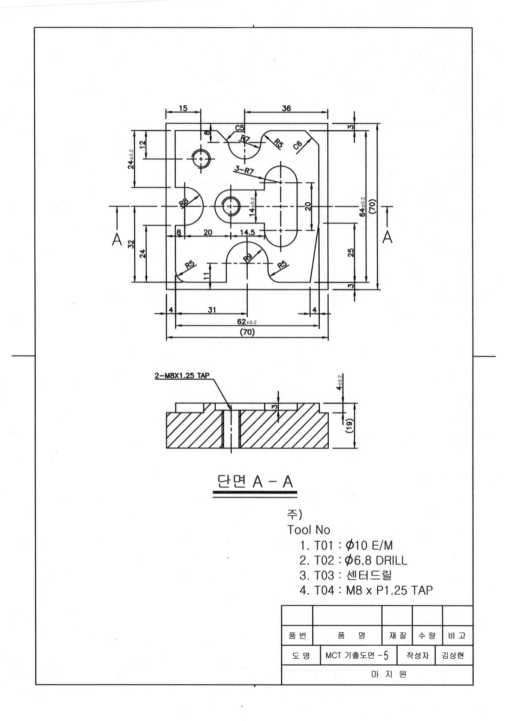

단면 A - A

주)
Tool No
  1. T01 : Φ10 E/M
  2. T02 : Φ6.8 DRILL
  3. T03 : 센터드릴
  4. T04 : M8 x P1.25 TAP

| 품 번 | 품    명 | 재 질 | 수 량 | 비 고 |
|------|---------|------|------|------|
| 도 명 | MCT 기출도면 -5 | 작성자 | 김상현 | |
| 마 지 원 | | | | |

## 09-5. 프로그래밍

```
O0005
G40G49G80G0
G91G30Z0.M19
T03M06
G90G54X15.Y55.
G43Z50.H3S3000M3
G81G99Z-3.R5.F250M8
X28.Y35.
G49G80G0Z250.M9
M5
G91G30Z0.M19
T2M6
G90G54X15.Y55.
G43Z50.H2S1000M3
G73G99Z-25.R3.Q5.F100M8
X28.Y35.
G49G80G0Z250.M9
M5
G91G30Z0.M19
T04M06
G90G54X15.Y55.
G43Z50.H4S125M3
G84G99Z-25.R5.F125M8
X28.Y35.
G49G80G0Z250.M9
M5
G40G49G80G17G0
G91G30Z0.M19
T1M6
G0G90G54X-20.Y-20.
G43Z50.H1S700M3
Z-4.
G1X-3.Y-3.F70M8
Y35.
X8.
X-3.
Y73.
X34.
Y62.
Y73.
X73.
Y-3.
X35.
```

```
Y11.
Y-3.
X-10.
G41G1X4.Y8.D1
G1Y27.
X8.
G3Y43.R8.
G1X4.
Y67.
X22.
X27.Y62.
G3X41.R7.
G2X46.Y67.R5.
G1X60.
X66.Y61.
Y28.
X62.Y3.
X49.
G2X44.Y8.R5.
G1Y11.
G3X26.R9.
G1Y3.
X9.
G2X4.Y8.R5.
G1Y15.
G0X-10.
G40G49Z10M9
G0Z10.
X28.Y35.
G41G1Z-3.D1
Y42.
G3Y28.R7.
G1X42.5
Y25.
G3X56.5R7.
G1Y45.
G3X42.5R7.
G1Y42.
X28.
G0Z10.
G40G49Z250.M9
G91G28Y0.M5
M30
```

## 09-6. MCT밀링 기출문제 도면-6

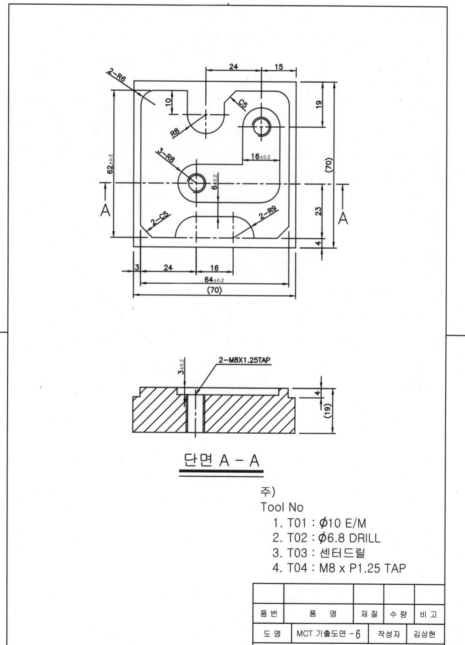

단면 A - A

주)
Tool No
1. T01 : ∅10 E/M
2. T02 : ∅6.8 DRILL
3. T03 : 센터드릴
4. T04 : M8 x P1.25 TAP

| 품 번 | 품    명 | 재 질 | 수 량 | 비 고 |
|------|---------|------|------|------|
| 도 명 | MCT 기출도면 - 6 | 작성자 | 김상현 | |
| | 마 지 원 | | | |

## 09-6. 프로그래밍

| | | |
|---|---|---|
| O0006 | G90G54X-20.Y-20. | G3X18.Y4.R9. |
| G0G40G49G80 | G43Z50.H1S1200M3 | G1X8. |
| G91G30Z0.M19 | G0Z-4. | X3.Y9. |
| T3M6 | G1X-3.F100 | Y35. |
| G0G54G90X27.Y27. | Y72. | X-10. |
| G43Z50.H3S3000M3 | X31. | G0G40Z10. |
| Z5.M8 | Y56. | X27.Y27. |
| G81G98Z-5.R3F250 | Y72. | G1Z-3. |
| X55.Y51. | X73. | X55. |
| G80G49G0Z150.M9 | Y-2. | Y51. |
| M5 | X43. | G41D1G1X63. |
| G91G30Z0.M19 | Y4. | G3X47.R8. |
| T2M6 | X27. | G1Y35. |
| G90G54X27.Y27. | Y-2. | X27. |
| G43Z50.H2S1000M3 | X-10. | G3Y19.R8. |
| G73G98Z-27.R3.Q5.F100M8 | G41D1G1X3.Y4. | G1X55. |
| X55.Y51. | Y60. | G3X63.Y27.R8. |
| G0G80Z50. | G2X9.Y66.R6. | G1Y51. |
| G40G49Z250.M9 | G1X23. | G3X47.R8. |
| M5 | Y56. | G0Z20. |
| G91G30Z0.M19 | G3X39.R8. | G40G49G80Z250.M9 |
| T4M6 | G1Y61. | G91G28Y0.M5 |
| G0G54G90X27.Y27. | X44.Y66. | M30 |
| G43Z50.H4S100M3 | X61. | |
| G84G98Z-27.R5.F125M8 | G2X67.Y60.R6. | |
| X55.Y51. | G1Y9. | |
| G80G0G49Z250.M9 | X62.Y4. | |
| M5 | X52. | |
| G91G30Z0.M19 | G3X43.Y13.R9. | |
| T1M6 | G1X27. | |

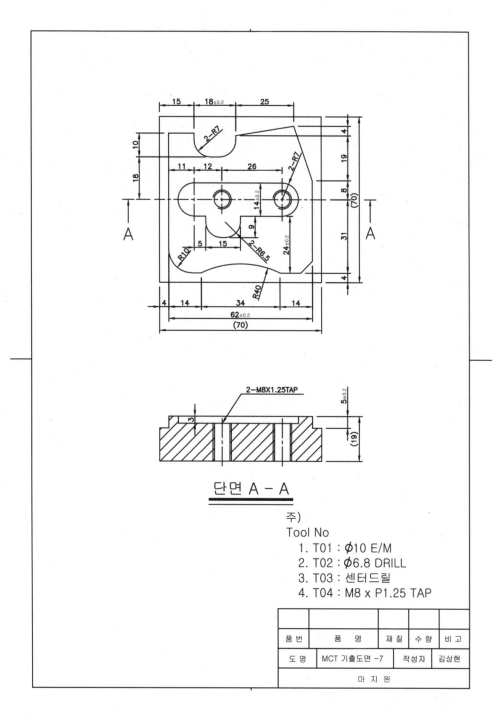

단면 A - A

주)
Tool No
1. T01 : ⌀10 E/M
2. T02 : ⌀6.8 DRILL
3. T03 : 센터드릴
4. T04 : M8 x P1.25 TAP

| 품 번 | 품 명 | 재 질 | 수 량 | 비 고 |
|------|------|------|------|------|
| 도 명 | MCT 기출도면 -7 | 작성자 | 김상현 | |
| 마 지 원 | | | | |

## 09-7. 프로그래밍

O0007
G40G49G80G0G17
G30G91Z0.M19
T3M6
G0G54G90X27.Y35.
G43Z50.H3S3000M3
M8
G81G98Z-5.R3.F250
X53.Y35.
G80G0G49Z150.M9
M5
M1
G91G30Z0.M19
T2M6
G90G54X27.Y35.
G43Z50.H2S1000M3
G73G98Z-27.R3.Q5.F100M8
X53.Y35.
G80G0Z50.
G49Z250.M9
M5
G91G30Z0.M19
T4M6
G0G54G90X27.Y35.
G43Z50.H4S100M3
G84G98Z-27.R5.F125M8
X53.Y35.
G80G0G49Z250.M9
M5
G91G30Z0.M19
T1M6
G90G54X-20.Y-20.
G43Z50.H1S1200M3
G1Z-5.F100M8
X-2.
Y72.
X22.
Y60.
X26.
Y72.
X72.

Y-2.
X-10.
G41G1D1X4.Y14.
Y63.
X15.
Y60.
G3X22.Y53.R7.
G1X26.
G3X33.Y60.R7.
G1Y62.
X58.Y66.
X66.Y43.
Y8.
X62.Y4.
X52.
G3X18.R40.
G1X14.
G2X4.Y14.R10.
G1Y20.
G40G0Z30.
X27.Y35.
G1Z-3.
X15.
X53.
G41G1D1X53.Y28.
G3Y42.R7.
G1X15.
G3Y28.R7.
G1X20.
Y25.5
G3X26.5Y19.R6.5
G1X28.5
G3X35.Y25.5R6.5
G1Y28.
X53.
G3Y42.R7.
G1X27.
G0Z50.
G40G49G80Z250.M9
G91G28Y0.M5
M30

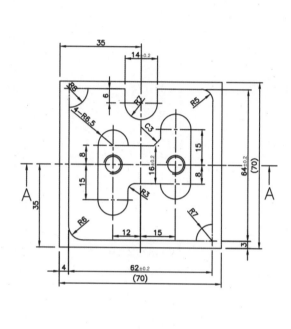

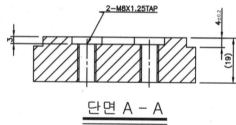

단면 A – A

주)
Tool No
1. T01 : Φ10 E/M
2. T02 : Φ6.8 DRILL
3. T03 : 센터드릴
4. T04 : M8 x P1.25 TAP

| 품 번 | 품 명 | | 재 질 | 수 량 | 비 고 |
|---|---|---|---|---|---|
| 도 명 | MCT 기출도면 -8 | | 작성자 | 김상현 | |
| | 마 지 원 | | | | |

## 09-8. 프로그래밍

| | | |
|---|---|---|
| O0008 | G90G54X-20.Y-20. | X50. |
| G0G40G49G80 | G43Z50.H1S700M3 | Y50. |
| G91G30Z0.M19 | G0Z-4. | Y27. |
| T3M6 | G1X-2.F70M8 | Y35. |
| G90G54X23.Y35. | Y73. | G41G1X56.5D1 |
| G43Z50.H3S3000M3 | X35. | Y50. |
| G81G98Z-25.R3.F250M8 | Y61. | G3X43.5R6.5 |
| X50.Y35. | Y73. | G1Y46. |
| G0G80Z50. | X72. | X40.5Y43. |
| G40G49Z250.M9 | Y-3. | X29.5 |
| M5 | X-10. | G3X16.5R6.5 |
| G91G30Z0.M19 | G41G1X4.D1 | G1Y20. |
| T2M6 | Y59. | G3X29.5R6.5 |
| G90G54X23.Y35. | G3X12.Y67.R8. | G1Y24. |
| G43Z50.H2S1000M3 | G1X28. | G2X32.5Y27.R3. |
| G73G98Z-25.R3.Q5.F100M8 | Y61. | G1X43.5 |
| X50.Y35. | G3X42.R7. | G3X56.5R6.5 |
| G0G80Z50. | G1Y67. | G1Y50. |
| G40G49Z250.M9 | X61. | G0Z10. |
| M5 | G2X66.Y62.R5. | G40G49G80Z250.M9 |
| G91G30Z0.M19 | G1Y10. | G91G28Y0.M5 |
| T4M6 | G3X59.Y3.R7. | M30 |
| G0G55G90X23.Y35. | G1X10. | |
| G43Z50.H4S100M3 | G2X4.Y9.R6. | |
| G84G98Z-25.R5.F125M8 | G40G0Z10. | |
| X50.Y35. | X23.Y35. | |
| G80G0G49Z250.M9 | G1Z-3. | |
| M5 | Y43. | |
| G91G30Z0.M19 | Y20. | |
| T1M6 | Y35. | |

단면 A - A

주)
Tool No
1. T01 : φ10 E/M
2. T02 : φ6.8 DRILL
3. T03 : 센터드릴
4. T04 : M8 x P1.25 TAP

| 품 번 | 품    명 | 재 질 | 수 량 | 비 고 |
|-------|---------|-------|-------|-------|
| 도 명 | MCT 기출도면 -9 | 작성자 | | 김상현 |
| | 마 지 원 | | | |

Section

**04**

CNC/MCT 기출문제

## 09-9. 프로그래밍

| | | |
|---|---|---|
| O0009 | G90G54X-20.Y-20. | G2X60.Y4.R6. |
| G0G40G49G80 | G43Z50.H1S700M3 | G1X9. |
| G91G30Z0.M19 | G0Z-5. | X4.Y9. |
| T3M6 | G1X-2.F70M8 | G40G0Z10. |
| G90G54X8.Y30. | Y30. | X40.Y30. |
| G43Z50.H3S3000M3 | X8. | G1Z-3. |
| G81G98Z-25.R3.F250M8 | X-2. | X47. |
| X40.Y30. | Y72. | Y17. |
| G0G80Z50. | X40. | Y30. |
| G40G49Z250.M9 | Y63. | X53. |
| M5 | Y72. | X29. |
| G91G30Z0.M19 | X72. | X36. |
| T2M6 | Y-2. | Y37. |
| G90G54X8.Y30. | X-10. | X45. |
| G43Z50.H2S1000M3 | G41G1X4.D1 | Y30. |
| G73G98Z-25.R3.Q5.F100M8 | Y19. | G41G1X53.D1 |
| X40.Y30. | X7.Y22. | Y37. |
| G0G80Z50. | X8. | G3X45.Y45.R8. |
| G40G49Z250.M9 | G3Y38.R8. | G1X36. |
| M5 | G1X7. | G3X28.Y37.R8. |
| G91G30Z0.M19 | X4.Y41. | G3Y23.R7. |
| T4M6 | Y60. | G1X39. |
| G0G55G90X8.Y30. | G2X10.Y66.R6. | Y17. |
| G43Z50.H4S100M3 | G1X32. | G3X53.R7. |
| G84G98Z-25.R5.F125M8 | Y63. | G1Y23. |
| X40.Y30. | G3X48.R8. | G3Y37.R7. |
| G80G0G49Z250.M9 | G1Y66. | G0Z10. |
| M5 | X61. | G40G49G80Z250.M9 |
| G91G30Z0.M19 | X66.Y51. | G91G28Y0.M5 |
| T1M6 | Y10. | M30 |

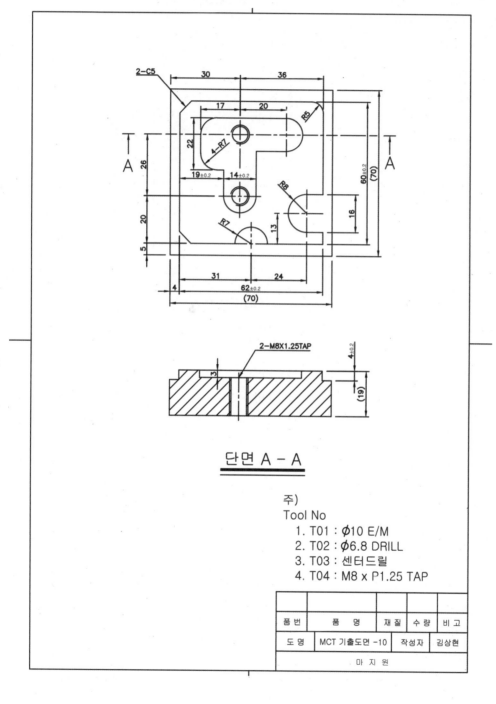

단면 A - A

주)
Tool No
  1. T01 : Ø10 E/M
  2. T02 : Ø6.8 DRILL
  3. T03 : 센터드릴
  4. T04 : M8 x P1.25 TAP

| 품 번 | 품    명 | 재 질 | 수 량 | 비 고 |
|--------|-----------|--------|--------|--------|
| 도 명 | MCT 기출도면 -10 | 작성자 | 김상현 | |
| 마 지 원 | | | | |

## 09-10. 프로그래밍

| | | |
|---|---|---|
| O0010 | G90G54X-20.Y-20. | X-10. |
| G0G40G49G80 | G43Z50.H1S1200M3 | G0G40Z10. |
| G91G30Z0.M19 | G0Z-4. | X30.Y25. |
| T3M6 | G1X-2.F100M8 | G1Z-3. |
| G0G54G90X30.Y25. | Y71. | Y51. |
| G43Z50.H3S3000M3 | X72. | X20. |
| Z5.M8 | Y18. | Y43. |
| G81G98Z-5.R3F250 | X59. | X30. |
| X30.Y51. | X72. | Y51. |
| G80G49G0Z150.M9 | Y-1. | X50. |
| M5 | X35. | G41D1G1Y44. |
| G91G30Z0.M19 | Y5. | G3Y58.R7. |
| T2M6 | Y-1. | G1X20. |
| G90G54X30.Y25. | X-10. | G3X13.Y51.R7. |
| G43Z50.H2S1000M3 | G41D1G1X4. | G1Y43. |
| G73G98Z-27.R3.Q5.F100M8 | Y5. | G3X20.Y36.R7. |
| X30.Y51. | Y60. | G1X23. |
| G0G80Z50. | X9.Y65. | Y25. |
| G40G49Z250.M9 | X61. | G3X37.R7. |
| M5 | G2X66.Y60.R5. | G1Y44. |
| G91G30Z0.M19 | G1Y26. | X50. |
| T4M6 | X59. | G3Y58.R7. |
| G0G54G90X30.Y25. | G3Y10.R8. | G1X30. |
| G43Z50.H4S100M3 | G1X66. | G0Z20. |
| G84G98Z-27.R5.F125M8 | Y5. | G40G49G80Z250.M9 |
| X30.Y51. | X42. | G91G28Y0.M5 |
| G80G0G49Z250.M9 | G3X28.R7. | M30 |
| M5 | G1X9. | |
| G91G30Z0.M19 | X4.Y10. | |
| T1M6 | Y35. | |

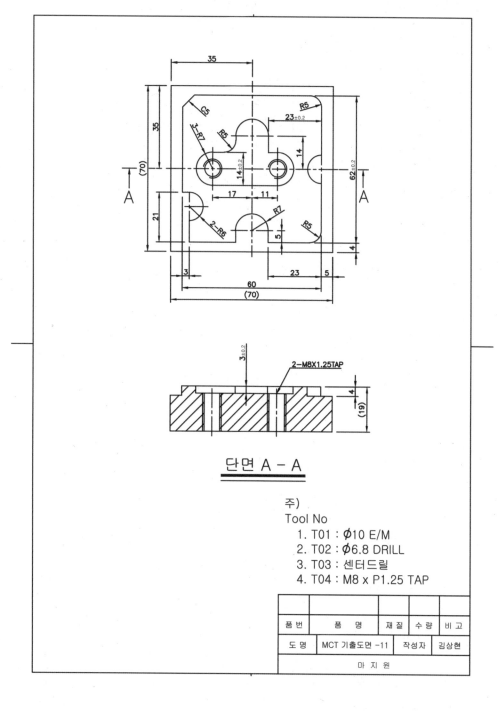

단면 A – A

주)
Tool No
  1. T01 : ⌀10 E/M
  2. T02 : ⌀6.8 DRILL
  3. T03 : 센터드릴
  4. T04 : M8 x P1.25 TAP

| 품 번 | 품 명 | | 재 질 | 수 량 | 비 고 |
|---|---|---|---|---|---|
| 도 명 | MCT 기출도면 -11 | | 작성자 | 김상현 | |
| | 마 지 원 | | | | |

## 09-11. 프로그래밍

```
O0011
G0G40G49G80
G91G30Z0.M19
T3M6
G0G54G90X18.Y35.
G43Z50.H3S3000M3
Z5.M8
G81G98Z-5.R3F250
X46.
G80G49G0Z150.M9
M5
G91G30Z0.M19
T2M6
G90G54X18.Y35.
G43Z50.H2S1000M3
G73G98Z-27.R3.Q5.F100M8
X46.
G0G80Z50.
G40G49Z250.M9
M5
G91G30Z0.M19
T4M6
G0G54G90X18.Y35.
G43Z50.H4S100M3
G84G98Z-27.R5.F125M8
X46.
G80G0G49Z250.M9
M5
G91G30Z0.M19
T1M6
```

```
G90G54X-20.Y-20.
G43Z50.H1S1200M3
G0Z-4.
G1X-1.F100
Y72.
X71.
Y-2.
X35.
Y9.
Y-2.
X35.
Y9.
Y-2.
X35.
Y9.
Y-2.
X-10.
G41D1G1X5.Y4.
Y61.
X10.Y66.
X60.
G2X65.Y61.R5.
G1Y41.
G3Y29.R6.
G1Y9.
G2X60.Y4.R5.
G1X42.
Y9.
G3X28.R7.
G1Y4.
```

```
X8.
Y13.
G3Y25.R6.
G1X5.
Y35.
G0G40Z10.
X18.Y35.
G1Z-3.
X35.
Y49.
Y35.
X46.
G41D1G1Y28.
G3Y42.R7.
G1X42.
Y49.
G3X28.R7.
G1Y47.
G2X22.Y42.R5.
G1X18.
G3Y28.R7.
G1X46.
G3Y42.R7.
G1X42.
G0Z20.
G40G49G80Z250.M9
G91G28Y0.M5
M30
```

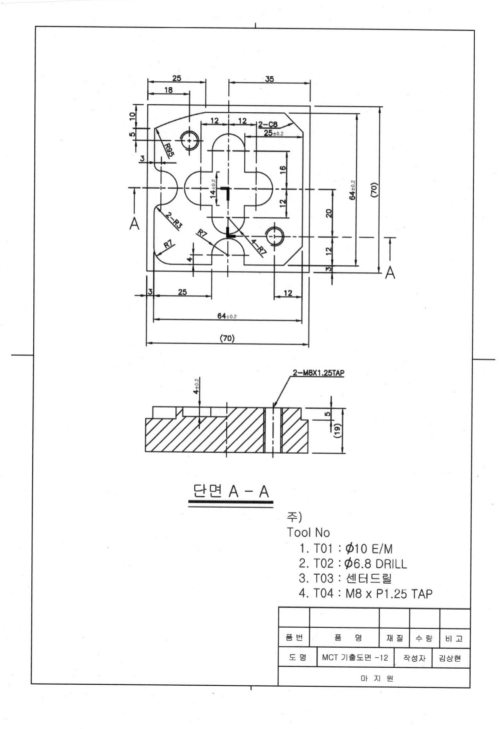

단면 A - A

주)
Tool No
  1. T01 : φ10 E/M
  2. T02 : φ6.8 DRILL
  3. T03 : 센터드릴
  4. T04 : M8 x P1.25 TAP

| 품 번 | 품 명 | 재 질 | 수 량 | 비 고 |
|---|---|---|---|---|
| 도 명 | MCT 기출도면 -12 | 작성자 | 김상현 | |
| 마 지 원 | | | | |

Section

**04**

CNC/MCT 기출문제

## 09-12. 프로그래밍

| | | |
|---|---|---|
| O0012 | G90G54X-20.Y-20. | G2X3.Y10.R7. |
| G0G40G49G80 | G43Z50.H1S1200M3 | G1Y35. |
| G91G30Z0.M19 | G0Z-5. | X-10. |
| T3M6 | G1X-3.F100M8 | G0G40Z10. |
| G0G54G90X18.Y55. | Y35. | X35.Y35. |
| G43Z50.H3S3000M3 | X6. | G1Z-4. |
| Z5.M8 | X-3. | G1Y51. |
| G81G98Z-5.R3F250 | Y73. | Y23. |
| X55.Y15. | X73. | Y35. |
| G80G49G0Z150.M9 | Y-3. | X23. |
| M5 | X35. | X47. |
| G91G30Z0.M19 | Y7. | G41D1G1Y28. |
| T2M6 | Y-3. | G3Y42.R7. |
| G90G54X55.Y15. | X-10. | G1X42. |
| G43Z50.H2S1000M3 | G41D1G1X3.Y3. | Y51. |
| G73G98Z-27.R3.Q5.F100M8 | Y25. | G3X28.R7. |
| X18.Y55. | G2X6.Y28.R3. | G1Y42. |
| G0G80Z50. | G3Y42.R7. | X23. |
| G40G49Z250.M9 | G2X3.Y45.R3. | G3Y28.R7. |
| M5 | G1Y60. | G1X28. |
| G91G30Z0.M19 | G2X25.Y67.R95. | Y23. |
| T4M6 | G1X59. | G3X42.R7. |
| G0G54G90X18.Y55. | X67.Y59. | G1Y28. |
| G43Z50.H4S100M3 | Y11. | X47. |
| G84G98Z-27.R5.F125 | X59.Y3. | G3Y42.R7. |
| X55.Y15. | X42. | G0Z20. |
| G80G0G49Z250.M9 | Y7. | G40G49G80Z250.M9 |
| M5 | G3X28.R7. | G91G28Y0.M5 |
| G91G30Z0.M19 | G1Y3. | M30 |
| T1M6 | X10. | |

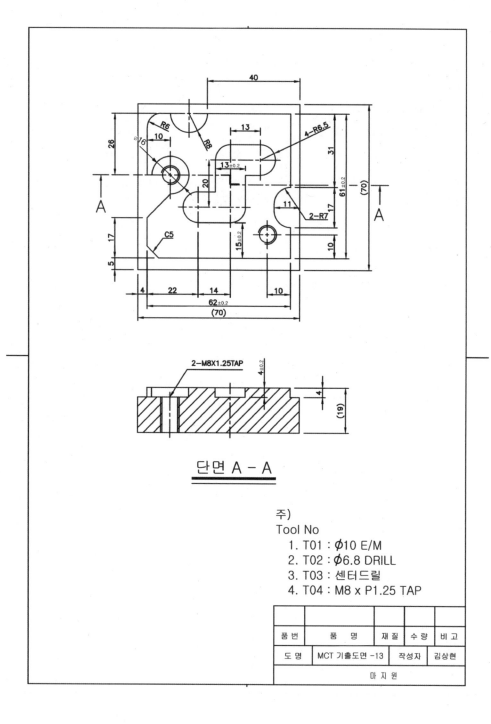

단면 A - A

주)
Tool No
1. T01 : $\phi$10 E/M
2. T02 : $\phi$6.8 DRILL
3. T03 : 센터드릴
4. T04 : M8 x P1.25 TAP

| 품 번 | 품     명 | 재 질 | 수 량 | 비 고 |
|---|---|---|---|---|
| 도 명 | MCT 기출도면 -13 | 작성자 | 김상현 | |
| | 마 지 원 | | | |

## 09-13. 프로그래밍

| | | |
|---|---|---|
| O0013 | G90G54X-20.Y-20. | Y35. |
| G0G40G49G80 | G43Z50.H1S700M3 | G3X59.Y28.R7. |
| G91G30Z0.M19 | G0Z-4. | G1Y25. |
| T3M6 | G1X-2.F70M8 | G3X66.Y18.R7. |
| G90G54X14.Y40. | Y27. | G1Y5. |
| G43Z50.H3S3000M3 | X14.Y40. | X9. |
| G81G98Z-25.R3.F250M8 | X17. | X4.Y10. |
| X56.Y15. | G3I-3. | X-10. |
| G0G80Z50. | G1X14. | G40G0Z10. |
| G40G49Z250.M9 | X-2.Y27. | X26.Y26.5 |
| M5 | Y72. | G1Z-4. |
| G91G30Z0.M19 | X22. | X40. |
| T2M6 | Y66. | Y46.5 |
| G90G54X14.Y40. | Y72. | X53. |
| G43Z50.H2S1000M3 | X72. | G41G1Y53.D1 |
| G73G98Z-25.R3.Q5.F100M8 | Y21.5 | G1X40. |
| X56.Y15. | X66. | G3X33.5Y47.5R6.5 |
| G0G80Z50. | X72. | G1Y33. |
| G40G49Z250.M9 | Y-1. | X26. |
| M5 | X-10. | G3Y20.R6.5 |
| G91G30Z0.M19 | G41D1G1X4. | G1X40. |
| T4M6 | Y22. | G3X46.5Y26.5R6.5 |
| G0G55G90X14.Y40. | X14.Y32. | G1Y40. |
| G43Z50.H4S100M3 | Y40. | X53. |
| G84G98Z-25.R5.F125M8 | X4. | G3Y53.R6.5 |
| X56.Y15. | Y60. | G0Z10. |
| G80G0G49Z250.M9 | G2X10.Y66.R6. | G40G49G80Z250.M9 |
| M5 | G1X14. | G91G28Y0.M5 |
| G91G30Z0.M19 | G3X30.R8. | M30 |
| T1M6 | G1X66. | |

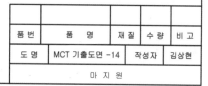

8.5  14±0.2

9
10
12
2-C5
3-R5
2-R7
(70)
62±0.2
17
4
14±0.2
3

6  29  15
60±0.2
(70)

A  A

4±0.2  2-M8X1.25TAP

5
(19)

## 단면 A - A

주)
Tool No
  1. T01 : $\phi$10 E/M
  2. T02 : $\phi$6.8 DRILL
  3. T03 : 센터드릴
  4. T04 : M8 x P1.25 TAP

| 품 번 | 품    명 | 재 질 | 수 량 | 비 고 |
|---|---|---|---|---|
| 도 명 | MCT 기출도면 -14 | 작성자 | 김상현 | |
| | 마 지 원 | | | |

Section
**04**
CNC/MCT 기출문제

## 09-14. 프로그래밍

| | | |
|---|---|---|
| O0014 | X68. | G03X40.5R7.5 |
| G40G49G80 | Y26. | G01X-10. |
| G28G91Z0. | G40 | G40 |
| G28G91X0.Y0. | X68. | G00Z50. |
| G30G91Z0.M19 | Y43.5 | X33.Y23. |
| T03M06 | X50. | G01Z-3.F80 |
| G97S1000M03 | Y50. | G41Y30.D01 |
| G54G90G00X33.Y23. | Y43.5 | X25. |
| G43Z50.H03M08 | G42X68.D01 | Y48. |
| G81G98Z-3.Q3.R3.F80 | Y68. | G03X11.R7. |
| X18.Y48. | X2. | G01Y23. |
| G80 | Y-10. | G03X18.Y16.R7. |
| G49G00Z150.M09 | G40 | G01X33. |
| M05 | G41X3.D01 | G03Y30.R7. |
| G30G91Z0.M19 | Y57. | G01X18. |
| T02M06 | G02X13.Y67.R10. | G49G00Z150.M03 |
| G97S800M03 | G01X62. | G40 |
| G54G90G00X33.Y23. | X67.Y62. | M05 |
| G43Z50.H02M08 | Y50. | G30G91Z0.M19 |
| G73G98Z-25.Q3.R3.F80 | X61. | T04M06 |
| X18.Y48. | G03X52.Y58.R8. | G97S380M03 |
| G80 | G01X47. | G54G90G00X33.Y23. |
| G49G00Z150.M09 | G03X39.Y50.R8. | G43Z50.H04M08 |
| M05 | G01Y45. | G84G98Z-25.R3.F475 |
| G30G91Z0.M19 | G03X47.Y37.R8. | X18.Y48. |
| T01M06 | G01X51. | G80 |
| G97S1000M03 | G02X57.Y31.R6. | G49G00Z150.M9 |
| G54G90G00X-10.Y-10. | G01Y26. | M5 |
| G43Z50.H01M08 | G03X67.Y16.R10. | M30 |
| G01Z-4.F100 | G01Y3. | |
| G42Y2.D01 | X55.5 | |

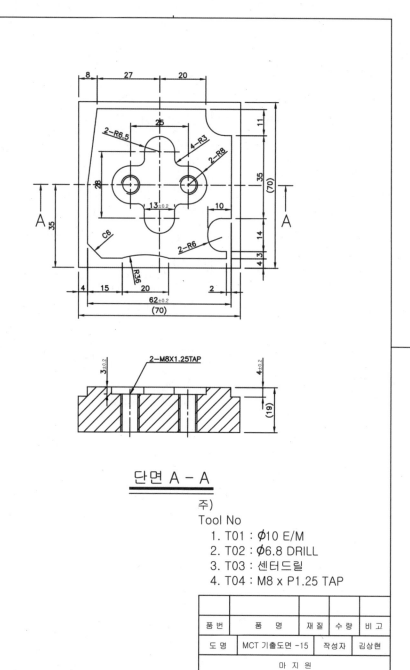

단면 A - A

주)
Tool No
  1. T01 : Ø10 E/M
  2. T02 : Ø6.8 DRILL
  3. T03 : 센터드릴
  4. T04 : M8 x P1.25 TAP

| 품 번 | 품    명 | 재 질 | 수 량 | 비 고 |
|-------|---------|-------|-------|-------|
| 도 명 | MCT 기출도면 -15 | 작성자 | 김상현 | |
| 마 지 원 | | | | |

## 09-15. 프로그래밍

```
O0015
G40G49G80G0
G91G30Z0.M19
T03M06
G90G54X47.5Y35.
G43Z50.H3S3000M3
G81G99Z-4.R5.F250M8
X22.5Y35.
G49G80G0Z250.M9
M5
G91G30Z0.M19
T2M6
G90G54X47.5Y35.
G43Z50.H2S1000M3
G73G99Z-25.R3.Q5.F100M8
X22.5Y35.
G49G80G0Z250.M9
M5
G91G30Z0.M19
T04M06
G90G54X47.5Y35.
G43Z50.H4S125M3
G84G99Z-25.R5.F125M8
X22.5Y35.
G49G80G0Z250.M9
M5
G40G49G80G17G0
G91G30Z0.M19
T1M6
G0G90G54X-10.Y-10.
```

```
G43Z50.H1S700M3
Z-3.
G1Y-2.F70M8
Y73.
X72.
Y67.
X64.
Y63.
X72.
Y14.
X62.
X72.
Y-2.
X-10.
G41G1X4.D1
Y35.
X8.Y67.
X55.
G3X66.Y56.R11.
G1Y21.
X62.
G3X56.Y15.R6.
G1Y13.
G3X62.Y7.R6.
G1X64.
Y4.
X39.
G3X19.R36.
G1X10.
X4.Y10.
```

```
G0Z10.
G40X22.5Y35.
G1Z-3.
X47.5
X35.
Y49.
Y21.
Y35.
G41G1X41.5D1
Y49.
G3X28.5R6.5
G1Y46.
G2X25.5Y43.R3.
G1X22.5
G3Y27.R8.
G1X25.5
G3X28.5Y25.5R3.
G1Y22.5
G3X41.5R6.5
G1Y27.
G2X44.5R3.
G1X47.5
G3Y43.R8.
G1X44.5
G2X41.5Y44.5R3.
G0Z10.
G40G49Z250.M9
G91G28Y0.M5
M30
```

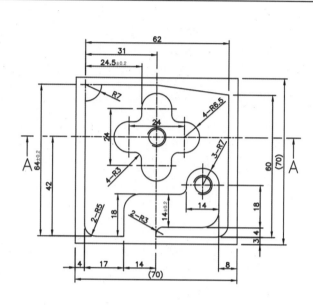

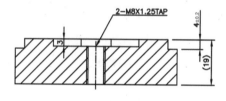

## 단면 A - A

주)
Tool No
1. T01 : $\phi$10 E/M
2. T02 : $\phi$6.8 DRILL
3. T03 : 센터드릴
4. T04 : M8 x P1.25 TAP

| 품 번 | 품 명 | 재 질 | 수 량 | 비 고 |
|---|---|---|---|---|
| 도 명 | MCT 기출도면 -16 | 작성자 | 김상현 | |
| 마 지 원 | | | | |

## 09-16. 프로그래밍

| | | |
|---|---|---|
| O0016 | G1Y-2.F70M8 | G2X4.Y8.R5. |
| G40G49G80G0 | Y73. | G1X-10. |
| G91G30Z0.M19 | X72. | G0Z10. |
| T03M06 | Y-3. | G40X35.Y42. |
| G90G54X35.Y42. | X28. | G1Z-3. |
| G43Z50.H3S3000M3 | Y12. | Y54. |
| G81G99Z-4.R5.F250M8 | X55. | Y32.5 |
| X55.Y25. | Y25. | Y42. |
| G49G80G0Z250.M9 | Y12. | X23. |
| M5 | X28. | X47. |
| G91G30Z0.M19 | Y-3. | X35. |
| T2M6 | X-10. | G41G1X41.5D1 |
| G90G54X35.Y42. | G41G1X4.D1 | Y54. |
| G43Z50.H2S1000M3 | Y60. | G3X28.5R6.5 |
| G73G99Z-25.R3.Q5.F100M8 | G3X11.Y67.R7. | G1Y51.5 |
| X55.Y25. | G1X35. | G2X25.5Y48.5R3. |
| G49G80G0Z250.M9 | X65.Y63. | G1X23. |
| M5 | Y6. | G3X35.5R6.5 |
| G91G30Z0.M19 | G2X62.Y3.R3. | G1X25.5 |
| T04M06 | G1X35. | G2X28.5Y32.5R3. |
| G90G54X35.Y42. | Y4. | G1Y30. |
| G43Z50.H4S125M3 | G2X38.Y7.R3. | G3X41.5R6.5 |
| G84G99Z-25.R5.F125M8 | G1X55. | G1Y32.5 |
| X55.Y25. | G3X62.Y14.R7. | G2X44.5Y35.5R3. |
| G49G80G0Z250.M9 | G1Y25. | G1X47. |
| M5 | G3X48.R7. | G3Y48.5R6.5 |
| G40G49G80G17G0 | G1Y24. | G1X44.5 |
| G91G30Z0.M19 | G2X45.Y21.R3. | G2X41.5Y51.5R3. |
| T1M6 | G1X28. | G0Z10. |
| G0G90G54X-10.Y-10. | G2X21.Y14.R7. | G40G49Z250.M9 |
| G43Z50.H1S700M3 | G1Y3. | G91G28Y0.M5 |
| Z-4. | X9. | M30 |

# 09-17. MCT밀링 기출문제 도면-17

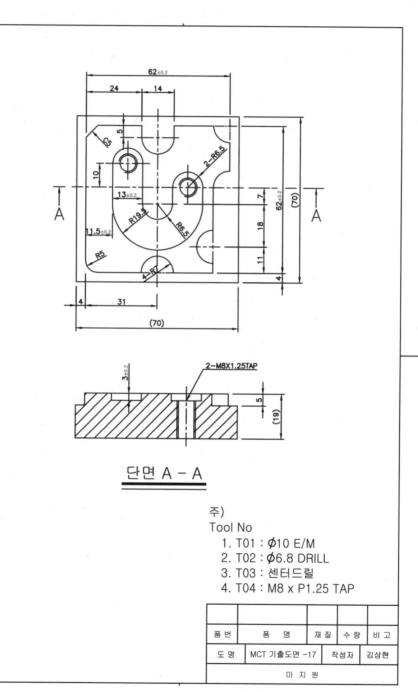

단면 A - A

주)
Tool No
 1. T01 : φ10 E/M
 2. T02 : φ6.8 DRILL
 3. T03 : 센터드릴
 4. T04 : M8 x P1.25 TAP

| 품 번 | 품    명 | 재 질 | 수 량 | 비 고 |
|---|---|---|---|---|
| 도 명 | MCT 기출도면 -17 | 작성자 | | 김상현 |
| 마 지 원 | | | | |

## 09-17. 프로그래밍

| | | |
|---|---|---|
| O0017 | G0G90G54X-10.Y-10. | X59. |
| G40G49G80G0 | G43Z50.H1S700M3 | G3X66.Y59.R7. |
| G91G30Z0.M19 | Z-5. | G1Y47. |
| T03M06 | G1Y-2.F70M8 | G3X59.Y40.R7. |
| G90G54X22.Y50. | Y72. | G1Y22. |
| G43Z50.H3S3000M3 | X35. | G3Y8.R7. |
| G81G99Z-4.R5.F250M8 | Y61. | G1Y4. |
| X48.Y40. | Y72. | X42. |
| G49G80G0Z250.M9 | X35. | G3X28.R7. |
| M5 | Y61. | G1X9. |
| G91G30Z0.M19 | Y72. | G2X4.Y9.R5. |
| T2M6 | X66. | G1X-10. |
| G90G54X22.Y50. | Y66. | G0Z10. |
| G43Z50.H2S1000M3 | X72. | G40X48.Y40. |
| G73G99Z-25.R3.Q5.F100M8 | Y-2. | G1Z-3. |
| X48.Y40. | X65. | G41G1X54.5D1 |
| G49G80G0Z250.M9 | Y41. | G3X41.5R6.5 |
| M5 | Y-2. | G1Y33. |
| G91G30Z0.M19 | X35. | G2X28.5R7. |
| T04M06 | Y4. | G1Y50. |
| G90G54X22.Y50. | Y-2. | G3X15.5R6.5 |
| G43Z50.H4S125M3 | X-10. | G1Y33. |
| G84G99Z-25.R5.F125M8 | G41G1X4.D1 | G3X54.5R19.5 |
| X48.Y40. | Y61. | G1Y40. |
| G49G80G0Z250.M9 | X9.Y66. | G0Z10. |
| M5 | X28. | G40G49Z250.M9 |
| G40G49G80G17G0 | Y61. | G91G28Y0.M5 |
| G91G30Z0.M19 | G3X42.R7. | M30 |
| T1M6 | G1Y66. | |

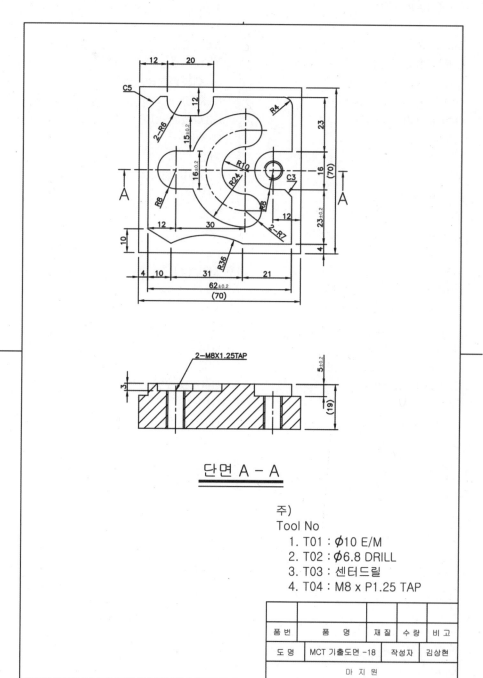

단면 A - A

주)
Tool No
1. T01 : φ10 E/M
2. T02 : φ6.8 DRILL
3. T03 : 센터드릴
4. T04 : M8 x P1.25 TAP

| 품 번 | 품   명 | 재 질 | 수 량 | 비 고 |
|---|---|---|---|---|
| 도 명 | MCT 기출도면 -18 | 작성자 | 김상현 | |
| | 마 지 원 | | | |

## 09-18. 프로그래밍

O0018
G40G49G80G0
G91G30Z0.M19
T03M06
G90G54X58.Y35.
G43Z50.H3S3000M3
G81G99Z-4.R5.F250M8
G49G80G0Z250.M9
M5
G91G30Z0.M19
T2M6
G90G54X58.Y35.
G43Z50.H2S1000M3
G73G99Z-25.R3.Q5.F100M8
G49G80G0Z250.M9
M5
G91G30Z0.M19
T04M06
G90G54X58.Y35.
G43Z50.H4S125M3
G84G99Z-25.R5.F125M8
G49G80G0Z250.M9
M5
G40G49G80G17G0
G91G30Z0.M19
T1M6
G0G90G54X-10.Y-10.
G43Z50.H1S700M3
Z-5.
G1Y-2.F70M8
Y72.
X22.
Y66.
Y72.
X72.
Y-2.
X-10.

G41G1X4.D1
Y61.
X9.Y66.
X12.
Y64.
G3X18.Y58.R6.
G1X26.
G3X32.Y64.R6.
G1Y66.
X62.
G2X66.Y62.R4.
G1Y43.
X58.
G3Y27.R8.
G1X63.
X66.Y24.
Y4.
X45.
G3X14.R36.
G1X4.Y10.
G0Z10.
G40X16.Y35.
G1Z-3.
G41G1Y43.D1
G3Y27.R8.
G1X24.
G3X46.Y11.R24.
G3Y25.R7.
G2Y45.R10.
G3Y59.R7.
G3X24.Y43.R24.
G1X16.
G0Z10.
G40G49Z250.M9
G91G28Y0.M5
M30

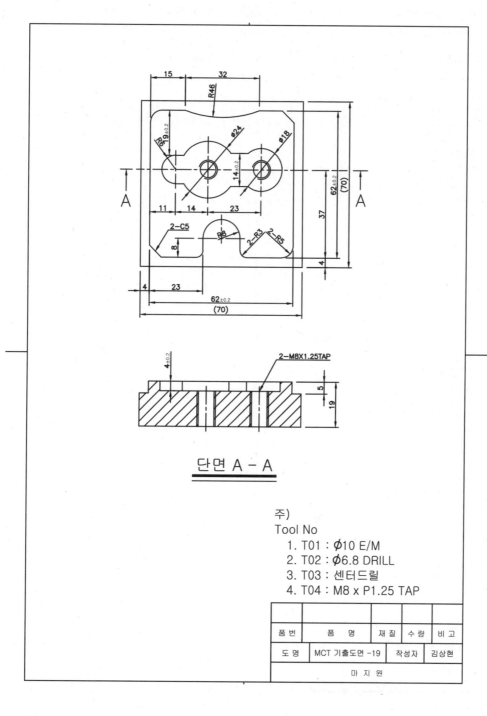

단면 A - A

주)
Tool No
  1. T01 : $\phi$10 E/M
  2. T02 : $\phi$6.8 DRILL
  3. T03 : 센터드릴
  4. T04 : M8 x P1.25 TAP

| 품 번 | 품    명 | 재 질 | 수 량 | 비 고 |
|-------|----------|-------|-------|-------|
| 도 명 | MCT 기출도면 -19 | 작성자 | 김상현 | |
| | 마 지 원 | | | |

## 09-19. 프로그래밍

| | | |
|---|---|---|
| O0019 | G90G54X-20.Y-20. | X4.Y9. |
| G0G40G49G80 | G43Z50.H1S1200M3 | Y20. |
| G91G30Z0.M19 | G0Z-5. | X-10. |
| T3M6 | G1X-2.F100M8 | G0G40Z10. |
| G0G54G90X29.Y41. | Y72. | X52.Y41. |
| G43Z50.H3S3000M3 | X72. | G1Z-4. |
| Z5.M8 | Y-2. | X56. |
| G81G98Z-5.R3F250 | X35. | G3I-4. |
| X52.Y41. | Y12. | G1X29. |
| G80G49G0Z150.M9 | Y-2. | X34. |
| M5 | X35. | G3I-5. |
| G91G30Z0.M19 | Y12. | G1X36. |
| T2M6 | Y-2. | G3I-7. |
| G90G54X29.Y41. | X-10. | G41D1G1X9. |
| G43Z50.H2S1000M3 | G41D1G1X4.Y9. | G3X15.Y35.R6. |
| G73G98Z-27.R3.Q5.F100M8 | Y61. | G1X29. |
| X52.Y41. | G2X9.Y66.R5. | Y34. |
| G0G80Z50. | G1X19. | X52. |
| G40G49Z250.M9 | G3X51.R46. | Y48. |
| M5 | G1X61. | X29. |
| G91G30Z0.M19 | X66.Y61. | Y47. |
| T4M6 | Y9. | X15. |
| G0G54G90X29.Y41. | G2X61.Y4.R5. | G3Y35.R6. |
| G43Z50.H4S100M3 | G1X46. | G1X29. |
| G84G98Z-27.R5.F125M8 | G2X43.Y7.R3. | G0Z20. |
| X52.Y41. | G1Y12. | G40G49G80Z250.M9 |
| G80G0G49Z250.M9 | G3X27.R8. | G91G28Y0.M5 |
| M5 | G1Y7. | M30 |
| G91G30Z0.M19 | G2X24.Y4.R3. | |
| T1M6 | G1X9. | |

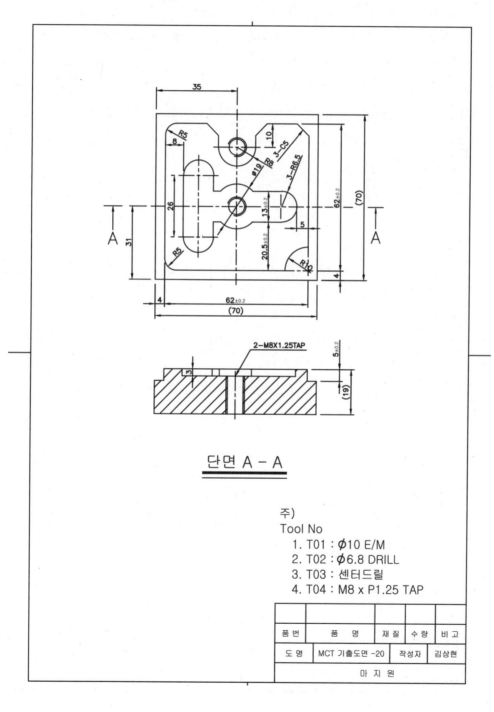

단면 A - A

주)
Tool No
1. T01 : Ø10 E/M
2. T02 : Ø6.8 DRILL
3. T03 : 센터드릴
4. T04 : M8 x P1.25 TAP

| 품 번 | 품 명 | 재 질 | 수 량 | 비 고 |
|---|---|---|---|---|
| 도 명 | MCT 기출도면 -20 | 작성자 | 김상현 | |
| 마 지 원 | | | | |

## 09-20. 프로그래밍

| | | |
|---|---|---|
| O0020 | T1M6 | G2X4.Y9.R5. |
| G40G49G80G0 | G0G90G54X-10.Y-10. | G1X-10. |
| G91G30Z0.M19 | G43Z50.H1S700M3 | G0Z10. |
| T03M06 | Z-3. | G40X35.Y31. |
| G90G54X35.Y31. | G1Y-2.F70M8 | G1Z-3. |
| G43Z50.H3S3000M3 | Y72. | X39.5 |
| G81G99Z-5.R5.F250M8 | X35. | G3I-4.5 |
| X35.Y56. | Y56. | G1X35. |
| G49G80G0Z250.M9 | Y72. | G41G1Y31.D1 |
| M5 | X72. | X54.5 |
| G91G30Z0.M19 | Y-2. | Y37.5 |
| T2M6 | X66.Y4. | X25. |
| G90G54X35.Y31. | X72.Y-2. | Y44. |
| G43Z50.H2S1000M3 | X-10. | G3X13.R6.5 |
| G73G99Z-25.R3.Q5.F100M8 | G41G1X4.D1 | G1Y18. |
| X35.Y56. | Y61. | G3X25.R6.5 |
| G49G80G0Z250.M9 | G2X9.Y66.R5. | G1Y24.5 |
| M5 | G1X22. | X54.5 |
| G91G30Z0.M19 | X27.Y61. | G3Y37.5R6.5 |
| T04M06 | Y56. | G1X35. |
| G90G54X35.Y31. | G3X43.R8. | G0Z10. |
| G43Z50.H4S125M3 | G1Y61. | G40G49Z250.M9 |
| G84G99Z-25.R5.F125M8 | X48.Y66. | G91G28Y0.M5 |
| X35.Y56. | X61. | M30 |
| G49G80G0Z250.M9 | X66.Y61. | |
| M5 | Y14. | |
| G40G49G80G17G0 | G3X56.Y4.R10. | |
| G91G30Z0.M19 | G1X9. | |

## 10  조작기 Program 입·출력 방법

| 조작기에서 플로피 디스크에 입·출력 방법 | 플로피 디스크에서 조작기로 입·출력 방법 |
|---|---|

**조작기에서 플로피 디스크에 입·출력 방법**

1. 선택
⬇
2. 편집
⬇
3. 손
⬇
4. 일람표
⬇
5. 손
⬇
6. 디스크
⬇
7. 입력·출력-출력
⬇
8. 하나 ⇨ 커스이용 해서 원하는 프로그램에 놓아둔다.
⬇
9. 출력결정
⬇
10. 실행
⬇
알람발생은 같은 프로그램 번호가 있으면 알람이 발생한다.

**결과** 프로그램이 조작기(기계)로 입력이 된다.

**플로피 디스크에서 조작기로 입·출력 방법**

1. 선택
⬇
2. 편집
⬇
3. 손
⬇
4. 일람표
⬇
5. 손
⬇
6. 디스크
⬇
7. 입력·출력-출력
⬇
8. 하나 ⇨ 커스이용 해서 원하는 프로그램에 놓아둔다.
⬇
9. 출력결정
⬇
10. 실행
⬇
알람발생은 같은 프로그램 번호가 있으면 알람이 발생한다.

**결과** 프로그램이 조작기(기계)로 입력이 된다.

# 11  기계 및 컴퓨터에 입·출력 방법

## 11-1. 통일장비(Sentrol)

---

### 컴퓨터에서 기계 또는 조작기에 입·출력 방법 (기계측)

1. 선택
↓
2. 편집
↓
3. 손
↓
4. 일람표
↓
5. 입력·출력−출력
↓
8. 하나
↓
9. 실행
↓
알람발생은 같은 프로그램 번호가 있으면 알람이 발생한다.

**결과** 프로그램이 조작기(기계)로 입력이 된다.

---

### 기계에서 컴퓨터로 입·출력 방법 (기계측)

1. 선택
↓
2. 편집
↓
3. 손
↓
4. 일람표
↓
5. 입력·출력−출력
↓
8. 하나 ⇨ 커스이용 해서 원하는 프로그램에 놓아둔다.
↓
9. 출력결정
↓
10. 실행

**결과** 프로그램이 컴퓨터로 입력이 된다.

---

### 컴퓨터에서 기계 또는 조작기에 입·출력 방법 (컴퓨터측)

1. DNC프로그램 실행
↓
2. 화일 열기
↓
3. 프로그램 선두에%를 삽입한다.
↓
4. %밑에 프로그램번호를 입력한다.
   (예: O7777)
↓
5. 프로그램 끝에 %를 입력한다.
↓

---

### 기계에서 컴퓨터로 입·출력 방법 (컴퓨터측)

1. DNC프로그램 실행
↓
2. 수신(컴퓨터 먼저 실행한다.)

---

## 11-2. 위아장비(화낙)

### 컴퓨터에서 기계 또는 조작기에 입·출력 방법 (기계측)

1. MODE SELECT(모드선택)
↓
2. EDIT(편집)
↓
3. OPRT ▶ (오퍼레이터)
↓
4. READ(읽기)
↓
5. EXEC(실행)
↓

알람발생은 같은 프로그램 번호가 있으면 알람이 발생한다.

**결과** 프로그램이 조작기(기계)로 입력이 된다.

### 기계에서 컴퓨터로 입·출력 방법 (기계측)

1. MODE SELECT(모드선택)
↓
2. EDIT(편집)
↓
3. OPRT ▶ (오퍼레이터)
↓
4. PUNCH(쓰기)
↓
5. EXEC(실행)

**결과** 프로그램이 컴퓨터로 입력이 된다.

### 컴퓨터에서 기계 또는 조작기에 입·출력 방법 (컴퓨터측)

1. DNC프로그램 실행
↓
2. 화일 열기
↓
3. 프로그램 선두에%를 삽입한다.
↓
4. %밑에 프로그램번호를 입력한다.
   (예: O7777)
↓
5. 프로그램 끝에 %를 입력한다.
↓
6. 송신(주의:기계측 먼저 작업한다.)

### 기계에서 컴퓨터로 입·출력 방법 (컴퓨터측)

1. DNC프로그램 실행
↓
2. 수신(컴퓨터 먼저 실행한다.

# 12 디스켓 내장용 CNC공작기계의 입·출력 방법

## ① 조작기에서 DISK으로 출력할 경우

편집-일람표-손-DISK-입력/출력-출력-상하화살표-선택/취소-표시CHECK-선택결정-복사예상시간(예:0.5분) 실행 = 번호확인

## ② DISK에서 조작기로 입력 하실 경우

편집-일람표-손-DISK-입력/출력-입력-상하화살표-선택/취소-표시CHECK-선택결정-복사예상시간(예:0.5분) 실행-(1과 동일함) 일반 일람표로 가서 번호 확인

## ③ 디스켓 내용을 통일기계로 저장할 경우

DISKET삽입-편집-프로그램-손모양-일람표-손모양-디스켓-입력/출력-입력-하나(OR 전부)-커스이동-입력결정-실행

## ④ 통일기계에서 원하는 프로그램 선택

일반편집-원하는 프로그램 번호에 커서를 두고서 -선택결정

## ⑤ 디스켓 내용을 화낙 기계로 저장 할 경우

### ⑤-1 CNC기계측 먼저실행

EDIT - PROGRAM - DIR - PAGE 상하이동하여 기존 프로그램 번호 확인 후 없는 번호 중에서 번호 설정- 조작 ▶ (화면하단 테두리 우측) - READ - 선정한 번호 입력 (예: O0120) - 실행-화면하단 우측 LSK 깜빡임 확인.

### ⑤-2 컴퓨터측 에서

① NC LINK FREE 실행 - 원하는 프로그램 열기- 프로그램선두에%와 마지막%확인후 - START

② kdnc실행 -원하는 프로그램 열기-프로그램선두에%와 마지막%확인후-송신

MEMO

Section

**04**

CNC/MCT 기출문제

# Section 05

## CAD 기출문제

# 01 CAD 기출문제 형식 (기계가공기능장)

## 01-1. 시험시간    2시간 30분

### ① 요구사항

① 주어진 조립도를 보고 CAD소프트웨어를 이용하여 하나의 도면 안에 품번 ①, ② (시험 칠 때 마다 변경됨)에 대한 부품제작도를 도면 작업 한 후 지급된 A3용지에 맞게 수험자 본인이 직접 흑백으로 출력하여 제출합니다.

② 솔리드 모델링과 부품 제작도 작업은 다음 기준에 맞게 작업합니다.

ⓐ 솔리드모델링은 부품형상을 가장 잘 표현할 수 있는 방향으로 하여 와이어프레임 선을 제거한 등각도를 1:1에 가까운 척도로 1개만 나타낸다. 필요한 경우 단면 형상을 나타내어도 됩니다.

ⓑ 부품 제작도는 과제의 기능과 작동원리를 정확히 이해하고 제품제작 필요한 경우 단면 형상을 나타내어도 됩니다.

③ 도면의 오른쪽 하단에 제시된 양식에 맞게 표제란을 작성하고 요구된 부품에 대한 부품란을 작성합니다.

④ 각법은 제3각법으로 하고 도면의 크기는 A3(420×297)를 사용합니다.

(도면의 윤각은 아래 2-6 참조)

⑤ 척도는 문제(과제)도면에 특별히 표시되지 않을 경우 1:1을 원칙으로 합니다.

### ② 수험자 유의사항

① 미리 작선된 Part program 또는 Block은 일체 사용할 수 없습니다.

② 시험 종료 후 하드디스크의 작업내용은 삭제해야 합니다.

③ 출력물을 확인하여 동일 작품이 발견될 경우 모두 부정행위로 처리됩니다.

④ 만일의 기계고장으로 인한 자료손실을 방지하기 위하여 10분에 1회 이상 저장(save) 합니다.

⑤ 제도 작업에 필요한 DATA BOOK은 열람할 수 있으나, 출제문제의 해답 및 투상도와 관련된 설명이나, 투상도가 수록되어 있는 노트 및 서적은 열람하지 못합니다.

⑥ 도면의 한계(Limits)와 선의 굵기와 문자의 크기를 구분하기 위한 색상을 다음과 같이 정합니다.

ⓐ 도면의 한계설정(Limits)

– a와 b의 도면의 한계선 (도면의 가장자리 선)은 출력되지 않도록 한다.

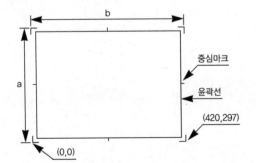

| 도면의 한계 | | 중심 마크 |
|---|---|---|
| a | b | c |
| 297 | 420 | 10 |

ⓑ 선(Line) 굵기의 구분을 위한 색상

- 소프트웨어 특성에 따라 색상을 무시하여도 되나 출력된 도면에서 선의 굵기는 요구사항과 일치하여야 합니다.

| 선 굵기 | 색상(color) | 색상(color) |
|---|---|---|
| 0.5mm | 하늘색(Cyan) | 윤곽선 |
| 0.35mm | 초록색(Green) | 외형선, 개별주서 등 |
| 0.25mm | 노란색(Yellow) | 숨은선, 치수문자, 일반 주서 등 |
| 0.20mm | 흰색(White), 빨강(Red) | 해치, 치수선, 치수보조선,중심선 등 |

ⓒ 사용 문자의 크기는 7.0, 5.0, 3.5, 2.5 중 적절한 것을 사용합니다.

⑦ 장비조작 미숙으로 파손 및 고장을 일으킬 염려가 있거나 출력시간이 20분을 초과할 경우는 시험위원 합의 하에 해당 작업을 0점 처리합니다.

(단, 출력시간은 시험기간에서 제외하며 감독위원이 판단하여 출력된 도면의 크기 또는 색상 등이 채점하기 어려운 경우 1회 재출력이 허용됩니다.)

⑧ 도면에서 표시되지 않은 규격은 Data book에서 가장 적당한 것을 선전하여 해당 규격으로 제도합니다.

⑨ 도면에 다음 양식에 맞추어 좌측 상단(A)에는 수험번호, 성명을 우측하단(B)에는 작품명과 척도 등을 기입하며 감도위원 확인을 받아야 합니다.

⑩ 다음과 같은 경우에는 채점대상에서 제외합니다.

ⓐ 시험 중 수험자간 서로 LAN 등으로 정보를 주고받는 경우

ⓑ 수험자가 PC 및 프로그램 등의 사용 미숙으로 시험기간 안에 데이터를 저정하지 못한 경우

ⓒ 요구사항이나 수험자 유의사항을 준수하지 않은 경우

ⓓ 요구한 각법을 지키지 않고 제도한 작품

ⓔ 수검자가 PC 등의 사용 미숙으로 인ㅇ하여 도면을 제출하지 않은 경우

ⓕ 프로그램 작성 및 저장시 요구사항이나 수험자 유의사항을 준수하지 않아 채점이 불가능한 경우

ⓖ 제공된 USB에 수험자의 잘못으로 데이터가 저장되지 않아 채점이 불가능한 경우

ⓗ 시험위원의 정당한 지시에 불응하는 경우

⑪ 수험자의 합산득점이 합격점수 이상이 되더라도 4개의 작업 중 어느 하나의 작업에서 채점대상에서 제외되는 경우 전체를 채점대상에서 제외합니다.

⑫ 문제지를 포함한 모든 제출 자료는 반드시 비번호를 기재 한 후 제출합니다.

※출력은 사용하는 CAD프로그램을 출력하는 것이 원칙이나, 출력에 애로사항이 발생할 경우 pdf 파일로 변환하여 출력하는 것도 무방합니다.

# 02   CAD 기출문제 도면

## 02-1. CAD 도면 1

| 자격종목 | 기계가공기능장 | 과제2 | 바이스 | 척도 | 1:1 |
|---|---|---|---|---|---|

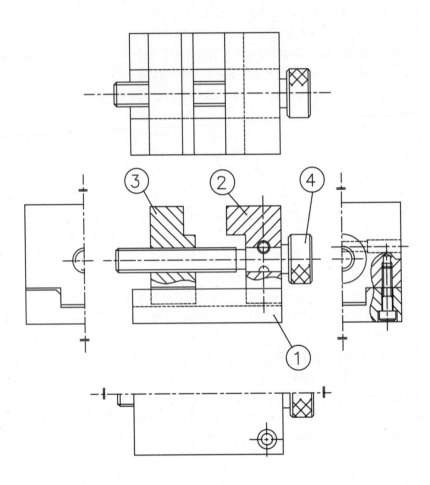

## 02-2. CAD 도면 2

| 자격종목 | 기계가공기능장 | 과제2 | 바이스 | 척도 | 1:1 |
|---|---|---|---|---|---|

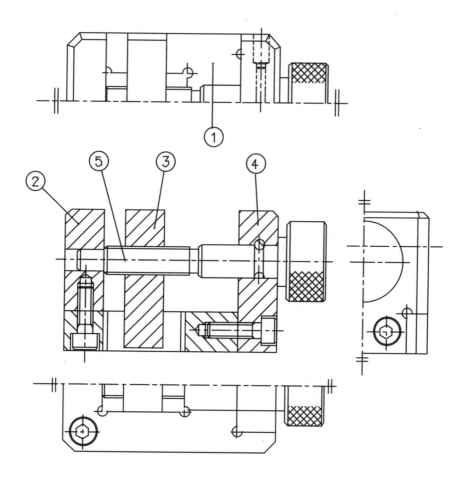

Section

**05**

CAD 기출문제

## 02-3. CAD 도면 3

| 자격종목 | 기계가공기능장 | 과제2 | 슬라이더 | 척도 | 1:1 |
|---|---|---|---|---|---|

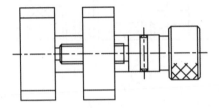

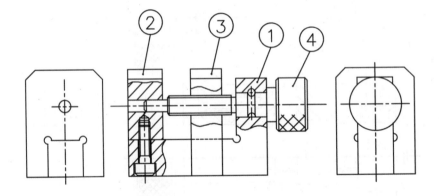

## 02-4. CAD 도면 4

| 자격종목 | 기계가공기능장 | 과제2 | 바이스 | 척도 | 1:1 |
|---|---|---|---|---|---|

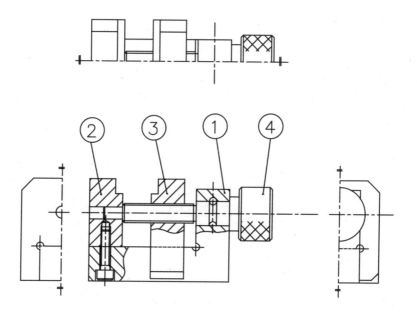

Section

**05**

CAD 기출문제

## 02-5. CAD 도면 5

| 자격종목 | 기계가공기능장 | 과제2 | ㄷ형 슬라이더 | 척도 | 1:1 |
|---|---|---|---|---|---|

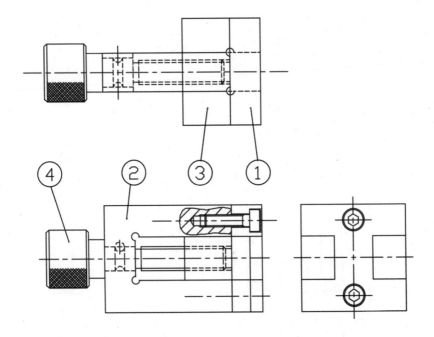

## 02-6. CAD 도면 6

| 자격종목 | 기계가공기능장 | 과제2 | 슬라이더 | 척도 | 1:1 |
|---|---|---|---|---|---|

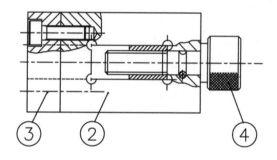

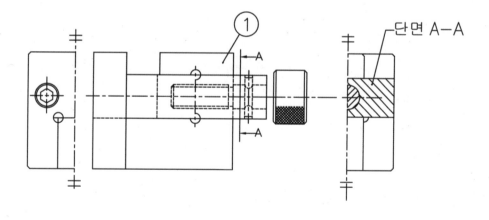

단면 A—A

## 02-1. CAD 도면 7

| 자격종목 | 기계가공기능장 | 과제2 | 클램프 | 척도 | 1:1 |
|---|---|---|---|---|---|

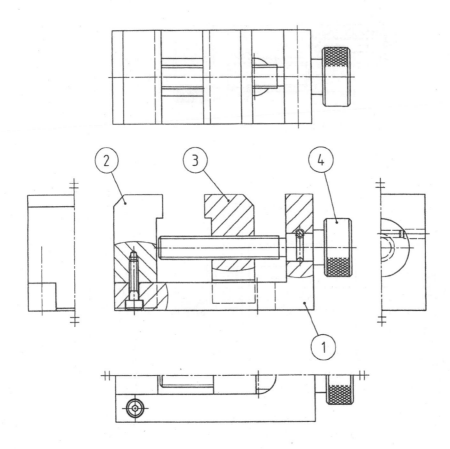

## 02-1. CAD 도면 8

| 자격종목 | 기계가공기능장 | 과제2 | 클램프 | 척도 | 1:1 |
|---|---|---|---|---|---|

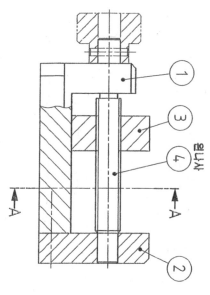

나사부

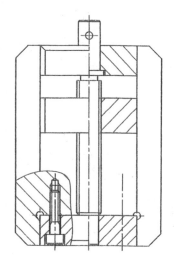

A-A

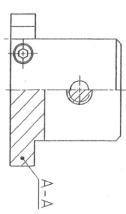

## 02-1. CAD 도면 9

| 자격종목 | 기계가공기능장 | 과제2 | 클램프 | 척도 | 1:1 |
|---|---|---|---|---|---|

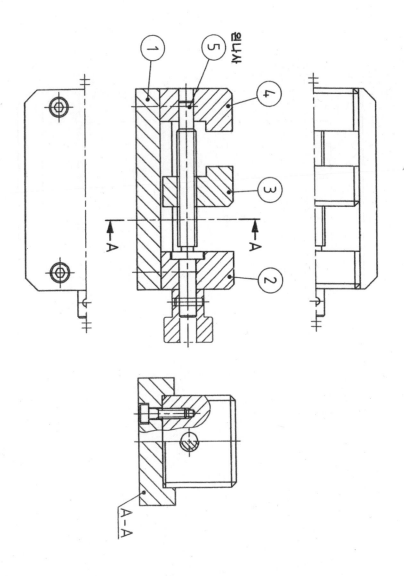

## 02-1. CAD 도면 10

| 자격종목 | 기계가공기능장 | 과제2 | 클램프 | 척도 | 1:1 |
|---|---|---|---|---|---|

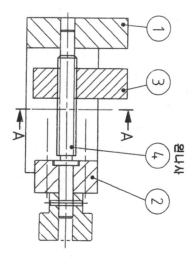

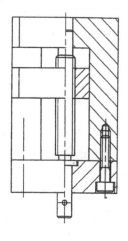

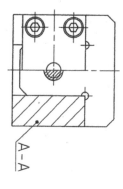

## 03 CAD 기출문제 답안 1

| 기계가공기능장 | |
|---|---|
| 수험번호 | 00000000 |
| 성 명 | 김 상 현 |
| 감독확인 | |

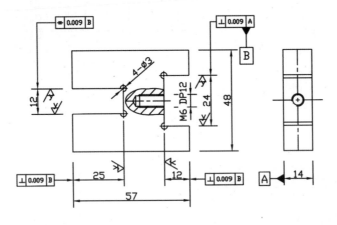

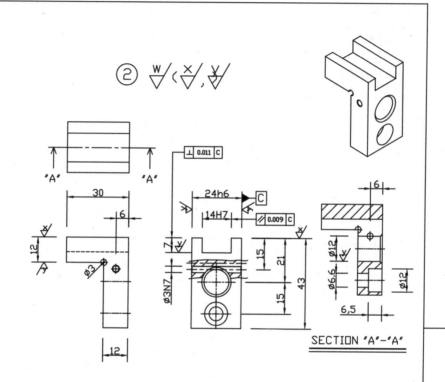

주)
1. 일반공차 - 가)가공부:KS B ISO 2768-m
2. 도시되고 지시없는 모떼기 1x45°
3. 일반 모떼기는 0.2x45°, 필렛은 R0.2
4. 전체열처리 HrC 50±3 (품번 1,2)
5. 전부품 파커라이징 처리
6. 표면 거칠기

$\frac{W}{\nabla} = \frac{W}{\nabla}$ , Ry50 , Rz50, N10

$\frac{X}{\nabla} = \frac{X}{\nabla}$ , Ry12.5 , Rz12.5, N8

$\frac{Y}{\nabla} = \frac{Y}{\nabla}$ , Ry3.2 , Rz3.2, N6

| 2 | 가이드 플레이트 | SM45C | 1 | |
|---|---|---|---|---|
| 1 | 가이드 베이스 | SM45C | 1 | |
| 품 번 | 품    명 | 재 질 | 수 량 | 비  고 |

| 작품명 | 슬라이더 | 척 도 | 1 : 1 |
|---|---|---|---|
| | | 각 법 | 3각법 |

# 03 CAD 기출문제 답안 2

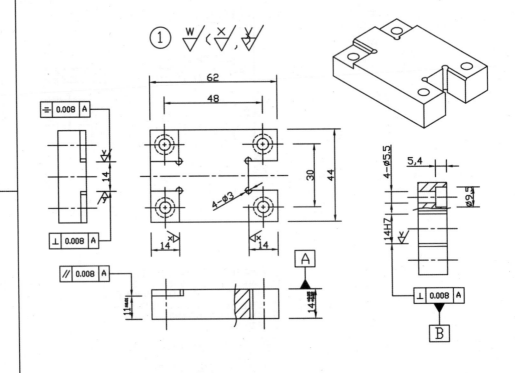

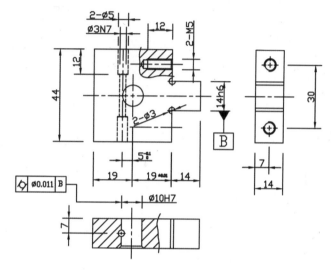

주)

1. 일반공차 - 가)가공부;KS B ISO 2768-m
2. 도시되고 지시없는 모떼기 1x45°
3. 일반 모떼기는 0.2x45° , 필렛은 R0.2
4. 전체열처리 HrC 50±3 〈품번 1,2〉
5. 전부품 파커라이징 처리
6. 표면 거칠기

$\overset{w}{\nabla}=\overset{w}{\nabla}$ , Ry50 , Rz50, N10

$\overset{x}{\nabla}=\overset{x}{\nabla}$ , Ry12.5 , Rz12.5, N8

$\overset{y}{\nabla}=\overset{y}{\nabla}$ , Ry3.2 , Rz3.2, N6

| 2 | 고정대 | SCM440 | 1 | |
|---|---|---|---|---|
| 1 | 베이스 | SCM440 | 1 | |
| 품 번 | 품  명 | 재 질 | 수 량 | 비  고 |

| 작품명 | ㄷ형 조립 | 척 도 | 1 : 1 |
|---|---|---|---|
| | | 각 법 | 3각법 |

기 계가공기능장/컴퓨터응용가공산업기사 실기시험대비

# CATIA V5를 이용한 CAD/CAM 파워트레이닝

초판인쇄  2018년 04월 27일
초판발행  2018년 05월 04일

지은이 | 김상현 · 김종현 · 현기권 · 박성훈 공저
펴낸이 | 노소영
펴낸곳 | 도서출판 마지원
디자인 | 정은주

등록번호 | 제559-2016-000004
전화 | 031)855-7995
팩스 | 02)2602-7995
주소 | 서울 강서구 마곡중앙5로 1길, 20
www.wolsong.co.kr
http://blog.naver.com/wolsongbook
ISBN | 979-11-88127-21-4